Abderrazak MAROUF

NE PAS CONFONDRE...

Dictionnaire pratique des termes en biologie et sciences connexes

edp sciences

Imprimé en France

ISBN (papier) : 978-2-7598-3424-2 – ISBN (ebook) : 978-2-7598-3425-9

À tous mes étudiant(e)s.
Sans vous, mes chers/ères étudiant(e)s, cet ouvrage n'aurait peut-être jamais vu le jour. Alors un grand merci mais faites attention la prochaine fois !

À tous mes collègues.
À tout/e chercheur/euse de rigueur.

Remerciements

L'auteur remercie vivement ses collègues, Abdelkrim Cheriti, professeur de chimie à l'université de Béchar et Gérard Tremblin, professeur émérite de l'université du Mans qui ont relu attentivement certaines parties du texte relevant de leurs domaines de compétences respectifs et qui par leurs remarques pertinentes et leurs propositions, ont permis d'amender et d'améliorer cet ouvrage.

Sommaire

Avant-propos

Ce livre est très singulier par rapport à toutes mes autres productions. Il n'est pas né d'un programme précis, ni d'un projet mûri au fil du temps. Dans ma jeunesse et jusqu'au début de ma carrière d'enseignant, je collectionnais toutes sortes d'objets : planches de plantes séchées, timbres, pierres, monnaies, plumes d'oiseaux, médaillons, etc. Durant ma carrière d'enseignant, j'ai gardé quelques-unes de ces collections auxquelles j'ai rajouté celle des « perles d'étudiants » et surtout celle des confusions de terminologie. Inutile de vous dire, qu'en plus de quarante ans d'exercice, c'était la collection des « perles » qui était la plus impressionnante parmi toutes les collections, à tel point que j'ai réalisé qu'il m'était impossible de la présenter au lectorat dans une forme convenable mais surtout que je ne voyais pas de « retombée utile » sur le plan pédagogique derrière ce travail colossal, au-delà de son caractère distractif. J'ai donc cessé de lui donner suite. En revanche, je me suis replongé dans les « confusions » que j'avais rassemblées à différentes étapes et circonstances de ma vie professionnelle, en premier lieu avec mes étudiants lors de mes enseignements, mais aussi lors de mes discussions avec d'autres étudiants ou avec mes collègues enseignants, lors de mes conférences, de soutenances de mémoires ou de thèses, lors de mes différentes expertises, corrections d'examens ou de concours, de mes lectures d'articles, de livres, etc. L'idée d'écrire un livre sur les confusions s'est vite cristallisée et a pris le dessus sur tous mes autres projets. L'absence d'ouvrages similaires, au moins dans les trois langues (anglais, arabe et français) que je connais m'a encore encouragé d'aller dans ce sens.

Cet ensemble de termes souvent confondus appartient au grand domaine des sciences biologiques et des sciences connexes qu'utilise tout biologiste (chimie, physique, statistiques, techniques analytiques, etc.). Le degré de confusion est forcément dépendant du degré d'instruction et de la spécialité fine de l'apprenant.

Étant un domaine pluridisciplinaire, les sciences biologiques sont naturellement riches en concepts. Leur histoire remonte à plusieurs siècles. De plus, les disciplines qui constituent le corps de ce domaine sont en perpétuel changement, élargissant davantage le champ de la terminologie qui devient parfois déroutant, particulièrement aux étudiants et aux autres personnes non spécialistes qui ne sont pas familiers des nuances de l'usage. En effet, certaines de leurs méthodologies et de leurs terminologies de base ont été formulées avant l'avènement de la biologie moderne. Les progrès récents des techniques de biologie cellulaire et moléculaire ont permis de mieux comprendre les processus biologiques sous-jacents. Une clarification pourrait aider à éviter des ambiguïtés « liées à la terminologie » dans la recherche en sciences biologiques. Certains termes peuvent avoir à la fois un sens général et un sens propre à une discipline particulière.

L'un des facteurs les plus importants qui contribue à l'apparition de confusions et d'ambiguïté chez les étudiants est la tendance de ces derniers à recourir quasi exclusivement à Internet et à ses encyclopédies, notamment celles qualifiées de collaboratives et qui ne sont souvent pas cautionnées par des experts ou des spécialistes. Par ailleurs, de nombreux concepts en biologie sont étroitement liés à des concepts présents à la fois en chimie, en physique et en d'autres disciplines. Par conséquent, il est raisonnable de penser que le manque de prérequis dans ces disciplines contribue aux confusions courantes en biologie, par exemple.

Certaines confusions naissent de lectures de textes en anglais où les significations terminologiques sont parfois différentes de celles en français.

Les confusions et ambiguïtés en science à tous les niveaux de l'enseignement peuvent constituer un obstacle particulièrement fort à un apprentissage efficace et à la compréhension des phénomènes scientifiques.

Fournir des définitions claires, selon le domaine d'utilisation, tel est le but de ce dictionnaire qui est unique en son genre. Les entrées, traitant près de 1 145 termes, sont présentées par un terme (termes polysémiques) ou par ensemble de deux ou plusieurs termes, séparés par une barre oblique, suivis du champ disciplinaire entre accolades. Le champ disciplinaire permet au lecteur de situer la définition dans le contexte approprié et d'éviter ainsi des confusions ou des erreurs de traduction. Dans tous les cas, c'est l'ordre alphabétique du premier terme qui figure au début de chaque entrée. Les autres termes sont présentés à leurs places alphabétiques respectives sous forme de renvois au premier terme. Les catégories grammaticales et les équivalents anglais y sont également donnés, en privilégiant l'anglais américain. Les différents sens pour le même terme sont indiqués dans la même entrée par des chiffres arabes. L'italique est utilisé pour les termes anglais ainsi que pour les noms scientifiques (latins) d'organismes. Les termes (corrélats) en italique et suivis d'un astérisque dans le corps du texte sont définis à leurs places alphabétiques respectives. Le développement de chaque entrée se limite, en général, aux notions essentielles pour la compréhension des termes présentés et aux différences.

Ce dictionnaire compile un ensemble de notions et concepts du grand domaine des sciences biologiques et des sciences connexes, particulièrement de biologie cellulaire, de botanique, de biochimie, de génétique, de physiologie, de biologie moléculaire, de microbiologie, d'agronomie, de biotechnologie, de chimie, de physique, de techniques, etc. C'est un outil indispensable à la bonne compréhension de ces notions et à l'évaluation des acquis en matière de terminologie. Il est aussi l'antidote aux confusions que les examinateurs ne veulent vraiment pas voir dans vos réponses ou vos écrits et un outil efficace pour réviser les notions fondamentales des sciences biologiques et préparer sérieusement les examens et les concours.

Champs disciplinaires traités et leurs abréviations

Agriculture	[Agri.]
Agronomie	[Agro.]
Alimentation	[Alim.]
Anatomie	[Anat.]
Biochimie	[Bioch.]
Biologie générale	[Bio.]
Biologie animale	[Biol.an.]
Biologie cellulaire	[Bio.cel.]
Biologie moléculaire	[Bio.mol.]
Biotechnologie	[Biotech.]
Botanique	[Bot.]
Chimie	[Chim.]
Chimie-physique	[Chim.phys.]
Cytologie	[Cyt.]
Écologie	[Écol.]
Énergétique	[Énerg.]
Entomologie	[Entom.]
Enzymologie	[Enz.]
Épidémiologie	[Épid.]
Foresterie	[For.]
Général	[Gén.]
Génétique	[Génet.]
Géologie	[Géol.]
Histologie	[Hist.]
Horticulture	[Hort.]
Immunologie	[Imm.]
Médecine	[Méd.]
Météorologie	[Météo.]
Microbiologie	[Micr.]

Nutrition	[Nutr.]
Pathologie	[Path.]
Pédologie	[Péd.]
Pharmacologie	[Phar.]
Physiologie	Physio.]
Physiologie végétale	[Physio.vég.]
Phytochimie	[Phytoch.]
Physique	[Phys.]
Statistiques	[Stat.]
Techniques, technologie	[Tech.]
Toxicologie	[Tox.]

Autres abréviations

Acr. :	acronyme
Angl. :	anglais
Ant. :	antonyme
Ex.	exemple
L. :	latin
pl. :	pluriel
Syn. :	synonyme
(adj.) :	adjectif
(l.f.) :	locution féminine
(l.m.) :	locution masculine
(n.f.) :	nom féminin
(n.m.) :	nom masculin
(n.f.pl.) :	nom féminin pluriel
(n.m.pl.) :	nom masculin pluriel
(sigle f.) :	sigle féminin

Dictionnaire A–Z

A

Abaxial/Adaxial [Bot.]
Angl. : abaxial/adaxial

- **Abaxial** (adj.) : Qui se rapporte à la surface inférieure ou dorsale d'une feuille ou d'un autre organe.
- **Adaxial** (adj.) : Se dit de la surface d'une feuille ou d'un autre organe latéral étroitement lié par sa partie ventrale ou supérieure à l'apex de l'axe qui le porte.

Abondance isotopique/Abondance isotopique relative [Chim.phys.]
Angl. : isotopic abundance/relative isotope abundance

- **Abondance isotopique** (l.f.) : Pourcentage du rapport entre la quantité du radio-isotope d'un élément chimique donné et la quantité totale du même élément (présent sous toutes les formes isotopiques possibles).
  L'abondance relative des différents isotopes (en particulier du ^{14}C) dans un échantillon (bois, fossiles, etc.) permet sa datation. L'abondance isotopique naturelle peut être modifiée par enrichissement isotopique.
- **Abondance isotopique relative** (l.f.) : Pourcentage du rapport entre la quantité du radio-isotope d'un élément chimique donné et l'ensemble de tous les autres isotopes naturels existant. L'abondance isotopique relative des éléments reflète la fréquence ou la rareté d'un élément par rapport à d'autres éléments dans la nature.

Abréviation/Acronyme [Gén.]
Angl. : abreviation/acronym

- **Abréviation** (n.f.) : Forme réduite d'un mot ou d'un groupe de mots, écrite alors sous forme d'un caractère ou un groupe de caractères issus de ce mot mais se prononçant entièrement. Certaines abréviations sont conventionnelles, c'est-à-dire admises internationalement comme les *unités** de mesure. Ex. kg pour kilogramme,

Pa pour Pascal (unité de pression), etc.

- **Acronyme** (n.m.) : Forme réduite de plusieurs mots formée par leurs initiales, en général, la ou les premières lettres et prononcée comme un mot. Ex. ARNm est l'acronyme d'« acide ribonucléique messager » ; SIDA est l'acronyme de « syndrome d'immuno-déficience acquise ».

Absorption/Adsorption [Chim.phys., Phys.]
Angl. : absorption/adsorption

- **Absorption** (n.f.) :
  1. Phénomène physique se produisant lorsque les atomes ou les molécules d'une substance absorbent de la lumière (photons). L'énergie du photon absorbé correspond au passage d'un niveau d'énergie atomique ou moléculaire à un autre, avec disparition du photon. Pour un rayonnement électromagnétique, l'absorption désigne la façon dont la matière récupère l'énergie du rayonnement ; lors de ce processus, l'énergie électromagnétique est restituée sous d'autres formes d'énergie comme la chaleur ou un rayonnement. L'absorbance est une formulation mathématique de l'absorption.
  2. Pénétration d'une substance dans les interstices d'une autre substance ; ex. matériau poreux.
- **Adsorption** (n.f.) : Processus physico-chimique qui consiste en la fixation superficielle d'un corps (gaz, liquide, substance dissoute), appelé un adsorbat, à la surface d'un autre corps, appelé un adsorbant. Cette adhésion se produit toujours et uniquement au niveau de la couche qui sépare l'adsorbant et l'adsorbat sous l'action de charges électrostatiques ou de forces d'attraction intermoléculaires (liaisons hydrogènes, forces de Van der Waals) et sans qu'il y ait combinaison chimique ou dissolution (ex. couche séparatrice entre de l'eau et une matière grasse liquide).
  Les molécules de *protéines**, du fait de leurs propriétés hydrophile et hydrophobe, peuvent à la fois s'adsorber sur des molécules d'eau et des molécules de corps gras. Cette capacité d'adsorption est à l'origine de leurs propriétés émulsifiante et moussante.

Absorption/Assimilation [Phys., Phar.]
Angl. : absorption/assimilation

- **Absorption** (n.f.) :
  1. Ingestion d'un *aliment** ou d'un liquide par un être vivant.
  2. Passage d'un fluide ou d'un soluté du milieu extérieur vers le milieu intérieur d'une cellule à travers une membrane, une paroi, etc. L'absorption intestinale est le passage des *nutriments** de la lumière intestinale dans le milieu intérieur au travers de la muqueuse.
  3. En pharmacologie, l'absorption désigne le transfert d'un médicament du compartiment entéral vers lse compartiment parentéral.
- **Assimilation** (n.f.) : Processus permettant à un organisme d'utiliser des molécules simples ou d'ions prélevés directement dans le milieu ou obtenus d'*aliments** simplifiés par digestion, pour leur incorporation dans des molécules complexes constitutives de la matière vivante. L'assimilation est indispensable pour la *croissance** mais aussi pour l'entretien de tout être vivant.
  Selon leur système d'assimilation, on distingue les autotrophes (essentiellement les plantes vertes) et les hétérotrophes (animaux, champignons). Par photosynthèse, les végétaux verts fabriquent, à partir des sels minéraux et du dioxyde de carbone

prélevé dans le milieu, leurs substances organiques comme le phosphoglycérate par le cycle de Calvin : on parle d'assimilation chlorophyllienne.
Les hétérotrophes, ne possédant pas cette propriété, utilisent pour leur synthèse des constituants organiques semi-élaborés. Pour les autres éléments nutritifs (azote, phosphore...), les plantes ne sont capables d'utiliser directement que certaines formes minérales, appelées formes assimilables (nitrates NO_3^-, ammonium NH_4^+, phosphate PO_4^{3-}, potassium K^+, sulfates SO_3^-, magnésium Mg^{2+}, calcium Ca^{2+}...).
Chez les animaux, les aliments complexes sont dégradés en composés plus simples lors de la digestion pour permettre la synthèse de la matière vivante. La fraction assimilable d'un aliment est celle qui est effectivement utilisée pour couvrir les besoins (synthèse, énergie...) de l'organisme. L'énergie assimilable d'un aliment est appelée énergie nette.

Accélération/Vitesse de centrifugation [Phys.]
Angl. : acceleration/speed of centrifugation

En centrifugation, il est important de différencier la vitesse de centrifugation (RPM) de la force centrifuge relative (RCF) ou accélération (g) car celles-ci sont souvent confondues.

- **Accélération** (n.f.) : L'accélération est l'augmentation de la vitesse par rapport au temps. On distingue l'accélération gravitationnelle, due à la gravité (g) et exprimée en cm/s^2 et l'accélération angulaire (γ), due à un mouvement circulaire ou elliptique et exprimée en rad/s^2.
  Lors d'une centrifugation, l'accélération angulaire γ provoquée par la rotation du rotor est donnée par la relation : $\gamma = \omega^2 r = (2\pi.n/60)^2.r$, avec ω : la vitesse angulaire (rad/s^2) ; n : le nombre de tours par minute ; r : la distance entre le fond du tube à centrifuger et l'axe de rotation en cm.
  La force centrifuge relative générée par une centrifugeuse peut être facilement calculée à partir de l'équation :
  $$RCF = 11{,}18 \times r \times (RPM/1\,000)^2$$
  où r est la distance du centre de rotation en cm, c'est-à-dire que la force centrifuge augmente à mesure que les particules se déplacent dans le tube de la centrifugeuse. En règle générale, plus la force centrifuge est grande, plus le temps de séparation est court. Cependant, la centrifugation génère également des forces hydrostatiques dans la solution et donc des forces centrifuges excessives peuvent perturber certaines particules biologiques telles que les ribosomes.
- **Vitesse de centrifugation** (l.f.) : En centrifugation, la vitesse de rotation indique le nombre de tours par minute. Les centrifugeuses utilisent des vitesses suffisantes pour séparer des molécules solides d'un liquide ou deux liquides ayant une densité différente, en accélérant le phénomène naturel de sédimentation. Plus cette vitesse est élevée, plus l'efficacité de séparation est bonne.
  La vitesse à laquelle chaque composé sédimente est exprimée en « coefficient de sédimentation » ou « s » rapport entre la vitesse de sédimentation de la particule et l'accélération subie par celle-ci :
  $$s = (dx/dt)/\omega^2.r$$
  r : distance de la particule au centre de rotation, en cm ; dx/dt : vitesse de sédimentation en cm/s ; ω : angle de rotation du rotor de centrifugation, en radians/s.

La valeur de ces coefficients de sédimentation étant très faible, on l'exprime en « unités Svedberg » (« S ») ; 1 S = 10^{-13} s. Elles permettent de caractériser les molécules, ex. ARNr 16 S.

Acceptabilité/Conformité [Tech.]

Angl. : acceptability/compliance, conformity

- **Acceptabilité** (n.f.) : Satisfaction des performances d'une *technique** ou de la qualité d'un produit selon des critères spécifiques (ex. facilité d'utilisation, utilité, absence de *danger**, innocuité du produit, etc.), définis dans des conditions d'emploi fixées par l'usager potentiel.
- **Conformité** (n.f.) : Satisfaction d'une ou de plusieurs exigences, spécifiées par les instances d'*assurance de la qualité**, de normalisation ou de métrologie. La conformité s'applique aux produits, aux processus et aux services. Par exemple, pour les *appareils** et *instruments** de mesure (balances analytiques, micropipete à piston, etc.), les essais de conformité doivent inclure les limites d'*erreurs** autorisées. Un certificat de conformité est fourni par le constructeur.

Acclimatation/Accomodation/Adaptation [Bot., Écol.]

Angl. : acclimatization, acclimation/accommodation/adaptation

- **Acclimatation** (n.f.) : Processus d'*adaptation** d'un organisme vivant aux changements naturels de l'environnement temporaires (ex. le froid, la sécheresse) ou aux changements à long terme imposés par l'Homme (comme ceux qui sont causés par le rejet continu de résidus industriels ou d'eaux usées). En particulier, les plantes possèdent une plasticité qui est définie comme la possibilité, pour un génotype, de modifier l'expression de ses caractères pour mieux tolérer les fluctuations de son environnement. Ex. l'adaptation chromatique chez certains micro-organismes photosynthétiques comme les cyanobactéries. Cette plasticité varie en fonction des génotypes.
- **Accommodation** (n.f.) : Modification de l'aspect d'un végétal en fonction des conditions particulières de son *habitat**, ayant souvent une valeur adaptative non héréditaire. Les descendants de ces végétaux ne seront pas mieux adaptés à ces conditions de vie que leurs parents. Des individus d'un même génotype peuvent s'exprimer sous des phénotypes différents en fonction de conditions environnementales variées. Ces modifications sont réversibles : semées dans des conditions identiques, des *graines** issues d'individus de la même espèce mais ayant vécu dans des habitats écologiquement différents, responsables de variations morphologiques et structurales, produiront des individus présentant des caractères phénotypiques identiques.
- **Adaptation** (n.f.) : Processus évolutif résultant de l'ajustement d'une cellule, d'un organisme ou d'une population aux conditions particulières de son milieu de vie et se manifestant par l'acquisition de changements morphologiques et/ou physiologiques. Cette adaptation est liée (au moins pour partie) à des changements génétiques résultant de la sélection imposée par l'environnement évolué au cours de générations et transmissibles à toute la descendance.

Accouplement/Fécondation [Biol.]
Angl. : mating, copulation, intercourse/fecundation, fertilization

- **Accouplement** (n.m.) : Processus permettant l'introduction de l'organe sexuel mâle dans l'organe sexuel femelle et le transfert du sperme à la femelle dans le but de se reproduire (cas des animaux et de l'Homme) ou par plaisir (cas de l'Homme).
  Syn. : copulation.
- **Fécondation** (n.f.) : Processus conduisant à la formation d'un zygote diploïde suite à l'union de deux *gamètes**, mâle et femelle. La fécondation met en jeu deux processus qui se suivent toujours dans cet ordre : plasmogamie ou union des cytoplasmes et caryogamie ou union des noyaux. Elle marque le début du développement embryonnaire.

Accoutumance/Addiction/Dépendance [Phar.]
Angl. : habituation/addiction/dependance, dependency

- **Accoutumance** (n.f.) : Processus d'*adaptation** physiologique progressif d'un organisme à un stimulus extérieur répété, des modifications de l'environnement ou à un produit toxique, par une absence de réponse.
- **Addiction** (n.f.) : Comportement pathologique résultant de la consommation répétée d'une substance (certaines drogues, alcool, nicotine, caféine, etc.) en dépit de ses conséquences néfastes. Des troubles graves apparaissent lorsque la personne cesse de prendre la substance dont elle dépend.
- **Dépendance** (n.f.) : État psychique et physiologique résultant de l'utilisation inappropriée d'une substance, naturelle (sans vertu thérapeutique connue) ou médicamenteuse (morphine), qui par son interaction avec l'organisme induit une envie à prendre la substance de façon continue ou périodique afin de retrouver le plaisir associé à sa consommation ou d'éviter le malaise de la privation (sevrage).

Accréditation/Certification [Tech.]
Angl. : accreditation/certification

- **Accréditation** (n.f.) : Procédure de contrôle de la qualité qui permet à une institution ou à une unité de production d'obtenir une reconnaissance formelle de compétences à la réalisation d'activités dans le respect de certaines normes minimales avec engagement de s'améliorer en permanence.
  L'accréditation est généralement considérée comme un niveau de reconnaissance plus élevé que la *certification**.
- **Certification** (n.f.) : Procédure établissant que le fonctionnement d'un appareil ou l'utilisation d'un produit ou d'un processus satisfait aux normes en vigueur assurant une utilisation sans *danger**. Cette procédure s'étend aussi aux qualifications du personnel qui doivent être en adéquation avec les tâches qui leur sont attribuées. La certification est délivrée par une autorité compétente et indépendante.
  Elle s'applique également aux services ou à l'organisation d'évènements aux exigences fixées dans un référentiel. Dans le domaine agricole, la certification s'applique aux *graines** testées favorablement pour leur pureté et leur état sanitaire.

Accrescent/Marcescent [Bot.]
Angl. : accrescent/marcescent

- **Accrescent** (adj.) : Qualifie les parties de la *fleur**, autres que l'ovaire (pétales, sépales, styles) qui continuent à grandir après la *fécondation**. Ex. calice du physalis commun (*Physalis alkekenji,* Solanacées), périanthe de l'oseille (*Rumex vesicarius,* Polygonacées).

- **Marcescent** (adj.) : Se dit d'organes (feuilles, calice, corolle, etc.) qui, à la saison de repos végétatif, se fanent et se dessèchent tout en restant sur les rameaux, jusqu'à ce que les nouveaux bourgeons éclatent. Ex. feuilles du chêne pubescent (*Quercus pubescens*), du hêtre (*Fagus*), corolle du trèfle (*Trifolium*), calice du muflier (*Antirhinum majus*), fleurs des bruyères.

Acide/Base [Chim.]
Angl. : acid/base

- **Acide, basique** (adj.) : Les adjectifs « acide » et « basique » qualifient une solution : une solution est acide (ou basique) si son pH est inférieur (ou supérieur) à 7.
- **Acide** (n.m.), **base** (n.f.) : Les substantifs « acide » et « base » désignent une espèce chimique susceptible respectivement de céder ou de capter un proton.

Acide/Base conjuguée [Chim.]
Angl. : acid/conjugate base

- **Acide** (n.m. et adj.) :
  1. Composé libérant des ions d'hydrogène (H^+) en solution (Arrhenius). Structurellement, un acide renferme un proton H^+, qui solvaté en milieu aqueux donne un ion hydronium H_3O^+.
  2. Composé acceptant une paire d'électrons d'une *base** (Lewis).
  3. Un acide est un donneur de protons (Brönsted).

  Une solution est dite acide si son pH est inférieur à 7.
  On distingue des acides minéraux, ce sont en général des acides dits forts et des acides organiques, en général acides faibles. Les premiers sont totalement dissociés en solution (ex. acides chlorhydrique, nitrique, sulfurique, etc.), alors que les seconds ne le sont que partiellement (acides acétique, citrique, oxalique, etc.). On les caractérise alors par leur constante d'acidité : K_A; plus un acide est fort et plus sa constante d'acidité est élevée et inversement.
- **Base conjuguée** (l.f.) : Substance ayant un proton en moins que l'*acide** dont elle dérive. Ex. Cl^- est la base conjuguée de HCl, l'acétate (CH_3COO^-) est la base conjuguée de l'acide acétique (CH_3COOH).

Acide conjugué/Base [Chim.]
Angl. : conjugate acid/base

- **Acide conjugué** (l.m.) : Espèce chimique obtenue après le gain d'un proton par la *base** dont elle dérive. Ex. NH_4^+ est l'acide conjugué de la base NH_3. Plus la base est forte, plus l'acide conjugué est faible et inversement. Ainsi, l'acide conjugué d'une base forte est un *acide** très faible. L'acide conjugué d'une base très faible est un acide fort.
- **Base** (n.f.) : Substance agissant comme accepteur de protons.
  Une solution est dite basique si son pH est supérieur à 7.
  On distingue des bases fortes et des bases faibles. Les premières sont totalement dissociées en solution (ex. soude, potasse, etc.), alors que les secondes ne le sont que partiellement (ammoniac, hydroxylamine, etc.).
  On distingue aussi les bases organiques qui contiennent des atomes d'azote pouvant facilement accepter des protons (ex. méthylamine, pyridine, etc.) et les bases minérales (ex. la soude, la chaux, etc.).

Acide linoléique/Acide linolénique [Bioch.]
Angl. : linoleic acid/linolenic acid

- **Acide linoléique (LA)** (l.m.) : Acide gras en C18 avec deux doubles liaisons en 9-10 et 12-13 (le carbone carboxylique étant le n° 1). C'est le principal élément de la famille des acides gras indispensables de type oméga-6 ; il doit être apporté à l'organisme par l'alimentation. Il est caractéristique des huiles de nombreuses graines végétales liquides à température ordinaire.
- **Acide alpha-linolénique (ALA)** (l.m.) : Acide gras polyinsaturé de type oméga-3 en C18 avec trois doubles liaisons en 9-10, 12-13 et 15-16 (le carbone carboxylique étant le n°1).
  L'ALA, également de plus en plus connu simplement sous le nom d'acide linolénique mais à ne pas confondre avec l'acide gamma-linolénique oméga-6 (18 : 2n-6), est synthétisé à partir de LA par les membranes chloroplastes dans les plantes supérieures et est donc disponible pour la consommation humaine directement par le biais de légumes verts à feuilles et indirectement par la consommation d'animaux qui consomment des légumes à feuilles vertes.
  La formation de l'acide linolénique a lieu par addition d'une double liaison sur l'acide linoléique. Ce processus apparaît en rapport avec la photosynthèse ; c'est ainsi que la teneur des chloroplastes en cet acide est fonction de l'intensité photosynthétique.
  Il peut être converti dans le corps humain en acide docosohexaénoique (DHA) ou en acide eicosapentaénoïque (EPA) à chaîne longue. Cette conversion implique des enzymes d'élongation et des désaturases. L'ALA est donc considéré comme la pierre angulaire des acides gras polyinsaturés (AGPI) oméga-3 à chaîne longue. Sa disponibilité dépend de l'âge, du sexe et de l'alimentation.

Acidose métabolique/Acidose respiratoire [Physio.an.]
Angl. : metabolic acidosis/respiratory acidosis

- **Acidose métabolique** (l.f.) : Trouble grave caractérisé par un déséquilibre de l'équilibre acido-basique du corps. L'acidose métabolique a trois causes principales : une surproduction d'*acide** dans le sang, une perte excessive de bicarbonate du sang et une capacité réduite des reins à excréter les acides en excès (acidose tubulaire rénale). Elle peut également être induite par certains médicaments comme les biguanides et les salicylates de même que le monoxyde de carbone.
  Un faible taux de HCO_3^- sérique et un pH inférieur à 7,40 sont donc les signes d'une acidose métabolique.
- **Acidose respiratoire** (l.f.) : L'acidose respiratoire est une condition qui survient lorsque les poumons ne peuvent pas éliminer tout le dioxyde de carbone produit par le corps. Le dioxyde de carbone s'accumule alors dans le sang et les autres fluides corporels qui deviennent trop *acides**.

Acronyme (n.m.) : Voir **abréviation**.

Activité de l'eau/Pourcentage d'eau [Chim.phys.]
Angl. : water activity/percentage of water

- **Activité de l'eau** (l.f.) :
  1. Grandeur (notée Aw : *activity water*) égale, pour une température donnée, au rapport entre la pression partielle de vapeur d'eau à la surface d'un produit et la pression de vapeur d'eau à saturation. À l'équilibre hygroscopique, l'activité de l'eau correspond à l'humidité relative de l'air.

2. Dans le cas des *aliments**, ce paramètre exprime la disponibilité de l'eau dans les aliments pour les réactions physico-chimiques où elle intervient. On distingue :
• l'eau libre : totalement disponible pour participer aux réactions,
• l'eau liée : par les forces ioniques, les forces de capillarité, les forces d'imbibition, les liaisons hydrogène... elle n'est pas disponible, notamment pour les micro-organismes.
L'activité de l'eau s'exprime par un nombre compris entre 0 (pas d'eau disponible) et 1 (pour l'eau pure). Les aliments frais (riches en eau) ont une activité de l'ordre de 0,97 à 0,99. Les aliments concentrés, salés ou confits, ont une activité de l'eau de 0,7 à 0,9. Les aliments déshydratés ont une activité de l'eau réduite de l'ordre de 0,3.
Ce nombre sert à prédire d'éventuels changements chimiques et à déterminer l'aptitude des micro-organismes à s'y développer. Ainsi les bactéries ne se développent pas quand l'activité de l'eau est inférieure à 0,86 et les moisissures quand elle est en dessous de 0,80. En ajoutant suffisamment de sel aux poissons, la croissance et l'action destructrice des bactéries peuvent être minimisées. Le sel retire l'humidité des tissus du poisson par *pression osmotique** et la rend moins disponible.

- **Pourcentage d'eau** (l.m.) : Teneur en eau d'un matériau (sol, plante, organisme, *aliment**, etc.) exprimée en pourcentage par rapport au poids sec ou au volume, déterminée par analyse volumétrique ou gravimétrique.

Adaxial (adj.) : Voir **abaxial**.

Adaptamère/Aptamère [Bio.mol.]
Angl. : adaptamer/aptamer

- **Adaptamère** (n.m.) : Oligonucléotide complémentaire à deux séquences d'ADN différentes ou fragment peptidonucléique synthétisé chimiquement dans lequel des chaînes latérales d'acides aminés sont déployées à une extrémité d'un brin d'ADN naturel pour augmenter l'*affinité** pour des molécules biologiques particulières, leur conférant des propriétés similaires à celles des anticorps.
- **Aptamère** (n.m.) : Brin court (12-80 nucléotides) d'acide nucléique (ADN ou ARN) monocaténaire ou d'acide peptidonucléique, ou encore molécule peptidique, utilisé pour reconnaître des récepteurs spécifiques, notamment des *protéines**, des peptides, des nucléotides, des acides aminés, des *antibiotiques**, des facteurs de croissance de l'endothélium vasculaire, l'ATP, des IgE, des composés organiques ou inorganiques de faible *poids moléculaire** et même des cellules entières.
Les aptamères peuvent être naturels ou synthétiques.

Adaptation (n.f.) : Voir **acclimatation**.

Addiction (n.f.) : Voir **accoutumance**.

Additif alimentaire/Auxiliaire technologique/Complément alimentaire [Alim.]
Angl. : food additive/processing aid/food supplement, dietary supplement

- **Additif alimentaire** (l.m.) : Toute substance qui n'existe pas normalement dans les *aliments** mais qui y est ajoutée en faible quantité pour maintenir ou modifier certaines de leurs propriétés nutritionnelles, organoleptiques ou technologiques, au stade de leur fabrication, de leur transformation, de leur préparation, de leur traitement ou conditionnement, de leur transport ou entreposage. Les additifs alimentaires peuvent être naturels ou synthétiques, beaucoup sont d'origine végétale. Leur présence doit être signalée sur l'emballage, dans la liste des ingredients souvent sous forme d'un code (ex. E 407 = carraghénanes).

- **Auxiliaire technologique** (l.m.) : Toute substance non consommée comme ingrédient alimentaire en soi, volontairement utilisée dans la transformation des matières premières, des denrées alimentaires ou de leurs ingrédients, pour répondre à certains objectifs technologiques pendant le traitement ou la transformation ; ces produits peuvent avoir pour résultat la présence non intentionnelle de résidus techniquement inévitables de cette substance ou de ses dérivés dans le produit fini, à condition que ces résidus ne présentent pas de risques sanitaires et n'aient pas d'effets technologiques sur le produit fini (directive 89/107/CEE).
- **Complément alimentaire** (l.m.) : Denrée alimentaire dont le but est de compléter un régime alimentaire normal et qui constitue une source concentrée de *nutriments** ou d'autres substances ayant un effet nutritionnel ou physiologique. Les compléments alimentaires sont conditionnés en doses, sous forme de comprimés, de gélules ou d'ampoules. Ils peuvent contenir des vitamines, des sels minéraux, des oligoéléments, des plantes ou extraits de plantes, des acides aminés, des *protéines**, des acides gras, des enzymes ou des hormones.

Adhésion/Cohésion [Chim.phys.]
Angl. : adhesion/cohesion

- **Adhésion** (n.f.) : Attraction moléculaire qui maintient les surfaces de substances ou de corps différents en contact, comme les particules d'eau et de l'argile du sol.
  L'adhésion cellulaire est due à des *glycoprotéines**, notamment la fibronectine, composante majeure des tissus conjonctifs, qui assure l'adhésion des fibroblastes à la matrice et la *laminine**, spécifique des tissus de revêtement, qui permet l'adhésion des cellules épithéliales à la lame basale.
  Chez les végétaux, l'adhésion des molécules d'eau à la cellulose dans les *parois cellulaires**, s'oppose à la force de gravité et aide à soulever la colonne d'eau des racines aux feuilles.
- **Cohésion** (n.f.) : Force qui attire ou maintient deux ou plusieurs molécules similaires (liquides ou solides) ensemble, en raison de l'attraction entre les molécules similaires, souvent par des liaisons hydrogène, des forces de Van der Waals ou des interactions hydrophobes.
  Chez les végétaux, la cohésion des molécules d'eau est responsable de la formation d'une colonne d'eau dans les vaisseaux de xylème, s'étendant des racines aux feuilles.
  La viscosité des liquides est due, entre autres, à l'effet combiné de l'*adhésion** et de la cohésion des molécules constitutives.

Adjuvant/Excipient/Haptène [Agro., Imm., Phar.]
Angl. : adjuvant/excipient/hapten

- **Adjuvant** (n.m.) :
  1. Tout solide ou liquide dépourvu d'activité biologique mais qui, ajouté à une substance ou préparation, comme un pesticide ou un *engrais**, est capable de modifier les qualités physiques, chimiques ou biologiques des substances actives et d'augmenter leur *efficacité**. Par exemple, dans le cas d'un herbicide, l'adjuvant permet une meilleure pénétration dans la plante.

2. En immunologie, substance ou micro-organisme qui augmente la réponse d'un anticorps à un antigène avec lequel il s'associe. Ex. adjuvants des vaccins contre la grippe A ou la grippe H1N1.

Les adjuvants peuvent être de nature minérale, d'origine microbienne ou des composés synthétiques. Le principal effet de certains adjuvants est de favoriser la rétention de l'antigène sur le site de l'inoculation de sorte que le stimulus immunogène persiste pendant une période plus longue.

3. En pharmacologie, substance dépourvue d'activité biologique mais qui, ajoutée au *principe actif**, permet d'améliorer ses qualités physico-chimiques ou biologiques et donc de moduler l'action de celui-ci.

- **Excipient** (n.m.) : Substance biologiquement neutre dans laquelle on incorpore des *principes actifs** pour améliorer leur stabilité ou pour les rendre plus facilement absorbables.

  Parmi les excipients habituellement utilisés dans les médicaments à base de *protéines**, l'*albumine** sérique, certains sucres (glucose, maltose, etc.), des acides aminés (glycine, thréonine), le glycérol, le sorbitol et le polyéthylène glycol (PEG).
- **Haptène** (n.m.) : Molécule de faible *poids moléculaire**, incapable d'induire par elle-même une réponse immunitaire mais qui peut être reconnue par un anticorps et donc se lier à son site de reconnaissance spécifique. L'haptène ne peut provoquer une réponse immunitaire (formation d'un anticorps), que s'il est conjugué à une molécule plus grande, dite molécule porteuse. On peut ainsi fixer expérimentalement un haptène (ex. dinitrophényle ou DNP) sur une molécule protéique.

  De nombreuses petites molécules de poids moléculaire < 1 000 tels que des *toxines**, des médicaments et les hormones ne sont pas capables d'induire une réponse immunitaire lorsqu'ils sont injectés directement à des animaux.

Adné/Conné [Bot.]

Angl. : adnate/connate(d).

- **Adné** (adj.) : Se dit d'organes de différents types adhérents au cours de leur formation et croissance sur toute leur longueur. Ex. étamines adnées à la corolle chez la primevère (*Primula officinalis,* Primulacées).
- **Conné** (adj.) : Se dit d'un organe adhérent à un autre par des parties similaires, comme par exemple, des feuilles opposées et soudées par leurs bases. Ex. *Hypericum caprifolium* (Clusiacées), chèvrefeuille (*Lonicera*, Caprifoliacées).

Adsorption (n.f.) : Voir **absorption**.

Advection/Convection [Phys.]

Angl. : advection/convection

- **Advection** (n.f.) : Transport d'une propriété atmosphérique (comme la chaleur ou la vapeur d'eau) uniquement par les mouvements naturels horizontaux de l'atmosphère sous l'effet d'un gradient thermique qui provoque le mouvement du fait de la diminution de la densité avec la température.
- **Convection** (n.f.) : Mouvement d'un fluide (liquide ou gaz) avec transport de chaleur, sous l'influence de différences de température. Ex. un courant marin ou un courant d'air.

Afférent/Efférent [Physio.an.]
Angl. : afferent/efferent
- **Afférent** (adj.) :
  1. Se dit d'un nerf qui détecte les stimuli sensoriels et conduit cette information de la périphérie au système nerveux central.
  2. Se dit aussi de l'artériole du rein qui amène le sang de l'artère rénale au glomérule.
- **Efférent** (adj.) :
  1. Se dit d'un nerf qui conduit l'influx nerveux du système nerveux central au corps.
  2. Qualifie un message nerveux de nature motrice qui chemine du système nerveux central en direction de la périphérie, c'est-à-dire vers un organe.
  3. Se dit aussi de l'artériole du rein qui draine le sang du glomérule.

Affinité/Avidité/Sélectivité/Spécificité [Bioch., Chim.]
Angl. : affinity/avidity/selectivity/specificity
- **Affinité** (n.f.) :
  1. Capacité d'une molécule à s'associer à une autre. L'affinité d'une substance médicamenteuse, par exemple, est sa capacité à se lier à une cible biologique (récepteur, enzyme, système de transport, etc.). Cette association peut se faire par différents types de liaisons telles que les liaisons hydrogène, les liaisons ioniques, les interactions de Van der Waals et les forces électrostatiques.
  2. Détermine la force de liaison entre un déterminant antigénique (épitope) et un seul site de fixation d'un anticorps (paratope).
  3. Capacité d'une enzyme à former un complexe avec un *substrat**. Elle est en général inversement proportionnelle à la valeur de la constante de Michaelis (Km) bien que ce ne soit pas vrai pour de nombreux systèmes enzymatiques.
- **Avidité** (n.f.) : Intensité de l'ensemble des forces des interactions non covalentes entre une macromolécule biologique et un *ligand** qui se fixe sur plusieurs sites à sa surface.
  Par exemple, lors de l'utilisation d'un antisérum polyclonal et d'un antigène complexe, il y aura une multiplicité de réactions de liaison. Ces phénomènes de liaison sont caractérisés par la somme des effets de nombreuses réactions de liaison uniques exprimées dans un système d'essai donné. L'avidité dépend à la fois de l'*affinité** et de la valence des interactions. Notons que certaines immunoglobulines (ex. IgM) possèdent jusqu'à 10 sites de liaison à l'antigène par molécule. Par conséquent, l'avidité d'un IgM peut être supérieure à l'avidité d'une molécule d'IgG dimérique pour le même antigène.
  Syn. : affinité fonctionnelle.
- **Sélectivité** (n.f.) :
  1. Aptitude d'une *méthode** analytique ou d'un *instrument** à détecter qualitativement un groupe d'espèces chimiques, plus ou moins restreint, en présence d'autres composants contenus dans l'échantillon examiné.
  2. Aptitude d'une phase stationnaire à retenir sélectivement certaines molécules selon leurs caractéristiques chimiques (polarité, taille, etc.).
  3. Capacité d'une plante à prélever dans le milieu uniquement les éléments minéraux dont elle a besoin.
- **Spécificité** (n.f.) :
  1. Capacité d'une *méthode** analytique de mesurer quantitativement un paramètre physico-chimique, un analyte ou un groupement fonctionnel recherché parmi

d'autres substances, de structure et/ou de propriétés voisines, présentes dans un *mélange**.

Le manque de spécificité d'une méthode peut être d'origine instrumentale, comme l'élargissement de la bande d'absorption d'un *spectrophotomètre**, mais la plupart du temps, il est dû à la présence de substances interférentes qui vont « répondre » comme l'analyte recherché ou, au contraire, gêner sa réponse.

2. Capacité que présente une enzyme à se lier seulement à un ou à un nombre limité de *substrats** et de catalyser, ainsi, une seule réaction.

Affinité électronique/Électronégativité [Chim.phys.]

Angl. : electron affinity/electronegativity

- **Affinité électronique** (l.f.) : Grandeur physique mesurable d'un élément, le plus souvent électriquement neutre, correspondant à l'énergie libérée (affinité positive) ou absorbée (affinité négative) lorsqu'un atome isolé en phase gazeuse acquiert un électron supplémentaire, mesurée en kJ/mol. Plus la valeur d'affinité électronique est grande, plus l'élément est un bon capteur d'électrons et plus cette capture est stable.

  Syn. : électroaffinité.
- **Électronégativité** (n.f.) : Tendance d'un élément, dont un atome d'une entité moléculaire est engagé dans une liaison covalente avec un atome d'un autre élément, à attirer les électrons du reste de cette entité ou à attirer vers lui le doublet d'électrons engagé dans une liaison covalente à laquelle il participe. Si la différence d'électronégativité entre deux éléments n'est pas nulle, la liaison entre eux sera dite polaire.

  Le caractère ionique partiel d'une liaison est d'autant plus important que la différence d'électronégativité des éléments liés est plus élevée.

  Les éléments les plus électronégatifs se trouvent en haut et à droite du tableau de la classification périodique des éléments de Mendeleïev, les moins électronégatifs en bas et à gauche.

  L'électronégativité est une grandeur sans dimension qui est calculée et non mesurée. L'échelle de Pauling attribue arbitrairement le coefficient 4 au fluor, le plus électronégatif de tous. Parmi les autres atomes les plus électronégatifs on trouve : O = 3,5 ; N = 3,0 ; Cl = 3,0 ; Br = 2,8 ; C = 2,5 et I = 2,5.

Affinité électronique/Énergie d'ionisation [Chim.phys.]

Angl. : electron affinity/ionization energy

- **Affinité électronique** (l.f.) : Voir plus haut.
- **Énergie d'ionisation** (l.f.) : Énergie qu'il faut fournir à un atome neutre pour en arracher un ou plusieurs électrons et former un ion positif. L'énergie de première ionisation est l'énergie nécessaire pour l'extraction d'un électron à un atome neutre, l'énergie de deuxième ionisation pour l'extraction d'un électron supplémentaire. La production d'un ion positif divalent exigera donc une dépense d'énergie égale à celle de la somme des deux extractions. L'énergie d'ionisation est généralement exprimée en électron-volts ou en Joule/mole.

Aflatoxine/Alpha toxine [Tox.]

Angl. : aflatoxin/alpha toxin

- **Aflatoxine** (n.f.) : *Toxine** polycyclique produite par diverses souches de champignons microscopiques du genre *Aspergillus*. Ces champignons peuvent se développer dans certains aliments (arachides, avoine, blé, coton, maïs, orge, riz, sorgho, tourteaux de soja) mal conservés et dont l'*ingestion** peut provoquer une intoxication plus ou moins grave selon la quantité de toxine absorbée.

- **Alpha toxine** ou **Toxine alpha** (l.f.) : La toxine alpha fait référence à plusieurs *toxines** protéiques différentes produites par des bactéries, par exemple, la toxine alpha de *Staphylococcus aureus* crée des pores dans la membrane causant une hémolyse et des lésions tissulaires ; celle de *Clostridium perfringens* perturbe la membrane avec son activité phospholipase C, qui est directement responsable de la gangrène gazeuse et de la myonécrose, etc.

Agamospermie/Apomixie [Bot.]
Angl. : agamospermy/apomixis, apomixy

- **Agamospermie** (n.f.) : Ensemble des phénomènes apomictiques au cours desquels se forment des *graines**, sans l'intervention de phénomènes sexuels. Ex. les alchémilles (*Alchemilla* sp., Rosacées).
  L'agamospermie assure, généralement, l'obtention d'un nouvel individu génétiquement identique au parent femelle. Dans ces conditions, l'alternance de phases est supprimée.
- **Apomixie** (n.f.) : Forme de reproduction particulière dans laquelle la formation de nouveaux individus se fait sans *fécondation** et, donc, en l'absence de recombinaison des facteurs génétiques. Deux grands types de modalités peuvent être distingués :
  Agamospermie : apomixie avec formation de *graines** normalement constituées mais dont les embryons ne sont pas issus de l'union de deux gamètes. La constitution génétique de l'embryon est identique à celle de la plante-mère. Dans ces conditions, l'alternance de phases est supprimée. On distingue deux cas :
  • Apomixie gamétophytique : le sac embryonnaire peut être issu de la division mitotique d'une cellule du nucelle ou des téguments (aposporie), ou de la cellule-mère des méiospores (cellule archésporiale), mais sans *méiose** (apoméiose) ou à la suite d'une méiose escamotée, non réductionnelle (diplosporie).
  Dans ces conditions, les embryons peuvent se former par l'une des deux voies possibles : (i) l'oosphère n'intervient pas (apogamie), ce sont alors les autres cellules du sac embryonnaire, en particulier les synergides (exceptionnellement les antipodes) qui, en se multipliant, engendrent des embryons (polyembryonie) à 2*n* ; (ii) l'oosphère, qui devient vite diploïde par doublement spontané des *chromosomes**, se développe parthénogénétiquement en embryon. Ce cas est plus répandu, en particulier dans la famille des Astéracées. Bien que l'alternance de générations soit conservée, puisqu'il existe bien un sac embryonnaire, il n'en est pas de même de l'alternance de phases qui sont toutes diploïdes.
  Un cas particulier est celui du genre *Alchemilla* (Rosacées), où l'on trouve souvent dans la graine deux embryons, dont l'un dérive de l'oosphère et l'autre d'une synergide ou d'un antipode.
  • Formation d'embryons adventifs par le développement parthénogénétique d'un embryon à partir d'une cellule somatique diploïde (cellule du nucelle) (citronnier, oranger) ou, plus rarement, du tégument interne de l'ovule (aposporie). L'alternance de générations tout comme l'alternance de phases sont supprimées puisque le sac embryonnaire n'existe pas et que les embryons sont diploïdes.
  Multiplication végétative : apomixie sans formation de graines (boutures, marcottes, bulbilles, propagules…). C'est le cas, par exemple, de *Poa bulbosa* var. *vivipara* (Poacées), de *Polygonum viviparum* (Polygonacées) ou de *Kalanchoe* (Crassulacées)

qui produisent des bulbilles au lieu des fleurs (apoflorie). Tombée au sol, chacune d'elles engendre un nouvel individu feuillé.
Bien que beaucoup de plantes sauvages soient apomictiques naturellement, par exemple le pissenlit (*Taraxacum* sp.), très peu d'espèces cultivées possèdent ce caractère. Le transfert de ce caractère à ces dernières, notamment les espèces allogames, permettrait la conservation d'un génotype à grande échelle, sans perte de vigueur au cours des générations de multiplication grâce aux graines produites. Le maïs est la première espèce sexuée à laquelle on a réussi à faire prendre une forme apomictique. De plus, l'apomixie étant un caractère dominant par rapport au caractère de sexualité, le croisement entre un individu apomictique et un individu sexué aboutit à la fixation des hybrides dès la génération F1, d'où une simplification considérable de la production de semences hybrides. La création de variétés apomictiques apparaîtrait particulièrement utile pour les pays pauvres où les agriculteurs n'ont pas les moyens d'acheter de nouvelles semences à chaque nouveau semis. Elle permettrait également l'adaptation des plantes à leur environnement. Si la plante mère est bien adaptée à un environnement particulier, ainsi sera la descendance.
L'apomixie est pseudogame : la pollinisation est nécessaire pour le développement parthénogénétique de l'embryon.

Agar/Agarose [Bioch.]
Angl. : agar/agarose

- **Agar** (n.m.) : Les agars sont des polysaccharides complexes présents dans la matrice de la *paroi cellulaire** de certaines algues rouges, appartenant essentiellement à l'ordre des Gélidiales (*Gelidium corneum, G. amansii*) mais aussi des Gigartinales et des Céramiales.
  Les agars sont des polymères linéaires du galactose $(C_{12}H_{18}O_9)_n$ cyclisé en forme pyrane qui existe soit sous forme de β-D-galactopyranose simple, de galactopyranose-6-sulfate, de méthyl 3,6-galactopyranose ou de 3,6 anhydro-α-L-galactopyranose. La répétition du même motif diosidique de base, l'agarobiose, forme une longue molécule se présentant sous forme d'une spirale lévogyre dont la *masse molaire** est d'environ 12 000 $g.mole^{-1}$. Ces unités monomères sont liées alternativement par des liaisons β (1→4) et α (1→3).
  Il est formé de deux parties : environ 70 % d'*agarose** et 30 % d'agaropectines. L'agar est utilisé comme milieu gélifiant en microbiologie au-dessous de 40-50 °C à la *concentration** de 1,5 à 2 %.
- **Agarose** (n.m.) : Principal constituant de l'*agar**, extrait de diverses espèces d'algues rouges de la famille des Floridées (genres *Gelidium, Euchema, Gracilaria, Plerocladia* et *Porphyra*) au moyen d'eau bouillante. C'est un polysaccharide linéaire de haut *poids moléculaire**, constitué d'unités alternées de D-galactose et de 3,6-anhydro-L-galactose $(C_{12}H_{18}O_9)_n$.
  Souvent utilisé de préférence à la gélose parce qu'il gélifie à une température plus basse et ne contient pas les inhibiteurs de la croissance virale souvent présents dans l'agar. Il est également largement utilisé dans l'électrophorèse sur gel car il a une taille de pores plus uniforme que celle de l'agar.

Agent causal/Vecteur [Path.]
Angl. : causal agent, causal organism/vector

- **Agent causal** (l.m.) : Agent à l'origine d'un effet, d'un évènement ou d'une maladie. La relation est plus directe que dans le cas d'un facteur de risque. Ex. *Plasmodium** est l'agent causal du paludisme qui se transmet par la piqûre d'un moustique.
- **Vecteur** (n.m.) : Organisme (ex. insecte) qui transmet les agents *pathogènes** d'un hôte à un autre, sans qu'il présente lui-même des symptômes de maladie. Dans l'exemple précédent, le moustique est le vecteur du paludisme. Un vecteur peut agir comme hôte intermédiaire pour l'achèvement d'une partie du cycle de vie du pathogène.

Agent chimique/Arme chimique [Chim.]
Angl. : chemical agent/chemical weapon

- **Agent chimique** (l.m.) : Substance pure, diluée ou en *mélange**, utilisée intentionnellement pour produire un certain effet ou involontairement libéré lors de certains procédés de travail dans certains secteurs d'activités professionnelles. Ex. le mannitol ou le glucose servant à maintenir le potentiel osmotique d'un milieu nutritif.
  Dans le domaine de la guerre, un agent chimique fait référence à l'ingrédient contenu dans une *arme chimique** et il nécessite toujours un mécanisme pour son transport ou son utilisation. Les agents chimiques doivent être emballés dans un récipient approprié, tel qu'une ogive d'artillerie ou une bombe pour le transport.
- **Arme chimique** (l.f.) : Arme utilisant les propriétés toxiques de substances chimiques plutôt que leurs propriétés explosives pour produire des effets physiques ou physiologiques sur un ennemi ou sur la *végétation**. Le Protocole de Genève, signé en 1925, interdit l'utilisation d'armes chimiques dans la guerre.

Agglomération/Agrégation/Coagulation/Floculation [Chim.phys.]
Angl. : agglomeration/aggregation/coagulation, clotting/flocculation

- **Agglomération** (n.f.) : Association d'un grand nombre de particules qui sont étroitement liées entre elles sous forme d'agglomérats, à l'état sec (air) ou liquide, de forme généralement sphérique. Cette association est due à une liaison chimique telle que la liaison hydrogène, beaucoup plus forte que la force d'adhésion dans les particules agrégées.
- **Agrégation** (n.f.) :
  1. Regroupement dense d'organismes vivant étroitement ensemble mais moins intégrés qu'une société.
  2. Regroupement de particules en ensembles plus ou moins volumineux ou agrégats, amorphes, maintenu par des forces de van der Waals.
- **Coagulation** (n.f.) :
  1. Transformation irréversible d'une substance en solution ou en suspension en une masse plus ou moins compacte qui laisse exsuder un liquide.
  Ce phénomène est obtenu, dans le cas des substances protéiques, par chauffage, par acidification (voir pH isoélectrique) ou par réaction enzymatique (ex. caséine du lait coagulée par la présure), conduisant à la formation d'un gel irréversible. La coagulation des *protéines** s'effectue à une température de l'ordre de 50 à 80 °C selon la nature des protéines.
  Dans le cas du sang, formation d'un caillot grâce aux plaquettes permettant d'interrompre le saignement pour éviter l'hémorragie.

2. Procédé de traitement de l'eau permettant, par ajout d'un coagulant, de réduire les charges négatives portées par les particules en suspension dans l'eau (colloïdes). Leur *agglomération** est alors rendue possible, elle est suivie du phénomène de *floculation** puis de la précipitation.

- **Floculation** (n.f.) : Phénomène d'*agglomération** (insolubilisation) de particules en suspension colloïdale dispersée en agrégats de grandes tailles provoquant leur précipitation et la clarification du milieu dans lequel elles se trouvent. Elle est facilitée par l'ajout de floculants.
  La floculation des solutions protéiques est obtenue, par exemple, par acidification du milieu. Dans ces conditions, il n'y a pas de *dénaturation** importante de la structure physique des molécules protéiques mais une suppression des répulsions électrostatiques due à la modification de la valeur de leur charge électrique. Les molécules ne se repoussent plus les unes les autres, elles s'agrègent entre elles et forment des flocons qui précipitent (ex. floculation de la caséine sous l'action de l'acide lactique) ou qui flottent, selon leur densité par rapport à celle du milieu qui les contient. Il existe par ailleurs une floculation par la chaleur qui concerne les *protéines** de lactosérum, en particulier la bêta-lactoglobuline.

Agoniste/Antagoniste [Pharm., Physio.]
Angl. : agonist/antagonist

- **Agoniste** (n.m.) : Molécule qui se fixe sur les mêmes récepteurs cellulaires que la substance de référence et qui produit sensiblement le même effet principal, et donc entre en compétition avec elle. Un agoniste peut être soit une substance endogène produite par l'organisme (ex. hormone), soit un médicament qui réagit avec un récepteur en déclenchant une réponse physiologique ou pharmacologique caractéristique de ce récepteur (contraction, relaxation, sécrétion, activation enzymatique, etc.) (ex. le Subutex®, agoniste de la morphine). L'effet maximal obtenu dépend des substances en présence.
- **Antagoniste** (n.m.) : Se dit d'une substance qui s'oppose à l'action d'une autre substance, de structure généralement voisine. Habituellement, l'une prend la place de l'autre dans une réaction normale et celle-ci ne peut plus continuer à se dérouler avec l'antagoniste à la place du réactif ordinaire. Ex. dans le monde animal, une molécule se fixant sur le récepteur en prenant la place d'un neurotransmetteur ou d'une hormone ou d'une vitamine (antagonisme du dicoumarol vis-à-vis de la vitamine K) ; dans le monde végétal, en *nutrition** minérale un ion qui s'oppose à la pénétration d'un autre ion (antagonisme du calcium vis-à-vis du potassium).

Agrandissement/Grandissement, Grossissement/Résolution [Tech.]
Angl. : expansion/magnification/resolving power

- **Agrandissement** (n.m.) : Terme général désignant l'action d'agrandir (en dimensions, espace, importance, etc.) ou de s'agrandir ou résultat de cette action.
- **Grandissement, Grossissement** (n.m.) :
  1. De manière générale, le grossissement est défini comme le pouvoir à faire apparaître des objets plus importants qu'ils ne le sont.
  2. Pour un microscope, c'est le rapport de l'angle sous lequel on voit l'image nette à travers le microscope et de l'angle sous lequel on voit l'objet sans le microscope.
  Plus la distance focale est importante, plus le grossissement est important, et inversement. En microscopie optique, il est obtenu en multipliant la valeur donnée par l'oculaire (×10) par celle de l'objectif (×20) : le grossissement est donc de ×200.

Le grandissement d'un microscope électronique à transmission peut atteindre 500 fois celui d'un microscope optique et permet de distinguer la structure fine des cellules et des tissus.
Le grossissement d'une photographie imprimée est obtenu en multipliant les grossissements de l'objectif, de l'oculaire et du système photographique lui-même.

- **Résolution** (n.f.) : En optique, plus petite distance séparant deux objets ponctuels pouvant être perçue. Le pouvoir de résolution est limité par les aberrations, la qualité du récepteur, la diffraction. La limite dépend aussi de l'ouverture numérique du système optique, du contraste entre les objets et leurs formes.
  En microscopie, la limite de résolution est proportionnelle à la *longueur d'onde**. Les longueurs d'onde des électrons étant inférieures à celles des photons, le pouvoir de résolution de la microscopie électronique (environ 0,2 nm) est accru par rapport à la microscopie optique (environ 0,2 µm). Pour des objets plus petits que la longueur d'onde, la résolution des microscopes optiques est pratiquement indépendante de la longueur d'onde utilisée.
  En général, plus le *grossissement** est grand, plus la résolution est grande, mais ce n'est pas toujours exact. En effet, certaines limites pratiques de la conception de l'objectif (ex. diffraction par l'objectif) peuvent accroître le grossissement sans augmentation de la résolution.

Agrégation (n.f.) : Voir **agglomération**.

Agriculture/Agrologie/Agronomie/Horticulture [Agri. ; Agro]
Angl. : agriculture/agrology/agronomy/horticulture

- **Agriculture** (n.f.) *:* « Ensemble des travaux transformant le milieu naturel en milieu cultural pour la production des végétaux et des animaux utiles à l'Homme » (dictionnaire *Le Robert*).
  La production alimentaire repose à 90 % sur seulement une vingtaine d'espèces de plantes cultivées sur les 75 000 espèces dans le monde, considérées être *comestibles**.
- **Agrologie** (n.f.) : Science qui s'occupe du profil cultural (terre arable ; partie retournée par la charrue ou explorée par les racines) et son rapport avec l'*agriculture**, particulièrement la connaissance de leurs propriétés pour les cultures envisagées ; l'autre partie étant la pédologie qui s'intéresse à la zone juste en dessous.
- **Agronomie** (n.f.) : Science regroupant les connaissances et les recherches relatives à tous les aspects de la production agricole y compris les problèmes physico-chimiques (de la terre cultivée) et à leur gestion, biologiques (espèces cultivées, répercussions sur la faune et la flore) et économiques (étude des investissements, rentabilité...) en relation avec la pratique de l'*agriculture** ainsi que l'étude des pratiques et méthodes agricoles pour améliorer son *efficacité** et son *efficience**.
- **Horticulture** (n.f.) : Culture des plantes à fleurs (floriculture) et des plantes ornementales destinées à embellir les parcs, les espaces verts, les jardins, les rues ou les appartements.
  L'horticulture moderne est également un créneau commercial de plus en plus important, particulièrement dans les pays développés. Elle offre des opportunités d'emplois à des personnes possédant une grande variété de compétences et est soutenue par un nombre tout aussi important d'industries de services.

Aiguillon/Épine [Bot.]
Angl. : sting, prickle, thorn/spine

- **Aiguillon** (n.m.) : Excroissance dure et acérée, d'origine épidermique, non vascularisée et pouvant se détacher sans que l'écorce de la tige ou du rameau qui la porte soit endommagée. Ex. aiguillons des ronces (*Rubus*), rosiers (*Rosa*) ou de *Gleditsia triacanthos*, qui sont des tiges modifiées.
- **Épine** (n.f.) : Excroissance dure et acérée faisant corps avec le bois de la tige, des rameaux ou d'autres organes (dits épineux) et ne pouvant être détachée sans déchirure des fibres. Ex. épines de l'aubépine, du prunellier (Rosacées), de l'épine-vinette (Berbéridacées), du *Calycotome spinosa*, du *Capparis spinosa* (Capparidacées). Les épines des ajoncs et de nombreux cactus sont des feuilles totalement transformées.

Aire protégée/Parc national/Réserve naturelle [Écol.]
Angl. : protected area/national park/nature reserve

- **Aire protégée** (l.f.) : Territoire terrestre et/ou maritime, géographiquement délimité, dont la protection et la gestion sont assurées par une loi, une réglementation ou une politique sur l'utilisation des terres qui vise à limiter la présence ou les activités humaines qui menacent son intégrité environnementale afin d'assurer à long terme la conservation de la nature et des ressources naturelles et culturelles associées et de permettre aux processus écologiques de s'y dérouler naturellement.
  Les aires protégées englobent les paysages protégés, les *parcs nationaux**, les aires à aménagement intégré et les *réserves naturelles** d'espèces sauvages.
  Les zones humides, qu'elles soient littorales ou continentales, faisant partie des grandes voies de migration de l'avifaune sauvage, sont protégées par la convention de Ramsar (1971).
- **Parc national** (l.m.) : Espace naturel protégé, de surface étendue, contenant un ou plusieurs *écosystèmes** qui n'ont pas été matériellement altérés par les activités humaines, et abritant des espèces végétales et animales (endémiques ou rares, par exemple), des caractéristiques paysagères et des *habitats** d'un grand intérêt scientifique, ou de beauté, ou d'intérêt récréatif ou éducatif.
  Les parcs nationaux sont sous le contrôle direct de l'État, et l'exploitation des ressources naturelles y est normalement interdite, ainsi que tout aménagement urbano-industriel ou infrastructures routières en dehors des voies de servitude. Le public est autorisé à le visiter pour s'en inspirer, à des fins culturelles et récréatives ; la vocation touristique est un des objectifs reconnus des parcs nationaux dont la réglementation prévoit à cette fin des aménagements par exemple, des circuits balisés de randonnée, des points d'eau et des panneaux de signalisation. Dans certains biotopes sensibles à la surfréquentation touristique, le nombre de visiteurs est parfois plafonné à la capacité limite d'accueil du milieu.
- **Réserve naturelle** (l.f.) : Terme général désignant toute partie d'un *écosystème** terrestre et/ou aquatique bénéficiant d'un statut de protection partielle ou totale vis-à-vis des activités humaines.
  Les réserves naturelles peuvent abriter des vestiges géologiques et paléontologiques, des *écosystèmes** particuliers, des flores, des faunes, des paysages, des ressources naturelles, etc. Les écosystèmes protégés comprennent les forêts, les prairies, les hautes terres désertiques, les zones humides intérieures et les zones maritimes. Ces écosystèmes fournissent une variété de services tels que

l'approvisionnement en nourriture et en eau, la purification de l'eau et de l'air, la séquestration du carbone, la régulation des inondations et des sécheresses, l'écotourisme et les loisirs, et les refuges pour les espèces rares et/ou menacées.
Du fait de leur protection, les réserves naturelles constituent un lieu idéal pour l'observation, la recherche et l'expérimentation sur le comportement de la faune et de la flore qui s'y trouvent.

Aire de répartition/Habitat/Niche écologique [Écol.]
Angl. : distribution area/habitat/ecological niche

- **Aire de répartition** (l.f.) : Territoire dans lequel une espèce (ou un groupe d'espèces) donnée se développe naturellement en harmonie avec les conditions écologiques qui y prévalent.
- **Habitat** (n.m.) : Milieu physique naturel caractérisé par des conditions écologiques (de sol, *végétation**, eau, nourriture, température, humidité, etc.) globalement uniformes et constantes, dans une localité géographique déterminée, dans lequel un organisme prospère.
  Les plantes croissent dans des habitats qui diffèrent par la composition des sols, et en particulier leur contenu en minéraux. Par exemple, certains sols, bien que pauvres en éléments essentiels, conviennent pour certaines espèces, tandis que d'autres contiennent des minéraux toxiques à des *concentrations** suffisamment élevées pour empoisonner certaines espèces (ex. calcium, pour les plantes calcifuges ; sodium pour les glycophytes), alors que d'autres espèces y sont adaptées.
  Dans tout *écosystème**, il est fréquent qu'un habitat puisse contenir beaucoup de *niches écologiques** distinctes en maintenant de nombreuses espèces différentes.
  Syn. : station.
- **Niche écologique** (l.f.) : Terme définissant la place occupée par une espèce vivante végétale, animale ou microbienne dans un *écosystème**, caractérisée par des conditions écologiques optimales propres (climatiques, alimentaires, reproductives, relations avec d'autres organismes, interactions avec les facteurs du milieu, etc.) et qui détermine la biologie et la fonction de l'espèce considérée dans cet écosystème.
  La niche d'un organisme comprend donc son environnement (physique et biologique), ses comportements et ses interactions avec ces composantes. Il s'ensuit que deux espèces différentes ne peuvent occuper exactement la même niche écologique.

Ajustage/Réglage (d'un instrument de mesure) [Tech.]
Angl. : adjustment/setting

- **Ajustage** (n.m.) :
  1. Opération minutieuse destinée à amener les différentes pièces d'un *appareil** de mesure à un état de fonctionnement convenant à son usage, c'est-à-dire de sorte que les écarts de mesure soient aussi petits que possible ou que les valeurs des écarts de mesure ne dépassent pas les limites d'*erreur**.
  Cette opération met en jeu des outils et dispositifs qui ne sont pas normalement à la portée de l'utilisateur (ex. retouche des pièces mécaniques ou optiques). Elle est donc du ressort du fabricant de l'appareil, d'un laboratoire dédié ou d'un spécialiste en la matière (ajusteur).
  La mise au fil des couteaux d'une balance est un exemple d'ajustage.
  2. Résultat de cette opération.

- **Réglage** (n.m.) :
  1. Opération analogue à l'*ajustage** et qui consiste à amener un *appareil** de mesure à un fonctionnement et à une justesse convenable pour son usage mais utilisant uniquement les moyens accessibles à l'utilisateur habituel de l'appareil. Par exemple, le réglage de la netteté d'une image sous un microscope en agissant sur les vis de réglage grossier et fin accessibles sur le côté de l'appareil, réglage de l'horizontalité d'une balance analytique en agissant sur les pieds amovibles de l'appareil de sorte à amener la bulle de niveau au centre de la lunette.
  2. Résultat de cette opération.

Albinisme/Étiolement [Bot.]
Angl. : albinism/etiolation

- **Albinisme** (n.m.) : Absence de *pigment** (chlorophylle), décoloration totale, survenant à l'état spontané sur un végétal vert.
  Il diffère de l'*étiolement** en ce que la plante conserve ses proportions normales.
- **Étiolement** (n.m.) : État d'une plante devenant décolorée (par perte de chlorophylle) lorsqu'une condition vitale est absente ou insuffisante (manque d'air, de lumière, élément minéral, etc.). L'étiolement physiologique est typique des végétaux en croissance sous un faible éclairement ou dans l'obscurité totale. Il peut également résulter d'une densité de plantation trop élevée. L'étiolement est quelquefois utilisé comme un traitement préalable à l'enracinement des boutures. L'étiolement peut aussi être induit par certains *pathogènes** fongiques.
  La plante étiolée possède des feuilles réduites, peu développées dans le cas d'une Dicotylédone et des feuilles enroulées, parfois allongées dans le cas d'une Monocotylédone. Les entre-nœuds sont souvent anormalement fins et allongés et la lignification est réduite. Les *tiges** sont tendres et prédisposées au dégât physique et à l'attaque des insectes.
  La lumière renverse les effets de l'obscurité, favorisant le développement normal des feuilles et des entre-nœuds. Des changements anatomiques apparaissent à la lumière : plus grande lignification, différenciation de l'épiderme de la tige et formation des *poils**. Mais le changement biochimique le plus profond est le développement de chloroplastes photosynthétiquement actifs. C'est le verdissement, s'accompagnant de synthèse de la chlorophylle, de ribosomes, de lipides et de *protéines** (dont la synthèse des enzymes de la photosynthèse) et la différenciation du système membranaire. Le verdissement est aussi accompagné de processus sous la dépendance du phytochrome.

Albumen/Albumine [Bioch.]
Angl. : albumen, endosperm/albumin

- **Albumen** (n.m.) :
  1. Tissu de réserve de la *graine** entourant l'embryon chez les Angiospermes et servant à nourrir l'embryon au début de son *développement**. Ce tissu provient de la fusion d'un des 2 gamètes mâles avec les 2 noyaux centraux individualisés ou déjà unis du sac embryonnaire. Ce zygote accessoire a un niveau de ploïdie variable suivant les espèces. Il se divise ensuite pour constituer soit un syncytium (albumen nucléaire), soit directement un tissu (albumen cellulaire). Il persiste dans les graines albuminées (ex. ricin, maïs) et n'a qu'une existence transitoire dans les graines exalbuminées (ex. haricot, pois, soja).

La nature chimique des réserves accumulées est variable suivant le type de graines : amidon (albumen amylacé des Céréales), matières grasses (noix de coco, ricin), hémicelluloses (albumen corné des dattes), *protides** (pois, ricin).
La traduction anglaise d'albumen est « *endosperm* », à ne pas confondre avec l'*endosperme** des Gymnospermes.
2. Blanc d'œuf, représentant près de 58 % du poids d'un œuf et composé en grande partie d'eau et de *protéines**, servant à nourrir l'embryon de l'oiseau.

- **Albumines** (n.f.pl.) : Groupe de *protéines** de structure globulaire dont la caractéristique commune est de former des solutions colloïdales. Elles coagulent à la chaleur et précipitent dans les solutions salines saturées.
Les albumines sont présentes dans divers milieux naturels. On en trouve dans les Céréales, les protéagineux et les oléagineux sous forme de protéines de réserve, mais aussi dans le blanc d'œuf (ovalbumine) où elles constituent la presque totalité de la matière sèche, le lait (alpha-lactalbumine), dans le sérum sanguin (sérum-albumine). Dans ce dernier cas, l'albumine joue un rôle important dans le maintien de la *pression oncotique**, indispensable pour la bonne répartition des liquides entre les vaisseaux sanguins et les tissus, et elle transporte diverses substances, tels les acides gras, la bilirubine et divers médicaments, dans la circulation sanguine.
Leur composition en acides aminés varie avec l'organisme auquel elles appartiennent, généralement riches en lysine et bien équilibrées en acides aminés soufrés (cystéine, cystine et méthionine), ce qui leur donne une haute efficacité protidique.
Les albumines diffèrent des globulines par leur *solubilité** dans l'eau et leur grande stabilité dans les solutions de faible force ionique à leur point isoélectrique. Elles peuvent complexer ou insolubiliser certains métaux lourds d'où leur utilisation comme antidote des sels mercuriques. Elles coagulent sous l'effet de la chaleur, des acides (dénaturation) et de l'alcool, en entraînant les matières en suspension, ce qui justifie leur utilisation dans la clarification des boissons.
Dans le cas des *graines**, leur *extraction** se fait préférentiellement à partir de la farine par l'eau pure préalablement à leur extraction par des solutions salines.

Alcool/Aldéhyde [Chim.]
Angl. : alcohol/aldehyde

- **Alcool** (n.m.) : Composé organique contenant un groupement *hydroxyle** (–OH) attaché à un groupement alkyle. La formule générale d'un alcool est R–OH.
Les alcools peuvent être simples (monoalcools), multiples (plusieurs carbones de la molécule possèdent la « fonction alcool » –OH) ou complexes (la molécule comprend d'autres radicaux). Un alcool est désigné par le suffixe *-ol*. Ex. éthanol, méthanol.
- **Aldéhyde** (n.m.) : Composé organique contenant un groupement carbonyle : –COH. La formule générale est R–COH ou R–CHO pouvant donner par *oxydation** un acide organique (R–COOH) ou par réduction un alcool primaire (R–CH_2OH). On les distingue des cétones qui présentent deux groupements alkyles de part et d'autre du carbonyle. Un aldéhyde est désigné par le suffixe *-al*. Ex. éthanal, pentanal.

Alfa toxine (l.f.) : Voir **aflatoxine**.

Aliment/Nutriment [Alim.]
Angl. : food/nutrient

- **Aliment** (n.m.) : Se dit de toute matière d'origine agricole, transformée partiellement ou totalement, ou non transformée, consommée par un individu, capable de lui apporter des éléments énergétiques et plastiques nécessaires à la *croissance**, le *développement** et l'entretien de son organisme.
Les besoins de base de l'organisme animal ou humain correspondent aux dépenses nécessaires à l'entretien de la vie chez l'individu au repos, au maintien de la température du corps, au renouvellement des tissus, à la croissance chez l'enfant, à la grossesse et à l'allaitement. Chaque aliment peut être considéré comme une source spécifique de divers *nutriments** énergétiques ou non. C'est ainsi qu'on distingue 5 catégories d'aliments :
• le lait et ses dérivés, contiennent principalement des *protéines** d'origine animale, des glucides, des lipides en quantités variables, mais également des vitamines du groupe B, de la vitamine A (dans les produits non écrémés), du calcium et du phosphore ;
• les viandes, poissons et œufs, source importante de protéines animales, des lipides (en quantités variables, de fer héminique, de vitamines du groupe B, de la vitamine A, du phosphore ;
• les légumes verts et fruits, très riches en eau, leur apport en glucides est variable et ils sont riches en *fibres**, sels minéraux, vitamines (A et C) et provitamine A β-carotène, lycopène...). Leur cellulose facilite le transit intestinal ;
• les Céréales, les pommes de terre et les légumes secs sont riches en glucides complexes et en fibres (polysaccharides non assimilables, comme la cellulose). Ils sont également riches en protéines (de moindre qualité que celle des protéines animales), en sels minéraux (fer) et en vitamines du groupe B ;
• les matières grasses, source de vitamines liposolubles A (crème et beurre) et E (huiles riches en acides gras polyinsaturés), et d'acides gras essentiels (certaines huiles et margarines).
Environ 75 000 espèces de plantes dans le monde sont considérées être *comestibles** mais très peu sont utilisées pour la production alimentaire. Une vingtaine d'espèces seulement fournit 90 % de l'alimentation dans le monde.
Les aliments sources de nutriments énergétiques sont de composition très diverse et doivent être utilisés judicieusement. La valeur énergétique (ou pouvoir calorifique) d'un aliment dépend ainsi :
• de sa composition en nutriments oxydables ;
• de son utilisation digestive ;
• de son utilisation biologique, c'est-à-dire du stade ultime auquel l'oxydation a pu être poussée.
La valeur énergétique de ces aliments est donc très variable. Elle est, en gros, inversement proportionnelle à la teneur en eau et proportionnelle à la teneur en lipides des aliments. Minimale (environ 20 calories) pour les légumes très hydratés, elle s'élève pour des corps gras (900 calories et plus).
Une *alimentation** équilibrée résulte d'une combinaison de ces groupes d'aliments, en appliquant des règles d'équivalence et de variété (substitution des aliments entre eux). Les graisses, les huiles et les glucides devraient être consommés avec modération.
- **Nutriment** (n.m.) : Molécule ou élément nutritif résultant de la dégradation des *aliments** au cours de la digestion et directement utilisable par les cellules pour leur

métabolisme, nécessaire à la *croissance**, au *développement** et à l'entretien des fonctions vitales d'un organisme donc à sa *nutrition** (ex. acides aminés, glucose…).
On distingue :
• les macronutriments : *protides**, glucides et lipides (sources de carbone et d'azote, sources énergétiques) ;
• les micronutriments : vitamines, sels minéraux et oligoéléments, *fibres** végétales, etc.
Un nutriment utile pour un organisme peut ne pas l'être pour un autre. De plus, pour un même organisme et selon le stade physiologique de développement, un nutriment peut être ou non utile.
Un nutriment est considéré comme essentiel lorsque sa carence provoque des symptômes cliniques reconnaissables qui disparaissent par addition de ce nutriment au régime alimentaire.
Certains nutriments utiles pris à doses élevées, peuvent s'avérer toxiques ou inhibiteurs de certaines fonctions vitales chez le consommateur. Tel est le cas de l'excès de vitamine D, d'acides gras insaturés, de méthionine, etc.
Pour les organismes autotrophes (plantes, cyanobactéries), il s'agit surtout d'azote sous forme de nitrates et de phosphore sous forme de phosphates, de potassium, de calcium et de magnésium mais aussi de divers oligoéléments.

Aliment diététique/Produit de régime [Alim.]
Angl. : dietetic food/diet product

- **Aliment diététique** (l.m.) : Désigne un produit, qui bien que non médicamenteux, est spécifiquement préparé ou transformé pour satisfaire des besoins nutritionnels de certaines catégories de consommateurs « bien portants » (sportifs, travailleurs de force, femmes enceintes). Il s'agit d'un *aliment** naturel de base auquel on a ajouté ou non d'autres éléments naturels pour en augmenter la valeur biologique.
- **Produit de régime** (l.m.) : Produit fournissant les *nutriments** et les besoins énergétiques nécessaires à une personne ou à un animal mais auquel on a retranché les éléments incompatibles avec l'*hygiène nutritionnelle** imposée par certaines affections de l'organisme (aliments hypoglucidiques pour les diabétiques, hyposodés pour l'albuminurie et les maladies cardiovasculaires, hypocaloriques pour la perte de poids).

Alimentaire/Comestible [Alim.]
Angl. : alimentary/edible, eatable, comestible

- **Alimentaire** (adj.) : Tout ce qui se rapporte à la nourriture permettant à un organisme vivant de fonctionner.
- **Comestible** (adj.) : Se dit d'une matière ou substance qui peut être mangée par l'Homme ou l'animal sans nuire à la santé.

Alimentation/Nutrition [Alim.]
Angl. : 1. alimentation, feeding, 2. food/nutrition

- **Alimentation** (n.f.) :
  1. Action d'alimenter, de s'alimenter.
  2. Produits servant à alimenter.

  L'alimentation apporte en premier lieu des *nutriments**, mais aussi une petite quantité de substances variées (d'origine naturelle ou synthétique), dépourvues de valeur nutritionnelle mais qui augmentent l'*appétence** pour les *aliments**.

Les modalités de l'alimentation sont très différentes selon les espèces. Les végétaux verts sont photoautotrophes, c'est-à-dire qu'ils élaborent leur matière organique à partir de composés minéraux simples, grâce à leur pouvoir photosynthétique. En revanche, les végétaux non chlorophylliens et tous les animaux sont hétérotrophes, c'est-à-dire qu'ils récupèrent de la matière organique soit à partir de végétaux ou d'animaux, soit de la matière organique en décomposition.

- **Nutrition** (n.f.) :
  1. Fonction vitale par laquelle, tout être vivant, prélève dans son milieu, les molécules indispensables à sa *croissance**, à l'intégrité structurelle et biochimique de ses cellules, assurant ainsi sa viabilité et son potentiel de reproduction.
  La nutrition des végétaux est conditionnée par la présence ou non de la chlorophylle, *pigment** vert. Les végétaux verts sont les seuls capables d'élaborer des substances organiques à partir du dioxyde de carbone atmosphérique et de l'eau. Ils sont dits photoautotrophes. En revanche, pour les plantes non chlorophylliennes, la vie parasitaire est une nécessité absolue (ex. cuscute, orobanche).
  2. Science qui étudie les transformations physiologiques et biochimiques des *aliments** dans le système digestif.

Allèle/Caractère [Génet.]
Angl. : allele/character, trait

- **Allèle** (n.f.) : Désigne chacune des différentes formes alternatives possibles d'un même gène, relatives au même caractère. Sur des *chromosomes** *homologues** d'une même paire (dans le cas d'un individu diploïde), les allèles occupent la même position ou locus, en regard l'un de l'autre. L'un est d'origine paternelle et l'autre d'origine maternelle. Deux allèles commandent respectivement deux états d'un même caractère phénotypique. Ces deux états sont appelés des allélomorphes (ex. couleurs jaune et verte des graines de pois). Il y a donc pour un génotype autant d'allèles présents pour un gène que le niveau de ploïdie (si les chromosomes sont suffisamment homologues). Leur expression résultante étant déterminée par leur dominance-récessivité relative ainsi que par de complexes mécanismes en réglant l'expression. Plusieurs situations :
  • si les deux allèles sont identiques, leur expression aboutit au caractère associé ;
  • s'ils sont différents et s'expriment tous les deux, on dit qu'ils sont codominants ;
  • s'ils sont différents et qu'un seul s'exprime, l'allèle qui s'exprime est appelé allèle dominant, l'allèle qui ne s'exprime pas est appelé allèle récessif.
- **Caractère** (n.m.) : Tout aspect distinctif (ou propriété biologique) d'un organisme, d'une population ou d'un groupe taxonomique pouvant être décrit (caractère qualitatif), mesuré, compté ou quantifié (caractère quantitatif) et utilisé pour une *identification** ou *diagnose**.
  Un caractère peut être morphologique (forme des feuilles, pétales, poils sécréteurs), anatomique (insertion des étamines par rapport au pistil), physiologique (parasitisme), biochimique (*pigment**, réserves lipidiques, protidiques ou amylacées, *latex**, *toxines**) ou biologique (viviparité).
  En *génétique**, un caractère est un aspect, une propriété biologique ou un phénomène dont on peut étudier le déterminisme génétique à travers les modalités de sa transmission héréditaire, par exemple le groupe sanguin ABO ou la couleur de la *fleur**.
  Un caractère génétique étant souvent polygénique, et les divers *allèles** d'un gène ne s'exprimant pas tous.
  Syn. : forme allélique.

Allèle mutant/Allèle sauvage [Génet.]
Angl. : mutant allele/wild-type allele

- **Allèle mutant** (l.m.) : Allèle résultant d'une réplication incorrecte d'une partie d'un *chromosome** pendant la *méiose**. Il y a *mutation** du gène correspondant, généralement récessif. Les allèles mutants sont indiqués par des lettres capitales (cas des allèles dominants) ou des lettres minuscules (cas des allèles récessifs). Les allèles mutants sont à l'origine des caractéristiques particulières d'individus mutants différant des individus de référence, dits sauvages.
- **Allèle sauvage** (l.m.) : Désigne un allèle de référence, le plus courant dans les *populations** naturelles (sauvages) de l'espèce ou l'allèle qui commande une caractéristique commune à la majorité des individus.

Allergie alimentaire/Intolérance alimentaire [Alim.]
Angl. : food allergy/food intolerance

- **Allergie alimentaire** (l.f.) : Réaction d'hypersensibilité du système immunitaire qui se déclenche rapidement après l'*ingestion** de certaines substances étrangères (bactérie, pollen, poussière, substance chimique...) qui ne présentent, habituellement, pas de danger pour la plupart des individus. Elle se manifeste surtout par des réactions cutanées ou des tissus conjonctifs (ex. urticaire, eczéma, œdème), parfois par des crises d'asthme, des vomissements, etc. Elle peut être causée à la suite de la seconde rencontre (sensibilisation) avec l'allergène en cause ou à la première rencontre (hypersensibilité). Elle implique souvent des anticorps IgE.
  Les allergies alimentaires le plus fréquentes sont dues à l'œuf de poule, au lait, aux fraises, au chocolat, aux poissons, aux crustacés, à l'arachide ou fruits à coque. Au total, ce seraient plus de 160 *aliments** qui auraient été associés à une réaction allergique, même si 90 % des allergies sont causées par les quelques aliments cités ci-dessus.
- **Intolérance alimentaire** (l.f.) : Impossibilité de digérer certains *nutriments** en raison de l'absence dans l'organisme des enzymes indispensables à leur *digestion**. En cas de déficit enzymatique, l'organisme peut avoir du mal à digérer un nutriment et des troubles digestifs (maux de ventre, diarrhée...), peuvent apparaître quelque temps après l'*ingestion** de l'aliment. Le cas le plus connu est celui de l'intolérance au lactose qui, chez les sujets prédisposés (déficients en lactase), provoque ballonnements et inconfort gastrique.

Amendement/Engrais [Agro.]
Angl. : soil improvement, enriching agent, manuring agent/manure

- **Amendement (d'un sol)** (l.m.) :
  1. Substance visant à améliorer la qualité (propriétés physiques, chimiques et/ou biologiques) des sols, sans qu'elle joue, en général, par elle-même un rôle fertilisant. L'humus est à la fois un *engrais** et un amendement en permettant à l'oxygène d'atteindre plus facilement les racines et au sol de retenir mieux *nutriments** et humidité.
  2. Opération visant à améliorer les propriétés physiques d'un sol par apport de substances organiques ou chimiques.
- **Engrais** (n.m.) : Substance destinée à apporter aux plantes les minéraux dont elles ont besoin pour pousser et produire de meilleurs rendements, essentiellement azote, phosphate et potasse, seuls ou combinés. L'application de quantités excessives

de certains engrais ou l'utilisation répétée d'un même engrais peut avoir des conséquences néfastes pour les sols ou les produits consommés.

Les engrais peuvent être des produits chimiques (engrais artificiels) ou organiques (ex. *composts**). Les premiers agissent rapidement et sont utilisés pour des problèmes aigus (ex. carence en phosphate). Les seconds, en plus de leur rôle fertilisant, sont utilisés pour améliorer la qualité physique générale du sol à long terme (rôle d'amendement).

Les engrais verts sont des plantes, souvent des légumineuses (comme la luzerne, le trèfle ou la vesce) ou des plantes fourragères qui vont se développer entre deux cultures, souvent semées, choisies pour leur *croissance** rapide et leur large couverture au sol, afin de protéger et d'améliorer le sol en l'enrichissant en azote. Elles ne seront pas récoltées mais fauchées, broyées et laissées sur place et parfois incorporées dans la première couche de sol ou utilisées comme paillis.

Certains engrais sont spécifiques à certains types de légumes (ex. légumes à feuilles, tomates, plantes à tubercules, etc.) ou à d'autres plantes.

Amertume/Astringence [Alim.]

Angl. : bitterness/astringency

L'astringence est souvent confondue avec l'amertume car beaucoup d'individus ne comprennent pas clairement sa nature, et de nombreux polyphénols ou tanins provoquent à la fois des sensations astringentes et amères.

- **Amertume** (n.f.) : Sensation purement gustative, dont les récepteurs sont concentrés vers l'arrière de la langue et de la gorge. Elle est parfois confondue avec la sensation acide/aigre, mais elle peut en être distinguée assez facilement en raison de sa réponse lente et de la concentration de la perception à l'arrière de la langue et de la gorge.

  La sensation d'amertume persiste même après l'*ingestion** de l'*aliment**. L'amertume est donc caractérisée par sa force et sa durée. La douceur a tendance à masquer l'amertume, ce qui en diminue l'intensité perçue.

  L'amertume est parfois recherchée comme dans le cas du thé et du café où elle est attribuée à certains de leurs constituants dont, respectivement, la théine et la caféine.

  L'amertume existe dans certains fruits, tels que les agrumes, les baies, les pommes et dans des produits tels que le cidre et certains jus de fruits. L'amertume est rarement perçue dans les fruits mûrs, car les composés amers sont produits généralement dans les fruits immatures. Les composés phénoliques sont les composants les plus courants causant l'amertume dans les fruits.

- **Astringence** (n.f.) : Perception d'âpreté (resserrement des muqueuses buccales) en bouche due à des substances particulières contenues dans certains produits végétaux. Ex. fruits non mûrs, artichaut cru, coings, etc.

  L'astringence est due à la complexation des tanins ou d'autres polyphénols naturels avec les *protéines** dans la salive pour former des précipités. Les composés phénoliques tels que l'acide gallique, la catéchine et l'acide tannique présentent à la fois une *amertume** et une astringence dont l'intensité croît avec leurs *concentrations**.

  L'astringence augmente généralement avec le *poids moléculaire**. Les tanins les plus astringents sont souvent des tanins condensés.

  L'astringence des fruits diminue avec leur maturation, car les flavonoïdes, principaux composés astringents, polymérisent en composés sensoriels inactifs.

L'astringence n'est pas un *goût** primaire. De nombreuses molécules astringentes sont amères et ces sensations peuvent être confondues et ne peuvent être distinguées que par des dégustateurs experts.
Une trop forte astringence, tout comme l'amertume, est considérée comme un facteur sensoriel négatif, et pourrait donc affecter négativement le plaisir des *aliments**.

Amide/Amine [Chim.]
Angl. : amide/amine

- **Amide** (n.f.) : Désigne une molécule organique dérivée d'un acide carboxylique où un groupement carbonyl est lié à un groupement amine, de formule générale : $R\text{-}CONH_2$. Ex. asparagine, glutamine, etc. Dans une *protéine**, les acides aminés adjacents sont liés par leurs groupements amides ou liaison peptidique. Une telle liaison est formée par l'élimination d'une molécule d'eau (un groupement hydroxyle du groupe α-carboxyle d'un acide aminé et un atome d'hydrogène du groupe α-aminé d'un autre).
- **Amine** (n.f.) : Composés azotés, généralement des gaz ou des liquides, qui dérivent de l'ammoniac NH_3 par remplacement d'un, de deux ou de trois de ses atomes d'hydrogène par des groupes carbonés. La fonction amine recouvre un ensemble très étendu de composés. On parle d'amine primaire (RNH_2), secondaire (R_2NH) ou tertiaire (R_3N) suivant qu'un, deux ou trois hydrogènes ont été substitués.
  On parle aussi de fonction amine ($-NH_2$) dans les acides aminés par exemple et de polyamines pour des molécules aliphatiques linéaires présentant plusieurs fonctions amines. Ex. la putrescine ($NH_2(CH_2)_4NH_2$).
  Les amines sont passablement volatiles, à *odeur** semblable à l'ammoniac. En solution aqueuse, le groupe aminé peut accepter un proton et porter une charge positive.

Amplitude/Magnitude [Phys.]
Angl. : amplitude/magnitude

- **Amplitude** (n.f.) :
  1. L'amplitude d'une variable est simplement une mesure du changement par rapport à sa position centrale.
  2. Différence entre le point le plus élevé (crête) et le point le plus bas d'une onde.
  3. Dans le cas d'une onde sinusoïdale, valeur maximale obtenue par l'onde, dans le sens positif ou négatif.
  4. Pour un signal électrique issu d'un appareil de mesure et transmis à un enregistreur analogique ou numérique, l'amplitude correspond à sa valeur maximale.
  5. L'amplitude thermique en un lieu donné correspond à l'écart journalier mesuré entre la température minimale et la température maximale.
  6. En statistique, l'amplitude est la différence entre la plus grande et la plus petite valeur d'une série de données.
  7. L'amplitude de la marée est la différence entre la hauteur de la pleine mer et de la basse mer qui la suit. C'est un paramètre très variable dont le coefficient est connu pour chaque lieu et chaque date et que l'on trouve dans un annuaire des marées. Sa valeur maximale est de 120.

- **Magnitude** (n.f.) :
  1. En physique, mesure de la distance ou de la quantité d'une variable quelle que soit sa direction.
  2. En géophysique, paramètres permettant de quantifier l'énergie d'un séisme, calculés à partir de l'*amplitude** du signal enregistré sur le sismogramme.
  3. En *écologie**, ce terme est parfois utilisé pour faire état du nombre d'espèces composant la *biosphère**.

Analogue/Homologue [Biol.]

Angl. : analogous/homologous

- **Analogue** (adj.) : Se dit d'organes de même forme ou assurant la même fonction mais de natures ontogénétiques (origines) différentes. Par exemple, les *épines** peuvent être de nature caulinaire, foliaire ou stipulaire. Deux plantes ne sont, donc, pas forcément parentes parce qu'elles ont des épines. Ce caractère adaptatif constitue souvent un moyen de protection contre les herbivores. Dans le monde animal, les branchies chez les poissons et les poumons chez les mammifères, réalisant une même fonction (respiration) dans des organismes non apparentés, sont des organes analogues.
- **Homologue** (adj.) : Se dit d'organes de même nature (de même origine embryologique), mais de formes différentes. Par exemple, dards, *cladodes** et *stolons** sont de nature caulinaire, mais totalement différents. Ces ressemblances ou homologies sont imputables à des ancêtres communs. Seules les homologies sont utiles pour construire des *arbres phylogénétiques**.

Anémochorie/Anémogamie/Anémophilie [Bot.]

Angl. : anemochory/anemogamy/anemophily

- **Anémochorie** (n.f.) : Condition des plantes dont les *semences** sont disséminées par le vent.

  Les fruits développent divers appendices (aigrettes de poils, ailes membraneuses) leur facilitant le transport par le vent. Le pollen des gymnospermes est toujours disséminé par le vent. Les Orchidées élaborent une quantité innombrable de minuscules *graines** dépourvues de tissus de réserve, lesquelles sont disséminées par le vent comme de la poussière. Autres exemples : les ailes des *infrutescences** de tilleul, des samares d'orme, du frêne, de l'érable, poils des graines des saules et du peuplier, aigrettes des akènes du pissenlit ou les akènes plumeux de nombreuses autres Astéracées.

  Par extension, ce terme désigne aussi l'adaptation à ce mode de *dissémination**.
- **Anémogamie, anémophilie** (n.f.) : Condition des plantes (dites anémophiles) dont le *pollen** est disséminé par le vent.

  Les plantes anémophiles ont souvent des *fleurs** mâles plus nombreuses que les fleurs femelles, des sépales et des pétales peu développés ou absents (ce qui les rend particulièrement réceptifs), pas de parfum ou de nectar. Elles ont des anthères suspendues à de longs filaments afin de permettre au pollen de se disperser librement et produisent de grandes quantités de grains de pollen qui sont parfois ailés, pour faciliter leur *dispersion**. Leurs stigmates sont bien apparents. De nombreux Conifères, le bouleau, le châtaignier, le chêne, le noisetier, les Poacées sont pollinisés par le vent.

  Syn. : anémogamie.

Antagonisme/Compétition [Physio., Écol.]
Angl. : antagonism/competition

- **Antagonisme** (n.m.) : Interaction se traduisant par la diminution d'un facteur ou d'un phénomène sous l'action d'un autre facteur ou phénomène. Ex. Dans le monde végétal, en *nutrition** minérale, les ions Ca inhibent l'absorption du K, du Mg et du Fe ; dans le monde animal, une molécule se fixant sur le récepteur en prenant la place d'un neurotransmetteur ou d'une hormone.
  L'antagonisme est souvent dû à une analogie conformationnelle des deux substances en jeu.
  Ant. : synergie.
- **Compétition** (n.f.) : Interaction négative entre les individus de la même espèce (compétition intraspécifique) ou d'espèces différentes (compétition interspécifique) pour l'utilisation de ressources restreintes d'un territoire (nourriture, espace, etc.). La compétition interspécifique peut aussi être due à l'émission par une espèce de substances toxiques pour une autre.
  Dans des cas extrêmes, la compétition peut aboutir à l'élimination d'une ou de plusieurs espèces, se répercutant ainsi sur la densité et la répartition et, par conséquent, l'évolution d'un peuplement végétal dans son biotope.

Antagoniste (n.m.) : Voir **agoniste**.

Anthèse/Floraison [Bot.]
Angl. : anthesis/flowering, blossoming, efflorescence

- **Anthèse** (n.f.) : Période d'épanouissement de la *fleur** pendant laquelle ses pièces florales s'ouvrent pour laisser échapper (anthères) ou recevoir (gynécée) le *pollen** mûr et fonctionnel.
- **Floraison** (n.f.) : Moment où les *fleurs** d'une plante sont épanouies.
  L'aptitude à la floraison est sous la dépendance de divers facteurs internes (substances de croissance) et externes (photopériode, froid...) variables selon les espèces végétales considérées.
  Il existe également des plantes qui ne fleurissent qu'une fois au cours de leur cycle de vie (plantes monocarpiques), alors que d'autres fleurissent à plusieurs reprises, parfois au cours d'une même année (plantes polycarpiques).

Anthropochorie/Anthropophilie [Bot.]
Angl. : anthropochory/anthropophily

- **Anthropochorie** (n.f.) : Condition des plantes (dites anthropochores) dont les *semences** (spores, *graines**, akènes, etc.) sont disséminées par actions et déplacements de l'Homme, intentionnellement (introduction dans un milieu naturel pour des raisons agricoles ou ornementales) ou le plus souvent involontairement (par les véhicules, les semelles, les transports de marchandises, etc.).
- **Anthropophilie** (n.f.) : Condition des plantes (dites anthropophiles) dont les *grains depollen** sont disséminés par actions et déplacements de l'Homme. Ex. espèces cultivées, mauvaises herbes.

Antibiotiques/Antiseptiques/Bactériocines [Micr.]
Angl. : antibiotics/antiseptics/bacteriocins

- **Antibiotiques** (n.m.pl.) : Substances produites par des organismes vivants (champignons ou certaines bactéries) et qui tuent ou inhibent, de manière plus ou moins sélective, la croissance d'autres organismes.
  Les principaux groupes d'antibiotiques, selon leur mode d'action, sont les suivants :
  • les inhibiteurs de synthèse de la paroi bactérienne sont des bactéricides, comme la pénicilline, le premier antibiotique découvert par Fleming, synthétisée par le champignon *Penicillium notatum* et les céphalosporines ;
  • les inhibiteurs de la synthèse protéique bactérienne, comme les sulfamides qui inhibent la synthèse de l'acide folique, vitamine indispensable à la biosynthèse des nucléotides ; les tétracyclines ; les aminoglycosides ; l'érythromycine et le chloramphenicol.
  D'autres antibiotiques inhibent les enzymes de la réplication (ex. novobiocine), de la transcription (ex. actinomycine D), ou de la traduction (ex. streptomycine) ou perturbent la perméabilité de la membrane cytoplasmique (ex. amphotericine).
  Plusieurs antibiotiques sont largement utilisés en médecine pour traiter les *infections** bactériennes des êtres humains et des animaux, mais souvent la résistance des bactéries à des antibiotiques particuliers est rapidement acquise par *mutation** ou par transfert de *plasmides** d'un organisme à un autre par conjugaison ou transduction ou encore par des bactériophages. Aujourd'hui, la résistance des bactéries aux antibiotiques est un problème mondial de santé publique qui ne cesse de s'aggraver. Certains antibiotiques utilisés en médecine sont entièrement synthétisés par voie chimique, d'autres sont modifiés chimiquement afin d'améliorer leur *efficacité** et d'autres sont combinés avec d'autres molécules pour leur redonner de l'efficacité.
  Dans certains pays (ex. États-Unis), de petites quantités d'antibiotiques sont ajoutées à l'*alimentation** animale (quelques grammes par tonne), ce qui a entraîné une amélioration de la *croissance**, éventuellement par contrôle des infections douces ou en modifiant la population de bactéries intestinales et donc modifier la *digestion** et l'*absorption** de nourriture.
  Les antibiotiques de synthèse fabriqués aujourd'hui reposent sur le même principe initial : inhiber la croissance (action bactériostatique) de certains micro-organismes ou les détruire (action bactéricide).
  Les différents antibiotiques diffèrent, entre autres, par leur mode d'action, leur *spécificité** et leur spectre d'action (nombre de types différents de bactéries atteintes) plus ou moins large.
- **Antiseptiques** (n.m.pl.) : Substances ou préparations ayant la propriété de détruire ou d'inhiber la *croissance** des micro-organismes sur la surface corporelle (peau saine, plaies) ou des muqueuses. Dans le premier cas où les micro-organismes sont tués, on parle de bactéricides, fongicides, virucides, sporicides, etc. ; dans le cas d'une simple inhibition de la croissance, on parle de bactériostatiques, fongistatiques, virustatiques, etc. selon l'organisme ciblé.
  Les antiseptiques diffèrent des désinfectants dans la mesure où ils peuvent être employés sans danger aussi bien sur la peau ou les muqueuses de l'organisme que sur une peau lésée afin de nettoyer les plaies et de prévenir les *infections**.
  Il existe de très nombreux antiseptiques : le permanganate de potassium ($KMnO_4$), l'eau oxygénée (H_2O_2), l'hypochlorite de sodium (NaOCl entrant dans la composition

de la liqueur de Dakin), l'iode, les sels d'argent, les phénols, les dérivés de l'ammonium quaternaire, les sulfamides, les antibiotiques, etc.
Les antiseptiques diffèrent par leur temps d'action, leur rémanence, leur tolérance et leur plus ou moins grande zone d'action.

- **Bactériocines** (n.f.pl.) : Groupe de petites molécules de nature protéique synthétisées par voie ribosomique, modifiées ou non post-traductionnellement et sécrétées dans le milieu extracellulaire par de nombreuses bactéries lactiques lors de leur *croissance**. Elles sont douées d'activité antimicrobienne envers des espèces microbiennes phylogénétiquement proches de l'espèce productrice.
  Leur spectre d'activité varie d'une bactériocine à une autre mais avec une activité dirigée principalement contre les bactéries à Gram+. Les bactéries à Gram- sont plus résistantes aux bactériocines car elles sont protégées par leur paroi externe qui empêche les bactériocines d'atteindre la membrane interne, siège de leur activité.
  Les bactériocines diffèrent des *antibiotiques** cliniques en termes de synthèse, de mode d'action, de toxicité et de mécanismes de *résistance**.
  De plus, les organismes qui présentent une résistance aux antibiotiques ne sont généralement pas résistants aux bactériocines. Cette distinction est importante et signifie que les bactériocines peuvent être utilisées pour des applications alimentaires. La bactériocine la plus connue est la nisine produite par *Lactococcus lactis* ssp. *lactis*. C'est la seule bactériocine, commercialisée sous le nom de Nisaplin™ (DANISCO, Copenhague, Danemark) depuis 1953, autorisée comme *additif alimentaire** aux États-Unis depuis 1968 et en Europe depuis 1995.
  Bien qu'elles aient fait l'objet de beaucoup d'attention ces dernières années, les bactériocines, contrairement aux antibiotiques, ne sont pas actuellement utilisées à des fins cliniques.

Antidiabétique/Hypoglycémiant [Méd.]
Angl. : antidiabetic/hypoglycemic, glucose-lowering

- **Antidiabétique** (adj.) : Qui combat le *diabète** en abaissant le taux de sucre sanguin.
  On distingue l'insuline (utilisée en injection) et les antidiabétiques oraux : sulfamides *hypoglycémiants**, biguanides, etc.
  Le diabète de type 1 est traité avec la large gamme de formulations d'insuline. Le diabète de type 2 est traité principalement avec des hypoglycémiants oraux, mais dans certains cas, l'insuline peut être nécessaire.
  L'action des antidiabétiques oraux peut se faire par différents mécanismes :
  • limitation de l'insulino-résistance (ex. biganides) ;
  • stimulation de la sécrétion pancréatique d'insuline (ex. sulfamides) ;
  • ralentissement de l'absorption des glucides alimentaires (ex. inhibiteurs d'alpha-glucosidase).
- **Hypoglycémiant** (adj.) : Se dit d'une substance qui diminue la teneur de glucose dans le sang (valeurs inférieures à 70 mg/dL).
  L'hypoglycémie est provoquée le plus souvent dans le *diabète** sucré, à la suite d'un surdosage d'insuline ou de médicaments, comme les sulfonylurées, qui favorisent la sécrétion d'insuline ou d'un apport insuffisant en glucides ou lors d'un jeûne prolongé.
  L'hypoglycémie peut survenir par d'autres facteurs que la prise d'antidiabétiques.
  Des altérations génétiques peuvent entraîner la diminution ou l'absence des enzymes impliquées dans la synthèse ou la dégradation du glycogène. Généralement, ces troubles sont connus sous le nom de maladies de stockage du glycogène (GSD)

ou glycogénose. Ils sont caractérisés par l'accumulation de niveaux anormaux de glycogène dans les tissus. Par exemple, la maladie de Von Gierke, due à une déficience de la glucose-6-phosphatase, se traduit par accumulation de glycogène dans le foie et dans le rein et donc d'une hypoglycémie.
L'hypoglycémie est également causée par une ingestion excessive d'alcool et par certaines maladies, telles que les tumeurs des *îlots de Langerhans** du pancréas (insulinomes). De même, la réduction du cortisol provoque une hypoglycémie.

Antimousse/Démoussant [Chim.]
Angl. : antifoam, antifoaming agent/defoaming agent

- **Antimousse, antimoussant** (n.m.) : Moyen mécanique ou, généralement, produit qui empêche la formation d'interfaces gaz/liquide stables dans la solution : il s'agit de prévenir la formation de mousses stables. Ce qui veut dire concrètement que l'antimousse est ajouté avant que la mousse soit éventuellement susceptible de se former.
Des antimousses chimiques (ex. $C_{2n+2}H_{4n6n}O_2$, polyéthylène glycol ; $C_2H_6OSi)_n$, diméthyl-polysiloxane) sont ajoutés pour empêcher ou limiter la formation de mousse stable dans un milieu ou lors du processus de fabrication de certains produits alimentaires (ex. fabrication du sucre, des fruits confits ou de la levure) ou durant la lyophilisation. Dans l'industrie des *biotechnologies**, la présence de mousses s'avère particulièrement désastreuse dans les fermenteurs car elle entraîne des pertes de *productivité**.
Au laboratoire, on utilise également des agents antimoussants pour régulariser l'ébullition. L'octanol, les huiles sulfonées, les silicones, etc. sont aussi utilisés pour réduire la formation de mousse en présence de *protéines** dissoutes.
- **Démoussant** (n.m.) : En général, une formulation qui détruit une mousse déjà formée et qui est donc ajoutée lorsque la mousse est déjà formée, de manière accidentelle. Ex. persulfate de potassium.

Antioxydant/Antioxygène [Bioch.]
Angl. : antioxidant/antioxygen

- **Antioxydant** (n.m.) : Substance agissant à faible *concentration** comme inhibiteurs de l'*oxydation** par un agent quelconque (oxygène ou radicaux oxygénés) dans l'organisme.
Les antioxydants inhibent la production de radicaux libres qui, en excès, sont responsables de tous les processus de *vieillissement** et d'un certain nombre de maladies (cancer, notamment). Les radicaux libres sont introduits ou produits dans l'organisme entre autres par le tabac, l'alcool, les *drogues**, une *alimentation** trop riche en graisse et le stress.
L'organisme possède des systèmes de défense destinés à combattre les phénomènes d'oxydation. Certains agissent comme « piégeurs » de radicaux libres, d'autres sont des enzymes chargées de les détruire en les transformant en éléments non toxiques.
Le premier groupe comprend les tocophérols (vitamine E), l'acide ascorbique ($C_6H_8O_6$; vitamines C), le β-carotène ($C_{40}H_{56}$; provitamine A) et les acides aminés soufrés (HO_2CCH (NH_2) CH_2S ; cystéine). Le deuxième système comprend essentiellement deux enzymes, la superoxyde dismutase (SOD) et la glutathion-peroxydase : elles ne peuvent agir qu'en présence d'oligoéléments particuliers, apportés par l'alimentation : sélénium, cuivre, manganèse et zinc.

En technologie alimentaire, les antioxydants sont très utilisés pour ralentir le *rancissement** (goût piquant) des matières grasses et les modifications de coloration et des qualités organoleptiques qui en résultent et, donc, leur valeur nutritionnelle (altération des acides gras et des acides aminés essentiels). Ex. acide ascorbique (E300), acide citrique (E330), etc.
Les antioxydants agissent soit en bloquant les radicaux peroxydes, premier stade d'oxydation des acides gras insaturés, soit en chélatant les catalyseurs d'oxydation comme les métaux lourds, soit en réduisant le taux de dioxygène disponible ou en inhibant les lipoxydases.

- **Antioxygène** (n.m.) : Substance qui bloque la réaction en chaîne d'auto-oxydation due au dioxygène moléculaire de l'air. En industrie agro-alimentaire, les antioxygènes sont ajoutés aux *aliments** pour améliorer leur conservation et/ou pour prévenir leur détérioration biologique. Ex. anhydride sulfureux (SO_2 ; E220), l'acide ascorbique ($C_6H_8O_6$; E300), l'acide citrique ($C_6H_8O_7$; E330), etc.

Antiport/Antiporteur [Bioch.]
Angl. : antiport, counter transport/ antiporter, countertransporter

- **Antiport** (n.m.) : Transport actif de plusieurs éléments au travers d'une *membrane cellulaire** dans des sens opposés, en général assuré par une *protéine** spécifique insérée dans la membrane phospholipidique.
  Syn. : contretransport.
- **Antiporteur** (n.m.) : Type de transporteur membranaire assurant le transport d'une particule (ion ou petite molécule) dans une direction tout en transportant simultanément un autre soluté dans la direction opposée (contre-transport), afin de maintenir l'équilibre électrochimique entre les deux côtés de la *membrane cellulaire**.
  Il y a, alors, échange de ces particules entre deux milieux. La pompe H^+/K^+, responsable du maintien des gradients ioniques indispensables à la propagation des signaux électriques en est un exemple.
  Syn. : contretransporteur.

Antiseptiques (n.m.pl.) : Voir **antibiotiques**.

Apiculé/Cuspidé/Mucroné [Bot.]
Angl. : apiculate/cuspidate/mucronate (d)

- **Apiculé** (adj.) : Se dit d'un organe brusquement rétréci en pointe (apicule), courte, aiguë, peu consistante (molle et plus herbacée). Ex. apicule de la gousse de lentille (*Lens culinaris*).
- **Cuspidé** (adj.) : Se dit d'une feuille insensiblement terminée par une pointe longue et raide. Ex. feuilles du châtaignier (*Castanea*).
- **Mucroné** (adj.) : Qualifie un organe (feuille, sépale, *bractée** ou écaille, en particulier) terminé brusquement par une petite pointe raide. Ex. écailles de cyprès (*Cupressus*).

Apomixie (n.f.) : Voir **agamospermie**.

Appareil/Instrument [Tech.]
Angl. : apparatus/instrument, device

- **Appareil** (n.m.) : Un assortiment d'outils complexes ou d'*instruments** destinés à faire un ensemble de fonctions ou de mesures. Un appareil nécessite plus de compétences pour une utilisation correcte qu'un instrument. Ex. *spectrophotomètre**.
- **Instrument** (n.m.) : Un outil fabriqué pour être utilisé pour une manipulation ou une mesure singulière, ex. thermomètre, pied à coulisse. Un instrument est caractérisé par sa simplicité de fabrication et à sa facilité d'emploi.

Appertisation/Décontamination/Désinfection/Pasteurisation/Stérilisation [Micr.]
Angl. : appertization/decontamination/disinfection/pasteurization/sterilization

- **Appertisation** (n.f.) : Procédé de conservation appliquée aux denrées alimentaires, fondé sur l'association d'un traitement thermique à une température élevée pour assurer une destruction des enzymes, des microbes et de leurs *toxines** et d'un conditionnement dans un emballage étanche aux gaz, aux liquides et aux micro-organismes à toute température inférieure ou égale à 55 °C.
- **Décontamination** (n.f.) : Élimination de l'activité nocive des micro-organismes, des virus ou des substances dangereuses dans un milieu donné de façon que son utilisation ou sa manipulation ne présente pas de *danger**.

  Pour éliminer les micro-organismes, on dispose de nombreux produits décontaminants : l'eau de Javel qui détruit rapidement les bactéries, les virus, les champignons ; les ammoniums quaternaires peu actifs sur les virus ; les *aldéhydes** à effet de *synergie** quand ils sont utilisés en même temps que les précédents. Des moyens physiques peuvent aussi être utilisés comme les rayonnements ultraviolets (bactéricides), la fumigation, la *stérilisation** par chaleur humide (autoclave) ou chaleur sèche (four Pasteur). L'élimination des prions nécessite des méthodes spécifiques (trempage dans de l'eau de Javel à 6° ou de la soude molaire pendant 1 h ou encore autoclavage à 134 °C pendant 1 h).
- **Désinfection** (n.f.) : Procédure permettant de réduire la charge microbienne *pathogène** d'objets ou de surfaces contaminés à l'aide d'agents chimiques (généralement liquides) ou physiques, de façon suffisante pour supprimer tout risque d'*infection** ou de *contamination**. En général, la désinfection ne détruit pas les spores de bactéries.

  Les désinfectants se distinguent par leur spectre d'activité.

  Les désinfectants chimiques les plus employés sont : le formol (CH_2O), pulvérisé sous forme d'aldéhyde formique ou volatilisé à partir du trioxyméthylène ($(CH_2O)_3$), l'acide peracétique ($C_2H_4O_3$), l'eau de Javel (hypochlorite de sodium, ClONa), les ammoniums quaternaires ; mais aussi des produits halogénés (chlorés ou iodés), la lessive de soude, le crésol, etc.

  Les désinfectants physiques incluent la chaleur, l'*irradiation** aux UV, l'irradiation radioactive et les membranes de microfiltration (MF) et d'ultrafiltration (UF).

  L'irradiation aux UV utilise en général une *longueur d'onde** de 254 nm qui est efficace contre la plupart des bactéries et des virus en agissant, notamment, au niveau des nucléoprotéines.

  Les membranes de MF et d'UF sont largement utilisées dans le domaine du traitement de l'eau potable comme moyen de désinfection voire dans la *stérilisation** totale dans le cas de l'UF, où les virus sont également éliminés du fait d'un seuil de coupure de l'ordre de 0,01 µm.

- **Pasteurisation** (n.f.) : Traitement thermique modéré des liquides à des températures élevées pendant de courtes périodes, permettant de détruire les micro-organismes *pathogènes** et un grand nombre de micro-organismes d'altération présents sous leur forme végétative. Cette technique est largement utilisée pour les boissons et le lait. Ce dernier est chauffé à 74 °C pendant 15 secondes avant d'être refroidi à 5 °C, ce qui permet de le conserver pendant une durée de 5 à 15 jours. De nombreuses bactéries relativement résistantes (ex. *Bacillus* spp. et *Clostridium* spp.) à la chaleur survivent à la pasteurisation en formant des endospores.
- **Stérilisation** (n.f.) : Procédé de conservation appliquée à un objet ou produit de façon à détruire tout germe microbien, y compris des spores qu'il contient de manière à éviter sa dégradation.
  Il peut être réalisé par la chaleur sèche ou humide (autoclavage), par microfiltration, par agents chimiques (gaz, produits chimiques comme la glutaraldéhyde et la β-propiolactone, etc.), *antibiotiques**, *irradiation** (UV, émission radioactive), etc. Des barèmes de stérilisation donnent, en fonction des produits à traiter, la température à utiliser et la durée nécessaire pour atteindre l'effet cherché. La température peut atteindre 150 °C mais n'est jamais inférieure à 100 °C. Des températures réduites (~ 120 °C) peuvent être utilisées lorsqu'elles sont combinées à une pression élevée (~ 15 psi) dans un autoclave. Le choix de la méthode de stérilisation dépend des propriétés physiques des échantillons à stériliser et du but recherché. Par exemple, dans le cas de milieux liquides, il est souvent plus aisé d'éliminer les micro-organismes (par microfiltration par exemple) que de les tuer.

Appétabilité/Appétence/Palatabilité [Alim.]
Angl. : appetibility/appetence/palatability
- **Appétabilité** (n.f.) : Pouvoir d'un *aliment** à exciter l'appétit de l'animal par ses caractéristiques physiques (port de la plante, piquants, texture, couleur, etc.) et chimiques (odeur, goût, etc.).
- **Appétence** (n.f.) : Pouvoir d'un *aliment** à stimuler le désir de nourriture. La vitesse d'*ingestion** de la nourriture, surtout au début du repas, en est un bon critère.
- **Palatabilité** (n.f.) : Sensation olfacto-gustative agréable au palais, procurée par la consommation d'un *aliment**.

Aptamère (n.m.) : Voir **adaptamère**.

Aquaculture/Aquiculture [Agric.]
Angl. : aquaculture/aquiculture, hydroponics, soilless gardening or cultivation
- **Aquaculture** (n.f.) : Culture de plantes aquatiques, d'algues ou élevage d'organismes aquatiques (mollusques, crustacés, poissons) en eau douce ou en milieu marin. On distingue :
  - la pisciculture ou élevage de poissons ;
  - la conchyliculture : production de coquillages (ostréiculture : huîtres, mytiliculture : moules, pectiniculture : coquilles Saint-Jacques, halioticulture : culture des ormeaux) ;
  - la pénéiculture ou élevage de crevettes ;
  - l'astaciculture ou élevage des écrevisses ;
  - l'algoculture ou phycoculture : culture des macro- et des microalgues.

C'est une activité en pleine expansion avec une production annuelle dépassant largement les 60 millions de tonnes, tous produits confondus.

- **Aquiculture** (n.f.) : Technique agricole consistant à cultiver des plantes sur un substrat formé essentiellement d'une solution nutritive (eau enrichie de sels minéraux). Si cette dernière est de l'eau de mer, on parle alors de mariculture.
Syn. : culture hydroponique, culture sans sol.

Aquaponie/Hydroponie [Agric.]

Angl. : aquaponic gardening/hydroponics, aquiculture, soil-less culture

- **Aquaponie** : L'aquaponie consiste à utiliser deux techniques culturales complémentaires dans un système de production en circuit fermé, tirant parti de leurs qualités et palliant leurs défauts : l'hydroponie (culture de plantes) et l'aquaculture (élevage de poissons d'eau douce ou d'autres organismes aquatiques).
Les poissons élevés dans les cuves produisent des déchets azotés (ammoniac, urée) issus de leur métabolisme et qui, s'ils restaient dans l'eau, seraient toxiques pour eux-mêmes. Cette eau enrichie de *nutriments** azotés s'écoule de la cuve de poissons vers un filtre biologique où des bactéries décomposent les déchets en nitrites (*Nitrosomonas*) puis en nitrates (*Nitrobacter*), une forme plus assimilable de l'azote pour les plantes, afin d'être utilisée comme solution nutritive. L'eau est ainsi filtrée par les racines des plantes avant qu'elle ne soit renvoyée vers les bassins d'élevage de poissons.
- **Hydroponie ou culture hydroponique** (l.f.) : Technique consistant à cultiver des plantes sur un milieu formé essentiellement d'eau enrichie en sels minéraux ou solution nutritive. Il est possible également d'utiliser un support inerte (sable siliceux, vermiculite, etc.) qui ne sert qu'à maintenir physiquement la plante.
La culture hydroponique permet d'augmenter les rendements de production de manière significative.
En biologie expérimentale, cette technique est utilisée pour évaluer les effets de certains éléments minéraux sur la *croissance** des plantes.
Syn. : aquaculture, aquiculture, culture hors-sol.

Aquaporine/Porine [Bio.cel.]

Angl. : aquaporin/porin

- **Aquaporine** (n.f.) : Canal formé par une *glycoprotéine** transmembranaire des cellules des végétaux, des animaux ou des micro-organismes, qui facilite le passage de l'eau à l'intérieur des cellules et entre elles. Chez les mammifères, il en existe 13 isoformes connues, désignées par l'acronyme AQP, numérotées de 0 à 12.
- **Porine** (n.f.) : Pore au niveau de la *membrane plasmique** des bactéries, formé par un ensemble de trois macromolécules protéiques identiques disposées de manière à former un canal permettant la *diffusion** et le transport des sels et des petites molécules de part et d'autre du milieu intracellulaire. Elles sont aussi présentes dans certaines cellules d'Eucaryotes et dans la membrane des mitochondries.

Aquiculture (n.f.) : Voir **aquaculture**

Arbre phylogénétique/Cladogramme/Phénogramme [Génet.]
Angl. : phylogenetic tree/cladogram/phenogram

- **Arbre phylogénétique** (l.m.) : Représentation graphique des relations de parenté (liens généalogiques hypothétiques et séquences d'événements historiques) entre des taxons de rangs spécifiques et supérieurs.
  Classiquement, l'établissement des *arbres phylogénétiques** était basé essentiellement sur des critères morphologiques et chimiques.
  Actuellement, les arbres phylogénétiques peuvent être obtenus par des méthodes cladistiques (cladogrammes) ou phénétiques (phénogrammes).
  L'analyse phylogénétique moléculaire se base sur la comparaison de séquences de gènes. Pour déterminer la parenté entre deux organismes, on compare les séquences d'un même gène extrait de ces deux organismes, puis on convertit le nombre de différences entre ces séquences en un taux de divergence. Cette procédure exige des méthodes statistiques élaborées. En quantifiant les différences entre organismes, on quantifie cet éloignement et on peut reconstruire des arbres phylogénétiques phénétiques ou phénogrammes. Les séquences d'un gène donné (entre individus, populations, espèces) ne se ressemblent donc pas toutes et sont d'autant plus différentes que les individus, populations et espèces sont éloignées génétiquement (et donc que leur ancêtre commun est éloigné dans le temps).
  Les gènes analysés sont choisis avec précaution. Ce sont des gènes du métabolisme qui « mutent » rarement car subissant de très fortes contraintes fonctionnelles. En revanche, l'expression des gènes codant pour des caractères morphologiques est influencée par le milieu et donc en prise directe avec la sélection naturelle. Ce type de gènes n'est pas utilisé en phylogénie moléculaire.
  Parmi les gènes qui ont été utilisés pour l'établissement des arbres phylogénétiques, le cytochrome *b*, la RuBisCO et la sous-unité 18 S du ribosome. Des études fondées sur ces trois gènes ont abouti aux mêmes conclusions.
  Les études de phylogénétique moléculaire sont des analyses rigoureuses et très souvent fiables, mais elles trouvent parfois leurs limites dans l'attribution de certaines populations. Les arbres moléculaires doivent être confrontés aux résultats anatomo-morphologiques, biogéographiques et éthologiques. Une bonne étude systématique doit intégrer tous ces paramètres.
  Un arbre n'est qualifié de phylogénétique que si le concept de « descendance, avec modification (de ses caractères) » a été utilisé dans l'analyse des caractères sur lesquels il s'appuie. Ceci signifie que les caractères sont transmis d'une génération à l'autre à travers les mécanismes de l'hérédité (donc « descendance »), avec leurs éventuelles modifications (par exemple *mutations**).
- **Cladogramme** (n.m.) : Schéma arborescent construit sur la base des résultats de l'analyse cladistique et qui reflète les relations de parenté phylogénétique entre plusieurs taxons, c'est-à-dire le partage des caractères primitifs d'un ancêtre commun ou dérivés de l'évolution entre les espèces ou les taxons supérieurs (synapomorphies).
  Le cladogramme peut être également mis en œuvre sur d'autres objets que les taxons. On peut ainsi comparer des regroupements de caractères morphologiques, des *chromosomes**, des molécules de *protéines** ou des gènes.
  Syn. : diagramme généalogique.
- **Phénogramme** (n.m.) : Schéma arborescent produit par les méthodes phénétiques où les relations entre taxons expriment les degrés de similitude globale et non leur filiation généalogique.

Arbrisseau/Arbuste [Bot.]
Angl. : shrub, frutex (pl. ~ ices)/scrub, small shrub, small tree

- **Arbrisseau** (n.m.) : Végétal ligneux dont la *tige** se ramifie plus ou moins dès la base et dont la hauteur se situe approximativement entre 0,5 et 3 mètres, portant des bourgeons à l'aisselle de leurs feuilles et présentant de ce fait un port buissonnant. Cette forme de *végétation** est le résultat d'une prédominance des bourgeons situés à la base des tiges (basitonie), alors que chez les arbres, ce sont les bourgeons situés les plus hauts qui sont les plus vigoureux (acrotonie). Ex. genêt (*Genista*), laurier-rose (*Nerium oleander*).
- **Arbuste** (n.m.) : Végétal ligneux d'une hauteur moindre que celle de l'arbre (inférieure à 5 m), produisant un grand nombre de rameaux grêles mais présentant, par ailleurs, tous les caractères de ce dernier. Les arbustes peuvent être à feuilles caduques (ex. grenadier, *Punica granatum*, Punicacées), semi-caduques (ex. troène commun, *Ligustrum vulgare*, Oleacées) ou persistantes (ex. laurier-tin, *Viburnum tinus*, Caprifoliacées).

Aridification/Désertification [Écol.]
Angl. : aridification/desertization

- **Aridification** (n.f.) : Phénomène climatique désignant les conséquences à plus ou moins long terme de la répétition de périodes de *sécheresse** qui se traduisent par une diminution de la fréquence et/ou de l'intensité des périodes de précipitation dans une région donnée.
- **Désertification** (n.f.) : De nombreuses définitions ont été proposées, créant une certaine confusion autour du concept de désertification : par exemple, celle de la Conférence des Nations Unies sur la Désertification (CNUD) en 1977 ; celle du Programme d'action des Nations Unies pour l'Environnement (PNUE) en 1991 et celles d'autres chercheurs.

  Une définition consensuelle adoptée actuellement est celle établie lors de la Conférence des Nations Unies sur l'Environnement et le Développement (CNUED) qui s'est tenue à Rio de Janeiro en 1992 : « *Le terme désertification désigne la dégradation des terres dans les zones arides, semi-arides et subhumides sèches par suite de divers facteurs, parmi lesquels les variations climatiques et les activités humaines* ».

  La désertification est donc la transformation des terres, autrefois productives, en vrai désert à potentiel biologique fortement réduit, par manque d'eau et érosion du sol. Contrairement à la *sécheresse**, il s'agit d'un processus de dégradation irréversible du couvert végétal et des sols dû à divers facteurs, dont les variations climatiques (sécheresse prolongée, érosions éolienne et pluviale et salinisation) et les activités humaines (pacage abusif, déboisement, feux de brousse, etc.).

Arme chimique (l.f.) : Voir **agent chimique**.

Aromate/Condiment/Épice [Alim.]
Angl. : aromate/condiment/spice

- **Aromate** (n.f.), **condiment** (n.m.) : Aromates et condiments sont souvent pris pour synonymes car il n'est pas aisé de les départager ni du point de vue culinaire, ni du point de vue botanique. Ce sont des substances odoriférantes, de *saveur** forte, généralement d'origine végétale, que l'on ajoute aux *aliments** pour en relever le *goût** des préparations alimentaires. Ex. graines d'anis, de coriandre, feuilles de

basilic, de laurier, de menthe, rhizome de curcuma, de gingembre, boutons floraux de giroflier (clous de girofle), étamines de safran, etc.
Utilisés en petites quantités pour stimuler l'appétit et faciliter la digestion en stimulant la sécrétion gastrique, les aromates deviennent néfastes à dose trop élevée.

- **Épice** (n.f.) : Terme culinaire désignant une substance plus ou moins piquante, d'origine végétale, utilisée pour assaisonner des mets.
  L'épice se distingue de l'*aromate** particulièrement par son *goût** piquant qui l'emporte sur son parfum. La plupart des épices (cumin, poivre, piment, etc.) aident à la digestion en stimulant la sécrétion des sucs digestifs, mais peuvent irriter pour les muqueuses et, donc, sont contre-indiquées en cas de maladie d'estomac (gastrite, ulcère).

Arôme/Flaveur/Goût/Odeur/Saveur [Alim.]
Angl. : aroma/flavor/taste/odor, smell/savor

- **Arôme** (n.m.) : Ensemble des composés volatils qui émanent d'un *aliment** ou de substances naturelles, ou qui sont engendrés par un processus physique, chimique ou enzymatique, perçus par la partie rétro-nasale.
  Chimiquement, les arômes sont plus légers que les molécules de l'air et ont des seuils de détection et des structures chimiques différents. Ainsi, l'arôme naturel du café, par exemple, est composé d'environ 800 molécules distinctes dont certaines sont volatiles et d'autres non volatiles. En font partie la caféine qui est un alcaloïde, des acides chlorogéniques aux propriétés antioxydantes, des triglycérides, des terpénoïdes, le 2-furfurylthiol, des alcools, des acides organiques, des esters, des lactones, etc.
  Les composés volatils d'un aliment sont perceptibles de deux manières : par voie nasale directe (ce qui correspond à l'odeur) ou par voie rétro-nasale lorsque l'aliment est placé dans la bouche, ce qui donne naissance à l'arôme. L'odeur typique d'un arôme est due à la volatilisation de ses molécules spécifiques. Ces odeurs, très agréables, favorisent l'*appétence** et donc la consommation des aliments qui en contiennent.
  Les arômes d'origine synthétique, rajoutés à des produits manufacturés, seront libérés lors du chauffage ultérieur des aliments, par exemple à partir du café au cours de sa torréfaction, de la viande et du poisson au cours de leur cuisson…
- **Flaveur** (n.f.) : Ensemble des caractéristiques organoleptiques des *aliments** perçues par les systèmes sensoriels olfactifs et gustatifs qui sont donc des chimiorécepteurs.
  Le terme flaveur comprend donc toutes les sensations perçues successivement par le nez (odeur), la langue (goût, saveur) et la voie rétronasale (arôme).
- **Goût** (n.m.) : Sensation perçue par des chimiorécepteurs spécifiques au niveau de la langue qui permettent de percevoir la *saveur** des *aliments** et boissons, portés à la bouche. Les chimiorécepteurs du goût qui sont inégalement répartis sur la surface de la langue, permettent de reconnaître les qualités fondamentales suivantes : le salé, l'acide, l'amer, le sucré et l'umami (goût du glutamate de sodium).
- **Odeur** (n.f.) : Sensation perçue par le biais de chimiorécepteurs olfactifs localisés dans la muqueuse des fosses nasales, qui détectent certaines substances volatiles présentes dans le milieu environnant. Chez les animaux terrestres, l'odeur sert à reconnaître les substances chimiques volatiles émanant d'autres animaux et transportées par l'air.

- **Saveur** (n.f.) : Propriété d'un *aliment** détectée par les papilles du *goût** de la langue et des glandes du palais et qui provoque une réponse positive ou négative à l'*ingestion** supplémentaire d'aliments.
  En fait, la saveur est une sensation multisensorielle créée par le cerveau à partir de toutes les entrées sensorielles qu'il reçoit en mangeant et en buvant. De plus, parce que la bouche est au centre de l'acte de manger et de boire, c'est à son niveau que nous éprouvons la sensation globale et composite que nous appelons saveur.
  Toutes les sensations autres que les cinq goûts de base (voir plus haut) résultent de molécules de saveur passant par la gorge et atteignant l'épithélium olfactif de cette manière, d'où la confusion entre le goût et l'odorat. La nourriture perd de son attrait lors d'un rhume parce qu'un nez bouché bloque les odeurs qui montent de la bouche.

Artère/Veine [Anat.]
Angl. : artery/vein
- **Artère** (n.f.) : Vaisseau sanguin qui transporte le sang du cœur à tous les organes au niveau desquels il se ramifie en artérioles très fines qui donnent ensuite naissance aux capillaires formant des réseaux de vaisseaux microscopiques.
  Les artères ont des parois plus épaisses, plus solides et plus élastiques que les parois des *veines**.
- **Veine** (n.f.) : Vaisseau sanguin qui ramène le sang des organes vers le cœur.

Assimilation (n.f.) : Voir **absorption**.

Association végétale/Formation végétale [Écol.]
Angl. : association/vegetal formation
- **Association végétale** (l.f.) : Groupement végétal possédant, à l'échelle d'un territoire donné, une composition floristique déterminée (reflétant des conditions écologiques précises) et une physionomie uniforme. C'est l'unité phytosociologique de base.
  L'association est régie par les conditions du milieu et la compétition interspécifique.
  L'association végétale est désignée par le radical du nom d'une espèce ou de deux espèces choisies parmi les plus représentatives (dominantes ou caractéristiques), suivi du suffixe -*etum*. Ex. *Oleo-Quercetum* (oliveraie-chênaie). Les associations sont groupées en alliances.
- **Formation végétale** (l.f.) : Ensemble des végétaux qui présentent des caractères biologiques et morphologiques similaires, déterminés principalement par des facteurs climatiques, mais aussi édaphiques, biotiques et intrinsèques.
  Ces caractères peuvent être des critères de taille (haute et basse), de *stratification** (monostrate ou pluristrate), de densité (dense, claire, ouverte ou fermée), d'étendue spatiale, d'aspect (homogène ou hétérogène), de biomasse (production annuelle par unité de surface) ou de renouvellement de la matière (productivité) ainsi que les rythmes saisonniers (caducité ou sempervirence). Aussi parle-t-on de forêts de Conifères, de forêts de Feuillus, etc. Des qualificatifs géographiques peuvent aussi être ajoutés (alpin, équatorial, méditerranéen, océanique, tropical, etc.), écologiques (calcicole, halophile, hygrophile, etc.), biologiques (caducifolié, persistant, sempervirent, etc.) ou taxonomiques (steppe à Alfa, forêt de Chênes, lande à Bruyères, etc.) afin de permettre une plus fine description des grandes formations végétales du globe.

Le terme s'applique donc aux formes biotiques dominantes et non à la composition floristique d'un territoire donné, définissant les *associations végétales**.

Assolement/Rotation [Agro.]
Angl. : sole cropping, succession planting, cropping pattern, croping plan/rotation, crop rotation

- **Assolement** (n.m.) : Répartition spatiale périodique des différentes cultures à un moment donné sur des parcelles plus ou moins égales appelées soles. Les cultures peuvent être espacées d'une année (assolement biennal) ou de deux années de jachères (assolement triennal).
- **Rotation des cultures** (l.f.) : Pratique culturale consistant à faire alterner d'une année à l'autre et sur la même parcelle la plantation de plantes différentes afin d'obtenir une *production** optimale à long terme. Par exemple : la première année on fait pousser de la luzerne (légumineuse qui apporte de l'azote dans le sol), puis une année du blé (culture qui a fortement besoin d'azote pour pousser) puis une année on laisse la terre en *jachère**. Dans ce cas, la rotation des cultures est : luzerne-blé-jachère. La rotation permet la reconstitution des éléments nutritifs puisés par une plante avec les apports de la plante suivante qui utilise des éléments nutritifs différents. Une rotation de culture impliquant une légumineuse permet de rétablir la *concentration** d'azote combiné dans le sol.
  La rotation des cultures limite les risques dus aux maladies ou aux ravageurs en rompant les cycles de vie des *parasites**, en modifiant leurs *habitats** et en diminuant la densité des *pathogènes**. Elle empêche également la prolifération des mauvaises herbes qui sont souvent associées à une culture donnée.

Assurance de la qualité/Contrôle de la qualité [Gén.]
Angl. : quality assurance/quality control (QA/QC)

- **Assurance de la qualité (AQ)** (l.f.) : Ensemble cohérent de politiques, de procédures et de pratiques planifiées et systématiques qui sont suivies pour s'assurer que les résultats d'un laboratoire soient fiables ou que les produits d'une unité de production répondent à des exigences de qualité données. L'assurance qualité comprend (sans toutefois s'y limiter) les installations, les procédures de laboratoire, la formation et la formation continue du personnel, la *certification** des analystes, l'*accréditation**, le respect de l'éthique, la préparation appropriée des réactifs et des étalons, les échantillons de contrôle, l'entretien et l'*étalonnage** de l'équipement, la documentation et la tenue de dossiers, les protocoles de sécurité et l'examen par les pairs. Ainsi, l'assurance qualité constitue l'épine dorsale du système de qualité et un moyen de prévention des problèmes susceptibles de survenir et d'apport de mesures correctives à ceux qui apparaissent en cours d'opération.
  Elle diffère du *contrôle de la qualité** en ce sens que ce dernier est inclus dans le cadre d'un programme d'assurance qualité.
- **Contrôle de la qualité (CQ)** (l.m.) : Ensemble des règles et procédures, techniques et opérationnelles, assurant que toutes les étapes de production depuis l'échantillonnage jusqu'au produit fini ou résultat final soient conformes aux normes spécifiques et que les produits ou données aient une qualité jugée satisfaisante ou une fiabilité acceptable. Le CQ est géré par un système d'*assurance qualité** et fait partie des bonnes pratiques de laboratoire.
  L'objectif du CQ est de détecter, d'évaluer et de corriger les *erreurs** dues à une défaillance du processus, du système d'analyse ou de production, aux conditions

environnementales ou aux performances de l'opérateur, avant que les résultats ne soient communiqués. En toxicologie, en virologie ou dans les essais cliniques, par exemple, le CQ vise, notamment, à réduire la possibilité d'erreur, en particulier l'erreur humaine.

Le CQ peut concerner différents aspects liés à la production de données ou de produits tels que : compétence technique du personnel, installations et équipements appropriés, bonnes pratiques de laboratoire, bonnes pratiques de mesure, procédures opérationnelles normalisées, formation du personnel, documentation et inspection.

Astringence (n.f.) : Voir **amertume**.

ATPase sodium-potassium/Canal ionique [Bioch.]

Angl. : sodium–potassium ATPase, Na^+-K^+–ATPase/ion channel

- **ATPase-Na^+, K^+** (sigle f.) : Complexe enzymatique intégré dans la membrane plasmique, de la famille des hydrolases, catalysant l'hydrolyse de l'ATP en ADP et en phosphate inorganique, ce qui libère de l'énergie. Elle joue un rôle important dans le transport vers l'extérieur des ions sodium et vers l'intérieur des ions potassium (3 ions Na^+ et 2 ions K^+ par molécule d'ATP hydrolysée) et contribue donc à l'*homéostasie** cellulaire et au maintien de son équilibre osmotique et sa composition ionique intracellulaire.

  La Na^+/K^+-ATPase est présente dans les cellules yoteyotes animales, concentrée notamment dans les membranes de la plupart des cellules épithéliales.
- **Canal ionique** (l.m.) : Chez les cellules animales et végétales, petit pore transmembranaire constitué de *protéines** formant un canal qui permet le transport sélectif des ions. Les canaux ioniques permettent le transport des ions tels que : Na^+, K^+, Ca^+ ou Cl^-. Ils présentent souvent une *séléctivité** aux ions, permettant à certains ions, selon le sens de leur gradient électrochimique, d'entrer ou de sortir de la cellule. Ce type de canal protéique s'ouvre ou se ferme en réponse à une molécule de communication (ligand), pour faire passer ou non des ions à travers les membranes biologiques.

Aural/Oral [Biol.]

Angl. : aural/oral

- **Aural** (adj.) : Qui se rapporte aux oreilles.
- **Oral** (adj.) : Qui se rapporte à la bouche.

Autochtone/Endémique [Bot.]

Angl. : autochthonous/endemic

- **Autochtone** (adj.) : Se dit d'espèce indigène, native d'un lieu où elle s'est formée à l'origine.
- **Endémique** (adj.) : Se dit d'une espèce ou d'un taxon donné dont l'existence est restreinte à une région plus ou moins étendue et bien déterminée. La notion d'endémisme n'a donc de sens que si la zone à laquelle elle s'applique est explicitée.

  L'endémisme confère à chaque région naturelle une originalité floristique d'autant plus grande que le nombre de taxons endémiques et leur niveau systématique (espèce, genre, famille) sont élevés.

Auxiliaire technologique (l.m.) : Voir **additif alimentaire**.

Avidité (n.f.) : Voir **affinité**.

Azotémie/Urémie [Bioch.]
Angl. : azotemia/uremia, uraemia

- **Azotémie** (n.f.) :
  1. Rétention dans le sang de quantités excessives de composés azotés en raison de l'incapacité des reins à éliminer l'urée.
  2. Taux d'azote non protéique dans le sang.
  Ce terme est souvent confondu avec celui d'*urémie**.
- **Urémie** (n.f.) : Taux d'urée dans le sang.
  L'urée résulte de la transformation des *protéines** alimentaires et elle est éliminée par les reins. Normalement, le taux d'urée dans le sang est compris entre 0,20 à 0,50 $g.L^{-1}$. Au-delà de 0,80 à 1 $g.L^{-1}$ d'urée dans le sang, l'urée devient toxique pour l'organisme. Un taux sanguin d'urée plus élevé que la normale ou d'autres composés contenant de l'azote dans le sang est généralement causé par l'incapacité du rein à excréter ces composés.

B

Bactériocines (n.f.pl.) : Voir **antibiotiques**.

Bande passante/Largeur de fente [Tech.]
Angl. : bandwidth/slit ou slot width

- **Bande passante** (l.f.) : Intervalle de valeurs (par exemple des *longueurs d'onde** dans un *spectrophotomètre**) pour lesquelles l'appareil transmet ou détecte un signal.
  La bande passante est caractérisée par sa largeur à mi-hauteur d'une courbe (lumière transmise en fonction de la longueur d'onde) d'allure généralement gaussienne : la largeur de bande passante est exprimée en nanomètre (nm). Plus cette bande est étroite, meilleure est la *résolution** du spectrophotomètre. Les spectrophotomètres ordinaires ont des bandes passantes d'environ 5 à 10 nm et ceux utilisés en recherche de 0,2 à 1 nm.
  Les monochromateurs à réseaux de *diffraction** permettent d'obtenir des largeurs de bande passante plus étroites que celles obtenues avec des prismes. C'est donc un paramètre déterminant la pureté de la lumière utilisée.
  Syn. : largeur de bande.
- **Largeur de fente** (l.f.) : Dans un spectrophotomètre, la cuvette de mesure est placée entre deux fentes. La première, appelée fente d'entrée est située juste après le monochromateur ; la seconde, appelée fente de sortie, entre la cuvette et le détecteur. La fente d'entrée a pour rôle de diriger un faisceau de rayons lumineux parallèles vers la cellule contenant l'échantillon. La fente de sortie a également pour

rôle de réduire la largeur de la raie ($\Delta\lambda$) afin d'obtenir la meilleure *résolution** possible.

La lumière issue du monochromateur n'est pas monochromatique mais constituée d'une bande plus ou moins étroite de *longueurs d'onde** dont la largeur finale est déterminée par celle de la fente de sortie. La *précision** d'une mesure peut donc être améliorée par l'utilisation d'une largeur de fente de sortie la plus étroite possible. Cependant, la diminution de la largeur de la fente réduit également la quantité de lumière atteignant le détecteur, diminuant ainsi le rapport signal/bruit. La mesure dans laquelle la largeur de la fente peut être réduite dépend de la *sensibilité** et de la stabilité du système de détection/amplification et de la présence de lumière parasite.

Banque de données/Base de données [Gén.]
Angl. : data bank/database

- **Banque de données** (l.f.) : Ensemble cohérent de données présentant des propriétés et/ou des caractères se rapportant à un thème commun.
- **Base de données** (l.f.) : *Banque de données** associée à un logiciel de gestion, elle est caractérisée par :
  - ses informations ;
  - sa structuration ;
  - les modes d'interrogation de l'utilisateur ;
  - les possibilités de création et de mise à jour des informations.

  Les progrès réalisés dans la capacité de stockage, de traitement et de communication des ordinateurs ont permis la création de bases de données en ligne permettant aux biologistes d'y accéder de façon simple et rapide, d'analyser et de comparer les données à l'aide d'outils mathématiques et informatiques appropriés.

Base (n.f.) : Voir **acide, acide conjugué**.

Base conjuguée (l.f.) : Voir **acide**.

Base de données (l.f.) : Voir **banque de données**.

Basique (adj.) : Voir **acide**.

Beurre/Margarine [Alim.]
Angl. : butter/margarine

- **Beurre** (n.m.) : Dénomination exclusivement réservée aux corps gras solides obtenus par barattage soit de la crème, soit du lait de vaches et suffisamment débarrassé d'eau. Il contient au moins 82 % de MG, au plus 16 % d'eau et 2 % de MS non grasse (lactose, sels minéraux...).

  La dénomination de « beurre végétal » désigne un corps gras dont la teneur en acides gras insaturés est similaire à celle des graisses animales et de composition spécifique en triacylglycérols avec de l'acide palmitique, stéarique et oléique comme composants principaux. Un exemple typique est le « beurre » de cacao obtenu à partir de fèves de cacao (*Theobroma cacao*, Sterculiacées). Le nom beurre végétal est dérivé du fait que dans les pays d'origine, ces graisses ont une consistance comme le beurre de vache, mais fondent dans la bouche. Parfois, les « beurres » végétaux sont remplacés par de la graisse artificielle préparée par fractionnement d'huile de palme.

- **Margarine** (n.f.) : Corps gras alimentaire ayant l'apparence et l'*odeur** du beurre, fait d'une émulsion stabilisée d'eau (20 % ou plus) et de lait dans une huile hydrogénée végétale ou une graisse animale. L'émulsion est obtenue en agitant énergiquement à température contrôlée l'huile à la phase aqueuse constituée de lait fermenté par des bactéries lactiques.
  Pour colorer la margarine en jaune, on y ajoute du jaune d'œuf ou du β-carotène et, pour qu'elle sente le beurre, on l'additionne d'une dicétone, le diacétyle $CH_3COCOCH_3$, substance aromatisante. Les agents émulsifiants sont le plus souvent des mono- ou diglycérides et de lécithine.
  Selon les usages, il existe différents types de margarines : margarine pour usage domestique (emplois culinaires), pour l'industrie alimentaire (boulangerie, pâtisserie, biscuiterie, etc.), margarine à tartiner. Certaines qualités de margarines ont des propriétés diététiques ou thérapeutiques particulières :
  • margarines riches en acide linoléique (pour régime de malades cardiovasculaires) ;
  • margarines à base de triglycérides à chaînes moyennes (pour régime intervenant contre des troubles de la *digestion**) ;
  • margarines à faible teneur en corps gras (hypocaloriques ou basses calories, pour régime amaigrissant).
  Les margarines uniquement végétales sont indiquées en cas d'hypercholestérolémie, d'hyperlipémie et d'artériosclérose. Les huiles végétales les plus utilisées sont l'huile de soja, de tournesol, de colza ou de palme.

Bifide/Bipartite [Bot.]
Angl. : bifid/bipartite

- **Bifid(e)** (adj.) : Fendu longitudinalement en deux sur une longueur ne dépassant pas le milieu, généralement au niveau de l'apex, formant un angle aigu. Ex. pétales du *Silene inflata*, de *S. vulgaris* (Caryophyllacées).
- **Bipartit(-e)** (adj.) : Divisé très profondément jusqu'au-delà du milieu, en deux parties.

Binage/Sarclage [Agri.]
Angl. : harrowing/weeding

- **Binage** (n.m.) : Ensemble des travaux mécaniques visant à l'ameublissement superficiel d'un sol. Le binage, à l'aide d'une binette (petites surfaces) ou d'une bineuse (grandes surfaces), est un des travaux essentiels au potager. Il doit se faire très superficiellement (3 à 4 cm) dans le cas de plantes à système radiculaire traçant (ex. haricot).
- **Sarclage** (n.m.) : Élimination des mauvaises herbes d'un sol cultivé, à l'aide d'un sarcloir ou d'une binette.

Biocarburant/Biocombustible [Énerg.]
Angl. : biofuel/biocombustible

- **Biocarburant** (n.m.) : *Carburant** liquide ou gazeux, issu d'une source biologique végétale et/ou animale transformée, renfermant un contenu énergétique utilisé essentiellement pour le transport terrestre. Ex. éthanol de betterave ou de canne à sucre. Il existe deux voies biochimiques de production de biocarburants, la voie de l'éthanol et la voie des esters :
  • incorporé aux environs de 10 % dans l'essence, le bioéthanol est extrait de la betterave, de la canne à sucre, de céréales (maïs), de pommes de terre ou de la

biomasse en général, (paille, résidus de bois, etc.) par fermentation. Son dérivé, l'éthyl-tertio-butyl-éther (ETBE), est un additif à l'essence, composé pour moitié d'éthanol et pour moitié d'isobutène (un dérivé pétrolier) ;
• mélangés à du gazole, les esters méthyliques d'huile végétale (EMHV) sont obtenus par une réaction chimique de transestérification entre une huile végétale (notamment de colza ou de soja mais aussi, dans un avenir proche, extraite de microalgues) et du méthanol, et produisant de la glycérine. L'EMHV peut aussi être incorporé au fioul domestique. En Europe, ce produit, équivalent du gazole, est appelé « biodiésel ».
Les autres biocarburants comprennent : biométhanol, biodiméthyléther (bio-DME), biogaz, biocarburants synthétiques, biohydrogène et huiles végétales pures.
Les biocarburants auraient une « empreinte carbone » inférieure à celle des carburants fossiles et contribueraient donc moins à l'effet de serre. Cependant, ces affirmations sont souvent exagérées et l'on craint que les cultures de biocarburants ne remplacent les cultures vivrières, ce qui a des conséquences néfastes pour la *sécurité alimentaire**, en particulier dans les pays les plus pauvres.

- **Biocombustible** (n.m.) : Combustible gazeux, liquide ou solide provenant d'une source biologique (phytomasse, excréments, biogaz), par exemple éthanol, huile de colza ou huile de foie de poisson, qui a la propriété de brûler en générant de la chaleur seule ou combinée à une production de bioélectricité (cogénération).

Bioconversion/Biotransformation [Bioch.]
Angl. : bioconversion/biotransformation

- **Bioconversion** (n.f.) : Terme général s'appliquant à la transformation d'une substance en un ou plusieurs autres produits bien définis, réalisée par biocatalyse par des enzymes libres ou fixées ou lors de culture cellulaire (cellules microbiennes, champignons, etc.). Ex. bioconversion de la testostérone humaine en hormones contraceptives par des bactéries immobilisées. L'intérêt des bioconversions réside dans la possibilité d'opérer dans des conditions douces, compatibles avec les molécules organiques souvent labiles, la possibilité de produire des *énantiomères** spécifiques et la possibilité de réaliser des réactions que ne permettent pas la synthèse chimique conventionnelle.
Les réactions de bioconversions diffèrent de celles de la fermentation dans la mesure où les produits de cette dernière ne présentent aucune ressemblance structurale avec les composés de départ mis à la disposition des micro-organismes.
Ce terme englobe aussi la transformation de l'énergie solaire directe ou indirecte en énergie chimique par les plantes lors de la photosynthèse.
- **Biotransformation** (n.f.) : Transformation biologique, plus ou moins dirigée et améliorée, s'effectuant sur des matières brutes ou des déchets (mélasses, déchets papetiers, résidus forestiers ou agricoles) à l'aide d'agents biologiques (enzymes, bactéries, champignons, etc.) libres ou fixés.
L'intérêt des biotransformations réside dans le fait que les transformations effectuées ont lieu dans des conditions (température, pH, etc.) douces et sans réactions secondaires. L'autre avantage est qu'elles sont très spécifiques puisqu'elles concernent une réaction déterminée et un composé de structure définie (stéréospécificité). Elles peuvent être de différents types : isomérisation (glucose en fructose par le glucose isomérase, production de L-aminoacides à partir de mélanges racémiques), *hydrolyse** (raffinose en galactose et saccharose), hydroxylation (L-tyrosine en L-DOPA), méthylation, déméthylation, acétylation, estérification,

époxydation, saponification, réduction (D-xylose en xylitol), oxydation (sorbitol en L-sorbose), etc.

Biodégradable/Compostable [Écol.]
Angl. : biodegradable/compostable

- **Biodégradable** (adj.) : Qualifie un matériau ou un composé organique qui se décompose progressivement par action d'organismes vivants, spécialement microbiens, aérobies ou anaérobies (bactéries, champignons) ou d'enzymes isolées, en ses éléments minéraux ou organiques de base, recyclables, c'est-à-dire, directement assimilables par le milieu naturel ou par d'autres organismes et donc moins nocifs pour l'environnement.
L'impact d'un produit organique sur l'environnement est souvent caractérisé par sa biodégradabilité. Cette notion a acquis de nos jours une grande importance avec l'aggravation de la pollution industrielle. Parmi les produits fabriqués par l'Homme, ceux dont la composition est à base de substances naturelles se dégradent très bien (papiers, tissus, etc.). En revanche, beaucoup de produits de synthèse (pesticides, herbicides, matières plastiques, etc.) résistent à la biodégradation.
La biodégradation peut simplement consister en l'altération de la structure chimique initiale de la molécule ; elle est dite primaire. Le résultat se traduit par la perte de propriétés spécifiques du matériau. Il est très important de la mesurer pour les polymères utilisés pour des applications durables (bâtiment, automobile, etc.). Elle peut, cependant, conduire à la dégradation totale des matériaux (transformation en substances inorganiques, tels que le dioxyde de carbone, l'eau, et/ou le méthane et éventuellement d'autres résidus) ; elle est alors dite ultime. Elle s'accompagne de la production de dioxyde de carbone (en aérobiose) ou de méthane (en anaérobiose), d'eau, de sels minéraux et de nouveaux constituants cellulaires.
Les pesticides biodégradables, par exemple, sont convertis par les micro-organismes du sol en substances moins nocives tandis que les plastiques biodégradables peuvent être plus facilement éliminés après utilisation. L'un des avantages de l'emploi des enzymes dans les procédés industriels est que, comme il s'agit de *protéines**, elles sont biodégradables. Les décomposeurs impliqués dans le cycle de l'azote sont capables de les dégrader et de libérer l'azote qu'elles contiennent sous forme d'ions d'ammonium, comme ils le font pour les protéines naturelles.
Techniquement, pour définir la biodégradabilité d'un matériau, les normes font appel à des tests de laboratoire qui simulent assez bien ce qui se passe sur le terrain en déterminant la vitesse et le taux de production de CO_2 comparativement à un témoin zéro (valeur absolue atteinte). Le CO_2 étant l'indice de la consommation du matériau par les micro-organismes, donc de la biodégradabilité. Les résultats obtenus sont comparés aux normes en la matière. Ces tests sont différenciés par les durées, les températures et les milieux d'incubation.
- **Compostable** (adj.) : Qui peut être composté dans des conditions (température, humidité et durée) compatibles avec celles des déchets végétaux, en donnant du dioxyde de carbone, de l'eau, des composés inorganiques et de l'*humus** (matière organique plus ou moins décomposée), sans libération de substances toxiques. Tous les produits compostables sont *biodégradables**, mais l'inverse n'est pas toujours vrai. Selon la norme NF EN 13432, pour qu'un produit soit compostable, il doit, entre autres :

• atteindre au moins 90 % de biodégradation en CO_2 en moins de 6 mois. Cette dégradation est assurée exclusivement par la microfaune et la microflore du sol. Le compostage naturel des déchets s'effectue souvent avec intervention des lombrics ;
• pouvoir se décomposer dans sa quasi-totalité, ne laissant pas plus de 10 % de résidus de plus de 2 mm.
Cela exclut donc les produits en matières synthétiques (plastiques, caoutchouc, porcelaine), mais aussi tous les papiers et cartons imprimés de journaux.

Biodiversité (n.f.) : Voir **diversité spécifique**.

Bioéthique/Éthique médicale [Biol., Méd.]
Angl. : bioethics/medical ethics

- **Bioéthique** (n.f.) : Branche de l'éthique dédiée à l'étude des problèmes sociaux posés par les sciences de la vie, souvent créés par de nouvelles technologies, et à leur impact potentiel sur la société et sur l'Homme (ex. génie génétique, utilisation de modèles animaux dans la recherche, etc.). C'est donc un ensemble de règles qui s'appliquent à tous les domaines des sciences de la vie et à la conduite des professionnels de la santé vis-à-vis de leurs patients. La bioéthique recouvre l'ensemble des problèmes d'ordre moral posés par l'étude du vivant en veillant au respect de la dignité humaine. Elle a pour objet une réflexion commune destinée à assurer le respect et la protection de l'individu face aux progrès des connaissances en sciences de la vie et leurs possibles applications. Les lois de bioéthique éditées par chaque pays sont les lois qui encadrent la recherche sur le vivant et ses utilisations.
- **Éthique médicale** (l.f.) : Branche de l'éthique dédiée au domaine médical (ex. l'euthanasie, le don et transplantation d'organes, le clonage, la recherche sur l'embryon, l'assistance médicale à la procréation, les essais cliniques, le secret médical, etc.).
  Les règles de l'éthique médicale sont conçues afin de garantir que les professionnels qui s'y conforment agiront dans l'intérêt de leurs patients et éviteront de leur nuire. L'éthique médicale contemporaine s'intéresse également à une grande variété de questions sociétales et sociales complexes liées à la pratique et à la recherche médicales. Elle est maintenant enseignée dans toutes les écoles de médecine comme partie essentielle de la formation professionnelle des médecins.

Biogaz/Gaz naturel [Énerg.]
Angl. : biogas/natural gas

- **Biogaz** (n.m.) : Source d'énergie obtenue par fermentation anaérobie ou gazéification de divers types de biomasse. Tous les végétaux fournissent par fermentation du biogaz dont le composé principal est le méthane (55 à 80 %) à côté du dioxyde de carbone (20 à 45 %) et d'autres gaz à l'état de traces (notamment malodorants à base de soufre et mercaptan).
  La biomasse utilisée peut être des papiers-cartons, des déchets ménagers, ou agro-alimentaires, des effluents d'usines, des algues, etc.
  Il peut servir au fonctionnement énergétique, après épuration, de carburant pour des véhicules adaptés, ou encore être intégré à un réseau de distribution de gaz naturel.
- **Gaz naturel** (n.m.) : Mélange d'hydrocarbures saturés gazeux, composé très majoritairement du méthane avec d'autres composants, associé ou non à la production de pétrole et utilisable comme combustible. Outre le méthane, ces gaz

sont principalement l'éthane, parfois avec du propane, du butane, de l'azote, du dioxyde de carbone, du dioxyde d'azote et des composés soufrés notamment l'hydrogène sulfureux (H_2S)...
Le gaz naturel est, comme le charbon et le pétrole, d'origine fossile, extrait des couches profondes de la croûte terrestre ; c'est donc une énergie non renouvelable.

Bio-indication/Biosurveillance [Écol.]
Angl. : bioindication/biomonitoring

- **Bio-indication** (n.m.) : Terme désignant l'utilisation d'un organisme ou d'un ensemble d'organismes qui en raison de particularités écologiques (ex. tolérance ou sensibilité à la pollution, aux métaux lourds, etc.) sont l'indice précoce de modifications abiotiques ou biotiques de l'environnement. Ces organismes, appelés bio-indicateurs, indicateurs biologiques ou organismes sentinelles, peuvent être des espèces végétales (ex. mousses) ou animales (oiseaux, insectes...), des lichens ou des bactéries. Les bio-indicateurs sont utilisés pour surveiller l'état d'un *écosystème** et mettre en évidence de manière précoce, les perturbations l'affectant, naturelles ou provoquées. Pour cela, ils doivent être choisis, entre autres, pour leur sensibilité à ces perturbations qui peuvent être détectées par des changements biochimiques, physiologiques, comportementaux ou par l'accumulation d'une substance par l'espèce bio-indicatrice.
- **Biosurveillance** (n.m.) : Ensemble de méthodes physico-chimiques et/ou biologiques qui consistent à évaluer et à surveiller l'exposition de certains organismes vivants à différents contaminants ou à des micro-organismes *pathogènes** existants dans l'environnement et, par la suite, à évaluer la qualité de l'environnement.
  Les informations pertinentes en biosurveillance peuvent être déduites de changements dans le comportement des organismes ciblés (abondance, performance écologique, morphologie, etc.).
  Les organismes utilisés en biosurveillance peuvent être, par exemple, des organismes bioaccumulateurs de substances toxiques présentes à l'état de traces dans l'environnement. Lorsqu'il est difficile de mesurer directement ces faibles *concentrations** d'un polluant dans l'eau, l'analyse chimique des tissus de mollusques et crustacés de ce milieu peut révéler des concentrations beaucoup plus élevées et faciles à détecter de ce polluant. Un biomoniteur est toujours un bio-indicateur, mais un bio-indicateur ne répond pas nécessairement aux exigences d'un biomoniteur.
  Les essais biologiques de toxicité, les *sondes** à ADN et les méthodes d'amplification géniques sont maintenant utilisés pour contrôler la présence et l'évolution des micro-organismes pathogènes dans les sols et les milieux marins ou lacustres.
  La biosurveillance peut aussi porter sur la diversité biologique, les variables d'intérêt comprennent alors la richesse des espèces, la diversité des espèces, la biomasse et la taille des populations.
  Pour être efficace en biosurveillance, les organismes utilisés doivent satisfaire aux critères suivants énoncés.
  1. Les organismes doivent accumuler les substances xénobiotiques sans être affectés par des concentrations excessives pour l'environnement.
  2. Ils doivent de préférence être fixés (cas des macroalgues marines dans les eaux côtières) pour être représentatifs de la zone étudiée.
  3. Ils doivent avoir une longue durée de vie pour agir en tant qu'intégrateurs de contaminants.

4. Ils doivent avoir une taille suffisante pour avoir des tissus permettant l'analyse chimique,
5. La collecte et la manipulation des organismes doivent être faciles.
6. Une corrélation simple doit exister entre la concentration moyenne du contaminant dans l'environnement et sa teneur dans l'organisme.
7. Cette corrélation doit être reproductible chez tous les individus de l'espèce utilisée en biosurveillance.
8. Les populations de référence et expérimentales doivent avoir une homogénéité génétique et résider dans des habitats de structure similaire et dans les mêmes conditions climatiques, pédologiques et hydrologiques.
Syn. : surveillance biologique.

Bio-informatique/Bioprogrammation [Tech.]
Angl. : bioinformatics, biological computing/computational biology

- **Bio-informatique** (n.f.) : Discipline fondée sur les acquis de la biologie, des mathématiques et de l'informatique, utilisée pour analyser des données biologiques. Ces dernières peuvent être des séquences d'acides nucléiques (ADN et ARN) ou de *protéines**, des cartes génétiques ou des données de structures chimiques, mais peuvent être aussi des données expérimentales de nombreuses sources, des statistiques sur des patients et des matériaux issues de la littérature scientifique. La recherche en bio-informatique met l'accent sur les méthodes de stockage et d'organisation des informations dans des bases de données, leur récupération et leur analyse.
- **Bioprogrammation** (n.f.) : Discipline théorique à l'interface de l'informatique et de la biologie qui utilise un ordinateur pour modéliser des systèmes d'intérêt biologique. Un des domaines les plus étudiés est celui concernant la *conformation** des *protéines**, modélisée à partir des données issues des analyses par la cristallographie aux rayons X, la RMN ou d'autres techniques.
  Syn. : biologie virtuelle.

Bioluminescence/Fluorescence/Phosphorescence [Tech.]
Angl. : bioluminescence/fluorescence/phosphorescence

- **Bioluminescence** (n.f.) : Émission de lumière visible par un organisme vivant, résultant de l'*oxydation** d'un *substrat**.
  La bioluminescence est produite par certaines bactéries (ex. espèces des genres *Alteromonas*, *Vibrio* et *Xenorhabdus*), champignons (*Armillaria mellea*, espèces du genre *Mycena*) et dinoflagellées (ex. *Gonyaulax*, *Noctiluca*, *Pyrocystis*, *Pyrodinium*), lucioles (*Photinus pyralis*), méduses, etc.
  Tous les organismes qui présentent une bioluminescence utilisent une oxydoréductase à groupement thiol (spécifique de l'espèce), connue sous le nom générique de luciférase. Cette enzyme est impliquée dans l'excitation de l'entité émettrice de lumière, la luciférine (acide 4,5-dihydro-2-(6-hydroxy-2-benzothiazolyl)-4-thiazolecarboxylique, $C_{11}H_8N_2O_3S_2$) qui est convertie en oxyluciférine en présence d'ions Mg^{2+}. Il existe plusieurs luciférines qui ont été isolées de différents organismes marins. La présence d'arsénates prolonge l'émission lumineuse.
  Les différents organismes émettent une lumière de *longueurs d'onde** différentes. Par exemple, la longueur d'onde de la lumière émise par les lucioles est de 560 nm alors que celle des bactéries se situe entre 475 et 505 nm. Certains dinoflagellés

émettent une lumière dont la longueur d'onde est de 480 nm sous forme de flash d'une durée de 1/10 de seconde.

- **Fluorescence** (n.f.) : Propriété de certaines substances qui, éclairées par une *radiation** électromagnétique à une certaine *longueur d'onde** λ, réémettent de la lumière de longueur d'onde λ' toujours supérieure à celle de la lumière d'excitation et donc d'énergie inférieure à celle de la radiation incidente. Cette émission dure généralement le temps de l'excitation. En revanche, le déclin de la fluorescence est en général très rapide : quelques dizaines de picosecondes à quelques centaines de nanosecondes.
  Certains groupements, appelés fluorophores, ont la propriété d'émettre totalement ou partiellement l'énergie lumineuse (photons) qu'elles ont absorbée. L'émission s'explique par la désexcitation des électrons des couches atomiques externes de la substance luminescente : ces électrons quittent les niveaux d'énergie supérieure qu'ils ont atteints sous l'effet du flux énergétique excitateur et retournent à des niveaux stables (état fondamental). Une partie de l'énergie étant absorbée, les longueurs d'onde du rayonnement émis sont généralement plus grandes que celles du rayonnement initial. La fluorescéine et la rhodamine en sont des exemples bien connus.
  On parle de fluorescence primaire sans traitement préalable et secondaire après imprégnation par des substances fluochromes. Ainsi, les corps éclairés par un rayonnement ultraviolet, retransmettront des radiations visibles caractéristiques. Ces fluorophores, peuvent être localisés sous le microscope à ultraviolet pour rendre visible certaines structures très fines qui passeraient inaperçues au microscope photonique. Il est possible, dans certains cas, de fixer sélectivement un colorant fluorescent.
- **Phosphorescence** (n.f.) : Phénomène d'émission de lumière monochromatique visible par des atomes dont les électrons passent d'un état excité à leur état de repos. Contrairement à la *fluorescence**, le phénomène est caractérisé par une durée de vie plus longue, de plusieurs secondes, minutes ou plus.

Biomacromolécule/Biopolymère [Bioch.]
Angl. : biomolecule/biopolymer

- **Biomacromolécule** (n.f.) : Macromolécule biologique produite par les cellules d'un organisme vivant comme des polysaccharides, des *protéines**, des lipides ou des acidesnucléiques.
- **Biopolymère** (n.m.) : Terme employé pour désigner des macromolécules biologiques, à motif de base répétitif ou monomère (molécule simple), enchaînés les uns aux autres comme les peptides, les polynucléotides, les polysaccharides. Le terme s'applique aussi à des polymères synthétisés à partir de ressources renouvelables.
  Tout biopolymère est une macromolécule, mais l'inverse ne l'est pas toujours.
  Syn. : polymère biologique.

Biofortification/Complémentation/Enrichissement/Fortification/Supplémentatio n [Alim.]
Angl. : complementation/enrichment/fortification/supplementation

- **Biofortification** (n.f.) : Processus d'augmentation des micronutriments (vitamines, minéraux, etc.) dans une culture par des approches agronomiques et de sélection

végétale conventionnelle, des approches biotechnologiques (transgenèse) ou des pratiques agronomiques, en vue d'améliorer sa valeur nutritionnelle.
La biofortification des cultures est une approche multidisciplinaire impliquant des sélectionneurs de plantes, des agronomes, des *nutritionnistes** et des technologues alimentaires.

- **Complémentation** ou **supplémentation** (n.f.) : Opération ayant pour but d'améliorer les qualités nutritionnelles de certaines *protéines** déficientes en acides aminés indispensables (méthionine, lysine, thréonine et tryptophane, notamment) en ajoutant dans une ration alimentaire, d'autres protéines non-déficientes. Les protéines de Céréales, par exemple, pauvres en lysine, sont généralement complémentées en leur associant de petites quantités de lait ou de soja. La complémentation peut aussi porter sur d'autres types de *nutriments** : énergétiques, minéraux ou vitaminiques. La complémentation concerne donc les substances qui ne se trouvent pas naturellement, ou en très faible quantité, dans les denrées alimentaires.
  La complémentation peut aussi se faire par l'administration de micronutriments essentiels sous différentes formes comme les pilules, la poudre et le liquide.
  Les principales raisons qui conduisent à complémenter un *aliment** peuvent être :
  • la fabrication d'aliments nutritionnellement équilibrés ou répondant à des objectifs particuliers : aliments diététiques ou de régimes, supplémentation en vitamine K aux nourrissons allaités par la mère, en zinc pour les nouveaux-nés prématurées, en vitamine D aux petits enfants peu ou pas exposés au soleil ou encore en vitamine B9 pour les femmes enceintes ;
  • la lutte contre des maladies de carence, en plus de l'alimentation habituelle. Par exemple, l'ajout d'acides aminés essentiels aux produits alimentaires végétaux, afin d'améliorer la qualité nutritionnelle ou de corriger une carence, par exemple, l'ajout de lysine à la farine de blé.
- **Enrichissement** (n.m.) : Processus par lequel est accrue la teneur d'un constituant au sein d'une matrice en vue de l'objectif défini. Par exemple, l'enrichissement d'un concentrât en *protéines** est obtenu par l'élimination des composants non protéiques de la matière première (ex. élimination des lipides, des sucres, des matières minérales).
- **Fortification** (n.f.) : Augmentation des *nutriments** présents dans les *aliments** mais souvent perdus lors de la transformation et/ou de la conservation des aliments, par exemple, l'ajout de vitamines et de minéraux aux aliments transformés, le plus souvent des produits céréaliers, pour remplacer ces nutriments perdus lors de la mouture et de la transformation.

Biomathématiques/Statistiques [Gén.]
Angl. : biomathematics/statistics

- **Biomathématiques** (n.f.pl.) : Discipline recouvrant toutes les utilisations des mathématiques en biologie et permettant, en particulier, de modéliser les phénomènes afin d'en faciliter leur compréhension.
- **Statistiques** (n.f.pl.) :
  1. Science qui recueille, analyse mathématiquement et présente des données pour une évaluation numérique les rendant facilement exploitables.
  2. Ensemble des données numériques concernant l'état ou l'évolution d'un groupe, d'un phénomène ou d'un ensemble de résultats expérimentaux.

Biome/Écosystème [Écol.]
Angl. : biome/ecosystem

- **Biome** (n.m.) : Ensemble d'*écosystèmes** caractéristiques d'une vaste aire biogéographique.
  Les biomes sont déterminés par leur *climat**, leur latitude, leur faune et leur formation végétale spécifique et dominante. Le désert (chaud ou froid), les forêts (boréales, tropicales ou tempérées), les prairies et steppes, la savane, la taïga et la toundra sont tous des biomes. Les océans et les mers sont également considérés comme des biomes aquatiques.
- **Écosystème** (n.m.) : Système dynamique organisé en une seule et même unité fonctionnelle, composé d'un ensemble d'êtres vivants (animaux, végétaux, bactéries, champignons) fonctionnant en interdépendance (biocénose) et présentant entre ses membres et avec le milieu physique (biotope) où ils évoluent, des interactions complexes d'ordre énergétique et trophique, permettant le maintien et le développement de la vie. Les écosystèmes sont plus petits que les biomes. Ex. un *étang**, un *lac**, un *marécage** (écosystèmes aquatiques), une prairie, une forêt, etc. (écosystèmes terrestres).
  Un écosystème est composé : (1) de composants non biotiques (non vivants) ; (2) des producteurs (autotrophes, principalement plantes vertes) ; (3) des consommateurs (hétérotrophes, notamment des herbivores et des carnivores ainsi que des bactéries décomposant la matière organique morte). Les éléments vivants d'un écosystème constituent la *communauté**. La nature des composants non biotiques (géologique, pédologique et atmosphérique) détermine les types d'organismes trouvés ; les organismes à leur tour peuvent altérer progressivement les composants non biotiques se trouvant dans leur environnement.

Biophysique/Physique médicale [Phys.]
Angl. : biophysics/medical physics

- **Biophysique** (n.f.) : Science à l'interface de la physique et de la biologie, qui met en œuvre des outils ou des concepts physiques pour étudier les systèmes vivants. Elle étudie à la fois les phénomènes biologiques, notamment aux niveaux cellulaire et moléculaire, la compréhension de leur organisation et des phénomènes physiques qui s'y déroulent et conditionnent leur existence ainsi que la structure des macromolécules d'intérêt biologique.
  L'association de l'appareillage à l'informatique a joué un rôle majeur dans l'évolution de la biophysique. On peut aujourd'hui déterminer la structure de très grosses molécules telles que des *protéines** et essayer de comprendre leurs interactions en les reliant à leur structure.
  Les lois et les méthodes de la biophysique sont celles de toutes les sciences expérimentales mais l'approche est différente.
- **Physique médicale** (l.f.) : Science dédiée principalement à l'étude des relations entre la santé humaine et l'exposition aux *radiations**. Par exemple, utilisation de certains rayonnements pour traiter certaines formes de cancer, connue sous le nom de radiothérapie. En médecine, la physique médicale concerne aussi toutes les techniques d'observation développées grâce aux progrès de la physique (radiographie, RMN, IRM, etc.).

Biopolymère (n.m.) : Voir **biomacromolécule.**

Bioprogrammation (n.f.) : Voir **bio-informatique**.

Bioréacteur/Fermenteur [Tech.]
Angl. : bioreactor/fermentor

- **Bioréacteur** (n.m.) : Dispositif développé en laboratoire ou en milieu industriel où sont mises en œuvre des cultures en conditions contrôlées de cellules ou des *bioconversions** grâce à des micro-organismes, des cellules isolées (cytoculteurs), des extraits cellulaires ou des enzymes fixées ou libres (réacteurs enzymatiques).
  Les bioréacteurs sont utilisés dans les processus industriels pour produire des produits pharmaceutiques, des vaccins, des anticorps, etc.
  Le bioréacteur comporte des dispositifs permettant d'optimiser le contact entre les phases biotique et abiotique, le brassage du contenu de façon à éviter la sédimentation ou, au contraire, la flottaison ou la *floculation**, assurant l'alimentation en *nutriments** et en gaz, l'évacuation des déchets, le transfert de chaleur, etc.
- **Fermenteur** (n.m.) : Enceinte généralement en verre ou en inox, stérilisable, dans laquelle se déroulent les fermentations microbiennes et, d'une façon plus générale, la culture de micro-organismes ou de cellules en vue de la production industrielle de métabolites divers (acides aminés, acides organiques, antibiotiques, alcaloïdes, alcools, enzymes, hormones, vitamines, etc.). Il permet aussi des essais au laboratoire en conditions contrôlées comme le traitement des eaux usées, la *biotransformation** et la biodégradation de déchets agricoles, etc. Le fermenteur, dont le volume peut atteindre 1 000 m^3 en milieu industriel, met en jeu tous les systèmes de brassage, d'aération et de contrôle du milieu.

Biosphère/Écosphère [Écol.]
Angl. : biosphere/ecosphere

- **Biosphère** (n.f.) : Désigne l'ensemble de l'écorce terrestre (lithosphère) jusqu'à quelques mètres de la surface, de l'hydrosphère (fonds marins et océaniques) et des basses couches de l'atmosphère où vivent des organismes vivants.
- **Écosphère** (n.f.) : Partie de la planète qui renferme l'ensemble des êtres vivants et leur environnement dont les propriétés physico-chimiques créent les conditions favorables à la vie à la surface de la Terre. Elle inclut trois milieux physiques : l'atmosphère, depuis sa limite supérieure jusqu'à la surface du sol, l'hydrosphère, depuis la surface des océans jusqu'aux fonds marins les plus profonds, et la lithosphère, en particulier la totalité des roches sédimentaires.

Biosurveillance (n.f.) : Voir **bio-indication.**

Biotechnologie/Technique biologique [Biotech.]
Angl. : biotechnology/biological technique

- **Biotechnologie** (n.f.) : Application intégrée des connaissances, des principes et des techniques de la biochimie, de la microbiologie, de la physiologie, de la génétique et du génie chimique, au traitement des matières par des agents biologiques (micro-organismes, enzymes isolées).
  Les biotechnologies consistent, aussi, à tirer profit des micro-organismes et des cellules animales ou végétales dont le métabolisme et la capacité de biosynthèse sont orientés vers la production de substances spécifiques utiles.
  C'est ainsi qu'il est possible, par les techniques enzymatiques ou par fermentation de privilégier la production de métabolites de forme lévogyre (L), généralement plus

actifs que ceux de forme dextrogyre (D), alors que la synthèse chimique permet aujourd'hui d'obtenir des molécules sous forme racémique.

Elles concernent aussi la transformation des denrées alimentaires, la conservation des *aliments** et l'amélioration de leurs propriétés nutritionnelles. La modification du métabolisme des végétaux rend possible également la création de plantes génétiquement modifiées dont le taux de conversion du dioxyde de carbone serait augmenté ou de plantes à plus forte teneur en *protéines**.

La demande mondiale en protéines pourrait être en partie satisfaite par la production à grande échelle de bactéries ou de levures desséchées riches en protéines, dénommées protéines d'organismes unicellulaires. Cette alternative est déjà une réalité industrielle dans certains pays.

Les recherches et les résultats acquis en biotechnologie végétale offrent l'espoir de pouvoir sélectionner ou créer à partir d'espèces sauvages, de nouvelles variétés de plantes plus adaptées aux conditions difficiles de l'environnement (salinité, sécheresse, froid, chaleur, pollution, etc.), ou résistantes aux maladies, aux herbicides et aux ravageurs.

La capacité de fixation de l'azote par certaines plantes pourrait aussi être améliorée soit en facilitant la *symbiose** avec des micro-organismes fixateurs d'azote, soit par insertion de gènes spécifiques (comme le gène NIF).

La contribution de la génétique végétale à ces recherches est essentielle dans la mesure où elle connaît, dans ses concepts, ses outils et ses méthodes, une évolution rapide, en raison des découvertes récentes en biologie moléculaire et de l'exploitation de certains caractères particuliers aux plantes. Il existe actuellement toute une panoplie de techniques permettant d'améliorer les plantes, des plus simples, comme la micropropagation des plantes, aux plus sophistiquées, comme la fusion des protoplastes ou le transfert de gènes. Le perfectionnement des techniques de culture *in vitro* des cellules et des tissus végétaux, d'embryogenèse somatique, d'hybridation somatique avec des espèces sauvages apparentées, d'haploïdisation et de génie génétique, ouvre des perspectives nouvelles pour l'amélioration des espèces et des variétés cultivées.

Des substances importantes en médecine, comme l'insuline, le facteur VIII et l'hormone de croissance, sont produites avec l'aide de procédés biotechnologiques. Le *diagnostic** moléculaire, utilisant des immunotests, des anticorps monoclonaux et des *sondes** d'acides nucléiques est un autre outil biotechnologique de conception récente. Il est plus rapide et plus précis que les méthodes habituelles de détection des virus, notamment, et d'autres organismes phytopathogènes.

Les biotechnologies interviennent aussi au niveau du sol. C'est ainsi que dans le cadre de recherches de nouveaux matériaux pour les couches de bébé, des chercheurs japonais ont mis au point des bio-absorbants synthétisés par des bactéries telluriques. L'une d'elles, *Alcaligenes latus*, produit des polymères, de nature polysaccharidique, capables de retenir des quantités d'eau équivalentes à environ 1 000 fois leur poids sur des périodes de près d'un mois, évitant son *évaporation** même à très forte température (70 °C à la surface du sol). Ils empêchent également le phénomène de salinisation des terres irriguées en zones arides en freinant la percolation de l'eau en profondeur puis sa remontée par capillarité. De plus, ils sont *biodégradables** par les micro-organismes du sol.

L'application des techniques biotechnologiques à l'échelle industrielle a donné naissance à la bio-industrie.

- **Technique biologique** (l.f.) : Cette expression décrit une manière de faire, basée sur un principe biologique, utilisée dans l'étude d'un analyte ou d'un phénomène. Le *bouturage**, la greffe sont des techniques biologiques.

Biotransformation (n.f.) : Voir **bioconversion**.

Bipartite (adj.) : Voir **bifide**.

Blanc/Témoin/Zéro [Tech.]
Angl. : blank/control, reference check/zero
L'usage des termes « blanc », « témoin » et « zéro » est souvent source de confusion et parfois utilisée de manière interchangeable.

- **Blanc** (n.m.), **zéro** (n.m.) :
  1. Valeur mesurée obtenue en l'absence de l'analyte mais en présence des mêmes *concentrations** en *réactifs** contenus dans l'essai. Dans ces conditions, la valeur obtenue pour le blanc est due à des artefacts et doit, par conséquent, être soustraite de la valeur mesurée obtenue en présence de l'analyte.
  En spectrophotométrie, il est courant de régler l'absorbance sur une valeur de 0,0 à l'aide d'une cuvette placée dans le porte-échantillon contenant le *solvant** et/ou tous les réactifs contenus dans les échantillons expérimentaux sauf l'analyte à doser. Cette opération s'appelle « mise à zéro » du *spectrophotomètre** et la cuvette utilisée pour cela est appelée un « blanc réactif ». Le blanc réactif peut être très important pour les méthodes de recherche des traces.
  2. Le blanc instrumental correspond au bruit de fond moyen de l'appareil de mesure et est souvent non mesurable sur les instruments modernes qui subissent un lissage très énergique du signal.
- **Témoin** (n.m.) :
  1. Micro-organisme, plante, animal ou produit servant de comparaison et de référence par rapport à d'autres sur lesquels on a pratiqué des expériences.
  2. Partie d'une expérience scientifique de laquelle la variable expérimentale est soustraite mais qui est similaire au groupe expérimental à tous les autres égards.

Bleu de méthyl/Bleu de méthylène [Chim.]
Angl. : methyl blue/methylene blue

- **Bleu de méthyl** (l.m.) [microscopie et indicateur coloré] : Contre *colorant** général, utilisé souvent dans les colorations combinées. C'est aussi un indicateur pH qui vire du bleu/rouge (pH 9,4) à l'incolore (pH 14).
- **Bleu de méthylène** (l.m.) [indicateur coloré] : Chlorhydrate de tétraméthylthionine, utilisé comme indicateur d'oxydoréduction qui passe du bleu (oxydé) à l'incolore (réduit) ou comme *colorant** histologique et bactériologique. C'est aussi colorant de l'ARN et de la ribonucléase en électrophorèse.

Bogue/Capsule du marronnier d'Inde [Bot.]
Angl. : chestnut burr/horse chestnut capsule

- **Bogue** (n.f.) : Les *châtaignes**, fruits du châtaignier (Fagacées), sont regroupées par deux ou trois dans une bogue qui est une cupule hérissée d'épines, provenant de *bractées** soudées et qui ressemble à la *capsule du marronnier d'Inde**. Chaque châtaigne porte les restes de calice et de stigmate, visibles à l'extrémité. Il s'agit d'un akène (fruit, sec indéhiscent).

- **Capsule du marronnier d'Inde** (l.f.) : Le marronnier d'Inde (*Aesculus hippocastanum*), appartenant à la famille des Hippocastanacées, est un arbre d'ornement qui produit un fruit brun et luisant, non *comestible**. Il s'agit d'une graine, enveloppée d'une capsule épaisse et couverte d'épines molles, à trois loges et à déhiscence loculicide, comme dans le cas de la *châtaigne**, d'où la confusion fréquente chez les néophytes.

Boisement/Déboisement/Reboisement [For.]
Angl. : afforestation, afforesting/deforestation/reforestation

- **Boisement** (n.m.) :
  1. Établissement de plantations forestières sur une parcelle (terre cultivée, pâturage, prairie abandonnée, etc.) n'ayant jamais été classée auparavant comme forêt.
  2. Désigne la nature de la *végétation** forestière d'un biotope donné. On parlera par exemple d'un boisement de pins, de feuillus, etc.
- **Déboisement** (n.m.) : Enlèvement des arbres sur un territoire forestier en vue d'un autre usage des terres à long terme.
  Syn. : déforestation.
- **Reboisement** (n.m.) : Rétablissement d'une forêt par plantation et/ou ensemencement délibéré sur des terres temporairement déboisées considérées comme terres forestières.
  Le reboisement peut s'effectuer sur des terres où des arbres ont été abattus pour la récolte de leur bois ou à la suite de catastrophes naturelles telles qu'un incendie, un glissement de terrain, une inondation ou une éruption volcanique.

Bol/Chyle/Chyme [Nutr.]
Angl. : bolus/chyle/chyme

- **Bol** (n.m.) : Masse d'*aliments** qui a été mâchée et mélangée à la salive dans la bouche, jusqu'à ce qu'elle passe dans l'estomac.
- **Chyme** (n.m.) : Au cours de la déglutition, le bol alimentaire passe dans l'œsophage et parvient, à travers un sphincter (anneau musculaire), jusqu'à l'estomac où il subit l'action du suc gastrique. Cette action, à la fois mécanique et chimique, transforme le bol en un liquide plus ou moins épais, constitué d'*aliments** partiellement digérés, appelé chyme.
- **Chyle** (n.m.) : Le chyme passe ensuite de l'estomac au duodénum (début de l'intestin grêle), à travers le sphincter pylorique. A ce niveau, les *sécrétions** des cellules intestinales et les sucs digestifs du pancréas (riches en enzymes digestives) et de la vésicule biliaire (aident à la digestion des graisses) s'ajoutent au contenu intestinal qui porte alors le nom de chyle.

Bouturage/Marcottage [Hort.]
Angl. : taking (of) cuttings, propagation (~ by cuttings), cutting/layerage, layering

- **Bouturage** (n.m.) : Procédé le plus souvent artificiel consistant à obtenir un nouvel individu par enracinement d'un organe isolé d'une plante (le plus souvent jeune rameau, fragment de racine ou de feuille), appelé bouture. Le fragment est détaché de la plante mère et enterré partiellement dans un substrat humide jusqu'à l'apparition de *racines** adventives et, par suite, des organes qu'il ne possède pas. Dans de bonnes conditions ou grâce à l'application d'hormones radicantes, la bouture s'enracine et donne naissance à une nouvelle plante, identique à la plante dont elle provient.

Certaines espèces se prêtent mieux au bouturage (*Begonia, Pelargonium, Tradescantia, Vitis...*) que d'autres. Toutes les plantes à fruits ne peuvent pas être reproduites par bouturage car elles ne produisent pas de racines.

- **Marcottage** (n.m.) : Mode de multiplication végétative des plantes qui consiste à enterrer certaines parties susceptibles d'être isolées (tige, branche rampante) afin de provoquer leur enracinement en contact avec un substrat léger ; la séparation (« sevrage ») de la partie enterrée (marcotte) ne se faisant qu'après son enracinement. Le marcottage réussit plus facilement sur les tissus tendres ou faiblement ligneux que sur ceux plus durcis. Couramment utilisé en *horticulture**, le marcottage peut se faire naturellement. Ex. cas des ronces (*Rubus*).
  Le marcottage aérien consiste à provoquer apparition de racines sur la branche d'une plante sans la coucher au sol, mais en l'enveloppant d'un sac en jute ou en plastique rempli de sciures de bois mélangées avec du terreau ou du fumier humide bien décomposé après avoir pratiqué une entaille oblique jusqu'au tiers du diamètre de la branche (ou enlever l'écorce de la branche autour de la partie à marcotter). La marcotte est alors séparée de la plante mère après apparition des *racines**. Le marcottage aérien se fait essentiellement pour le litchi, le cacaoyer, l'anacardier, le *caoutchouc**, etc.

Bractée/Stipule [Bot.]
Angl. : bract/stipule

- **Bractée** (n.f.) : Petit organe foliacé ou membraneux souvent coloré différemment des feuilles, à l'aisselle duquel naissent les *fleurs** chez certaines espèces, mais qui n'est ni un sépale ni un pétale. Ex. les « feuilles » d'artichaut dont on consomme la base sont des bractées. Parfois, elles sont très colorées (bractées des fleurs de *Bougainvillea*). L'ensemble des bractées peut former une collerette. Dans certains cas, elles atteignent de grandes dimensions et deviennent coriaces : on les appelle spathes. Ex. maïs.
- **Stipule** (n.f.) : Appendice foliacé souvent écailleux, épineux, parfois glanduleux, caduc ou persistant, se présentant le plus souvent deux par deux, l'un en face de l'autre, à la base du pétiole des feuilles de certaines espèces. Ex. pois (*Pisum sativum*), ronce (*Rubus*), trèfle (*Trifolium*). Chez certaines espèces, les stipules sont autant développées que les feuilles et plus de deux (ex. *Galium*). Dans d'autres cas, les stipules remplacent les feuilles transformées en *épines**.

Brin codant/Brin matrice [Bio.mol.]
Angl. : coding strand/template strand

- **Brin codant** (l.m.) : Le brin codant est le brin d'ADN complémentaire au *brin matrice** et possède une séquence en bases identique à celle de l'ARN transcrit à partir du gène qui code pour une *protéine** donnée, mais contenant de l'uracile à la place de la thymine. Le brin codant pour un gène particulier peut être situé dans l'un ou l'autre brin d'un *chromosome** donné. Par convention, les séquences régulatrices qui contrôlent la transcription sont désignées par les séquences du brin codant.
- **Brin matrice** (l.m.) : Dans un gène particulier dans la molécule d'ADN double brin, l'information génétique réside dans la séquence de nucléotides sur un brin, le brin matrice. C'est le brin d'ADN qui est transcrit, lors de la synthèse de l'acide ribonucléique (ARN). Il est parfois appelé le brin non codant. Le transcrit d'ARN à polarité 5'→3' est complémentaire au brin matrice à polarité 3'→5'.

La séquence du transcrit d'ARN et sa polarité sont les mêmes que dans le *brin codant**, sauf que l'uracile du transcrit remplace la thymine du gène.

Bulbe/Corme [Bot.]
Angl. : bulb/corm

- **Bulbe** (n.m.) : Organe de certaines plantes *vivaces** constitué d'une *tige** courte souterraine, le plateau, porteur de *racines** adventives et possédant un bourgeon placé au centre de plusieurs épaisseurs d'écailles (bulbes écailleux) ou de tuniques charnues (bulbes tuniqués), serrées les unes contre les autres. Les tuniques contiennent la majeure partie des réserves nutritives ; une petite partie des réserves se trouve par ailleurs dans le plateau. Il existe des bulbes dits solides ou pleins qui correspondent à la base de la tige renflée, protégée par des feuilles desséchées. Ex. colchique (*Colchicum autumnale*). Les bulbes assurent la survie de la plante durant l'hiver ou en période de sécheresse.
  Les bulbes sont caractéristiques des Monocotylédones (sauf exceptions très rares) et plus précisément dans les familles des Amaryllidacées, Liliacées, Iridacées.
- **Corme** (n.m.) : *Tige** souterraine très courte, plus ou moins globuleuse, ayant l'apparence d'un *bulbe**, contenant toutes les réserves de la plante, et enveloppée par un petit nombre de feuilles sèches, sans réserves et sans écailles.
  Les cormes se trouvent chez diverses Monocotylédones (ex. corme du Crocus, des Glaïeuls) et assurent la survie de la plante durant l'hiver ou en période de sécheresse.

C

Cactacées ou **Cactées/Plantes grasses** ou **Succulentes [Bot.]**
Angl. : cactaceous plants/succulent or fleshy plants

- **-Cactacées** ou **Cactées** (n.f.pl.) : Importante famille de Dicotylédones regroupant plus de 2 000 espèces, appartenant à 200 genres originaires majoritairement du continent américain. Les Cactacées sont caractérisées par des feuilles réduites à de petites *épines** disposées le long de leurs tiges grasses qui constituent presque toute la plante et assurent l'essentiel de la photosynthèse. Cette caractéristique est une *adaptation** aux environnements arides, permettant aux plantes de réduire à l'extrême la *transpiration** foliaire. De plus, la cuticule épaisse qui recouvre la tige et les acides organiques qu'elles contiennent ralentissent la transpiration. Certains genres présentent cependant des feuilles planes, squamiformes ou cylindriques. Les *fleurs**, en général solitaires, colorées, apparaissent au niveau des aréoles et ont souvent une durée de vie très brève. Leurs tiges prennent différentes formes dont les deux plus répandues la forme colonnaire ou en cierge (*Carnegia, Cereus*) et la forme globulaire, par exemple, le « coussin de belle-mère » (*Echinocactus grusonii*). Certaines ont des tiges aplaties en raquette (*Opuntia*) ou en articles courts (*Zygocactus*), hémisphériques ou cylindriques avec des tubercules mammiformes

(*Mamillaria*). On distingue également les ports simples, des ports cespiteux (buissonnant). Enfin, d'autres cactées possèdent des *racines** classiques, des cactées à racines tuberculeuses et même des cactées *épiphytes** (*Aporocactus conzatii*). Les fruits sont charnus ; ceux d'*Opuntia ficus-indica* (figuier de Barbarie) sont comestibles. De nombreuses espèces sont cultivées comme plantes d'appartement, ou pour la décoration des jardins dans les régions où il ne gèle pas.
De nombreuses familles ont des représentants à l'aspect de *plantes grasses** mais n'appartiennent pas à cette grande famille.

- **Succulente** (adj.) : Se dit d'une plante mettant de l'eau en réserve dans ses organes verts, tiges (ex. Cactacées) ou feuilles (ex. Aizoacées, Crassulacées), qui sont alors charnus, d'où leur autre nom de **plantes grasses**. Leur qualification de succulentes fait allusion à leur sève épaisse et visqueuse qui porte le nom de « suc ».
La succulence est fréquemment observée chez les plantes qui poussent dans un environnement salin, (ex. *Arthrocnemum* ; *Suaeda*, Chenopodiacées) ou aride (ex. *Zygophyllum*, Zygophyllacées). Il existe environ 12 000 espèces de plantes succulentes, appartenant à une trentaine de familles botaniques dont 2 000 Cactacées.

Cal/Callose [Cyt.]
Angl. : 1. callus (pl. calli), 2. plug (of cell wall material)/callose

- **Cal** (n.m.) :
1. Amas de cellules végétales indifférenciées (sans organisation définie), naturel ou obtenu par culture *in vitro*. Le cal est le résultat d'une reprogrammation cellulaire et/ou tissulaire due à des conditions qui prédominent les processus de différenciation cellulaire et/ou tissulaire (gradients hormonaux, régulation de la chromatine, etc.).
Ces cellules peuvent être cultivées indéfiniment par repiquages sur des milieux neufs. À partir de cals, on peut dans certaines conditions régénérer des organes ou des plantes entières.
2. Chez les algues vertes, épaississement pariétal annulaire obturant un siphon. Les cals peuvent jouer un rôle de compartimentation ou de cicatrisation d'un siphon sectionné.
- **Callose** (n.f.) : Homoglucane composé d'unités de β-D-glucopyranose reliées par des liaisons $\beta(1\rightarrow3)$.
La callose se rencontre au niveau de la *paroi cellulaire** de certains végétaux où elle est déposée au niveau des cribles des tubes criblés servant au transport de la sève, à la mort des cellules à la mauvaise saison ou en cas de blessures (par obstruction des pores) faisant obstacle aux bactéries et champignons. Sa synthèse s'accroît avec l'âge de la cellule. Elle est également synthétisée au moment de la formation des macrospores dans l'ovule et des microspores dans l'anthère (paroi spéciale callosique) ainsi que lors de la croissance du tube pollinique (bouchons callosiques). Elle est colorable sélectivement en bleu par le bleu coton, en jaune brillant par l'aniline.

Calcination/Minéralisation [Tech.]
Angl. : calcination/mineralization

- **Calcination** (n.f.) : Chauffage d'une substance jusqu'à l'obtention des *cendres**, à une température inférieure de celle de la fusion. La calcination est effectuée, par exemple, en préalable au dosage de *matières minérales** contenues dans une matrice (plantes, sols, etc.) à l'aide d'un four à moufles.

- **Minéralisation** (n.f.) : Transformation complète d'une matière organique ou organo-minérale en composés simples tels que CO_2 et H_2O, mais aussi NH_3, et différents sels minéraux, phosphate, nitrates, sulfate, chlorure, etc. Cette minéralisation peut être naturelle dans un sol, mettant en jeu les micro-organismes qui dégradent partiellement la matière organique ; la mesure d'un indice C/N (carbone/azote) permet d'évaluer cette minéralisation, elle est bonne quand le C/N est inférieur à 10, mauvaise quand il est supérieur à 20. Effectuée en laboratoire, la minéralisation consiste à détruire à chaud la matière organique par un mélange d'acides en vue de récupérer la *matière minérale** pour analyse ultérieure.

Calibrage/Étalonnage [Tech.]

Angl. : calibration, gauging/calibration, standardization

- **Calibrage** (n.m.) : Action visant le positionnement matériel des repères de lecture sur le dispositif indicateur d'un *appareil** de mesure en fonction des valeurs correspondantes de la grandeur mesurée. Par exemple, les balances sont calibrées au moyen de *poids** standard de sorte que sa lecture corresponde à la *masse** connue du ou de ces poids. La calibration minimise les *erreurs** systématiques. Les appareils de mesure sont, en principe, calibrés en usine par le constructeur.
- **Étalonnage** (n.m.) : Opération visant, dans des conditions spécifiées, la vérification d'une lecture donnée par un *appareil** de mesure ou un système de mesure, par comparaison avec celle d'un étalon et attestation de sa *conformité**. L'étalonnage ne nécessite aucune intervention technique qui modifie l'appareil.

  En analyse, il s'agit d'étudier, par comparaison avec un ou plusieurs étalons contenant l'analyte cible, la réponse d'un appareil ou de tout autre système de mesure, dans le but d'un dosage (quantification). L'étalonnage est une étape préliminaire aux analyses qualitative et quantitative.

  En analyse chimique quantitative par méthodes physiques (spectrométrie par exemple), il est courant d'utiliser des courbes d'étalonnage, établies à l'aide d'une série de solutions étalons de *concentrations** croissantes en enregistrant la réponse analytique (absorbance) pour chacune d'elles.

  En chromatographie en phase gazeuse, par exemple, l'étalonnage quantitatif absolu pourra être fait grâce à l'addition dans le mélange soumis à l'analyse d'une quantité X en µg connue d'un composé que l'on sait absent du mélange (étalon interne). On saura alors que la surface Sx du pic correspondant représente X µg, la comparaison de la surface Sy de tout autre pic du chromatogramme avec Sx permettra la détermination de la quantité de Y en µg.

  En pH-métrie, l'étalonnage du pH-mètre consiste à ajuster l'affichage du pH à l'aide d'une ou plusieurs solutions tampons de valeur(s) de pH connue(s).

Callose (n.f.) : Voir **cal**.

Calorie (Cal)/calorie (cal) [Chim., Bioch.]

Angl. : calorie

- **Calorie** (n.f.) **(Cal)** : Pour les *nutritionnistes**, cette unité qui sert à mesurer la chaleur est aussi employée pour représenter la valeur énergétique des *aliments**. La grande calorie ou Calorie (également appelée calorie nutritionnelle) correspond à 1 000 calories ou kilocalories (= 4 180 joules). La valeur énergétique des aliments est

caractérisée par le nombre de Calories que dégage leur *combustion** dans l'organisme.
Par exemple, les glucides et les *protéines** contiennent quatre Calories (ou kcal) par gramme et les lipides neuf Calories par gramme. Le nombre de Calories qu'un organisme humain moyennement actif peut absorber par jour est déterminé en multipliant son poids par 15.
L'unité d'énergie dans le SI n'est pas la calorie mais le joule, bien que les kcal soient largement utilisés. 1 kcal = 4,18 kJ ; 1 kJ = 0,24 kcal ou 0,24 Cal pour éviter toute confusion avec cal (avec c minuscule).

- **Calorie** (n.f.) **(cal)** : Unité de mesure qui équivaut à la quantité de chaleur nécessaire (une calorie) pour élever de 1 °C la température de 1 g d'eau de 14,5 °C à 15,5 °C, sous la pression atmosphérique normale ; aussi quantité de chaleur libérée quand 1 g d'eau refroidit de 1 °C. La calorie (c minuscule) équivaut à 4,184 joules dans un environnement à 15 °C environ.

Canal ionique (l.m.) : Voir **ATPase sodium-potassium.**

Cancérigène, cancérogène/Mutagène/Oncogénique [Méd.]
Angl. : carcinogenic/mutagen/oncogenic, oncogenous

- **Cancérigène, cancérogène** (adj.) : Se dit de tout facteur, physique ou chimique, qui peut provoquer le développement de carcinomes (tumeurs malignes constituées de cellules épithéliales) et donc de cancer.
Les agents cancérigènes chimiques diffèrent par leur nature et peuvent être d'origine naturelle (ex. mycotoxines/aflatoxines dans les *aliments**; virus du papillome) ou artificielle (ex. dioxines ou benzo[a]pyrène dans la fumée de cigarette). Les rayonnements ionisants sont des agents cancérigènes physiques.
Les agents cancérigènes causent des dommages à l'ADN des cellules qui peuvent persister si la cellule se divise avant que les dommages ne soient réparés. Les cellules endommagées peuvent par la suite se transformer en cancer.
- **Mutagène** (adj.) : Se dit d'un agent physique (irradiation aux rayons γ, UV ou X), chimique (acide nitreux, acridine, colchicine, hydroxylamine, peroxyde...) ou biologique (substance antimitotique) susceptible de provoquer des *mutations** dans le génome des êtres vivants. Certains mutagènes sont plus efficaces sur l'ADN monocaténaire que sur l'ADN bicaténaire. La plupart des mutagènes sont *cancérigènes**.
- **Oncogénique** (adj.) : Qualifie une substance ou un organisme capable de provoquer la formation d'une tumeur chez l'Homme et les animaux, qu'elle soit bénigne ou maligne.
Des virus à ADN comme les rétrovirus ou à ADN comme les papovavirus et l'herpèsvirus sont oncogéniques.

Caoutchouc
Angl. : rubber
Caoutchouc désigne à la fois un produit chimique et un arbre.

- **Caoutchouc** (n.m.) **[Chim.]** :
1. Polymère terpénique naturel de haut *poids moléculaire** extrait d'arbres, dont le plus important est *Hevea brasiliensis* (Euphorbiacées), par des saignées pratiquées sur le tronc.

Le caoutchouc est formé de 500 à plus de 5 000 unités isoprènes en chaînes non ramifiées aux doubles liaisons de *configuration*cis.*
Il est contenu dans le *latex** des vaisseaux laticifères de nombreuses plantes appartenant à certaines familles : Moracées (*Ficus*), Cucurbitacées (*Cucurbita, Citrullus*), Euphorbiacées (*Hevea brasiliensis, Euphorbia*), Apocynacées (*Alstonia, Plumeria*), Asclépiadacées (*Asclepias, Calotropis*), Astéracées (*Anthemis, Taraxacum*) et Sapotacées. Parmi une dizaine d'espèces du genre, l'*Hevea brasiliensis*, originaire des forêts amazoniennes, est l'espèce la plus exploitée pour son latex riche en caoutchouc. C'est un latex laiteux qui se coagule au contact de l'air. Le latex séché est traité au soufre à des températures élevées (140-160 °C) lors d'une opération dite de vulcanisation qui implique la formation de réticulations entre de longues molécules de caoutchouc et permet de renforcer les qualités souhaitées du produit fini, et notamment l'élasticité, la résistance, la dureté et la stabilité.
2. Le caoutchouc artificiel est un élastomère obtenu par synthèse à partir de dérivés d'hydrocarbures fossiles, utilisé notamment dans la fabrication de pneumatiques mais aussi d'autres articles.

- **Caoutchouc** (n.m.) **[Bot.]** : C'est le nom donné à l'espèce tropicale *Ficus elastica* (Moracées), mesurant jusqu'à 40 m dans son milieu naturel, à *latex** abondant, exploitée en Inde, et cultivée comme plante d'intérieur dont il existe plusieurs variétés, ne dépassant pas 3 m.

Capacité au champ/Capacité de rétention (en eau) [Agric.]
Angl. : field capacity/water holding capacity

- **Capacité au champ** (l.f.) : Quantité d'eau maximale portée par un sol en place en l'absence d'évapotranspiration et après une irrigation copieuse après disparition de l'eau de gravité excédentaire (non retenue par la porosité), habituellement 1-3 jours après l'irrigation. Elle correspond principalement à l'eau retenue par les forces de capillarité et disponible pour les *racines** des plantes. La capacité au champ reflète la nature physique du sol. Elle est très faible dans les sols sableux et élevée à très élevée dans les sols argileux.
- **Capacité de rétention (en eau)** (l.f.) : Proportion en poids de l'eau que le sol peut retenir après avoir été saturé d'eau et réessuyé. Elle est augmentée, entre autres, par la matière organique du sol.

Capacité thermique spécifique/Chaleur massique, chaleur spécifique [Chim. phys.]
Angl. : specific heat capacity/specific heat

- **Capacité thermique spécifique** (l.f.) : Quantité d'énergie nécessaire pour élever de 1 °C la température d'un kg d'un corps pur, sous une pression constante. La capacité thermique spécifique s'exprime en $kJ.kg^{-1}.K^{-1}$. Pour l'eau, elle est de 4,18 $kJ.kg^{-1}.K^{-1}$.
- **Chaleur massique, chaleur spécifique** (l.f.) : Quantité de chaleur (en joules ou calories par kg) qu'il faut fournir à l'unité de masse d'un corps pour élever sa température de 1 degré Celsius. Pour l'eau, elle est de 4,18 J/(g) (°C) ; pour l'huile d'olive extra-vierge, elle est de 2,0 J/(g) (°C). Par rapport à l'eau, l'huile d'olive a une faible chaleur spécifique. Cela signifie qu'une quantité inférieure (moins de la moitié) de chaleur est nécessaire pour augmenter la température d'une masse donnée d'huile par rapport à celle nécessaire pour une augmentation égale de la température d'une masse égale d'eau.
  Une substance ayant une chaleur spécifique élevée est capable d'absorber plus de chaleur avec un faible changement de température que les substances ayant des

chaleurs spécifiques plus faibles. Ainsi, les substances destinées à être utilisées comme caloporteurs (p. ex., dans les systèmes de refroidissement et de chauffage) devraient avoir des chaleurs spécifiques élevées.

Capitule/Fleur [Bot.]
Angl. : capitulum, head/flower

- **Capitule** (n.m.) : Type d'*inflorescence**, parfois confondu avec une *fleur** unique et dans lequel de petites fleurs sessiles sont insérées les unes à côté des autres sur un support commun (*réceptacle**) élargi, terminant la *tige** fleurie. C'est l'inflorescence typique de la famille des Astéracées : chardon, marguerite, pissenlit, souci, tournesol, etc. L'ensemble des fleurs est presque toujours entouré par une collerette de *bractées** extérieures formant l'involucre ; souvent chaque fleur est elle-même accompagnée d'une petite bractée qu'on nomme paillette ou écaille du capitule.
- **Fleur** (n.f.) : Ensemble des organes assurant la reproduction des Phanérogames. Une fleur est constituée d'un axe prenant naissance à l'aisselle d'une feuille. La partie inférieure de cet axe, habituellement munie de préfeuilles, représente le *pédoncule** de la fleur dont l'extrémité plus ou moins renflée constitue le *réceptacle floral** à la base duquel peut s'insérer une *bractée**. Sur ce réceptacle sont insérées les différentes pièces florales. La fleur possède habituellement calice et corolle, mais peut n'avoir que le calice, vert ou coloré, ou une seule enveloppe florale réduite à des écailles (Graminées) ou aucune enveloppe florale.

Capside/Capsule/Enveloppe [Micr.]
Angl. : capsid/capsule/envelop

- **Capside** (n.f.) : Enveloppe formée souvent par l'association de différents polypeptides ou capsomères, entourant une particule virale. Le nombre et la disposition des capsomères sont caractéristiques de chaque espèce virale. Chez les virus les plus simples, la capside est formée d'un seul type de polypeptide. Selon le type de virus, la capside peut être de forme hélicoïdale (ressemblant à un bâtonnet), polyédrique ou plus complexe encore. La principale fonction de la capside est la protection de la molécule d'acide nucléique (ADN ou ARN) que comporte le virus. L'ensemble formé par la capside et l'acide nucléique est appelé nucléocapside ; c'est une structure constante chez tous les virus. La capside de certains virus porte des récepteurs spécifiques qui rendent possible la reconnaissance des cellules hôtes et l'adhérence à ces dernières.
- **Capsule** (n.f.) : Chez certaines bactéries, couche gélatineuse, extérieure à la *paroi cellulaire**, constituée principalement de polysaccharides, d'où le nom d'exopolysaccharides (EPS) donné à ces molécules. Cette couche est étroitement attachée à la paroi, par le biais de lipopolysaccharides ou de phospholipides.
  Les bactéries entourées d'une capsule sont souvent résistantes à l'action des phagocytes du sang et de ce fait, sont difficilement détruites.
- **Enveloppe** (n.f.) : La capside d'un virus peut être nue ou entourée d'une enveloppe qui prend naissance au cours de la traversée de la membrane de la cellule hôte. Elle est de ce fait constituée de phospholipides et de *protéines** d'origine membranaire auxquelles s'ajoutent des éléments d'origine virale.
  Les virus enveloppés sont responsables de maladies comme la varicelle, la grippe et les oreillons. Ils sont plus sensibles aux conditions environnementales et peuvent perdre leur pouvoir infectieux à la suite de l'altération de leur enveloppe.

Capsule/Noix [Bot.]
Angl. : 1. capsule 2. seed case/nut

- **Capsule** (n.f.) :
  1. Chez les Angiospermes, fruit sec déhiscent résultant d'un gynécée syncarpe (deux ou plusieurs carpelles soudés) et s'ouvrant à maturité par des fentes (ex. cistes), par des pores (ex. gueule-de-loup), par des dents (ex. nombreuses Caryophyllacées), par une sorte d'opercule (ex. jusquiame, mouron des champs), etc. et libérant les *graines**.
  2. Chez les Bryophytes (mousses, hépatiques), partie terminale renflée du sporogone au niveau de laquelle a lieu la réduction chromatique ou *méiose** donnant les spores à n *chromosomes**.
- **Noix** (n.f.) : Nom vernaculaire et commercial utilisé le plus souvent pour désigner un fruit sec indéhiscent à une seule *graine** et possédant un péricarpe coriace à maturité. Exemples : fruits des Fagacées, comme le châtaignier.

Capsule du marronnier d'Inde (l.f.) : Voir **bogue**.

Caractère (n.m.) : Voir **allèle**.

Caramélisation/Réaction de Maillard [Alim.]
Angl. : caramelization/Maillard browning, Maillard reaction

- **Caramélisation** (n.f.) : Réaction non-enzymatique faisant intervenir des sucres *réducteurs**, glucose et fructose (issus bien souvent de l'hydrolyse du saccharose ou du lactose) qui se dégradent, se condensent et se recombinent lors de cuisson à température élevée, proche de la température de fusion, en formant d'abord des composés aromatiques, puis des polymères colorés du jaune pâle au brun foncé, les mélanoïdines. C'est le principe utilisé pour la production industrielle à partir de saccharose du caramel aromatique, sous l'appellation arôme caramel (cuisson à 160 °C) ou caramel colorant, étiqueté E150 (cuisson à 180 °C), utilisé en industrie alimentaire.
  La caramélisation est habituellement souhaitable en confiserie mais est parfois une conséquence d'une cuisson excessive.
- **Réaction de Maillard** (l.f.) : Réaction de brunissement des *aliments**, associant sucres *réducteurs** et acides aminés, lors d'un traitement par la chaleur (ex. cuisson, stérilisation). Elle est à l'origine de la coloration des produits de panificationet de biscuiterie, mais aussi de la formation d'arômes typiques de « grillé ». Elle s'accompagne également d'une diminution de la qualité nutritive.

Carbone asymétrique/Carbone chiral [Chim.]
Angl. : asymmetric /chiral

- **Carbone asymétrique** (l.m.) : En stéréochimie, désigne un carbone lié par quatre liaisons simples sur des substituants différents ou d'une molécule présentant ce carbone. Cette molécule ne peut pas se superposer avec son image dans un miroir, c'est-à-dire dans une symétrie par rapport à un plan (ce type de molécule est aussi dite chirale).
  Cette propriété structurale est à l'origine de l'activité optique.
- **Carbone chiral** (l.m.) : Se dit d'une molécule qui ne peut se superposer avec son image dans un miroir, c'est-à-dire non symétrique par rapport à un plan, axe ou point. Cette propriété structurale est à l'origine de l'activité optique (pouvoir

rotatoire), notamment dans les composés renfermant des carbones asymétriques (liés à quatre constituants différents).
Il est bien connu que les deux isomères d'un composé chiral (énantiomères) peuvent avoir une activité pharmacologique différente. Souvent, seulement un des isomères est pharmacologiquement actif, tandis que l'autre peut être inactif ou même toxique.
Une molécule prochirale est une structure qui n'a pas le caractère chiral mais qui peut devenir chirale si l'on modifie un de ses groupements. La présence d'un carbone asymétrique n'est ni nécessaire, ni suffisante pour rendre la molécule chirale.

Carbonylation/Carboxylation [Chim.]
Angl. : carbonylation/carboxylation
- **Carbonylation** (n.f.) : Réaction chimique consistant à introduire un groupement carbonyle –C=O dans une molécule pour la production d'*aldéhydes**, de cétones, d'anhydrides et d'acides.
- **Carboxylation** (n.f.) : Réaction chimique consistant à introduire, dans une molécule, un groupement carboxyle –COOH, caractéristique des acides organiques. Les réactions de carboxylation sont catalysées par des carboxylases.

Carburant/Comburant [Énerg.]
Angl. : carburant, fuel/oxidizing agent
- **Carburant** (n.m.) : Substance ou préparation liquide gazeuse ou solide, combustible, issue d'une source fossile transformée, utilisée pour le transport. Ex. essence, gasoil.
- **Comburant** (n.m.) : Substance ou préparation qui, mêlée à un combustible, en permet la *combustion**, soit en se combinant avec des corps combustibles, soit en leur fournissant de l'oxygène. Ex. l'air (ou le dioxygène) qui est souvent mélangé à divers combustibles pour produire une flamme dont la température est variable selon la combinaison utilisée.

Carte génétique/Carte physique [Génet.]
Angl. : genetic map/restriction map, physical map
- **Carte génétique** (l.f.) : Représentation graphique de la position des gènes (ou autres *marqueurs** génétiques, différents d'un individu à l'autre) les uns par rapport aux autres sur un *chromosome** sur la base de la fréquence des recombinaisons. Après l'établissement de la carte génétique humaine, celles de nombreux organismes aussi bien animaux que végétaux ont été réalisées ou sont en cours d'obtention.
  Les marqueurs sont surtout utilisés pour localiser les maladies génétiques sur le génome.
- **Carte physique** (l.f.) : Représentation graphique de la localisation des sites de restriction sur une molécule d'ADN. Les distances physiques entre les gènes ou d'autres *marqueurs** génétiques sont exprimées généralement en fonction du nombre de paires de bases d'ADN.
  Syn. : carte de restriction.

Caryotype/Caryogramme [Cyt.]
Angl. : karyotype/karyogram
- **Caryotype** (n.m.) : Représentation figurative et ordonnée de l'ensemble des *chromosomes** d'un noyau cellulaire, caractéristique d'un organisme donné, habituellement au stade métaphase. Les chromosomes sont disposés par paires

d'*homologues** (chaque chromosome d'origine maternelle est apparié à son homologue d'origine paternelle) et par groupes morphologiques (par taille décroissante).
Les caryotypes sont préparés à l'aide de procédures de coloration standardisées qui révèlent les caractéristiques structurelles de chaque chromosome (motif de bandes, position du centromère).
Un caryotype humain normal se compose de 22 paires d'autosomes et de deux chromosomes sexuels ; les femelles ayant deux chromosomes X, tandis que les mâles ont un chromosome X et un chromosome Y. Le caryotype permet de mettre en évidence l'existence de chromosomes surnuméraires, comme dans le cas de la trisomie 21 chez l'Homme.
Syn. : formule chromosomique.

- **Caryogramme** (n.m.) : Schéma de l'arrangement des *chromosomes** d'un individu.
  Le caryogramme est préparé en prenant une photographie des chromosomes qui sont ensuite coupés et collés en paires *homologues** classées par ordre de taille, de la plus grande à la plus petite.

Causalité/Corrélation [Gén.]
Angl. : causality, imputability/correlation

- **Causalité** (n.f.) : Principe selon lequel tout effet observé est dû à une cause.
- **Corrélation** (n.f.) : Tendance de deux variables d'évoluer de manière dépendante l'une de l'autre.
  En statistiques, la corrélation s'exprime par un nombre, appelé coefficient de corrélation, compris entre −1 (corrélation négative ou dépendance inverse complète) et 1 (corrélation positive ou dépendance complète) en passant par 0 (indépendance complète). Il est cependant généralement admis que la corrélation est jugée satisfaisante lorsque coefficient excède 0,7.

Cellule T cytotoxique/Cellule tueuse [Bio.cel.]
Angl. : cytotoxic T-cell/killer cell

- **Cellule T cytotoxique** (l.f.) : Type de lymphocyte, provenant de cellules souches de la moelle osseuse, qui attaque les cellules cancéreuses et les cellules infectées par un virus.
- **Cellule tueuse** (l.f.) : L'un des deux types de lymphocytes qui détruisent les cellules cancéreuses et infectées par des virus. Elles se distinguent à la fois des lymphocytes T et des lymphocytes B en ce qu'ils agissent sans stimulation par un antigène spécifique. Elles diffèrent également avec l'autre type de cellules tueuses, les *cellules T cytotoxiques**, qui nécessitent la présence à la surface de la cellule cible de l'antigène étranger associé à des *protéines** d'histocompatibilité de l'hôte. Les cellules tueuses détruisent leurs cellules cibles en libérant des protéines (perforines) qui créent des pores à travers la *membrane cellulaire** cible, provoquant ainsi la lyse et la mort cellulaire.
  Le développement des cellules tueuses se fait dans la moelle osseuse ainsi que dans certains sites extramédullaires, tels que les ganglions lymphatiques, le thymus, le foie et l'utérus. Ces cellules font partie du système immunitaire inné en constituant la première ligne de défense de l'organisme contre les *infections** microbiennes et sont capables de tuer des cellules tumorales tout en épargnant les cellules saines. Elles sont également capables de reconnaître une large gamme de cellules cibles et

de les neutraliser par des processus de cytotoxicité et/ou de production de cytokines, telles que l'interféron-γ (IFN-γ).

Cellule germinale/Couche germinale [Bio.cel.]
Angl. : germ cell/germ layer

- **Cellule germinale** (l.f.) : Cellule qui, en se divisant pendant toute la vie sexuelle, participe à la formation des gamètes, se différenciant très tôt au début du développement embryonnaire conjointement avec les cellules somatiques et passant alternativement par des phases de diploidie et d'haploidie.
  Chez les Mammifères et l'Homme, les cellules germinales femelles, appelées ovogonies, sont produites par les ovaires, les cellules germinales mâles, appelées spermatogonies, par le testicule.
- **Couche germinale** (l.f.) : L'une des trois couches cellulaires primordiales distinctes rencontrées lors des tout premiers stades du développement embryonnaire au stade gastrule à partir desquelles dérivent les différents organes du corps de la plupart des animaux (animaux triploblastiques) : la couche externe (ectoderme), la couche interne (endoderme) et, dans la plupart des groupes d'animaux, la couche intermédiaire (mésoderme).

Cellules de Langerhans/Îlots de Langerhans [Hist.]
Angl. : Langerhans cells/Langerhans isles

- **Cellules de Langerhans** (l.f.pl.) : Cellules dendritiques à noyau plurilobé, caractérisées par des organites intracytoplasmiques spécifiques permettant de les identifier : les granules de Birbeck, en forme de raquette ou de batonnet. Elles dérivent de macrophages embryonnaires et sont présentes dans l'épiderme cutané et les muqueuses de mammifères. Les cellules de Langerhans expriment différentes familles de récepteurs capables de reconnaître ou d'internaliser les *pathogènes** et les antigènes qui pénètrent par la peau et transportent les antigènes vers les ganglions lymphatiques drainants. Lors de leur migration vers les ganglions lymphatiques où elles acquièrent leur maturité, elles se différencient en cellules dendritiques interdigitées.
- **Îlots de Langerhans** (l.m.pl.) : Petits amas de cellules endocrines disséminées dans le pancréas, qui ont un rôle prépondérant dans le métabolisme des glucides. Le pancréas en contient de 1 à 1,5 million et chaque ilot est constitué d'environ 3 000 cellules endocrines. Ces cellules sécrètent le glucagon (cellules alpha), l'insuline (cellules bêta) et la somatostatine (cellules delta).

Cellule multipotente/Cellule pluripotente/Cellule totipotente [Bio.cel.]
Angl. : multipotent cell/pluripotent cell/totipotent cell

- **Cellule multipotente** (l.f.) : Cellule souche somatique présente dans certains tissus et organes dont la moelle osseuse, les muscles, le foie, le pancréas, etc., capable de se différencier en plusieurs types cellulaires spécialisés selon le tissu ou l'organe où elle apparaît mais pas en tous les types. Ex. les cellules souches myéloïdes de la moelle osseuse sont à l'origine des cellules sanguines spécialisées : érythrocytes, leucocytes et plaquettes. Il existe des cellules souches multipotentes pour tous les différents types de tissus du corps.
- **Cellule pluripotente** (l.f.) : Désigne une cellule souche embryonnaire ou d'un organisme adulte (ex. ovule) et qui peut être à l'origine de presque tous les types cellulaires d'un corps (à l'exception des cellules placentaires).

- **Cellule totipotente** (l.f.) : Cellule embryonnaire précédant le stade blastocyste, capable de former toutes les parties de l'embryon et de l'organisme adulte chez les espèces qui en possèdent.
  Chez les Mammifères, le zygote est à l'origine de l'embryon et de toutes ses structures extraembryonnaires, dont le placenta. Les cellules souches embryonnaires issues d'embryons de 5 à 7 jours sont capables de se différencier en environ 200 types cellulaires représentatifs de l'ensemble des tissus.
  Chez les plantes, cellule peu ou non encore différenciée dont on peut réorienter la différenciation grâce à l'apport de substances de croissance dans son milieu de culture, pour former une plante entière.
  Toutes les cellules végétales ne sont pas totipotentes, mais dans des conditions appropriées, certaines cellules peuvent devenir totipotentes.

Cellule précurseur/Cellule progénitrice/Cellule souche [Bio.cel.]
Angl. : precursorcell/progenitorcell/stem cell
- **Cellule précurseur** (l.f.) : Cellule souche unipotente qui ne peut se différencier qu'en un type particulier de cellules.
- **Cellule progénitrice** (l.f.) : Cellule dérivant d'une cellule souche multipotente, qui n'est pas encore différenciée mais qui, suite à la mort ou l'endommagement de cellules somatiques, peut être activée pour donner naissance à une ou plusieurs lignées cellulaires spécifiques de remplacement. Contrairement à la cellule souche multipotente dont elle dérive, la cellule progénitrice n'a pas de capacité de s'auto-renouveler de manière illimitée ; elle n'est capable de se diviser que quelques fois avant de se différencier. De telles cellules sont détectées dans de nombreux tissus comme le cœur, les muscles, la peau et lors de l'hématopoïèse, la spermatogenèse, la différenciation des neurones, etc.
- **Cellule souche** (l.f.) : Cellule pouvant se diviser indéfiniment et donner naissance à des cellules filles capables de subir une différenciation pour donner tous les types de cellules ou de tissus.
  À la division, une cellule souche donne soit deux cellules souches filles, soit une cellule souche et une cellule qui subira la différentiation (comme dans le cas des cellules hématopoïétiques). De plus, elles peuvent être maintenues dans un état indifférencié dans la culture et peuvent s'auto-reproduire durant toute la durée de vie de l'organisme parental.
  Les cellules souches existent dans le corps humain, en croissance ou à l'âge adulte. Elles proviennent de l'embryon (âgé de 3 à 5 jours), du cordon ombilical, de la moelle, du foie, du cerveau, etc. Mais seules les cellules souches embryonnaires peuvent se différencier en n'importe quel type de cellules ; elles sont dites totipotentes.

Cellule totipotente (l.f.) : Voir **cellule multipotente**.

Cellule tueuse (l.f.) : Voir **cellule T cytotoxique**.

Cendre/Matière minérale [Chim.]
Angl. : ash/mineral matter
- **Cendre** (n.f.) : Résidu non combustible d'une matière organique (ex. farines, parties d'une plante) après une *combustion** complète dans un four à moufles à 550-600 °C pendant au moins une heure.

Dans le cas de la farine, le *taux** de cendres correspond sensiblement à sa *teneur** en minéraux. Le taux de cendres permet de classer les farines en types (type 45, 55...).

- **Matière minérale** (l.f.) : Matière obtenue après transformation complète d'un échantillon (substrat organo-minéral) en produits simples tels que CO_2 et H_2O, mais aussi NH_3, et différents sels minéraux, phosphate, nitrates, sulfate, chlorure, etc. Cette *minéralisation** peut-être naturelle dans un sol, mettant en jeu les micro-organismes qui dégradent partiellement la matière organique ; la mesure d'un indice C/N (carbone/azote) permet d'évaluer cette minéralisation, elle est bonne quand le C/N est inférieur à 10, mauvaise quand il est supérieur à 20. Effectuée en laboratoire, la minéralisation consiste à détruire, dans un four maintenu à plus de 500 °C, la matière organique par un mélange d'acides en vue de récupérer la matière minérale pour analyse ultérieure.

Centriole/Centromère/Centrosome [Cyt.]
Angl. : centriole/centromere/centrosome

- **Centriole** (n.m.) : Structure cytoplasmique à l'extérieur de la membrane nucléaire d'une cellule animale, de forme cylindrique composée de neuf triplets de microtubules ; souvent associés par deux, orthogonalement l'un par rapport à l'autre, ils forment alors le *centrosome**. Le centriole est responsable de l'organisation des fibres du fuseau au cours de la *mitose** et de la *méiose**.
- **Centromère** (n.m.) : Constriction d'un *chromosome** eucaryote situé près du milieu dans les chromosomes métacentriques, près d'une extrémité dans les chromosomes acrocentriques, et entre le milieu et l'extrémité dans les chromosomes submétacentriques. Le centromère contient des *protéines** spécifiques, les kinétochores auxquelles les microtubules chromosomiques s'attachent pendant la *division cellulaire**. Les chromatides sœurs sont étroitement réunies au niveau du centromère après réplication, ce qui donne au chromosome condensé sa constriction. C'est par leur centromère que les chromatides se déplacent vers les pôles opposés de la cellule lors de la division cellulaire.
- **Centrosome** (n.m.) : Centre organisateur principal des microtubules dans une cellule lors de la division, se présentant sous forme d'un corpuscule dense placé à la périphérie du noyau cellulaire, près de la membrane nucléaire. Le centrosome, constitué de deux *centrioles**, est présent uniquement dans les cellules animales et les mycètes. Il se duplique avant la *mitose** ou la *méiose**, chaque centrosome fils formant une extrémité du fuseau de microtubules qu'on observe à chacun des pôles du fuseau au moment de la *division cellulaire**.

Certification (n.f.) : Voir **accréditation.**

Chaîne alimentaire/Réseau trophique [Écol.]
Angl. : food chain/food web, trophic web

- **Chaîne alimentaire** (l.f.) : Ensemble des relations hiérarchiques de nature alimentaire unissant les organismes (y compris les micro-organismes) d'une *communauté**. Chaque étape de la chaîne alimentaire est appelée niveau trophique. Une chaîne alimentaire montre le flux linéaire de *nutriments** et d'énergie d'un niveau trophique à un autre. Plus généralement, les niveaux trophiques sont séparés en producteurs (les plantes), herbivores ou consommateurs primaires (les insectes), carnivores ou consommateurs secondaires (les oiseaux), et carnivores supérieurs ou consommateurs tertiaires (les rapaces).

Les animaux herbivores, incapables de synthétiser la matière organique dont ils ont besoin pour leur croissance, doivent la puiser chez les organismes chlorophylliens autotrophes (producteurs primaires) dont ils se nourrissent. Ainsi se crée le premier maillon de la chaîne constituée par les plantes vertes productrices de matières organiques grâce à la photosynthèse. Les consommateurs primaires (herbivores) servent à leur tour de nourriture aux consommateurs secondaires (carnivores). À leur mort, les végétaux comme les animaux, sont décomposés par des micro-organismes (décomposeurs) et minéralisés pour servir de base nutritive aux plantes vertes et un nouveau cycle recommence. En milieu marin, le phytoplancton est par son importance, à la base de la chaîne alimentaire.

- **Réseau trophique** (l.m.) : Système d'interactions entre plusieurs *chaînes alimentaires** unissant les diverses *populations** des espèces que comporte une biocoenose. Ces réseaux sont plus complexes que les chaînes alimentaires dont les individus ont un régime alimentaire spécialisé, puisque certains organismes passent d'une chaîne à l'autre et se nourrissent à plus d'un niveau. De plus, des changements peuvent survenir à la suite de variations du cycle de vie de certains organismes ou de la disponibilité de la nourriture, ce qui complique le flux d'énergie d'une espèce à l'autre. Les organismes situés plus haut dans une chaîne alimentaire mangent certains, mais pas nécessairement tous, des organismes situés en dessous d'eux dans le réseau trophique. Un réseau trophique aide à décrire la structure et le fonctionnement d'un *écosystème**.

Chaleur massique, chaleur spécifique (l.f.) : Voir **capacité thermique spécifique**.

Charge électrique/Nombre d'oxydation [Chim.phys.]
Angl. : electric charge/oxidation number

- **Charge électrique** (l.f.) : Désigne une caractéristique physique (symbole : Q ou q) des molécules, responsable de phénomènes électriques. Selon le pH du milieu, ces charges peuvent être positives, négatives ou nulles. L'*unité** dérivée de la charge électrique dans le système international est le coulomb.
  Le comportement des *protéines**, par exemple, vis-à-vis de l'eau (capacité d'hydratation) et des protéines entre elles (ex. floculation) sont liés à la valeur positive ou négative de ces charges électriques.
- **Nombre d'oxydation** (l.m.) : En chimie, le nombre d'*oxydation** désigne le nombre d'électrons ajoutés ou soustraits d'un élément chimique. Il caractérise donc l'état d'oxydation d'un élément dans un composé. Si, au cours d'une réaction chimique, ce nombre augmente, l'élément est oxydé. S'il diminue, l'élément est réduit. Les règles de calcul du nombre d'oxydation sont les suivantes :
  • dans son état élémentaire (ex. H_2, N_2, etc.), le nombre d'oxydation d'un élément est égal à zéro;
  • le fluor ne peut avoir que les nombres d'oxydations zéro ou –1 car c'est le plus *oxydant** des éléments ;
  • le nombre d'oxydation d'un composé est égal à la somme des nombres d'oxydations des éléments qui le constituent ;
  • le nombre d'oxydation d'une molécule neutre est nul ;
  • le nombre d'oxydation d'un ion monoatomique est égal à sa *charge électrique**. Le nombre d'oxydation de Mg^{2+} est +2. Notez que la charge est écrite avec le numéro d'abord, puis le signe ; pour les nombres d'oxydation, c'est le signe, puis le nombre ;

• la somme des nombres d'oxydation d'un ion polyatomique est égale à la charge de l'ion ;
• le nombre d'oxydation de l'hydrogène est +1, sauf dans la molécule H_2, où il est égal à zéro et dans le radical *superoxyde** où il est égal à –1 ;
• le nombre d'oxydation de l'oxygène est égal à –2, sauf pour les *peroxydes**où il est égal –1 et dans la molécule de dioxygène O_2, où il est égal à zéro ;
• les métaux ont des nombres d'oxydations nuls (à l'état élémentaire) ou positifs ;
• dans un composé, un alcalin (Li, Na, etc.) a toujours un nombre d'oxydation égal à +1 ;
• dans un composé, un alcalino-terreux (Be, Mg, etc.) a toujours un nombre d'oxydation égal à +2.

Lors d'une réaction d'oxydoréduction, la réduction totale du nombre d'oxydation de l'espèce oxydante doit être égale à l'augmentation totale du nombre d'oxydation de l'espèce réduite ; il y a conservation du nombre d'oxydation total au cours de la réaction (le solde final est égal au solde initial).

Châtaigne/Marron [Bot.]

Angl. : chestnut, blow/chestnut

- **Châtaigne** (n.f.) : Fruit *comestible** du châtaignier, contenue dans une *bogue** recouverte de piquants, renfermant deux à trois fruits cloisonnés par une peau brunâtre. Le fruit est un akène enveloppé d'une coque brun-clair à marron foncé. Selon la *variété** et la provenance, la chair blanche et plus ou moins farineuse, peut avoir des *saveurs** différentes : douce, sucrée ou fine en bouche.
- **Marron** (n.m.) : Grosse *châtaigne**, en général non cloisonné et ronde, produite par le châtaignier vrai greffé (*Castanea sativa*), plus gros et de meilleur goût que la châtaigne, à usage gastronomique.

Chimie environnementale/Chimie verte [Chim., Écol.]

Angl. : environmental chemistry/green chemistry

- **Chimie environnementale** (l.f.) : Spécialité de la chimie dédiée à la compréhension des processus chimiques qui contrôlent les systèmes environnementaux et comment ceux-ci sont affectés par les activités anthropiques qui génèrent des produits chimiques. Son domaine d'intérêt inclut tous les systèmes naturels dans l'atmosphère, la géosphère, l'hydrosphère et la *biosphère** qui interagissent les uns avec les autres.

  Cette approche permet à la chimie environnementale d'être proactive plutôt que réactive, ce qui en fait un moyen à la fois d'identification des *risques** et *dangers**, de prévention et d'anticipation afin d'atténuer, voire d'éliminer leurs impacts négatifs.
- **Chimie verte** (l.f.) : Branche de la chimie dédiée au développement de procédés chimiques respectueux de l'environnement et qui utilisent de plus petites quantités de produits chimiques plus sûrs (pour prévenir les accidents, explosions, incendies et émissions de composés dangereux), avec moins d'intrants et d'énergie afin de minimiser, voire éliminer leurs impacts sur l'environnement. En outre, la chimie verte met en avant la réduction de *solvants** organiques et d'auxiliaires de synthèse, l'utilisation de ressources renouvelables de préférence aux produits fossiles, privilégie des procédés catalytiques (nouveaux catalyseurs chimiques, enzymatiques et/ou microbiologiques) à la place des procédés stœchiométriques, la conception des produits *biodégradables** et la mise en œuvre de nouvelles méthodes d'analyse, de séparation et de purification.

Chimie médicale/Chimie pharmaceutique/Chimie thérapeutique [Chim.]
Angl. : medical chemistry/pharmaceutical chemistry/therapeutic chemistry

- **Chimie médicale** (l.f.) : Branche de la chimie concernée par la découverte, l'identification, la conception, la synthèse et l'étude des composés biologiquement actifs et l'étude de leur métabolisme chez les êtres vivants, l'interprétation de leur mode d'action à l'échelle moléculaire sur des récepteurs sélectifs, potentiellement impliquées dans des maladies, en se fondant notamment sur des relations structure-activité et sur les aspects quantitatifs afin de les utiliser comme de nouveaux médicaments.

  La découverte ou la conception d'un nouveau médicament englobe aussi l'extraction à partir de sources naturelles (qu'il s'agisse de plantes intactes ou des cultures de cellules), la synthèse ou l'hémisynthèse du médicament, le mode d'administration, l'élaboration de tests cliniques pour établir son fonctionnement dans l'organisme et l'évaluation de son innocuité. Les molécules extraites de sources naturelles sont souvent modifiées soit pour augmenter leur activité, soit pour atténuer leur toxicité ou encore pour améliorer leur stabilité. On dénombre actuellement plus de 50 % des médicaments qui contiennent à la fois des molécules d'origine biologique et des molécules synthétisées par les chimistes.

  Ces aspects et d'autres, de la conception et de la découverte de médicaments nécessitent la contribution de spécialistes appartenant à un large éventail de disciplines telles que la chimie, la biologie, la biochimie, la pharmacologie, la médecine et l'informatique, entre autres.

  Syn. : **chimie thérapeutique.**
- **Chimie pharmaceutique** (l.f.) : Branche de la chimie qui a pour objet la formulation et la préparation de composés chimiques — substances actives et *excipients** — entrant dans la composition des médicaments.

  Elle se base sur la compréhension de la relation structure-activité de ces composés pour prévoir la réaction de l'organisme face à l'intrusion d'un composé étranger. Ce type de composés, appelés « xénobiotiques » peuvent être aussi divers que des médicaments, des *additifs alimentaires**, des polluants, etc.

  Ces disciplines sont intimement liées. Ainsi, l'association entre la chimie médicale et la chimie pharmaceutique constitue le corps d'une science appelée pharmacognosie. À la suite du développement rapide de méthodes de phytochimie et de tests pharmacologiques, de nouveaux médicaments dérivés de plantes ont trouvé leur chemin dans la médecine moderne en tant que *principes actifs**, plutôt que sous forme de mélange de préparations à base de plantes traditionnelles. La tendance actuelle se dirige vers la *phytothérapie** ou les phytomédicaments qui réparent et renforcent les systèmes corporels, en particulier le système immunitaire, qui peut alors combattre efficacement les *infections** et aident à détruire les agents *pathogènes** incriminés sans *effets secondaires** toxiques.

Chitine/Chitosane [Bioch.]
Angl. : chitin/chitosan

- **Chitine** (n.f.) : Polysaccharide rigide et résistant, constituant des *parois cellulaires** de certains champignons, l'exosquelette des Arthropodes et des Crustacées et la cuticule épidermique d'autres structures superficielles de certains autres invertébrés et dont le monomère est le *N*-acetyl-D-glucosamine, un dérivé du glucose contenant un groupement aminé à la place du groupement OH porté par le carbone 2.

Il s'agit d'un polyoside linéaire qui forme des microfibrilles semblables à celles de la cellulose. Les unités *N*-acétyl-D-glucosamine sont reliées entre elles par des liaisons glycosidiques β(1→4). Son *hydrolyse** complète libère la glucosamine ou chitosamine alors que son hydrolyse ménagée génère le chitobiose formé par l'union de 2 molécules de glucosamine.

La chitine est, entre autres, utilisée comme pansement bactéricide pour soigner les plaies mais aussi dans la production d'emballages *biodégradables**.

- **Chitosane** (n.m.) : Le chitosane est obtenu après extraction et *N*-désacétylation alcaline de la *chitine** et qui, selon le degré d'*hydrolyse**, présente un caractère plus ou moins chargé (groupes *amines** libres ou sous forme ammonium). Contrairement à la chitine, le chitosane est hydrosoluble et ses groupements aminés peuvent être modifiés par différents substituants.

  Le chitosane et ses dérivés présentent diverses applications : pansement hémostatique rapide pour les blessures, support de *filtration** pour l'élimination de particules et divers ions, agent floculant, *additif alimentaire** à propriété hypocholestérolémiante (piège les graisses dans l'intestin et forme un gel indigestible qui sera éliminé par les voies naturelles, permettant aux graisses saturées de transiter par le système digestif sans être absorbées par l'organisme), agent d'enrobage pour les *semences** et les fruits (pour retarder la détérioration), fertilisant (apport d'azote), fongicide et bactéricide. Les principaux producteurs sont les États-Unis et le Japon.

Chromatide/Chromosome [Génet.]

Angl. : chromatid/chromosome

- **Chromatides** (n.f.pl.) : Éléments longitudinaux des *chromosomes**, visibles au microscope photonique lors de la *division cellulaire**.
- **Chromosome** (n.m.) : Structure nucléaire de forme déterminée (en général allongée), portant les gènes, le chromosome est constitué d'une très longue molécule d'ADN à laquelle sont associées des *protéines**.

  Son nom vient du fait qu'il est coloré facilement par certains *colorants**. Chez les Eucaryotes, les chromosomes ne sont observables comme entité morphologique que pendant la *mitose** et la *méïose**. Chez les Bactéries, le chromosome est une molécule d'ADN circulaire unique.

  Le nombre, la taille et la forme des chromosomes d'une espèce donnée sont constants, en général, mais varient de l'une à l'autre. Deux types de variations fréquentes sont observés chez les végétaux : des multiplications de stocks chromosomiques complets (euploïdie), ou des excès ou manques de quelques chromosomes (aneuploïdie). Dans le cas des mosaïques, des tissus ou des individus sont constitués de cellules génétiquement différentes.

  Les chromosomes ont individuellement des aspects très caractéristiques qui permettent de les identifier par l'établissement de *caryotype**. Dans les noyaux haploïdes, ils sont tous différents. Dans les noyaux diploïdes, ils sont présents en deux exemplaires. Dans les noyaux polyploïdes, chaque chromosome est présent à plus de deux exemplaires.

  Les chromosomes se reproduisent identiques à eux-mêmes par *duplication** ce qui permet la transmission de l'intégralité de l'information génétique à toutes les cellules filles.

  L'étude de leur structure relève, conjointement, de la biologie moléculaire et de la *génétique**.

Chromatographie de filtration sur gel, chromatographie d'exclusion moléculaire (l.f.) : Voir **filtration sur gel.**

Chromatophore/Chromogène/Chromophore [Biol., Chim.]
Angl. : chromatophore/chromogene/chromophore

- **Chromatophore** (n.m.) : Dans le derme de certains animaux (ex. Batraciens, caméléons, Céphalopodes), cellule renfermant divers *pigments** de couleur que ces animaux peuvent faire varier afin de présenter le maximum d'homochromie avec le substrat environnant. En contrôlant la distribution intracellulaire des granules pigmentaires (par contraction ou par étalement), les chromatophores provoquent des changements de couleur parfois rapides. Les chromatophores des Céphalopodes et des caméléons leur permettent une adaptation chromatique quasi-immédiate à la couleur dominante de l'environnement dans lequel ils vivent.
- **Chromogène** (n.m.) : Désigne une substance contenant un ou plusieurs groupes *chromophores**, susceptible d'être combinée à une molécule auxochrome (qui conduit à la fois au déplacement de l'absorption du chromophore vers les plus grandes *longueurs d'onde** et augmente l'intensité de son absorption maximale) pour permettre sa détection.
- **Chromophore** (n.m.) : Molécule, groupe fonctionnel ou liaison moléculaire responsable de l'*absorption** de la lumière à certaines *longueurs d'onde**. Par exemple, le groupe carbonyle C=O, absorbe dans l'infrarouge à des longueurs d'ondes comprises entre 1 650 et 1 760 nm selon qu'il est engagé dans une structure amide, ester, cétone, lactone, anhydride, etc. Le groupe C=C absorbe dans l'ultra-violet. Si les longueurs d'onde correspondent au domaine du visible, la molécule porteuse de ce groupement apparaît colorée.

Chromosome (n.m.) : Voir **chromatide.**

Chyle, chyme (n.m.) : Voir **bol.**

Cil/Flagelle [Biol.]
Angl. : cilium (pl. cilia)/flagellum(pl. ~lla)

- **Cil** (n.m.) : *Poil** court sur le bord d'un organe, né de l'extension d'une cellule et formé de microtubules. Ex. feuilles des *Drosera* (Droséracées), épithélium des bronches, cellules ciliées bordant l'oreille interne, etc. Chez les Rotifères, les cils bordant la bouche, servent à renouveler le dioxygène, à diriger les particules alimentaires vers la bouche ainsi qu'à la locomotion.
- **Flagelle** (n.f.) : Longue structure filamenteuse à la surface de certaines cellules (bactéries, gamètes d'algues, spores de champignons, spermatozoïdes, etc.) et servant à leur *motilité**. Il peut y avoir un ou plusieurs flagelles, soit à un pôle, soit aux deux, soit tout autour de la cellule.
  Les flagelles, comme les *cils**, sont formés par un arrangement de microtubules.

Citation/Paraphrase [Gén.]
Angl. : citation, quotation/paraphrase, paraphrasing

- **Citation** (n.f.) : Reproduction avec fidélité d'un texte (phrase, formule, concept) écrit par un auteur « placé entre guillemets » et accompagné de sa référence exacte afin de permettre au lecteur de le retrouver facilement.

On recourt souvent à la citation pour étayer ses propos à l'aide d'argument dont l'auteur est une autorité scientifique dans un domaine donné.

- **Paraphrase** (n.f.) : Rédaction dans son propre langage des idées d'autrui en indiquant la source et en les intégrant directement au texte pour en faciliter la lecture. La paraphrase est particulièrement utile dans le cas où les termes utilisés par l'auteur ou leur formulation n'apparaissent pas adéquats pour soutenir ce que l'on veut argumenter ou démontrer.
  Bien plus qu'une simple traduction littérale du texte ou le remplacement de ses mots par des synonymes, une bonne paraphrase modifie également la structure des phrases afin de faciliter l'assimilation de l'idée véhiculée, tout en gardant le sens original.

Citrouille/Potiron [Bot.]
Angl. : common pumpkin, gourd/pumpkin, large gourd, winter squash

- **Citrouille** (n.f.) : Le *pédoncule** de la citrouille (*Cucurbita pepo*) est dur et fibreux, avec 5 côtés anguleux, et sans renflement à son point d'attache. La citrouille présente une écorce lisse, plus orange vif que le *potiron**, sa chair est moins gustative. C'est la citrouille qui est évidée pour les décorations d'Halloween.
- **Potiron** (n.m.) : Le potiron (*Cucurbita maxima*) est plus volumineux que la *citrouille**. Son *pédoncule** est tendre, spongieux, cylindrique et évasé au point d'attache. Ces courges se distinguent par leur peau plus ou moins striée et dure, habituellement orangée, parfois jaune ou verte, leur chair est un peu plus épaisse et de *saveur** un peu plus prononcée que celle des autres courges d'hiver. Elles sont rarement utilisées comme simple légume ; on les cuit en soupe, dessert ou confiture. Leur chair jaune orangé assez foncé est sèche et sucrée. Leurs *graines** sont très appréciées.

Clade/Lignée [Biol.]
Angl. : clade/lineage, phylogenetic lineage

- **Clade** (n.m.) : En phylogenèse, ensemble de tous les organismes vivants et fossilisés, descendant d'un ancêtre commun (groupe monophylétique). Sur un *cladogramme**, un clade est représenté par une branche et toutes les ramifications (descendantes) qui en dérivent.
  Syn. : taxon monophylétique.
- **Lignée phylogénétique** (l.f.) : Ensemble des organismes ayant le même ancêtre.

Cladode, phylloclade/Cladophylle, phyllode [Bot.]
Angl. : cladode, phylloclade/cladophyll, phyllode, phyllodium

- **Cladode** (n.m.) : *Tige** ou rameau chlorophyllien aplati ou aciculaire ressemblant au limbe d'une feuille et remplissant le rôle de celle-ci mais s'en distinguant par la présence de bourgeons sur sa surface. Ex. tige du figuier de Barbarie (*Opuntia ficus-indica*, Cactacées), cladodes aplatis du petit Houx (*Ruscus aculeatus*, Liliacées), cladodes aciculaires des *Asparagus* (Liliacées).
  Les cladodes sont caractéristiques des *xérophytes** chez lesquels la perte d'eau est réduite sans affecter l'activité photosynthétique.
  Syn. : phylloclade.
- **Cladophylle** (n.f.) : *Pétiole** ou rachis d'une feuille, aplati en lame, ressemblant à un limbe foliaire simple et remplissant sa fonction. Ex. pétioles de l'*Acacia heterophylla*, « feuilles » de nombreuses Monocotylédones.
  Syn. : phyllode.

Cladogramme (n.m.) : Voir **arbre phylogénétique**.

Clarification/Filtration [Tech.]

Angl. : clarification, clarifying/filtration

- **Clarification** (n.f.) : Processus d'élimination de la turbidité d'un milieu aqueux par décantation de particules solides ou de colloïdes en suspension.
  Elle peut être effectuée par *filtration**, centrifugation, addition d'enzymes pour hydrolyser des particules et les solubiliser (ex. protéases dans le cas de *protéines**, pectinases, dans le cas de pectines, phospholipases dans le cas des huiles végétales, etc.) ou d'agents floculants.
  Le degré de clarification que l'on veut atteindre dépend principalement de l'utilisation ultérieure du produit traité.
- **Filtration** (n.f.) : Procédé de séparation des constituants d'un *mélange** solide-liquide ou solide-gaz (fumées) selon la taille des particules, par passage à travers un support poreux calibré, adapté aux caractéristiques de la suspension à filtrer, pour ne retenir que les particules d'une certaine taille, appelé filtre. La fraction ayant traversé le filtre est appelée filtrat.
  La taille des pores se situe dans un domaine de 0,1 à 20 µm en général. Les ouvertures les plus usuelles sont :
  • 0,65 µm en clarification (rétention levures, moisissures et dénombrement). Ces filtres sont utilisés comme préfiltres, car ils sont de grand débit et économiques ;
  • 0,45 µm en ultraclarification (rétention des particules en suspension). Ces filtres éliminent les traces restant après clarification, mais leur débit est beaucoup plus faible ;
  • 0,1 à 0,2 µm en microfiltration ou filtration stérilisante (ces filtres retiennent les bactéries) de solutions complexes, comme le sérum, les milieux de culture ou les cultures d'ascites. Ce sont généralement des membranes en polysulfone, polypropylène ou polyamide. Des membranes en polysulfone traité, à très faible *adsorption** protéique, sont particulièrement utiles pour la filtration de solutions contenant des composés précieux qu'il ne faut pas perdre. Cependant, les filtres stérilisants laissent passer de très petits micro-organismes dans certaines conditions. Ainsi, dans le cas de procédés pharmaceutiques, on préfère des membranes de taille de pores de 0,1 µm pour obtenir une stérilité optimale.
  Des phénomènes physiques peuvent être également mis en jeu comme la pression, l'osmose inverse (gradient de *concentration**) et les forces électrostatiques (électrodialyse).

Classification/Systématique/Taxonomie [Biol.]

Angl. : classification/systematic/taxonomy

- **Classification** (n.f.) : Système d'organisation de la *biodiversité** illustrant les liens entre organismes vivants et éventuellement fossiles en groupes hiérarchisés, ou taxons, sur la base d'un ensemble particulier de critères.
  La première classification scientifique reconnue est due à Carl von Linné (XVIIIe siècle) qui est considéré comme le père de la *taxonomie** moderne. Sa classification était basée sur les organes sexuels (système sexuel) et comportait 24 classes selon le nombre, l'assemblage et la longueur des étamines et le nombre de styles.
  La classification des espèces vivantes est en perpétuel changement. D'une classification basée sur la morphologie, on est passé à un système incluant des données d'ordre anatomique et physiologique, puis prenant en compte les

*caractères** cytologiques et génétiques des êtres vivants comme celle actuellement en vigueur, l'APG IV (*Angiosperm Phylogeny Group*, 2016). Les progrès de la biologie peuvent remettre en cause l'appartenance de telle espèce à un groupe défini, et l'on découvre régulièrement de nouvelles espèces dans des régions peu accessibles.
Les classifications naturelles actuelles tentent de prendre en compte autant de caractéristiques que possible et, ce faisant, visent à refléter la phylogénie des organismes, c'est-à-dire l'histoire de leurs relations évolutives.

- **Systématique** (n.f.) : Branche de la biologie qui a pour objectif la reconnaissance des organismes vivants et éventuellement fossiles (ou des taxons qu'ils représentent) en fonction de leurs diverses caractéristiques intrinsèques et des liens de parenté entre elles et l'élaboration d'une *classification** (regroupement) traduisant ces liens de parenté.
  La systématique divise les organismes en cinq règnes (Monera, Protista, Plantae, Fungi, Animalia).
  Les *caractères** utilisés en systématique peuvent relever des disciplines suivantes : morphologie et anatomie comparées, cytologie et ultrastructure (niveau cellulaire et subcellulaire), caryologie, cytogénétique, palynologie (pollen et spores), physiologie, phytochimie et biochimie (marqueurs micromoléculaires, macromolécules), paléobotanique (fossiles).
  Ainsi, la systématique repose-t-elle d'abord sur des caractères dits primaires, souvent visibles et évidents, qui séparent les êtres vivants en grands groupes (ex. une fleur caractérise les Spermaphytes). Ensuite, les différents niveaux inférieurs de classification sont définis par des détails ou caractères secondaires (ex. nombre de pièces florales, sexe des fleurs portées par un individu, appendices foliaires, etc.), moins accessibles aux non-spécialistes, et qui, assemblés les uns aux autres, permettront d'identifier l'espèce.
  Ainsi définie, la systématique constitue-t-elle le cadre pour toute étude de la diversité biologique et de son évolution.
  La systématique est habituellement divisée en phylogénétique et *taxonomie**.
- **Taxonomie** (n.f.) : Composante de la *systématique* dédiée à l'étude des lois de la *nomenclature** et de la *classification** des organismes vivants (ou fossiles). Celle-ci se fait en sous-ensembles hiérarchisés ou taxons (c'est-à-dire que chaque groupe supérieur contient tous les groupes sous-jacents) de telle sorte que chacun d'eux regroupe tous les individus ayant des caractéristiques en commun, que ne possèdent pas les individus des autres groupes. La taxonomie utilise, en général, une clé de *determination** basée sur des similitudes, notamment morphologiques et anatomiques (taxonomie classique), cytologiques (cytotaxonomie) chimiques (chimotaxonomie), séquences d'ADN (phylogénétique). Les principaux groupes taxonomiques sont : le règne, l'embranchement, la classe, l'ordre, la famille, le genre et l'espèce.
  La taxonomie permet, par exemple, de déterminer à quel genre appartient une espèce, si deux espèces sont vraiment les mêmes ou si une espèce doit être divisée en deux.

Climat/Climax [Écol.]
Angl. : climate/climax

- **Climat** (n.m.) : Ensemble des caractéristiques météorologiques (pression, température, humidité de l'air, *pluviosité**, lumière et vents, principalement) dans une région et sur une période données. L'Organisation météorologique mondiale

(OMM) recommande 30 ans, mais des périodes plus longues peuvent être adoptées en fonction de l'objectif.

- **Climax** (n.m.) : En *écologie**, état d'équilibre relativement stable vers lequel tend un groupement végétal naturel (généralement forestier) avec les conditions climatiques, édaphiques et la faune sur un territoire et à un moment donné. L'*écosystème** y est considéré à son plus haut degré de maturation, en équilibre par autorégénération (en l'absence de toute perturbation naturelle ou anthropique : intervention humaine). Les espèces qui composent cet écosystème sont dites climaciques.
  Au sein d'une région où le climat est forestier dans des conditions écologiques favorables, un changement brutal de l'environnement physique (incendie, maladie, sécheresse prolongée, etc.) peut bloquer son évolution à un stade antérieur : stade pionnier, semi-arboré, pelouse, fruticée ou lande.
  Syn. : formation climacique.

Clonage de gènes/Clonage d'organismes [Biotech.]
Angl. : gene cloning/organism cloning

Le clonage est une méthode de multiplication cellulaire *in vitro* aboutissant à la formation d'individus génétiquement identiques appelés clones. Cette multiplication est une voie normale pour les espèces à reproduction végétative (*tubercules**, *stolons**, rejets, œilletons, greffe, *bouturage**) ou par fusion chez les organismes unicellulaires.

- **Clonage de gènes** (l.m.) : Désigne la multiplication de gènes insérés dans un *vecteur** (ADN circulaire) au sein de micro-organismes comme les bactéries.
  L'objectif du clonage de gènes est de multiplier un gène d'intérêt (résistance, production d'une substance, capacité physiologique, etc.) isolé chez un donneur potentiel (bactérie, moisissure, levure, plante, etc.). Pour ce faire, le gène d'intérêt est intégré dans une molécule d'ADN vectrice (étape de recombinaison *in vitro*) puis le vecteur recombinant est introduit dans des cellules hôtes (ex. *Escherichia coli*). Le clonage peut aussi permettre de faire transcrire et traduire le gène dans ces cellules afin de travailler sur la *protéine**. L'ensemble des cellules ayant incorporé la population de vecteurs recombinants représente la « banque » qui sera, d'ADNc si l'ADN incorporé est l'ADN complémentaire aux ARNm ou génomique si l'ADN incorporé est de l'ADN cellulaire.
- **Clonage d'organismes** (l.m.) : Reproduction à l'identique d'une espèce vivante ayant le même patrimoine génétique qu'un de ses parents. Il peut être réalisé à partir de cellules prises chez un individu adulte ou des cellules prélevées sur un embryon.
  Syn. : clonage reproductif.

Clone/Transgénique [Biotech.]
Angl. : clone/transgenic

- **Clone** (n.m.) : Ensemble de cellules ou organismes entiers dérivant d'une seule cellule, tissu ou organisme initial par un mécanisme non sexué (appelé clonage) et possédant le même patrimoine génétique.
  À l'inverse des autres rangs taxonomiques (famille, genre, espèce) qui sont des abstractions, un clone (tout comme un individu) possède une réalité objective.
  Dans le cas des plantes, par exemple, cette entité est formée et maintenue par *multiplication végétative** (bouture, marcotte, etc.) ou apomictique, naturelle ou

artificielle, d'un individu initial. Les variations observées entre les individus du clone y sont purement phénotypiques. Un clone peut cependant présenter quelques divergences génétiques avec le temps par des *mutations** spontanées au niveau des méristèmes végétatifs ou, parfois, par intégration de génomes viraux latents au génome-hôte.

- **Transgénique** (adj.) : Se dit d'un être vivant, animal, plante ou micro-organisme, issu d'une cellule dans laquelle a été introduit, par des techniques de génie génétique, un ADN (transgène) comportant un ou plusieurs *caractères** génétiques d'un autre organisme, que cet organisme soit ou non de la même espèce. L'organisme transgénique possède dans la majorité ou dans toutes ses cellules l'ADN étranger introduit qui peut donc être transmis à la descendance. Sont exclues de cette définition, les plantes obtenues par recombinaison naturelle, par mutagenèse, par fusion de protoplastes entre espèces de la même famille ou par multiplication *in vitro* à partir de n'importe quelle cellule de la plante.
  Certaines plantes transgéniques présentent une *résistance** accrue aux herbicides, une résistance aux insectes et aux virus ou produisent des fruits ou des *fleurs** possédant des caractères absents chez les plantes sauvages. Une telle modification du génome d'une plante n'implique pas forcément une modification de son aspect extérieur.
  La transgenèse repose sur l'universalité de la molécule d'ADN en tant que support de l'information génétique.

Coagulation (n.f.) : Voir **agglomération**.

Coenzyme/Cofacteur [Enz.]
Angl. : coenzyme/cofactor

- **Coenzyme** (n.m.) : Élément organique qui, associé à la partie protéique (apoenzyme ou apoprotéine), constitue le groupement prosthétique, indispensable au fonctionnement de l'enzyme.
  Les coenzymes interviennent dans les réactions de transfert de radicaux, les réactions d'isomérisation, les oxydoréductions, les réactions formant les liaisons covalentes en conférant au système enzymatique son activité soit en facilitant la liaison entre l'enzyme et son *substrat**, soit en prenant réellement part dans la réaction, par exemple, en cédant des atomes d'hydrogène dans la réaction. En plus de leur rôle de coenzyme, certains d'entre-eux (tels que les triphosphonucléotides) sont des substrats essentiels pour l'ARN polymérase au cours de la synthèse de l'ARN. Pour ce faire, elles doivent exister sous deux formes inter-convertibles (oxydée et réduite) durant la réaction catalysée. Le nombre de coenzymes connues à l'heure actuelle est sensiblement inférieur à celui des enzymes : une même coenzyme peut être combinée à différentes *protéines** pour former des enzymes différentes. Plusieurs coenzymes sont dérivés de vitamines hydrosolubles comme le pyrophosphate de thiamine et le phosphate de pyridoxal. Le NADH et le FAD^+, l'ubiquinone sont des nucléotides transporteurs d'hydrogène et d'autres transportent d'autres groupements tels que l'ATP, la GTP, l'UTP, la CTP, le coenzyme A, la biotine...). Les coenzymes se trouvent à la même *concentration** que l'enzyme, en général inférieure à la nM. Ils ne sont pas toujours synthétisés par l'organisme et doivent alors être apportés dans l'alimentation. Ce type de coenzyme se distingue d'un substrat par le fait qu'il en existe deux formes facilement interconvertibles (ex.

ATP/ADP, NAD+/NADH) alors qu'un substrat est engagé dans une chaine de transformations.

- **Cofacteur** (n.m.) : Substance non-protéique, de faible *poids moléculaire**, thermostable, dont la présence est indispensable lors d'une réaction enzymatique.
  Il peut s'agir d'un ion métallique qui peut être intimement lié à l'enzyme, qualifiée alors de métallo-enzyme. Dans les autres cas, l'enzyme est simplement activée par le métal qui peut être mono- ou bivalent : K^+ (pyruvate kinase), Cu^{2+} (cytochrome oxydase), Fe^{2+}, Fe^{3+} (cytochrome oxydase, catalase, peroxydase), Mg^{2+} (hexokinase, glucose 6-phosphatase, pyruvate kinase), Mn^{2+} (arginase, ribonucléotide réductase), Mo^{2+} (dinitrogénase), Ni^{2+} (uréase), Zn^{2+} (anhydrase carbonique, alcool déshydrogénase, carboxypeptidases A et B).
  Le complexe enzyme-cofacteur est appelé holoenzyme ; l'enzyme sans cofacteur est par conséquent inactive.
  Les cofacteurs sont à la *concentration** du *substrat**, soit, souvent, au niveau du mM.

Cohésion (n.f.) : Voir **adhésion**.

Colorant/Pigment [Chim.]
Angl. : colorant, coloring agent, dye/pigment

- **Colorant** (n.m.) : Substance chimique, naturelle ou synthétique, se fixant sur un support et absorbant certaines *radiations** du spectre visible en donnant au support la couleur correspondant aux radiations complémentaires transmises.
  Les colorants naturels sont extraits des plantes (safran, garance...), des arbres ou des lichens, des insectes (cochenille) ou des mollusques. Mais ce sont les colorants synthétiques qui sont, de loin, les plus nombreux et les plus utilisés dans l'industrie.
  Contrairement au *pigment**, un colorant est soluble dans son milieu d'utilisation.
- **Pigment** (n.m.) : Substance colorée présente dans certains tissus végétaux ou animaux mais aussi chez les champignons.
  Un pigment est insoluble dans son milieu d'utilisation. Il donne donc une suspension alors qu'un *colorant** donne une solution. La coloration d'un pigment dépend de l'*absorption** sélective de certaines *longueurs d'onde** et de la *réflexion** des autres longueurs d'onde : sa couleur est celle des radiations qu'il n'absorbe pas. La chlorophylle, par exemple, pigment des plantes vertes, absorbe la lumière dans les parties bleue-violet et orange-rouge du spectre lumineux et réfléchit la lumière dans les parties vertes et jaunes du spectre. Par conséquent, la chlorophylle paraît verte.
  Les substances colorantes utilisées en peinture sont des pigments.

Colorimètre/Spectrophotomètre [Tech.]
Angl. : colorimeter/spectrophotometer

- **Colorimètre** (n.m.) : *Appareil** de mesure de la *concentration** en constituants d'un échantillon en solution par mesure de leur absorbance (anciennement densité optique) dans le domaine du visible. Pour sélectionner les *longueurs d'ondes**, ces appareils sont en général seulement munis de filtres colorés. La *technique** analytique qui en découle est la colorimétrie. Un colorimètre n'est donc pas capable d'enregistrer automatiquement un spectre d'absorption.
- **Spectrophotomètre** (n.m.) : *Appareil** de mesure permettant la mesure de l'absorbance ou de la transmission d'une *radiation** lumineuse de *longueur d'onde** donnée par un soluté donné.
  La source de radiations peut être :

• une lampe à filament de tungstène qui émet un spectre continu dans le visible et le proche infrarouge ;
• un filament de Nernst (formé d'oxydes frittés de zirconium, thorium et cérium) ou un filament de nichrome (fil résistant), chauffé électriquement émettent dans l'infrarouge ;
• une décharge électrique dans des gaz raréfiés : les lampes aux halogènes, les lampes à hydrogène ou à deutérium, émettant un spectre continu dans l'ultraviolet.
Ces appareils sont équipés d'un dispositif (prisme ou réseau) permettant d'effectuer une *dispersion** des différentes radiations monochromatiques du rayonnement lumineux pour obtenir un spectre.
Il en existe plusieurs types :
• spectrophotomètre monofaisceau : le résultat est obtenu à partir de deux mesures successives du faisceau de référence et du faisceau de mesure ;
• spectrophotomètre à double faisceau : le rayonnement de la source est divisé en deux faisceaux, l'un traversant la cellule contenant la solution à analyser, l'autre traversant, simultanément, la cellule dite de référence, qui contient le *solvant** seul. Le résultat est obtenu en soustrayant électroniquement l'absorbance du solvant pur, de l'absorbance de la solution. Ainsi, les effets du solvant sur l'intensité des pics sont éliminés. Les spectrophotomètres munis d'enregistreurs ou reliés à un ordinateur fournissent directement la courbe de l'intensité de l'absorbance en fonction de la longueur d'onde ;
• spectrophotomètre à barrette de diodes dans lequel la lumière est décomposée après avoir traversé l'échantillon à l'aide d'un réseau et où chaque raie lumineuse ainsi séparée est envoyée sur un détecteur multiple composé de diodes accolées sur une barrette (d'où l'appellation). On obtient ainsi presque instantanément après traitement informatique des signaux le spectre de la substance étudiée.
La *technique** analytique qui découle de l'utilisation des spectrophotomètres est la spectrophotométrie.

Combinaison/Mélange [Chim.]
Angl. : combination/mixture, blend

- **Combinaison** (n.f.) : Union intime par laquelle les parties de deux corps se joignent pour former un nouveau corps ayant des propriétés différentes de celles de ses constituants individuels.
- **Mélange** (n.m.) : Système résultant de deux ou de plusieurs substances chimiques distinctes mêlées ensemble sans être chimiquement liées. Ex. l'air est un mélange de gaz (azote, dioxyde de carbone, oxygène...).
  Les mélanges homogènes sont ceux dans lesquels les atomes ou les molécules (ou solutés), sous forme solide, liquide ou gazeuse, sont dissous complètement dans un *solvant** (à l'état solide ou plus souvent liquide). Le mélange formé est alors appelé *solution**, et plus précisément solution aqueuse dans le cas où le solvant est l'eau. Les mélanges hétérogènes ont des phases distinctes, par exemple un mélange de fer et de soufre. Dans un mélange, il n'y a pas de redistribution des électrons de valence et les composants conservent leurs propriétés chimiques individuelles. Contrairement aux composés, les mélanges peuvent être séparés par des moyens physiques (distillation, cristallisation, etc.).

Comburant (n.m.) : Voir **carburant**.

Combustion/Incinération/Pyrolyse [Tech.]
Angl. : combustion/incineration/pyrolysis
- **Combustion** (n.f.) : *Oxydation** d'une substance (appelée combustible) en présence du dioxygène de l'air (comburant), produisant une chaleur élevée, du dioxyde de carbone et de l'eau.
- **Incinération** (n.f.) : Destruction d'une substance par *combustion**, avec production de *cendres**, de gaz de combustion et de chaleur (processus exothermique).
- **Pyrolyse** (n.f.) : Décomposition ou destruction d'un corps organique sous l'action de la chaleur (processus endothermique) en atmosphère inerte (milieu à faible teneur en oxygène et sans addition d'autres réactifs), générant des produits qu'il ne contenait pas au départ (ex. gaz, goudrons).
  La pyrolyse peut également être effectuée à l'aide de rayons laser. La pyrolyse flash se fait à 500 °C et sous haute pression (100 kPa).

Comestible (adj.) : Voir **alimentaire**.

Commensalisme/Mutualisme/Symbiose [Écol.]
Angl. : commensalism/mutualism/symbiosis
- **Commensalisme** (n.m.) : Relation dans laquelle un individu (dit commensal) vit à proximité ou sur un autre et en tire profit, sans que l'autre en soit affecté ; c'est un type de *symbiose**. Ex. poisson pilote et requin.
- **Mutualisme** (n.m.) : Forme de *symbiose** où les deux partenaires, ne pouvant pas vivre séparément, tirent tous les deux profits de cette relation. Ils sont physiologiquement indépendants, mais le mutualiste tire sa nourriture de son hôte, alors que l'hôte utilise le mutualiste pour optimiser son fonctionnement.
- **Symbiose** (n.f.) : Association durable et réciproquement bénéfique entre deux ou plusieurs organismes différents, pouvant appartenir à des règnes différents, vivant en équilibre les uns avec les autres et tirant des bénéfices mutuels de cette union, mais pouvant vivre séparément. Les partenaires de cette association sont appelés symbiotes ou symbiontes.
  Plusieurs micro-organismes du sol établissent des relations nutritionnelles bénéfiques avec les plantes. Ex. symbiose mycorhyzienne, symbiose d'Algues et de Champignons (Lichens), de Champignons et d'Insectes, de Champignons et d'Orchidées, de Champignons et d'arbres, de Bactéries et de Légumineuses (Fabacées), etc.
  Dans la symbiose des Légumineuses avec les Bactéries du genre *Rhizobium*, la bactérie assure la fixation de l'azote atmosphérique grâce à sa nitrogénase, tandis que la plante lui fournit des squelettes carbonés et des glucides, notamment.
  Les relations établies avec ces partenaires symbiotiques présentent différents degrés de spécificité, ainsi existe-t-il des espèces végétales dites à large spectre d'hôte car elles peuvent être associées à un grand nombre de souches bactériennes et d'autres qui sont très spécifiques.

Communauté [Écol.]
Angl. : community/ecosystem
- **Communauté** (n.f.) : Ensemble des *populations** de plantes et d'animaux vivant naturellement dans un environnement déterminé commun. Les individus et populations d'une communauté interagissent les uns avec les autres de diverses façons (ex. *mutualisme**, *symbiose**, compétition, allélopathie, prédation, etc.) et avec

les facteurs non biotiques. La communauté et les facteurs non biotiques constituent un *écosystème**. Une communauté est dite fermée si aucune autre espèce de son extérieur ne peut interagir avec ses membres. Elle est dite ouverte si de nouvelles espèces peuvent s'y développer.
Les communautés sont nommées d'après l'une de leurs espèces dominantes (ex. communauté de résineux) ou les principales caractéristiques physiques de la région (ex. une communauté de récifs coralliens).
L'*écologie** des communautés est appelée synécologie.

- **Écosystème** (n.m.) : Système dynamique organisé en une seule et même unité fonctionnelle, appelée également unité écologique, composé d'un ensemble d'êtres vivants (animaux, végétaux, bactéries, champignons) en relation les uns avec les autres (biocénose) et présentant entre ses membres et avec le milieu physique (biotope) où ils évoluent, des interactions complexes d'ordre énergétique et trophique, permettant le maintien et le développement de la vie. Ex. un *étang**, une prairie, une forêt, etc.
  Un écosystème est composé de : (1) composants non biotiques (non vivants) ; (2) des producteurs (autotrophes, principalement plantes vertes) ; (3) des consommateurs (hétérotrophes, notamment des herbivores et des carnivores ainsi que des bactéries décomposant la matière organique morte). Les éléments vivants d'un écosystème constituent la *communauté**. La nature des composants non biotiques (géologique, pédologique et atmosphérique) détermine les types d'organismes trouvés ; les organismes à leur tour peuvent altérer progressivement les composants non biotiques se trouvant dans leur environnement.

Compartiment/Inclusion/Organite [Cyt.]
Angl. : compartment/inclusion/organite, organelle

- **Compartiment** (n.m.) : Terme issu de l'analyse fonctionnelle d'une cellule eucaryote désignant un volume cellulaire délimité par une endomembrane, ayant une composition moléculaire qui lui est propre et une fonction métabolique définie : compartiment intracellulaire ; compartiment extracellulaire ; compartiment sanguin, matrice et espace intermembranaire des mitochondries, etc.
- **Inclusion** (n.f.) : Nom donné à toute substance intracellulaire non liée par aucune membrane. Ex. *nutriments** de réserve (amidon dans les cellules végétales, glycogène des cellules hépatiques ou musculaires, gouttelettes des cellules de plantes oléagineuses) ou *pigments** (cellules de la peau et des cheveux), etc.
- **Organite** (n.m.) : Structure intracellulaire bien différenciée, trouvée dans les cellules des Eucaryotes, assurant une fonction déterminée.
  Ces organites sont généralement délimités par une membrane simple (appareil de Golgi, réticulum endoplasmique) ou double (chloroplaste, mitochondrie, noyau). Les ribosomes, qu'on range habituellement dans les organites, n'ont pas de membrane.
  Les chloroplastes et les mitochondries possèdent leur propre génome et tout ce qu'il faut pour assurer la réplication, la transcription et la traduction. Cependant, ce système génétique ne code qu'un petit nombre de *protéines** parmi celles qui constituent l'organite. Contrairement à l'ADN nucléaire, l'ADN des organites est le plus souvent circulaire et il n'est pas organisé en nucléosomes. Chez la majorité des Angiospermes, l'*hérédité** de ces organites est transmise par les cellules de la lignée femelle.

Compétition (n.f.) : Voir **antagonisme**.

Complément alimentaire (l.m.) : Voir **additif alimentaire.**

Complémentation (n.f.) : Voir **biofortification.**

Composition d'une protéine/Séquence d'une protéine [Bioch.]
Angl. : composition/sequence

- **Composition d'une protéine** (l.f.) : Constitution qualitative et quantitative en acides aminés d'une *protéine**, déterminée après *hydrolyse** totale.
- **Séquence d'une protéine** (n.f.) : Ordre d'enchaînement des constituants de base (ex. acides aminés, nucléotides) au sein d'une macromolécule (ex. *protéine**, acide nucléique). Ainsi la bêta-caséine regroupe 209 acides aminés alors que l'alpha-lactalbumine n'en compte que 123. De ce nombre d'acides aminés et de l'ordre dans lequel ils sont disposés les uns par rapport aux autres dépendent les propriétés fonctionnelles et/ou les activités biologiques de chaque protéine. Les séquences biologiques établies ont fait l'objet d'une compilation dans des banques de données numériques. Ce type d'organisation se généralise actuellement et constitue une source d'informations primaires pour les biologistes. Les progrès importants réalisés dans la capacité de stockage, de traitement et de communication des ordinateurs ont permis la création de ces banques de données numériques en ligne.
  Le *séquençage** est la détermination de cet ordre.

Compost/Humus/Tourbe [Écol.]
Angl. : compost/humus/peat

- **Compost** (n.m.) : Produit résultant de la décomposition naturelle des déchets organiques, y compris les déchets alimentaires, le papier et les déchets de cultures des végétaux, riche en matière organique et en minéraux et idéal pour le jardinage et l'agriculture biologique. Cette décomposition se fait exclusivement par des micro-organismes comme les champignons et les bactéries et la microfaune représentée essentiellement par les lombrics.
  Ce produit améliore la *structure** du sol, car il est riche en composés humiques et augmente ainsi la biodisponibilité des minéraux tout en évitant l'usage exclusif d'*engrais** commerciaux.
- **Humus** (n.m.) : Couche superficielle du sol résultant de la décomposition plus ou moins complète de la matière organique (déchets animaux et débris végétaux). Ce processus, appelé humification, est le fait de la microflore du sol (bactéries et champignons). La matière ainsi formée est riche en acides humiques, insolubles dans l'eau, formant une solution colloïdale liée à la fraction minérale du sol et aux argiles (complexes argilo-humiques).
  L'humus fournit des éléments nécessaires à la *croissance** des plantes et augmente la *capacité de rétention** d'eau dans le sol.
  Son évolution et ses caractéristiques dépendent principalement du type de *végétation**, mais aussi des conditions environnementales (*pluviosité**, température, oxygénation du milieu, etc.) et des interventions de l'Homme (irrigation, *amendements**, travail du sol, etc.).
  Il se caractérise généralement par sa couleur foncée, sa teneur considérable en azote, un rapport carbone/azote proche de 10:1 et diverses propriétés physiques et chimiques, telles qu'une capacité d'échange élevée, une rétention d'eau, un gonflement, etc.

- **Tourbe** (n.f.) : Matière organique accumulée par lente décomposition des débris végétaux en anaérobiose permanente et en milieu gorgé d'eau, généralement *acide**. Ces conditions créent un milieu, appelé tourbière, pauvre en oxygène et donc également en bactéries où la matière végétale s'accumule progressivement en formant un dépôt. L'épaisseur des tourbières varie généralement de 50 cm à plus de 10 m pour les plus anciennes.
  La tourbe est utilisée comme substrat de culture car elle retient bien l'eau et a une action fertilisante.

Compostable (adj.) : Voir **biodégradable**.

Concentration/Dose/Teneur [Chim., Bioch.]
Angl. : concentration/dose, dosage/content
- **Concentration** (n.f.) : Quantité d'un constituant contenu dans une matrice (soluté dans un *solvant**, l'eau le plus souvent en biologie/biochimie), exprimée en masse pondérale ($g.g^{-1}$), en pourcentage massique ($g.100\ g^{-1}$), en pourcentage volumique ($g.100\ ml^{-1}$ dans le cas d'un soluté solide ; nombre de volumes, $100\ ml^{-1}$ dans le cas d'un soluté liquide), ou encore en $mol.L^{-1}$ sachant que dans les conventions internationales, le m^3 est la référence.
- **Dose** (n.f.) : Quantité déterminée d'une substance. Grandeur caractérisant la mise en présence ou l'exposition, généralement dangereuse, d'un échantillon ou d'un organisme avec un composé chimique, un rayonnement. Ex. dose de *radiation** qui correspond à la quantité de photons absorbés par un objet irradié durant un temps d'exposition donné divisée par la surface ou le volume.
- **Teneur** (n.f.) : Quantité de matière solide, liquide ou gazeuse, exprimée par rapport à une *masse** ou à un volume d'autre matière dans laquelle elle est en *mélange**, en suspension ou en solution.
  En biochimie, par exemple, on utilise souvent l'expression teneur en *protéines** qui désigne le pourcentage total de protéines présentes dans un échantillon solide ou liquide. La teneur en protéines se détermine par le dosage de l'azote total contenu dans l'échantillon (méthode de Kjeldahl ou analyseur d'azote de Coleman) et en multipliant le résultat obtenu, en grammes, par un coefficient (6,38 ou 6,25 selon le type de protéines majoritairement présentes) ; cette méthode reste approximative.

Conceptacle/Réceptacle [Bot.]
Angl. : conceptacle/receptacle
- **Conceptacle** (n.m.) :
  1. *Réceptacle** creux chez certaines *fleurs**, formé par la concrescence à leur base des sépales, pétales et étamines. Ex. églantier (*Rosa canina*, Rosacées).
  2. Chez les algues (ex. *Fucus*), cavité spécialisée, contenant des organes reproducteurs.
- **Réceptacle** (n.m.) : Extrémité plus ou moins élargie, plane, convexe (Ranunculacées) ou concave (pêcher, pommier) du *pédoncule** sur laquelle s'insèrent les divers éléments constitutifs d'une *fleur** ou sur laquelle s'insèrent plusieurs fleurs lorsque celles-ci sont réunies en *capitule** (pissenlit, cardère, etc.).
  La Fraise est un réceptacle de fleur hypertrophié (induvie), le fond d'artichaut également, mais d'une *inflorescence**. Dans certains cas, le réceptacle creux devient plus ou moins charnu et abrite les akènes (fruit de l'Églantier), il peut même, dans le cas de certaines inflorescences, contenir les fleurs et prendre l'allure d'un fruit charnu, comme chez la figue.

Condiment (n.m.) : Voir **aromate.**

Conductance/Conduction/Conductivité [Phys.]
Angl. : conductance/conduction/conductivity, conductometry

- **Conductance** (n.f.) : La conductance est l'inverse de la résistance et s'exprime en siemens (S), millisiemens ou microsiemens, ces unités remplaçant les mho, milli mho et micro mho (unités et sous unités de *conductivité** inverse de l'ohm) utilisées auparavant.
  La conductivité exprimée en siemens/centimètre ($S.cm^{-1}$) est le produit de la conductance en S par la constante de la cellule de mesure en cm^{-1}.
- **Conduction** (n.f.) : Transmission de chaleur ou d'électricité au travers d'un conducteur ou transfert de chaleur ou d'électricité ou entre deux objets qui se touchent.
  La conduction électrique d'un matériau dépend de la mobilité des électrons (ou des ions) qu'il contient dans le champ électrique extérieur imposé. Cette mobilité dépend de la structure électronique et donc de la nature des atomes constituant le matériau. Celle-ci est forte pour les matériaux métalliques (conducteurs), faible ou inexistante pour les matériaux organiques et minéraux (diélectriques).
- **Conductivité** (n.f.) : La conductivité électrique (CE) est l'aptitude d'un matériau ou d'une solution à laisser les charges électriques se déplacer librement, c'est-à-dire à permettre le passage du courant électrique alternatif.
  Dans le système international d'unités, la conductivité électrique s'exprime en siemens par unité de longueur ($S.m^{-1}$). C'est le rapport entre la densité de courant (en ampère par mètre carré) et l'intensité du champ électrique (volt par mètre ou newton par coulomb). La lettre grecque sigma (σ) est habituellement utilisée pour désigner la conductivité. Plus le milieu est conducteur, plus la conductivité est élevée. Dans une solution, elle se mesure à l'aide d'un conductimètre.
  La conductivité électrique constitue un moyen de mesure commode et rapide, couramment utilisé pour évaluer la *minéralisation** ou la *salinité** d'une eau. La conductivité est, en effet, proportionnelle à la *concentration** d'ions qui y sont présents, mais en réalité la relation n'est linéaire que pour des conductivités faibles ($C < 100\ \mu S.cm^{-1}$) et s'en écarte d'autant plus que la minéralisation est élevée.
  Dans le cas de solutions, la détermination de la conductivité se fait en mesurant le courant alternatif qui s'établit entre deux électrodes plongées dans la solution.
  La conductivité dépendant de la température, sa mesure doit être rapportée à la température de référence (20 ou 25 °C, selon les pays) pour être comparable.
  La conductivité thermique est un paramètre qui caractérise la capacité de conduction de la chaleur par un matériau.

Cone/Strobile [Bot.]
Angl. : cone/strobilus (pl. strobili)

- **Cône** (n.m.) : *Inflorescence** mâle ou femelle des Conifères (ex. pin), formée de pièces latérales ou écailles portées par un axe central et se recouvrant les unes les autres.
  Chez les Gymnospermes, le cône mâle est constitué d'un axe autour duquel s'insèrent de nombreuses écailles portant à leur face inférieure des sacs polliniques : chaque écaille ayant valeur d'étamine, le cône mâle peut être considéré comme étant une *fleur** sans périanthe. Le cône femelle, beaucoup plus massif, est constitué également d'un axe autour duquel s'insèrent en spirale régulière des écailles ligneuses, chacune d'elles étant axillée par une *bractée** et portant à sa face

supérieure un ou plusieurs ovules qui, après *fécondation**, se transformeront en *graines**. Chaque ensemble écaille-bractée ayant valeur de fleur, un cône femelle peut être considéré comme étant une inflorescence.

- **Strobile** (n.m.) : Formation compacte plus ou moins allongée, conique, située au bout d'un axe et regroupant les sporophylles chez certaines Ptéridophytes (épi sporifère des prêles, lycopodes), formée par des écailles imbriquées en spirale. Terme utilisé également pour désigner le cône formé par les organes reproducteurs des Préspermaphytes, des Gymnospermes et de certaines Angiospermes (houblon).

Configuration/Conformation [Chim.]

Angl. : configuration/conformation

- **Configuration** (n.f.) : En stéréochimie, disposition relative des liaisons et des atomes d'une molécule dans l'espace.

  Cette notion recouvre deux principaux types de disposition :

  • la configuration des atomes ou groupes d'atomes liés à un carbone asymétrique dans un composé chiral, à l'exclusion des dispositions qui s'identifient par une rotation autour des liaisons covalentes.

  La configuration relative d'un carbone asymétrique peut être exprimée par la nomenclature D (*dextrogyre*), L (*levogyre*), en projection de Fischer pour les sucres et les acides aminés, par exemple.

  La configuration absolue d'un carbone asymétrique peut être exprimée par la nomenclature R (*rectus*), S (*sinister*) due à Cahn, Ingold et Prelog et qui désigne les substituants fixés sur l'atome chiral selon leur taille. Le classement, du plus gros au plus petit, détermine un sens de rotation qui est nommé R pour la rotation à droite et S pour la rotation à gauche. Chaque carbone dispose ainsi d'une désignation R ou S et s'il advient que plusieurs carbones asymétriques sont présents, ils sont nommés de même avec leur position précisée (ex. 2 (R), 3 (S) dihydroxy-2,3 pentane). Les dénominations R et S ne se confondent pas avec les désignations L et D qui, elles, indiquent une configuration déterminée par le sens du pouvoir rotatoire ;

  • la configuration des atomes ou groupes liés aux deux carbones d'une double liaison (isomérie *cis-trans* ou *E* et *Z*). Le descripteur *E* (*entgegen* = opposition), désigne deux substituants placés de part et d'autre de la double liaison ; le descripteur *Z* (*zusamen* = ensemble) désigne deux substituants situés d'un même côté du plan de référence passant par la double liaison.

  Des configurations différentes permettent de distinguer entre eux deux types de stéréoisomères : les couples d'*énantiomères** qui sont les images de l'un et de l'autre dans un miroir et les *diastéréoisomères** qui sont des stéréoisomères non-énantiomères.

- **Conformation** (n.f.) : Organisation tridimensionnelle que peuvent prendre des atomes d'une molécule dans l'espace, résultant de la libre rotation de certains groupements autour d'une liaison chimique simple. Celle-ci est déterminée par les forces intra-moléculaires dont les liaisons hydrogène et, dans les *protéines**, les ponts disulfures. Les molécules isomères résultant de cette rotation sont appelées des conformères. On utilise la représentation de Newman pour symboliser les conformations.

  L'activité biologique des protéines est souvent déterminée par leur conformation, et les fonctions de certaines molécules sont altérées par la transition entre deux conformations alternatives stables. La conformation native rencontrée *in vivo* peut

être changée en une forme modifiée, souvent inactive biologiquement, par dénaturation.
L'analyse conformationnelle étudie les déformations que peuvent subir les molécules, en particulier l'ADN et les protéines. Les cycles présentent des positions axiale ou équatoriale, qui par exemple, donnent lieu aux conformations chaise et bateau du cyclohexane.
Les changements conformationnels ont été prouvés par l'analyse cristallographique par diffraction des rayons X. C'est notamment le cas des enzymes allostériques, où la fixation du *substrat** entraîne un changement conformationnel de la protéine enzymatique. Elles sont à la base des mécanismes de catalyse enzymatique et de régulation biologique au niveau moléculaire. L'existence de différentes conformations pour une protéine a pour conséquence d'entraîner des différences dans les charges exposées, donc des bandes différentes après séparation par électrophorèse.
La transformation d'une conformation en une autre n'implique que des rotations internes autour de certaines liaisons.

Conformité (n.f.) : Voir **acceptabilité**.

Congénital/Héréditaire [Génet.]
Angl. : congenital/hereditary
- **Congénital** (adj.) : Se dit d'une caractéristique, d'une affection, d'une anomalie ou d'une maladie dont l'expression existe déjà à la naissance ou dont le développement est génétiquement et strictement programmé et ne peut normalement pas être influencé par des facteurs environnementaux (ex. un bec-de-lièvre). Une maladie peut être congénitale sans être *héréditaire** — et inversement. La cardiopathie congénitale d'un nourrisson peut résulter de l'exposition de la mère aux rayonnements pendant la grossesse. Les affections congénitales héréditaires — par exemple l'hémophilie — sont les moins fréquentes et « sont dues à des anomalies des gènes chromosomiques » (*Larousse médical*).
- **Héréditaire** (adj.) : Se dit d'une caractéristique ou d'un caractère, génétiquement transmis d'un parent à sa progéniture. Un caractère héréditaire existe donc à la naissance mais ses symptômes pourraient ne se manifester que bien plus tard.

Conné (adj.) : Voir **adné**.

Connivente/Synanthéré [Bot.]
Angl. : connivent/synanthereous, syngenesious
- **Connivente** (adj.) : Se dit d'étamines seulement accolées et non soudées. Ex. Solanacées.
- **Synanthéré** (adj.) : Se dit d'un androcée ou d'une *fleur** dont les étamines soudées par leurs anthères mais libres au niveau de leurs filets, forment un manchon autour du style. Ex. Astéracées.

Contagion/Contamination/Infection/Inoculation/Transmission [Micr.]
Angl. : contagion/contamination/infection/inoculation/transmission
- **Contagion** (n.f.) : Passage d'un *pathogène** (bactérie, virus, parasite, etc.) d'un organisme infecté à un autre sain, par contact physique direct (en touchant un organisme ou une personne infectée) ou indirect (en touchant des objets qu'une

personne infectée a touchés) ou en respirant des gouttelettes de salive contaminées, produites par la toux et les éternuements ou encore à travers une lésion.

- **Contamination** (n.f.) : Présence d'un élément ou d'un facteur indésirable, pouvant être un produit chimique (pesticides, herbicides, métaux toxiques), un micro-organisme étranger (bactéries, virus, parasites), un isotope radioactif, etc. dans une culture ou dans un milieu considéré comme pur, stérile ou axénique.
  Les effets biologiques de la contamination sur des organismes vivants se mesurent grâce à la notion de *dose**. Les contaminations par des microbes *pathogènes** sont dangereuses et ne peuvent être repérées que par des techniques analytiques. Si l'organisme contaminé se prête à la multiplication et au développement des micro-organismes pathogènes, la contamination est suivie d'une *infection**. La contamination par un micro-organisme donné ne peut se faire que si l'exposition à ce dernier correspond à son mode de *transmission**.
- **Infection** (n.f.) : Processus par lequel un micro-organisme ou un virus pénètre dans un organisme réceptif et provoque, généralement, une maladie si l'agent infectieux est *pathogène**. L'infection est précédée de la *contamination**, elle-même précédée de la *transmission**.
- **Inoculation** (n.f.) :
  1. Introduction de micro-organismes dans un milieu stérile (microbiologie) ou d'une culture de départ (inoculum) dans un milieu neuf (culture de tissus, culture de cellules, etc.), pour initier une nouvelle culture.
  Syn. : ensemencement.
  2. Acte consistant à introduire un micro-organisme (*pathogène**, en particulier) dans un organisme ou un substrat en vue de son développement ou de son activité dans le corps de l'organisme comme l'introduction d'un agent pathogène atténué chez un individu en bonne santé afin de produire une forme bénigne de la maladie suivie d'une immunité.
- **Transmission** (n.f.) : Passage d'un *pathogène** (bactérie, virus, parasite, etc.) d'un organisme à un autre. Il peut se faire, par exemple, par contacts sexuels, transfusion sanguine, injections (seringues), dans le cas d'une transmission mère-enfant, à travers le placenta ou lors de l'allaitement ou encore au moyen d'un *vecteur** (ex. piqûres d'insectes). Le mode de transmission d'un micro-organisme est souvent spécifique.

Contractilité/Contraction [Biol.]
Angl. : contractility/contraction

- **Contractilité** (n.f.) : Propriété de cellules (ex. *fibres** musculaires) ou de parties de cellules qui, excitées, se raccourcissent et changent de forme en vue d'un mouvement précis.
- **Contraction** (n.f.) : Raccourcissement minimal d'un muscle, s'accompagnant d'un mouvement. Les contractions du myocarde mettent le sang en mouvement dans les vaisseaux.

Contrainte hydrique/Déficit hydrique/Stress hydrique [Physio.vég.]
Angl. : water constraint/water deficit/water stress

Les termes « contrainte hydrique » et « stress hydrique » désignent deux notions différentes liées à la nature de la réponse de la plante par rapport à l'intensité du *déficit hydrique**.

- **Contrainte hydrique** (l.f.) : Il y a contrainte hydrique lorsque le fonctionnement de la plante est affecté par le *déficit hydrique** sans réduction de la teneur en eau des tissus. La contrainte hydrique précède toujours le *stress hydrique**.
- **Déficit hydrique** (l.m.) : Concept physique qui n'inclut pas la physiologie de la plante. Un déficit hydrique est souvent le résultat d'une faible disponibilité en eau dans la portion du sol explorée par les racines et/ou d'une forte demande d'*évaporation** au niveau des feuilles. Une telle situation se traduit par une diminution de la teneur en eau des tissus de la plante. La surface foliaire est importante car la photosynthèse lui est généralement proportionnelle. Cependant, l'expansion rapide des feuilles peut nuire à la disponibilité de l'eau.
- **Stress hydrique** (l.m.) : Ensemble des perturbations physiologiques, métaboliques ou pathologiques provoquées dans un organisme par le manque d'eau dans son milieu de vie et, par suite, la baisse de la teneur en eau dans les tissus de l'organisme affecté, ce qui affecte son métabolisme dans son ensemble.

  Chez les végétaux terrestres, le stress hydrique est fréquent, il se produit lorsque la plante n'arrive pas à compenser les pertes d'eau dues à la *transpiration** car la disponibilité de l'eau dans le milieu extérieur est réduite ou parce que son *absorption** au niveau racinaire est insuffisante.

  Généralement, l'impact du stress hydrique sur le végétal est plus sévère à certains stades de *croissance**, appelés stades critiques, qu'à d'autres. La période critique coïncide habituellement avec la formation des organes reproducteurs. Il en résulte des modifications physiologiques, biochimiques et/ou anatomiques.

  Certains stress sont nécessaires à certaines plantes pour qu'elles germent ou fleurissent c'est-à-dire pour lever des *dormances** physiologiques. C'est le cas, par exemple, d'un stress hydrique modéré qui peut entraîner une amélioration de la qualité des productions végétales comme chez la betterave à sucre et les cultures fourragères.

  Un stress de courte durée provoque la perte de la turgescence (flétrissement) ; un stress prolongé mène à l'arrêt de croissance et éventuellement à la mort de la plante.

  Dans la plupart des cas, le stress est évalué par la survie des plantes, le rendement des cultures, la croissance (accumulation de biomasse) ou les processus primaires d'assimilation (absorption de CO_2 et de minéraux), qui sont liés à la croissance globale.

Contretransport, contretransporteur [Bioch.] : Voir **antiport/antiporteur**.

Contrôle/Régulation [Biol.]
Angl. : control/regulation

- **Contrôle** (n.m.) : Processus permettant d'exercer une action spécifique, d'avoir la maîtrise sur une structure (cellule, tissu, organe, organisme...). Ex. contrôle de la fermeture des *stomates** en cas de *déficit hydrique** par l'acide abscissique.
- **Régulation** (n.m.) : Mécanisme physiologique consistant à maintenir un paramètre ou une variable autour d'une valeur optimale pour l'organisme par compensation instantanée de ses variations (température interne à 37 °C, *pression osmotique**, glycémie à 1 $g.L^{-1}$, pH intracellulaire à 7,4, activité enzymatique...) pour l'adapter aux besoins réels des différentes cellules.

Contrôle de la qualité (l.m.) : Voir **assurance de la qualité**.

Convection (n.f.) : Voir **advection**.

Coproduit/Sous-produit [Gén.]
Angl. : coproduct/by-product

- **Coproduit** (n.m.) : Produit généré au cours d'un processus de fabrication destiné à élaborer un autre produit fini de plus haute valeur.
  Les coproduits issus de l'industrie agro-alimentaire sont, généralement, non consommés mais récupérables et utilisés après traitement.
- **Sous-produit** (l.m.) : Résidu peu valorisé ou non consommé par l'Homme, obtenu lors de fabrication industrielle ou de transformation primaire des produits d'origine animale ou végétale. Ex. lactosérum issu de la fabrication des fromages, drêches de distillerie, pectines issues de la fabrication des jus de fruits, mélasse de canne à sucre, pulpe de betterave, margines issues de l'*extraction** d'huile d'olive, balles de riz issu du décorticage du riz, paille de céréales, tourteau de soja, farine de viande et d'os, sang, farine de poisson, etc.
  Les sous-produits ayant une certaine valeur nutritionnelle sont souvent utilisés en *alimentation** animale. Ex. Le tourteau de tournesol, coproduit d'huilerie, riche en *protéines** et en cellulose, est utilisé pour l'alimentation du bétail (porcs, volaille, bovins).

Corme [Bot.]
Angl. : corm

- **Corme** (n.m.) : *Tige** souterraine très courte, plus ou moins globuleuse, ayant l'apparence d'un *bulbe**, contenant toutes les réserves de la plante, et enveloppée par un petit nombre de feuilles sèches, sans réserves.
  Les cormes se trouvent chez diverses Monocotylédones. Ex. corme du Crocus (*Crocus*), des Glaïeuls (*Gladiolus*). Ils assurent la survie de la plante durant l'hiver ou en période de sécheresse.
- **Corme** (n.f.) : Fruit du Cormier ou Sorbier domestique (*Sorbus domestica*, Rosacées), appelé aussi sorbe, très parfumé et astringent, en forme de petite poire dont on fait des confitures, sirops et boissons.

Corps pur/Corps simple [Chim.]
Angl. : pure compound/simple compound

- **Corps pur** (l.m.) : Entité chimique constituée par une seule et même espèce chimique qui ne contient aucune matière étrangère détectable et qui possède des propriétés physiques et chimiques spécifiques. Ex. glucose, éthanol.
  Contrairement aux *mélanges**, les corps purs ne peuvent pas être fractionnés par des moyens physiques.
- **Corps simple** (l.m.) : Espèce chimique constituée par un seul et même élément chimique, soit sous forme atomique (ex. le néon Ne), soit sous forme moléculaire (ex. le diazote N_2).
  Un corps simple est aussi un *corps pur** ; l'inverse n'est pas toujours vrai.

Corrélation (n.f.) : Voir **causalité**.

Cosmopolite/Ubiquiste [Gén.]
Angl. : cosmopolitan/ubiquist

- **Cosmopolite** (adj.) : Se dit d'un taxon (espèce, genre, famille, etc.) présent dans tous les continents. Il s'agit donc d'une notion d'ordre géographique Ex. le pourpier (*Portulaca oleracea*), le genre *Phragmites*, la famille des Astéracées.
  Ant. : endémique.
- **Ubiquiste** (adj.) : Se dit d'une espèce répandue dans une aire géographique très étendue, compte tenu de son aptitude à coloniser des *habitats** très différents et très variables. Ces espèces sont peu exigeantes et font preuve d'une grande facilité d'*adaptation**. C'est donc une notion d'ordre écologique.

Cotransport/Symport [Bioch.]
Angl. : cotransport/symporter

- **Cotransport** (n.m.) : Couplage du transport de deux particules dans le même canal, à travers une membrane.
- **Symport** (n.m.) : Transport actif de plusieurs éléments (molécules, ions) en même temps et dans le même sens à travers la membrane plasmique, assuré par une *protéine**. Ce système est souvent couplé avec la présence d'un gradient électrique : une des deux molécules transportées diffuse pour équilibrer une différence de charges électriques et provoque en même temps le transport de la seconde substance. Ex. le symport Na^+/glucose au niveau de l'absorption intestinale.

Couche germinale (l.f.) : Voir **cellule germinale.**

Courant d'air/Vent [Météo.]
Angl. : air current/wind

- **Courant d'air** (l.m.) : Mouvement de masse d'air vertical, ascendant ou descendant, engendré par des différences de températures (et) de pression.
- **Vent** (n.m.) : Mouvement horizontal de l'air sur la surface de la Terre. Sa vitesse peut être exprimée en mètres par seconde, en milles ou kilomètres à l'heure ou en nœuds.

Créatine/Créatinine [Bioch.]
Angl. : creatine/creatinine

- **Créatine** (n.f.) : Substance synthétisée dans le foie à partir de l'arginine, de la glycine et de la méthionine et captée avidement par les cellules musculaires intactes Dans le muscle elle peut, grâce à la créatine kinase, se lier à un groupement phosphate riche en énergie.
  Sous forme de phosphate de créatine (ou phosphocréatine), c'est une importante source d'énergie à court terme pour la contraction musculaire. Cette énergie est libérée lorsque le phosphate de créatine transfère son phosphate à l'ADP pour reconstituer les réserves d'ATP.
  La créatine est apportée par l'*alimentation**; elle provient du lait, de la viande rouge et de certains poissons.
- **Créatinine** (n.f.) : Déchet azoté provenant du métabolisme de la *créatine** et du phosphate de créatine dans le muscle, normalement présent dans le sang, mais qui n'est pas réabsorbé par le rein et est donc excrétée de façon quantitative dans l'urine (à un taux de 1,2 à 1,5 g par jour chez l'Homme). Cette caractéristique la rend utile pour la mesure du débit de filtration glomérulaire et l'évaluation de la fonction glomérulaire.

La créatinine, contrairement à la *créatine**, traverse aisément la membrane des cellules musculaires. La quantité de créatinine excrétée par unité de temps est donc proportionnelle à la masse musculaire fonctionnelle.

Crème de coco/Eau de coco/Lait de coco [Alim.]
Angl. : coconut cream/coconut water/coconut milk

- Le **lait de coco** provient de la noix de coco mûre. En réalité, c'est un *albumen** liquide de la noix de coco, souvent employé pour fournir des *nutriments** organiques dans les cultures *in vitro* des cellules et tissus végétaux. La pulpe *comestible**, appelée coprah, est râpée puis mouillée à l'eau. Le jus récupéré est la **crème de coco,** riche en graisse et utilisée dans les desserts et les cocktails. La pulpe est mouillée une seconde fois, il en ressort un jus plus liquide. Le mélange des deux jus est le lait de coco, commercialisé en boîte de conserve, en brick ou encore surgelé et utilisé dans les sauces froides et les marinades.
- L'**eau de coco** est un liquide clair qui ne se trouve que dans la cavité de la noix de coco jeune encore verte puis disparaît au fur et à mesure que la noix vieillit alors que la pulpe blanche se développe. L'eau de coco est consommée comme boisson dans les pays tropicaux.

Criminologie/Criminalistique
Angl. : criminology/criminalistics

- **Criminologie** (n.f.) : Discipline à l'interface des sciences sociales et du droit, dédiée à l'étude des crimes, des criminels (étude du comportement) et du système pénal (élaboration des lois, contrôle des contrevenants, etc).
- **Criminalistique** (n.f.) : Science pluridisciplinaire et profession participant à la reconnaissance, à l'examen et à l'interprétation de preuves matérielles de crimes, par l'application de sciences physiques (chimie, géologie, physique, informatique, etc.) et des sciences biologiques (ex. typage de l'ADN) à l'analyse des preuves matérielles.

Criquet/Sauterelle [Entom.]
Angl. : locust/grasshopper

- **Criquet** (n.m.) : Insecte sauteur à antennes courtes, aux pattes postérieures puissantes, au corps recouvert d'une cuticule, émettant un son intense. Il vit surtout dans les régions chaudes du Sahel et jusqu'en Afrique du Nord et parfois dans le sud de l'Europe occidentale. C'est un insecte migrateur de la famille des Acridiens, responsable de ravages considérables dans le Sahel. L'espèce la plus vorace est le criquet pèlerin (*Schistocerca gregaria*).
  La longueur des Criquets communs en Afrique du Nord et même en France va de 2 à 6 cm. La coloration varie du gris brun au vert et brun, avec des taches foncées. Sa *longévité** est de 2 à 3 mois environ.
- **Sauterelle** (n.f.) : Nom donné à de gros insectes orthoptères sauteurs à antennes et pattes postérieures longues, atteignant entre trois et six centimètres, dont le mâle produit un son strident. La sauterelle verte (*Tettigonia viridissima*) est principalement carnivore, se nourrissant de pucerons, de mouches, de chenilles et de larves, etc. et occasionnellement de plantes. Son cycle de vie complet est d'environ 18 mois.

Croissance/Développement [Biol.]
Angl. : growth/development

- **Croissance** (n.f.) : Ensemble des modifications quantitatives irréversibles qui se traduisent par un accroissement de dimensions (taille, surface, volume) ou de poids d'une cellule, d'un organe ou d'un organisme, résultant de l'élongation et de la multiplication cellulaires, jusqu'à son *développement** complet.
  En d'autres termes, la croissance est l'aspect quantitatif du développement.
- **Développement** (n.m.) : Ensemble des manifestations morphologiques successives d'un organisme, liées à l'initiation (différentiation) et à l'apparition de nouveaux organes (organogenèse) au cours de sa vie, depuis le stade zygote après la *fécondation** jusqu'à la mort.
  Quelle que soit la complexité morphologique ou physiologique d'un organisme, son développement présente, tout à la fois, trois aspects étroitement interdépendants :
  • des divisions cellulaires qui augmentent le nombre des cellules constituant l'organisme ;
  • des modifications quantitatives, qui se traduisent par l'augmentation des dimensions (longueur, surface, volume ou masse) dont l'ensemble constitue la *croissance** ;
  • des modifications qualitatives, qui se traduisent par l'acquisition progressive et ordonnée de nouveaux caractères morphologiques et physiologiques particuliers, différents suivant les tissus : c'est la différenciation.

Cultivar/Écotype/Espèce/Variété [Bot.]
Angl. : cultivar/ecotype/species/variety

- **Cultivar (cv)** (n.m.) : Abréviation française de *cultivated variety* ou variété cultivée. Désigne toute *variété** végétale agricole, médicinale, sylvicole ou horticole, maintenue en culture et par la culture, quelle qu'en soit sa nature génétique (*clone**, hybride de première génération, population, etc.) et qui se distingue par tout *caractère** stable et identifiable à l'intérieur d'une espèce végétale donnée.
  Ce terme est parfois utilisé pour désigner uniquement les variétés obtenues par sélection naturelle ou par croisement dans le but de favoriser certaines caractéristiques dont la *productivité**, la morphologie, la précocité, la *résistance** à certaines maladies, etc. De plus en plus, le génie génétique est mis à contribution pour introduire chez certains cultivars des caractéristiques nouvelles intéressantes.
  Un groupe de cultivars apparentés est appelé convar.
- **Écotype** (n.m.) : Groupe d'individus de même espèce végétale (ou animale) ayant subi une *adaptation** à des conditions écologiques particulières par suite de l'action sélective d'un environnement particulier.
  Les caractéristiques morphologiques, anatomiques et physiologiques particulières de ces écotypes dépendent des facteurs écologiques du milieu et sont plus ou moins distinctes de celles des autres individus de la même espèce. Souvent, un écotype ne se différencie du type dont il dérive que par des aptitudes physiologiques ou morphologiques mineures (ex. taille moyenne très petite par rapport à la taille moyenne du type dont il dérive). Selon les facteurs du milieu responsables des caractères distinctifs de ces écotypes, on parlera, par exemple, d'édaphotype ou de climatotype, en fonction de l'influence primaire de l'environnement, du facteur édaphique ou climatique s'il s'agit du sol ou du *climat**, respectivement. Les écotypes sont, toutefois, capables de s'hybrider.

La colonisation d'un nouveau biotope peut favoriser les individus possédant ces caractéristiques. Il peut donc y avoir sélection sur ces caractères ou fixation aléatoire d'un caractère marginal (dérive génétique) qui peut se maintenir ultérieurement par la sélection s'il s'avère avantageux.
La notion d'écotype n'est pas une notion nomenclaturale.
Syn. : race écologique.

- **Espèce** (n.f.) : Ensemble de tous les individus, d'aspect semblable, qui, au sein d'un même genre, présentent en commun des *caractères** très proches ou similaires qui les distinguent des autres espèces de ce genre et qui sont potentiellement capables de s'entrecroiser et de produire de nouvelles plantes fécondes.
L'espèce est l'unité systématique habituelle des botanistes et l'unité usuelle adoptée dans les flores. Ex. *Triticum vulgare, vulgare* est le nom d'espèce.
Bien qu'applicable dans la plupart des cas, la définition de l'espèce souffre de quelques exceptions et incommodités. Il n'existe donc actuellement pas de consensus absolu sur la définition d'une espèce, si bien que plusieurs concepts ont été proposés dont les deux principaux sont :
• espèce biologique ou génétique : *Communauté** d'êtres vivants interféconds pouvant échanger du matériel génétique et produisant des descendants eux-mêmes féconds conservant les caractères de leurs parents au cours des générations. Les membres d'une même espèce possèdent un pool génétique commun, mais les différentes espèces sont sexuellement isolées et donc interstériles. Il existe, cependant, des exceptions. Ex. certains genres entiers contiennent des espèces interfertiles : *Carduus, Quercus, Mentha, Rumex, Rosa, Salix, Verbascum, Viola,* etc.
Toute existence d'hybrides entre taxons sera un bon indice de leur proximité. Inversement, l'impossibilité d'hybridation n'implique pas nécessairement l'appartenance à deux espèces. En effet, l'impossibilité de former des hybrides entre deux espèces bien distinctes résulte souvent d'une disparité entre *chromosomes** (perturbation des divisions cellulaires), quelquefois d'une impossibilité de *fécondation** (problèmes de germination du pollen, de croissance ou de longueur du tube pollinique...) ou d'une incompatibilité noyau-cytoplasme.
La notion d'espèce biologique est, de plus, souvent difficile à appliquer du fait que l'isolement sexuel (ou l'interfécondité) n'est pas toujours vérifiable. En outre, elle ne s'applique qu'aux espèces sexuées, alors que de nombreuses espèces se multiplient par parthénogenèse ;
• espèce taxonomique : les espèces taxonomiques sont nommées et identifiées selon des critères anatomiques et physiologiques. Ce concept comporte certains risques, notamment dans le cas de certains dimorphismes ou polymorphismes. La plupart des cas sont liés au sexe (plantes dioïques, monoïques ou polygames à proportion de fleurs variables...), mais certains peuvent en être indépendants et doivent alors s'observer sur un même individu. Ex. variation de la morphologie des feuilles d'*Atriplex halimus* (Chénopodiacées) en fonction du biotope.
- **Variété** (n.f.) : Terme utilisé pour désigner l'ensemble des individus à l'intérieur d'une même espèce se distinguant de tout autre ensemble de végétaux de la même espèce par l'expression de différences héréditaires minimes déterminées par un génotype donné. Ces caractères particuliers peuvent être reproduits de génération en génération par les *semences**.
Selon les règles du Code international de nomenclature, un nom latin est attribué à la variété, contrairement au cultivar. Ex. *Poa bulbosa* var. *vivipara*.

Cuspidé (adj.) : Voir **apiculé.**

Cycle cellulaire/Division cellulaire [Bio.cel.]
Angl. : cell cycle/cell division

- **Cycle cellulaire** (n.m.) : Séquence d'événements répétitifs qui incluent la croissance cellulaire, la synthèse d'ADN et la *division cellulaire** proprement dite : la phase G1 ou phase de croissance, la phase S au cours de laquelle le matériel nucléaire est répliqué, la phase G2 ou seconde phase de croissance cellulaire et la phase M qui correspond à la *mitose** proprement dite. Cette dernière est subdivisée en plusieurs étapes : la prophase, la métaphase, l'anaphase et la télophase. Les étapes G1, S et G2 constituent l'interphase, qui représente l'intervalle entre les divisions cellulaires.
- **Division cellulaire** (n.f.) : Une des étapes de la vie d'une cellule, durant laquelle celle-ci se multiplie impliquant à la fois la division nucléaire et cytoplasmique.
  Au cours de la division cellulaire, la *mitose** désigne spécifiquement la *duplication** du matériel génétique nucléaire chez les cellules eucaryotes, à l'issue de laquelle une cellule mère se divise pour produire deux cellules filles identiques.
  Ce processus existe chez tous les organismes multicellulaires pour la *croissance** et le maintien et la réparation des cellules et des tissus. Les cellules somatiques (toutes cellules autres que les cellules qui produisent des ovules et des spermatozoïdes) se divisent régulièrement.

Cycle de développement/Type biologique [Biol.]
Angl. : life cycle/life form

- **Cycle de développement** (l.m.) : Succession de différents états chromosomiques (phases) représentés par différents états morphologiques (générations). Chez les végétaux supérieurs, le cycle est haplodiplophasique avec une phase haploïde et une phase diploïde correspondant à deux générations (cycle digénétique) respectivement au *gamétophyte** qui produit les gamètes et au *sporophyte** qui donne les spores. La rencontre des gamètes (haploïdes) donne lieu à la *fécondation** dont résulte un œuf ou zygote (diploïde). Ce zygote se développe en un sporophyte qui subit la *méiose** au niveau de certaines structures (sporanges) donnant des méiospores ou spores haploïdes dont la germination redonnera un gamétophyte. Au cours de l'évolution du monde végétal a eu lieu une réduction de plus en plus poussée du stade gamétophytique : chez les Bryophytes, le gamétophyte est représenté par la plante feuillée et le sporophyte vit en *parasite** de ce gamétophyte. Alors que chez les groupes suivants, le gamétophyte n'est plus représenté que par le prothalle chez les Ptéridophytes et par le sac embryonnaire pour la partie femelle et par de *grain de pollen** pour la partie mâle chez les Angiospermes.
- **Type biologique** (l.m.) : Système de classification écologique défini par Raunkiaer pour distinguer les diverses formes adaptatives des végétaux, basé sur leur stratégie de survie aux conditions climatiques défavorables.
  Cette classification identifie cinq types biologiques en fonction de la position des bourgeons pérennants (au repos) et de leur protection pendant la période hivernale :
  • les Phanérophytes, plantes ligneuses (arbres et arbustes à quelques exceptions près), dont les organes *pérennes** sont situés à plus de 25 cm au-dessus du sol (qui est la hauteur moyenne de la neige dans les pays tempérés froids) ;
  • les Chamaephytes (comme la myrtille), végétaux ligneux, *vivaces** et buissonnants dont les bourgeons pérennants sont au-dessus du sol mais n'excédant pas 25 cm de

la surface de ce dernier de sorte qu'ils sont protégés dans des conditions de croissance défavorables par les feuilles mortes et la neige ;
• les Hémicryptophytes (comme le pissenlit, les orties), plantes herbacées pérennes dont les bourgeons sont situés au ras du sol mais enfouis au milieu de la touffe ;
• les Cryptophytes (ou Géophytes) dont les formes de survie sont enfouies dans le sol (*bulbe*, rhizome*, tubercule**) ;
• les Géophytes (ex. *Allium*, *Podophyllum*), ayant des organes souterrains tubéreux (bases de feuilles, racines ou tiges) remplis de réserves nutritives leur permettant une *croissance** rapide dès le retour des conditions climatiques favorables ;
• enfin les Thérophytes (ex. *Brassica*), sans bourgeon et qui survivent par leurs *graines**. Ces catégories sont souvent annuelles.

Cycle lysogénique/Cycle lytique [Bio.cel.]
Angl. : lysogenic cycle/lytic cycle

- **Cycle lysogénique** (l.m.) : Cycle de réplication virale pendant lequel l'ADN d'un bactériophage modéré s'intègre au *chromosome** de l'hôte (bactérie) sous forme de prophage, et se réplique au cours de la reproduction cellulaire, sans entraîner la mort de la cellule hôte.
- **Cycle lytique** (l.m.) : Cycle de réplication virale pendant lequel la cellule hôte est tuée (lysée) par le virus après sa réplication pour libérer des nouveaux *virions** fabriqués avant qu'elle n'éclate. Chez le phage lambda, ce cycle peur prendre de 20 à 30 minutes et peut générer 100 fois plus de phages.

Cycle menstruel/Cycle œstrien/Estrus [Physio.an.]
Angl. : menstrual cycle/estrous cycle/estrus

- **Cycle menstruel** (l.m.) : Activité cyclique ovarienne propre aux humains et quelques autres Primates, caractérisée par une série de modifications périodiques subies par l'endomètre de l'utérus en réponse aux variations des *concentrations** sanguines des hormones ovariennes. Ces modifications sont sous contrôle des gonadotrophines libérées par l'adénohypophyse.
  Dans l'espèce humaine, le cycle menstruel féminin dure, le plus souvent, de 26 à 29 jours et est ininterrompu de la puberté à la ménopause. Le premier jour des règles marque le début du cycle menstruel et se caractérise par un événement majeur, l'ovulation, qui a lieu vers le milieu, soit le 14e jour et au cours de laquelle se fait la libération d'un ovule mature par l'ovaire. La phase des règles, s'appelle menstruation, d'où le qualificatif de cycle menstruel. Ce cycle prépare l'organisme féminin à une éventuelle *fécondation**.
- **Cycle œstrien** (l.m.) : Séquence de changements physiologiques cycliques utérins, ovariens et autres, chez les femelles de Mammifères adultes (hormis certains Primates supérieurs), les préparant à une éventuelle fécondation et à la gestation.
  Le cycle œstrien commence à l'âge adulte (à la ménarche), s'interrompt transitoirement pendant la grossesse et disparaît à la ménopause.
  Au cours du cycle, la couche fonctionnelle de l'endomètre est réabsorbée par l'utérus ; le saignement est absent ou minime. Les femelles ne s'accouplent qu'au moment de l'ovulation, période de fécondabilité maximale appelée *estrus**, qui est le seul moment d'acceptation du mâle (période dite également rut ou chaleurs, en raison de l'augmentation légère de la température corporelle).

La régulation du cycle œstrien est régie par des interactions hormonales entre l'ovaire et l'hypophyse et est influencée dans de nombreux cas par des facteurs environnementaux, tels que la longueur du jour.

La durée et la fréquence des cycles œstriens sont très variables selon les espèces de Mammifères. Les chiennes ont un cycle de 9 jours par année. La génisse a des cycles mensuels de 8 à 24 jours et la rate a un cycle œstrien de 4-5 jours seulement.

- **Estrus** (n.m.) : Chez les mammifères, période récurrente pendant laquelle la femelle adulte manifeste une pulsion sexuelle intense marquée par la production de l'ovule et où l'animal est réceptif à l'*accouplement**. D'un estrus à l'autre, il se produit une série de changements physiologiques, en particulier dans l'ovaire, l'utérus et le vagin, appelés *cycle œstrien**.

  Syn. : chaleur, rut.

Cystinose/Cystinurie [Bioch.]

Angl. : cystinosis/cystinuria

- **Cystinose** (n.f.) : Maladie autosomique récessive rare due à un transfert défectueux de l'aminoacide L-cystine à travers la membrane lysosomale à la suite de *mutations** inactivantes de la cystinosine, une *protéine** intégrale de la membrane lysosomale. La cystine (dont la solubilité est plus faible) va alors s'accumuler et précipiter sous forme de cristaux dans les *lysosomes**, causant finalement des dommages aux cellules et aux tissus. La cystinose se manifeste par une polyurie, une polydipsie et d'autres caractéristiques.
- **Cystinurie** (n.f.) : Anomalie héréditaire récessive du métabolisme entraînant une *excrétion** excessive de l'acide aminé cystine en raison d'un défaut de réabsorption par les tubules rénaux. La cystine, difficilement soluble, va alors précipiter et provoquer des calculs urinaires dans le rein.

Cytokines/Cytokinines [Bioch.]

Angl. : cytokins/cytokinins

- **Cytokines** (n.f.pl.) : Molécules peptidiques de communication cellulaire sécrétées par les cellules immunitaires, notamment les macrophages et les lymphocytes T auxiliaires, qui régulent le fonctionnement d'autres cellules immunitaires et contrôlent les activités du système neuroendocrinien. Elles jouent également un rôle majeur dans la différenciation et la multiplication des cellules souches hématopoïétiques ainsi que l'activation des fonctions des lymphocytes et des phagocytes. La plupart des cytokines agissent sur de multiples cibles cellulaires (effet pléiotrope). En font partie les interleukines (IL), les interférons (IFN), les facteurs de croissance hématopoïétiques (CSF), les facteurs de nécrose tumorale (TNF), les lymphokines (produites par les lymphocytes), les monokines (produits par les monocytes) et les chimiokines.
- **Cytokinines** (n.f.pl.) : Classe de substances de croissance présentes chez les végétaux favorisant les divisions cellulaires des tissus différenciés et qui, à *concentration** élevée, éliminent la *dominance apicale**.

  La zéatine, isolée de l'*albumen** des grains de Maïs immatures, la benzyladénine, l'isopenténïyladénine en font partie. Leur structure est à base d'adénine substituée. Beaucoup de cytokinines sont sous forme conjuguée, le plus souvent, à des glucides.

  Les cytokinines sont synthétisées essentiellement dans les apex des *racines**. On les trouve aussi dans les parties aériennes en croissance présentant une activité protéosynthétique élevée, les *semences** en germination et les fruits n'ayant pas

atteint la maturité physiologique. Elles sont transportées dans le xylème depuis les racines jusqu'aux parties aériennes.
Les cytokinines agissent en synergie avec les auxines dans le contrôle de la *division cellulaire**. L'action précise des cytokinines porte sur la *duplication des chromosomes** et sur le recloisonnement cellulaire. Un rapport élevé auxines/cytokinines dans le milieu de culture induit la rhizogenèse, le rapport inverse favorise la formation de bourgeons et des parties supérieures. Cette propriété est largement exploitée en *biotechnologie** végétale dans les techniques de micropropagation et de *clonage** chez un grand nombre de plantes.
Les cytokinines activent l'initiation des feuilles, des *tiges** et des *stolons** et favorisent l'extension des feuilles et des cotylédons ainsi que la translocation des assimilats.
Elles lèvent la *dormance** des semences, retardent la *sénescence** foliaire et stimulent le développement des chloroplastes. Certaines formes de stress (salinité, sécheresse, haute température, hypoxie) inhibent la production des cytokinines dans les racines et leur transport vers les parties aériennes.

Cytoplasme/Cytosol [Cyt.]
Angl. : cytoplasm/cytosol

- **Cytoplasme** (n.m.) : Tout le milieu interne et vivant de la cellule sauf le noyau, les vacuoles et les *inclusions**, limité extérieurement par la membrane plasmique et intérieurement par le tonoplaste. Il comporte une substance fondamentale colloïdale, le *cytosol**, renfermant des *compartiments** délimités par un système membranaire ou organites (mitochondries, chloroplastes, appareil de Golgi, réticulum endoplasmique, peroxysomes, glyoxysomes), des *protéines**, des enzymes, etc. Conventionnellement, le noyau, bien que situé dans le cytoplasme, n'en fait pas partie. Noyau et cytoplasme constituent le *protoplasme**.
  Le cytoplasme est le siège de nombreuses voies métaboliques : dégradation des glucides jusqu'au stade pyruvate (glycolyse), voie des pentoses, biosynthèse des acides gras, activation des acides aminés et synthèse des protéines, synthèse des mononucléotides, etc. Les échanges de substances avec le milieu extérieur sont réglés par la membrane plasmique, de nature lipoprotéique.
- **Cytosol** (n.m.) : Substance fondamentale hétérogène du *cytoplasme** cellulaire, en dehors du noyau et des autres organites, contenant des *protéines**, des acides aminés, des gouttelettes lipidiques, des ARN, etc., siège d'une intense activité métabolique. Le cytosol renferme aussi d'autres éléments structurés : les microfilaments et microtubules, dont l'ensemble constitue le cytosquelette. Le cytosol assure la continuité physique et métabolique entre les structures cellulaires, agissant comme un réservoir de nombreux métabolites essentiels.

Cytotrophique/Cytotropique [Bio.]
Angl. : cytotrophic/cytotropic

- **Cytotrophique** (adj.) : Se dit de toute substance qui favorise la *croissance** ou la survie des cellules. Lorsque ces dernières sont des cellules nerveuses, on parle de facteurs neurotrophiques.
- **Cytotropique** (adj.) : Qualifie une substance ou un virus ayant une *affinité** pour les cellules vivantes.

D

Danger/Risque [Gén.]
Angl. : hazard/risk

- **Danger** (n.m.) : Situation ou possibilité pour une activité, un équipement ou une substance, du fait de ses caractéristiques ou propriétés intrinsèques, de causer des préjudices ou des dommages réels aux personnes ou à d'autres organismes, aux machines, aux biens, à l'environnement dans certaines conditions, en l'absence de certaines précautions spécifiques. Ex. au laboratoire, manipulations cryogéniques, manipulation de radio-isotopes, etc.
  Les dangers peuvent être de nature biologique (ex. virus, bactéries *pathogènes**, animaux sauvages, végétaux), chimique (substance toxique, inflammable ou explosive), ergonomique (mouvement répétitif), physique (*radiation**, brulure, incendie), psychologique (stress), autres (chute, glissade, etc.).
- **Risque** (n.m.) : Probabilité qu'un effet indésirable se réalise dans des conditions d'exposition données, du fait de la présence d'un *danger**.

Déboisement (n.m.) : Voir **boisement**.

Décarbonatation/Décarboxylation [Chim.]
Angl. : decarbonation/decarboxylation

- **Décarbonatation** (n.f.) :
  1. Élimination par voie physique ou chimique du dioxyde de carbone contenu dans un milieu liquide ou gazeux.
  2. Élimination des carbonates du sol ou de l'eau, par précipitation par la chaux $Ca(OH_2)$, par précipitation *acide** ou par des procédés d'adoucissement de l'eau par échange d'ions. En industrie, cette opération est particulièrement utile pour réduire l'entartrage des chaudières ou des canalisations d'eau chaude, dû à la diminution de la *solubilité** des carbonates avec l'augmentation de la température.
- **Décarboxylation** (n.f.) : Réaction chimique entraînant la perte d'un radical carboxyle (–COOH) qui libère une molécule de dioxyde de carbone (CO_2). Ces réactions sont assurées grâce à des enzymes appelées carboxylases ou décarboxylases. Ex. conversion de l'acide oxalosuccinique (C6) en acide α-cétoglutarique (C5) dans le cycle de Krebs.

Décontamination (n.f.) : Voir **appertisation**.

Découverte/Innovation/Invention [Gén.]
Angl. : discovery/innovation/invention

- **Découverte** (n.f.) : Action de dévoiler ce qui était caché ou inconnu mais qui existait réellement.
- **Innovation** (n.f.) : Amélioration de l'existant (produit, service, procédé, etc.).
- **Invention** (n.f.) : Conception scientifique et technique inédite (objet, appareil, processus, etc.), permettant de résoudre un problème donné. Elle est en général

protégée par un brevet d'invention, pendant une durée variable selon les pays d'enregistrement.

Dédifférenciation/Redifférenciation [Biol.]
Angl. : dedifferentiation/redifferentiation

- **Dédifférenciation** (n.f.) : Perte pour une cellule somatique jeune ou partiellement différenciée et appartenant à une même lignée cellulaire, de certaines caractéristiques cytologiques ou biochimiques (pouvoir de synthèse de substances de croissance, par exemple) obtenues lors de la différenciation et retour au stade méristématique comme c'est le cas de la majorité des cellules végétales et de certains animaux (lézards, triton, hydre, etc.). Ex. néoformation de *racines** adventives sur des boutures de *tiges**; à la suite de traumatismes divers, certaines cellules de tissus altérés peuvent engendrer de nouvelles cellules à fonction différente de celle d'origine.
- **Redifférenciation** (n.f.) : Processus dans lequel les cellules différenciées qui ont perdu leur capacité à se diviser sont reformées à partir de cellules dédifférenciées et acquièrent la capacité d'exécuter de nouvelles fonctions spécifiques.

Défens/Jachère [Agri.]
Angl. : exclosure/bare fallow

- **Défens** (n.m.) : Interdiction de l'utilisation d'une parcelle, parfois étendue de forêt ou de prairie naturelle protégée par des balises, une clôture ou tout autre obstacle infranchissable par le bétail afin que les herbivores domestiques ne dégradent ces *habitats** par surpâturage. La mise en défens permet de régénérer le couvert végétal à des coûts moindres surtout quand elle coïncide avec des années pluvieuses. La durée de la mise en défens dépend du degré de dégradation de la *végétation**, de la biologie des espèces et de la pluviométrie au cours de la période de protection.
- **Jachère** (n.f.) : Pratique culturale qui consiste à laisser une terre au repos sans la labourer ni la cultiver pendant une ou plusieurs années afin de lui permettre de reconstituer naturellement sa fertilité épuisée par la succession des cultures et d'assurer une meilleure *production** lors des cultures suivantes.
  Aujourd'hui, la mise en jachère annuelle d'un certain pourcentage de parcelles de chaque exploitation est devenue obligatoire dans l'Union Européenne afin de maîtriser les risques de surproduction agricole. Toutefois, la surface peut être utilisée comme pâture.

Défeuillaison/Défoliation [Bot.]
Angl. : leaffall/defoliation

- **Défeuillaison** (n.f.) : Chute naturelle des feuilles chez une espèce à feuillage caduc.
  Syn. : effeuillaison.
- **Défoliation** (n.f.) :
  1. Pratique manuelle destinée à hâter la maturation des fruits en éliminant les feuilles gênantes.
  Syn. : effeuillage.
  2. Destruction du feuillage par les ravageurs.

Déficit hydrique (l.m.) : Voir **contrainte hydrique**.

Dégradation/Dénaturation [Bioch.]
Angl. : degradation/denaturation

- **Dégradation** (n.f.) :
  1. Transformation d'une grosse molécule en petits fragments due à la rupture des liaisons covalentes, par action enzymatique. Ex. La dégradation des *protéines** fournit des acides aminés.
  2. Détérioration de la qualité d'une substance due à une *contamination** ou pollution la rendant impropre à la consommation ou à une autre utilisation.
- **Dénaturation** (n.f.) : Phénomène physico-chimique se traduisant par une modification, plus ou moins importante, de la structure native tridimensionnelle (organisation structurale dans l'espace) d'une macromolécule, par rupture de certaines liaisons faibles.
  Elle peut être partielle (modification restreinte se traduisant par une baisse d'activité) ou totale, réversible (après suppression des agents qui l'ont provoquée) ou irréversible.
  Dans le cas des *protéines**, les forces qui stabilisent cette structure sont : les liaisons hydrogène, les attractions électrostatiques, et les interactions hydrophobes entre les chaînes latérales d'acides aminés. La dénaturation des protéines résulte en une diminution de la *solubilité** (démasquage des groupes hydrophobes), une modification des propriétés biologiques et fonctionnelles des protéines (ex. inactivation des enzymes) et une sensibilité accrue aux protéases. De ce fait, selon les cas et les fonctions que l'on souhaite lui voir remplir, la dénaturation d'une protéine doit être à tout prix évitée (ex. pour le maintien d'une activité enzymatique, de propriétés immunologiques) ou au contraire, plus ou moins complètement réalisée (ex. pour l'augmentation de ses propriétés visqueuses, de son pouvoir gélifiant).
  La chaleur, les pH extrêmes (acides ou alcalins), la force ionique, les *solvants** organiques (alcool, acétone), les *réducteurs** coupant les liaisons disulfures (dithiothréitol, $C_4H_{10}O_2S_2$), les détergents anioniques, l'urée, les ultrasons, les *radiations** ultraviolettes ou ionisantes, l'agitation prolongée, etc. sont les principaux agents dénaturants.
  La dénaturation de l'ADN, par exemple, a pour effet sa séparation en deux molécules monocaténaires (simple brin) par rupture des liaisons hydrogène qui existent entre les bases des brins complémentaires. Elle est d'autant plus facile que l'acide nucléique est plus riche en thymine ($C_5H_6N_2O_2$) et adénine ($C_5H_5N_5$) (2 liaisons hydrogène) qu'en guanine ($C_5H_5N_5O$) et cytosine ($C_4H_5N_3O$) (3 liaisons hydrogène). Cette séparation est obtenue fréquemment par la chaleur, par des agents chimiques ou par des solutions à pH très basique.

Dégradation du sol/Dégradation de la terre [Écol.]
Angl. : soil degradation/land degradation

- **Dégradation du sol** (l.f.) : Désigne en pédologie l'altération physico-chimique d'un sol pouvant conduire à une baisse de sa qualité et une réduction de sa capacité à produire des biens économiques et des services écosystémiques.
  Les facteurs de dégradation des sols sont multiples et divers : érosion (épuisement des éléments nutritifs du sol), acidification (réduction de la teneur en matière organique du sol), salinisation et sodification (compactage et encroûtement), accumulation d'éléments nocifs, etc.
  La dégradation des sols peut être due à des causes naturelles et/ou anthropiques. Les premières opèrent généralement sur une échelle de temps plus longue (souvent

géologique). Cependant, les effets des facteurs anthropiques sont rapides et opèrent sur le court et moyen terme. Les mauvaises pratiques agricoles, la déforestation, l'exploitation minière, l'élimination des déchets et les déversements de produits chimiques en sont des exemples.

- **Dégradation de la terre** (l.f.) : Baisse ou perte de la qualité et de la capacité de *production** biologique et économique d'une terre. Elle touche toutes les ressources terrestres, y compris la *végétation**, la faune, le sol, les ressources hydriques, etc.

Délai d'attente/Intervalle de récolte [Agri.]
Angl. : waiting period, withdrawal period/interval to harvest

- **Délai d'attente** (l.m.) :
  1. Durée minimale entre l'administration d'un médicament vétérinaire (ex. antibiotique) et la production de viande (abattage) ou d'autres produits d'origine animale destinés à l'*alimentation** (ex. lait). Le délai d'attente varie, entre autres, selon le médicament, l'espèce animale et son poids corporel. Il vise à ce que les produits destinés à la consommation soient exempts de résidus de substances médicamenteuses ou que leur teneur ne dépasse pas la limite maximale autorisée.
  2. Intervalle de temps qui doit s'écouler entre l'application d'un pesticide et la reprise des activités des personnes aux champs, serre, locaux destinés à l'élevage, etc., pour des raisons de sécurité.
- **Intervalle de récolte** (l.m.) :
  1. Période minimale entre le semis et les premières récoltes, variable notamment selon l'espèce, la variété et les conditions météorologiques et les conditions de culture.
  2. Délai qui doit s'écouler entre l'application d'un pesticide et la récolte du produit cultivé, afin d'éviter ou d'atténuer le problème des résidus de pesticides. Ce délai vise à garantir que les produits destinés à la consommation soient exemptés de résidus de pesticides ou que leur teneur ne dépasse pas la limite maximale autorisée.

Délipidation/Écrémage [Alim.]
Angl. : defatting/skimming, creaming

- **Délipidation** (n.f.) : Opération consistant à éliminer les lipides présents au sein d'une matière première d'origine animale ou végétale dans un but autre que la production de matières grasses. Elle peut être réalisée par simple centrifugation (ex. écrémage du lait), par simple pressage (extractionde l'huile de certaines graines), ou en faisant appel à des *solvants** chimiques suivis d'une distillation (ex. extraction de l'huile des graines de soja par l'hexane C_6H_{14}, le trichloroéthane $C_2H_3Cl_3$, etc.).
  Dans ce dernier cas, la plus grande attention doit être portée aux conditions d'utilisation des solvants ainsi qu'à leur obligatoire élimination ultérieure (désolvantation) pour préserver les qualités alimentaires et les propriétés fonctionnelles des *protéines**.
  Syn. : dégraissage.
- **Écrémage** (n.m.) : Action de séparer la crème du lait. L'écrémage est fait soit « à la main » par repos du lait pendant 24 à 48 h et recueil régulier de la crème qui remonte en surface, soit avec une machine, l'écrémeuse-centrifugeuse, qui permet un écrémage du lait plus rapide, donc un meilleur contrôle de la qualité de la crème.

Démoussant (n.m.) : Voir **antimousse**.

Dénaturation (n.f.) : Voir **dégradation**.

Densité/Masse volumique [Phys.]
Angl. : density/volumic mass

- **Densité (d)** (n.f.) : Propriété physique d'une substance définie comme la *masse** par l'unité de volume.
  Dans le cas d'un liquide, c'est le rapport entre la *masse volumique** du liquide (mv) et la masse volumique de l'eau (mv_{H2O}), dans les mêmes conditions de température et de pression : d = mv/mv_{H2O}.
  Pour un gaz, la densité est le rapport à la masse d'air occupant le même volume à même température et même pression. Une densité n'a pas de dimension.
- **Masse volumique** (notée **mv**) (l.f.) : Rapport entre la *masse** (notée m, en g) et le volume (noté V, en L) d'un corps : mv = m/V. La masse volumique s'exprime en g/L ou kg.m^{-3}.
  La masse volumique du liquide est aussi égale à la masse volumique de l'eau, dans les mêmes conditions de température et de pression multipliée par la *densité** : mv = mv_{H2O}.d.

Dépendance (n.f.) : Voir **accoutumance**.

Désertification (n.f.) : Voir **aridification**.

Déshydratation/Séchage [Tech.]
Angl. : dehydration/drying

- **Déshydratation** (n.f.) :
  1. Action d'enlever l'eau mélangée ou combinée avec un corps jusqu'à l'obtention d'un résidu sec.
  2. Ensemble des procédés physiques ou chimiques destinés à réaliser cette opération.
- **Séchage** (n.m.) : Traitement ayant pour conséquence une forte diminution de la teneur en *solvant** d'un solide, semi-solide ou d'un liquide jusqu'à l'obtention d'un résidu suffisamment sec. Selon les produits concernés, il peut se faire naturellement par exposition aux rayonnements solaires, ou artificiellement dans un four, ou encore par lyophilisation (produits thermolabiles).
  Dans le cas des *huiles essentielles** nouvellement extraites, la technique de séchage consiste à ajouter du sulfate de sodium anhydre directement dans l'extrait. Après mélange, l'extrait débarrassé de l'eau résiduelle est recueilli par *filtration**.

Désinfection (n.f.) : Voir **appertisation**.

Détergent/Tensioactif [Chim.]
Angl. : detergent/surfactant

- **Détergent** (n.m.) : Produit chimique nettoyant possédant des propriétés de *dissolution** des graisses (savon, soude, potasse, etc.).
  La structure des détergents explique le phénomène de détergence : leur molécule est amphiphile, c'est-à-dire comportant un groupe hydrophile qui se lie à l'eau et un groupe lipophile (chaîne hydrocarbonée) qui s'associe aux graisses, en formant des micelles.

Les détergents peuvent être anioniques, cationiques ou neutres. Les détergents cationiques sont généralement des chlorures d'ammonium quaternaires, comme $CH_3(CH_2)_{15}N(CH_3)_3$+Br, dans lesquels la partie polaire est représentée par le groupe $-N(CH_3)_3^+$. Les détergents anioniques sont souvent des alcanes ou aromatiques sulfonés (alkylbenzène, sulfonates, ABS, laurylsulfate, etc.). Les détergents non ioniques résultent de la condensation d'oxyde d'éthylène sur des produits comme les alcools gras ou les *amines** grasses (monolaurate de polyéthylèneglycol).

Certains détergents, fabriqués à partir des corps gras, sont *biodégradables** : sulfates d'alcools gras, éthers sulfates, dérivés des amines et ammoniums quaternaires...

- **Tensioactif** (n.m. et adj.) : Substance, naturelle ou synthétique, capable de se dissoudre à la fois dans l'eau et dans un liquide gras, ce qui a pour effet de faciliter la *dissolution** des lipides dans des solutions aqueuses en réduisant la tension interfaciale entre deux liquides incompatibles (deux liquides non miscibles, par exemple l'eau et l'huile), ou de modifier la mouillabilité d'une surface vis-à-vis d'un liquide non compatible (ex. interface cheveux gras-eau). Les agents tensioactifs sont amphiphiles (hydrophile-lipophile). On distingue, selon la nature du groupement polaire hydrophile, les tensioactifs cationiques, anioniques (SDS), amphotères et les tensioactifs non ioniques comme le Tween 20™ ou Tween 80™, Teepol™, etc. très couramment utilisés en biologie.

  Une grande partie des dérivés de la lipochimie sont utilisés dans la fabrication des tensioactifs pour la détergence.

  Les tensioactifs possèdent une chaîne carbonée assez longue à propriété hydrophobe, liée à un groupe hydrophile. Une telle molécule est capable d'interagir aussi bien avec la phase organique qu'avec la phase aqueuse du système. Ils sont classés en fonction du caractère ionique (anionique, cationique) ou non (non ionique) du groupe hydrophile.

  Certaines substances biologiques se comportent aussi comme des agents tensioactifs naturels ioniques tels que les sels biliaires, les phospholipides (lécithines) et le phosphate d'inositol ou non ioniques comme le cholestérol et les saponines.

  Syn. : surfactant, agent mouillant.

Développement (n.m.) : Voir **croissance**.

Déviation standard/Erreur standard [Stat.]

Angl. : standard error/standard deviation (SD)

- **Déviation standard** (l.f.) : Mesure statistique du degré de variation d'une série de valeurs moyennes issues de mesures individuelles. C'est la racine carrée de la variance (moyenne arithmétique des carrés des écarts). Se note SD ou oméga.

  Syn. : **écart-type**.
- **Erreur standard** (l.f.) : Évaluation statistique de l'incertitude (SEM = SD/n) d'une moyenne issue d'une série de n données, c'est aussi la racine carrée de la variance de ces données divisée par le nombre n de données (n – 1 pour les petits échantillons).

  Toute mesure expérimentale doit être assortie d'une erreur standard. Ex. 55, 25 ± 0,05 g.

Diabète/Hyperglycémie [Méd.]
Angl. : diabetes/hyperglycemia

- **Diabète** (n.m.) : Altération du métabolisme glucidique liée soit à un déficit de production d'insuline par le pancréas, soit à une résistance à son action. Elle se caractérise donc par un excès permanent de sucre dans le sang (hyperglycémie), ce qui a de multiples conséquences néfastes. On distingue le diabète de type 1 ou insulino-dépendant et le diabète de type 2 non-insulino-dépendant. Le diabète de type 1 peut se déclarer dès l'enfance.
  Il provoque la destruction des cellules β des *îlots de Langerhans** du pancréas, productrices de l'insuline d'origine auto-immune ou inconnue (diabète idiopathique).
  Le diabète de type 2, le plus courant parmi les personnes qui souffrent de diabète, est défini par la présence d'une insulino-résistance (c'est-à-dire une moindre sensibilité à l'insuline des cellules cibles de l'organisme : tissu adipeux, foie et muscles) et éventuellement d'une insulinopénie relative (c'est-à-dire une moindre sécrétion d'hormone en réponse au glucose), associées de façon variable. Cette insulinorésistance touche essentiellement les adultes en surpoids. Leur organisme ne réussit plus à réguler correctement le métabolisme du sucre.
- **Hyperglycémie** (n.f.) : Augmentation anormale de la *concentration** sanguine de glucose. L'hyperglycémie est une caractéristique du *diabète** mais peut être provoquée par d'autres facteurs. Par exemple, l'acidose intracellulaire, en ralentissant la glycolyse, provoque une hyperglycémie ; il en est de même lors de la consommation de grandes quantités de glucides et en particulier, de sucres simples (confiture).

Diagnose/Diagnostic/Diagnostique/Pronostic [Gén.]
Angl. : diagnosis/diagnostic/diagnostic/forecast

- **Diagnose** (n.f.) : Première description synthétique d'une espèce, vivante ou fossile, ou de toute autre entité taxonomique, accompagnée de l'illustration des caractéristiques anatomiques propres à l'individu, souvent associée à un petit groupe de l'échantillon de population pris comme type du taxon considéré et qui en permet l'*identification** sans ambiguité.
- **Diagnostic** (n.m.) : Dans un sens général, acquisition d'une connaissance à partir de signe et d'un raisonnement permettant d'identifier l'origine ou la cause d'un problème (défaillance d'un appareil ou d'un dispositif, etc.).
  En biologie, détermination d'une espèce à partir de ses caractères morphologiques ou autres.
  En biologie moléculaire, mise en évidence de la présence d'une séquence d'acide nucléique spécifique.
  En physiologie végétale, l'analyse d'une feuille en vue de contrôler la *nutrition** minérale de la plante.
  En biochimie, recherche et mise en évidence d'un produit donné, par une méthode physico-chimique, immunologique, enzymatique ou autre.
  En médecine, identification d'une maladie à partir de ses symptômes (*in vivo*) ou à partir d'analyses de prélèvements (*in vitro*).
- **Diagnostique** (adj.) : Adjectif signifiant « qui contribue à établir un *diagnostic* »*.
- **Pronostic** (n.m.) : Prévision de l'évolution probable d'un événement (ex. guérison ou récidive d'une maladie).

Diagramme floral/Formule florale [Bot.]
Angl. : floral diagram/floral formula

- **Diagramme floral** (l.m.) : Représentation schématique conventionnelle de l'organisation d'une *fleur** à maturité, comportant, outre les données fournies par la *formule florale**, une image de la position de l'ensemble des pièces florales les unes par rapport aux autres dans l'édifice floral, en commençant par l'extérieur.
  Dans le cas du diagramme de section, le plus utilisé, on représente une coupe transversale hypothétique, perpendiculaire à l'axe de la fleur et passant par toutes ses pièces, y compris les *bractées** et, éventuellement, les préfeuilles.
  Dans le cas du diagramme de section théorique, on fait également figurer les pièces florales virtuelles ou avortées.
  Enfin, dans le cas du diagramme d'insertion, on représente la forme et la place des surfaces d'insertion des différentes pièces florales.
  Par convention, l'axe de l'*inflorescence**, symbolisé par un point, est placé en haut du diagramme (côté antérieur), la bractée axillante éventuelle en bas (côté postérieur). Les sépales et les pétales sont représentés par des arcs de cercles blancs et noirs, respectivement (reliés entre eux ou non selon que ces pièces sont soudées ou libres). Les étamines (coupes de leurs anthères) sont représentées par un « B », tourné vers l'extérieur si la déhiscence est extrorse, tourné vers l'intérieur si elle est introrse et le pistil par une coupe transversale faite au niveau de l'ovaire. Les pièces soudées sont réunies par un trait continu.
  Les pièces florales sont généralement disposées en couronnes ou verticilles, selon des cercles ou ellipses concentriques. Ce mode de représentation permet, en particulier, de distinguer les fleurs à symétrie axiale (dites aussi fleurs régulières ou actinomorphes), et les fleurs à symétrie bilatérale (fleurs irrégulières ou zygomorphes). Dans le premier cas, les pièces florales des différents verticilles sont placées sur des cercles ; dans le second, sur des ellipses. Toutes les pièces d'un même verticille seront placées sur un même niveau (cercle ou ellipse).
  Le diagramme floral est relativement constant pour un taxon (espèce, genre ou famille) donné.
- **Formule florale** (l.f.) : Représentation schématique et chiffrée des pièces florales. Les sépales, pétales, étamines, carpelles et tépales sont désignés par les lettres capitales S, P, E, C et T respectivement ; leurs nombres respectifs par des chiffres et *symboles**, selon une formulation admise internationalement. La formule florale du laurier-rose, par exemple, sera énoncée comme suit : 5 S + 5 P + 5 E + 2 C. Lorsque le nombre de pièces de même type est élevé (supérieur à 12), il est indiqué par le signe ∞ (= infini). Ex. pour les fleurs de renoncules, la formule florale simplifiée est : 5 S + 5 P + ∞ E + ∞ C.
  D'autres indications peuvent être données, telles que l'union des pièces à l'aide de parenthèses, la zygomorphie de la fleur par un symbole placé au début de la formule (o et x pour fleur actinomorphe et fleur zygomorphe, respectivement), la situation de l'ovaire, infère ou supère, à l'aide d'une ligne au-dessus ou au-dessous de C. Ex. la fleur de tulipe, actinomorphe, possède 6 tépales, 6 étamines et 3 carpelles soudés avec un ovaire supère ; sa formule florale est donc o : 6 T, 6 E, ($\underline{3C}$).
  La formule florale est une caractéristique d'un groupe systématique donné.

Diapause/Quiescence [Biol.an.]
Angl. : diapause/quiescence

- **Diapause** (n.f.) : Phénomène qui survient périodiquement chez les Invertébrés (ex. insectes), caractérisé par un arrêt de *développement** ou de *croissance** obligatoire à un stade déterminé (œuf, larve, nymphe ou adulte), généralement avant l'avènement de conditions défavorables. La fin de la diapause n'a lieu que si l'organisme a été exposé à une intensité suffisante au facteur défavorable, sans coïncider nécessairement avec la fin de l'adversité des conditions extérieures.
- **Quiescence** (n.f.) : État d'arrêt temporaire du développement d'un Invertébré provoqué immédiatement par la venue de conditions écologiques défavorables (ex. froid, sécheresse, etc.). La sortie de quiescence intervient dès le retour des facteurs abiotiques (température, humidité, etc.) à leur état optimal pour l'espèce considérée.

Diastéréoisomère/Enantiomère/Épimère [Chim.]
Angl. : diastereoisomer/enantiomer, optical antipode/epimer

- **Diastéréoisomère** (n.m.) : Stéréoisomère de *configuration** autre que celle de l'*énantiomère** : les diastéréoisomères ne sont pas les images l'un de l'autre dans un miroir et ne sont pas superposables les uns aux autres mais se distinguent par leurs propriétés physico-chimiques (cristallisation, distillation, etc.) et par quelques différences de comportement chimique vis-à-vis des réactifs achiraux aussi bien que chiraux.
  Les isomères *cis-trans* sont une catégorie de diastéréoisomères.
- **Énantiomère** (n.m.) : Désigne chacune des deux *configurations**, images l'une de l'autre dans un miroir plan d'une même molécule (comme la main droite et la main gauche). Ces deux énantiomères ont même composition chimique et possèdent un atome asymétrique. On dit aussi qu'ils sont chiraux (du grec *kheri*, main) car ils sont symétriques l'un de l'autre comme les deux mains.
  Les deux énantiomères font tourner le plan de polarisation de la lumière du même angle mais en sens contraire : l'un vers la droite, c'est la forme dextrogyre notée (D), l'autre vers la gauche, c'est la forme lévogyre notée (L). Le mélange des deux formes en quantités équimolaires est dit racémique. Il est inactif optiquement. La désignation L ou D fait référence à la configuration spatiale dont les modèles sont les glycéraldéhydes (voir ci-dessus). Le pouvoir dextrogyre ou lévogyre est indiqué par (+) ou (–) ; ainsi le D(–) arabinose est lévogyre et le L(+) arabinose est dextrogyre.
  On parle également d'isomères optiques, car leurs pouvoirs rotatoires sont opposés.
  Les substances obtenues par voie enzymatique sont énantiomériquement pures ; les acides aminés sont lévogyres (L), c'est-à-dire déplacent le plan de la lumière polarisée dans le sens inverse des aiguilles d'une montre ; la plupart des monosaccharides naturels sont dextrogyres (D).
  Les deux formes énantiomères d'un composé peuvent avoir des activités biologiques et pharmacologiques ou des propriétés fonctionnelles tout à fait différentes. Ainsi, seuls les L-aminoacides sont physiologiquement actifs et seuls les D-aminoacides ont des propriétés édulcorantes.
  Remarque : les chimistes utilisent aussi la nomenclature plus générale R/S (*rectus*, sens des aiguilles d'une montre et *sinister* sens contraire) en fonction du poids (numéro atomique) des substituants autour du carbone.
  Syn. : antipode optique, énantiomorphe, inverse optique, isomère optique.

- **Épimère** (n.m.) : *Diastéréoisomère** ne différant que par la *configuration** d'un seul atome chiral. Ex. D-glucose/D-mannose, L-thréonine/L-allothréonine. De même, le D-ribose et le D-xylose sont des épimères, car leur configuration ne diffère qu'en C-3.

Diététicien/Nutritionniste [Alim.]
Angl. : dietician, dietitian/nutritionist

- **Diététicien** (n.m.) : Professionnel de la santé dont la mission est préventive (*hygiène nutritionnelle**) autant que thérapeutique (récupération de l'état de santé), se basant sur les acquis scientifiques les plus récents dans le domaine de la *nutrition** et des pathologies.
  En s'attachant à déterminer la composition des *aliments**, à la fois du point de vue de leur contenu calorique que du point de vue de leur contenu en *nutriments** essentiels mais aussi à leur devenir dans l'organisme, le diététicien veille à la qualité et à l'équilibre alimentaire idéal des personnes selon leur état de santé, leur mode de vie et leur âge.
- **Nutritionniste** (n.m.) : Professionnel de la santé chargé d'anticiper, de diagnostiquer et de prendre en charge les troubles physiologiques mais aussi psychologiques liés à la *nutrition** (cholestérol, diabète, obésité, allergies et intolérances alimentaires, anorexie, boulimie, etc.) par la préconisation d'un apport équilibré et adéquat d'*aliments**. De plus, et à la différence du diététicien, le nutritionniste est habilité à délivrer des médicaments. Par exemple, un *diabète** gestationnel peut être pris en charge par un nutritionniste tandis que le suivi de la grossesse ou de l'après-grossesse est du ressort d'un *diététicien**.

Diffraction/Dispersion/Réflexion/Réfraction [Phys.]
Angl. : diffraction/scattering/reflection/refraction

- **Diffraction** (n.f.) :
  1. Phénomène de *dispersion** des ondes lorsque celles-ci rencontrent un orifice ou un obstacle dont la dimension est du même ordre de grandeur que leur *longueur d'onde**.
  En spectrométrie, les réseaux de diffraction sont utilisés pour séparer les différentes composantes (longueurs d'onde) d'un faisceau lumineux polychromatique.
  2. Changement de direction et de vitesse d'une particule soumise à un choc, une interaction.
- **Dispersion** (n.f.) : En physique ondulatoire, séparation des composantes d'une lumière polychromatique par l'existence de vitesses de propagation différente selon la *longueur d'onde**, le mode de propagation, dans un milieu donné, dit dispersif.
- **Réflexion** (n.f.) :
  1. Déviation d'un rayonnement à la surface d'un corps avec un angle égal à l'angle d'incidence.
  2. Phénomène optique désignant la part de la lumière réfléchie, qui n'est ni absorbée, ni transmise, lors de l'incidence de la lumière sur une surface.
- **Réfraction** (n.f.) : Changement de direction (et de vitesse) qui se produit quand un rayon lumineux atteint l'interface entre deux milieux anisotropes (à propriétés différentes : densité, température, etc.). La lumière frappe l'interface sous un angle *a* et se réfracte sous un angle *b* différent lors du changement de milieu de propagation.
  La loi de Snell stipule que $n_1 \sin\alpha_1 = n_2 \sin\alpha_2$, où n_1 et n_2 sont les indices de réfraction du premier et deuxième milieu, et α_1 et α_2 sont les angles d'incidence correspondant. L'indice de réfraction est mesuré à l'aide d'un réfractomètre.

Diffusion/Osmose [Chim.phys.]
Angl. : diffusion/osmosis

- **Diffusion** (n.f.) :
  1. La diffusion d'un faisceau lumineux, en milieu solide, liquide ou gazeux, est la perte de directionalité due aux interactions des photons avec des particules qui n'ont pas le même indice de *réfraction** que le milieu traversé. L'intensité de la diffusion est fonction de la forme, de la taille et du *poids moléculaire** de ces particules.
  La diffusion de la lumière est la base de certaines *techniques** analytiques comme la turbidimétrie, la néphélométrie et la spectrométrie Raman.
  2. Tendance qu'ont les petites molécules ou les ions à se déplacer dans un fluide (gaz ou liquide) sous l'effet de l'agitation moléculaire. Ce déplacement s'effectue du milieu le plus concentré vers le milieu le moins concentré, en formant un *mélange** homogène des molécules ou des ions. Pour les molécules chargées, il faut tenir compte de la différence de potentiel.
  La diffusion au travers de la bicouche lipidique de la membrane est dite simple. Elle est dite facilitée lorsqu'elle se fait au travers d'une *protéine** transmembranaire (perméase ou canal).
  Chez les plantes, la diffusion est essentielle dans les *échanges gazeux** lors de la respiration, de la photosynthèse et de la *transpiration** stomatique. Chez les animaux terrestres et l'Homme c'est dans les alvéoles pulmonaires qu'a lieu la diffusion du dioxygène dans un sens et du dioxyde de carbone dans l'autre au niveau des capillaires pulmonaires.
- **Osmose** (n.f.) :
  1. Phénomène physique au cours duquel deux solutions de *concentrations** moléculaires différentes séparées par une membrane poreuse (dite semi-perméable ou mieux hémiperméable), diffusent de telle façon que le *solvant** aqueux passe de la solution la moins concentrée vers la plus concentrée. Ce phénomène qui tend à égaliser les concentrations des solutions de part et d'autre des membranes joue un rôle important en biologie dans les échanges d'eau, au niveau de la cellule au côté des transports actifs. Les solutions ayant des *pressions osmotiques** identiques, sont dites isotoniques.
  La vitesse de passage au travers de la membrane dépend de la différence de pression partielle ou de la concentration molaire de part et d'autre.
  2. Technique de séparation : la concentration d'une solution peut être obtenue par osmose si la membrane est imperméable aux solutés. C'est le cas de la dialyse contre une solution macromoléculaire telle que des solutions de polyvinylpyrrolidone (PVP) ou de polyéthylène glycol (PEG). On préfère le PEG que l'on peut trouver dans le commerce à des *poids moléculaires** élevés voisins de 30 000 ce qui limite d'autant leur *diffusion** dans le liquide que l'on concentre. La quantité de liquide à concentrer est mise dans le boudin cellulosique qui est mis à dialyser pour une durée variant de 4 heures à 24 h, suivant le coefficient de concentration désiré dans une solution de PEG à 60 %. La procédure de concentration est réalisée généralement à 4 °C. Dans ces conditions, le passage du PEG dans le concentrât est limité au maximum. Il est essentiel de noter soigneusement la quantité de liquide avant et après la dialyse pour pouvoir calculer le facteur de concentration.

Digestion/Ingestion [Alim.]
Angl. : digestion/ingestion

- **Digestion** (n.f.) : En physiologie animale et humaine, ensemble des phénomènes mécaniques et chimiques qui transforment le *bol** alimentaire en un produit absorbable par la muqueuse intestinale.
  La digestion transforme les *aliments** ingérés en *nutriments** qui seront utilisés pour fournir de l'énergie et participer à la synthèse de nouvelles molécules organiques cellulaires et de nouvelles cellules.
  Le processus de digestion se déroule en six étapes : l'*ingestion**, la déglutition, la digestion mécanique, la digestion chimique, l'*absorption** et la défécation.
  La digestion commence dans la bouche où la nourriture est mastiquée par les dents et humidifiée avec de la salive pour la rendre facile à avaler. La salive contient également les enzymes qui entament la *dégradation** des glucides complexes en glucides simples.
- **Ingestion** (n.f.) : Prise de nourriture ou de boisson soit dans la bouche chez les animaux, soit dans le cytoplasme chez les protozoaires.

Dihaploïde/Double-haploïde/Haplodiploïde/Haploïde doublé [Cyt.]
Angl. : dihaploid/doubled haploid/haplodiploid

- **Dihaploïde** (adj.) : Désigne une cellule ou un individu contenant deux ensembles de *chromosomes** haploïdes.
- **Double-haploïde** (adj.) : Qualifie des cellules ou des plantes homozygotes obtenues par *duplication** de leur génome haploïde, soit spontanément (cas rare), soit par culture des anthères ou des microspores sur un milieu nutritif, suivie de leur duplication, soit à l'aide de colchicine qui est l'un des agents les plus couramment employés.
  Les plantes haploïdes doublées peuvent être distinguées des plantes simplement haploïdes par la cytométrie en flux ou, plus simplement, par la taille de leurs *stomates** qui sont généralement plus grandes. Cette dernière méthode rapide peut être utilisée dès le stade juvénile.
  La production de double-haploïdes ou haploïdes doublés par culture de microspores, est devenue l'un des principaux outils de la sélection végétale avancée pour la production de *cultivars** de nombreuses cultures agricole car en une seule génération, elle produit des lignées consanguines avec 100 % d'homozygotie. Cette technique est en effet largement utilisée pour l'amélioration de plusieurs cultures importantes dont les principales céréales, la pomme de terre et même certains arbres. Les double-haploïdes sont très utiles pour accélérer les programmes de sélection, développer de nouveaux hybrides/*variétés** et les études génétiques en des temps nettement courts, tandis que les lignées homozygotes classiques sont obtenues après environ 6-8 générations successives. L'utilisation des double-haploïdes est particulièrement avantageuse en cartographie moléculaire, étant donné que tous les individus sont homozygotes.
  Syn. : **haploïde doublé**.
- **Haplodiploïde** (adj.) : Se dit notamment de certains insectes (ex. guêpes, fourmis) mais aussi de végétaux dont le déterminisme sexuel est tel que les individus mâles sont haploïdes et les femelles diploïdes.

Diluant/Solvant [Chim.]

Angl. : diluent/solvent

- **Diluant** (n.m.) : *Solvant** inerte utilisé pour améliorer les propriétés physiques (viscosité, *densité**, etc.) ou les propriétés extractives (ex. sélectivité) d'un extractant. Dans l'industrie pharmaceutique, produit ajouté à la partie active du médicament pour constituer une masse suffisante permettant de fabriquer le comprimé. On parle aussi d'*excipient**. En général, il doit être sans effet pharmacologique notoire.
- **Solvant** (n.m.) : Liquide qui dissout un ou plusieurs composés en une forme plus élémentaire (ionique ou moléculaire). Le solvant est en général en plus grande quantité que le soluté.
  Deux types de solvants peuvent être distingués : polaires et apolaires.
  Les solvants polaires, comme l'eau, l'ammoniaque (NH_4OH), ont des moments dipolaires et des constantes diélectriques élevées et dissolvent les composés ioniques polaires. Ils agissent notamment en détruisant la *cohésion** d'un autre corps, en rompant ou diminuant les liaisons entre les molécules du soluté, pour former la solution. Les solvants apolaires, comme l'hexane, le tétrachlorure de carbone, le benzène, etc., n'ont pas de moments dipolaires permanents et dissolvent facilement les composés apolaires.
  Les solvants sont aussi classés selon leur aptitude à donner ou à accepter des protons. Ainsi, distingue-t-on les solvants amphiprotiques des solvants aprotiques. Les premiers, comme l'eau, s'auto-ionisent et donc agissent comme donneurs et accepteurs de protons, tandis que les solvants aprotiques, comme le tétrachlorure de carbone, n'acceptent ni ne cèdent de protons.
  De nombreux solvants sont *inflammables**, voire explosifs et/ou toxiques et polluants. Au laboratoire, comme à l'échelle industrielle, leur utilisation doit être évitée le plus possible s'ils n'apportent pas, par rapport à l'eau, un avantage particulier.

Dilution/Facteur de dilution [Chim.]

Angl. : dilution/dilution factor

- **Dilution** (n.f.) : Ajout d'un *solvant** à une solution de *concentration** connue ou *mélange** de deux solutions de concentrations connues ; dans ce dernier cas, le volume total est augmenté et chacun des solutés dilués. La nouvelle concentration est obtenue en divisant la quantité de soluté par le nouveau volume.
  Par exemple :
  Si on ajoute 2 L d'eau distillée à 1 L d'une solution de saccharose à 0,5 $g.L^{-1}$, quelle sera la nouvelle concentration ?
  La quantité de produit présent est la même, soit 0,5 g mais le volume a changé.
  Le nouveau volume après dilution est de 2 L + 1 L = 3 L.
  La nouvelle concentration est de 0,5 g/3 L = 0,167 $g.L^{-1}$.
  On calcule facilement une dilution en utilisant l'équation suivante, dite équation d'équivalence : $C_m.V_m = C_f.V_f$ dans laquelle C et V sont respectivement les concentrations et volumes des solutions mère (m) et fille (f). Pour un calcul donné, il faut travailler avec les mêmes unités (ex. soit en litres, soit en millilitres pour les volumes, soit en $g.L^{-1}$ ou $mg.L^{-1}$ pour les concentrations, etc.).
- **Facteur de dilution** (l.m.) : Le degré de *dilution** est habituellement représenté par le facteur de dilution, qui peut être exprimé sous forme de fraction, de pourcentage ou de rapport. Dans l'exemple précédent, il est de 1/3. Le premier chiffre indique la

fraction qu'occupe le volume de solution initiale utilisé dans la dilution, et le second chiffre indique le volume de solution finale.

Diplospermie/Dispermie [Biol.an.]
Angl. : diplospermy/dispermy

- **Diplospermie** (n.f.) : *Fécondation** d'un ovule normale par un spermatozoïde diploïde.
- **Dispermie** (n.f.) : *Fécondation** d'un ovule normale par deux spermatozoïdes.

Direction/Sens [Gén.]
Angl. : direction/sense

- **Direction** (n.f.) : Orientation d'une ligne droite dans l'espace. Ex. axe Est-Ouest.
- **Sens** (n.m.) : L'une ou l'autre des orientations d'une ligne droite ; ainsi la droite AB et la ligne BA ont la même direction mais des sens opposés.

Dispermie (n.f.) : Voir **diplospermie**.

Dispersion/Dissémination [Bot., Écol.]
Angl. : dispersion/dispersal

- **Dispersion** (n.m.) : Extension de l'aire occupée par une espèce due généralement à des changements fortuits d'origine naturelle ou anthropique (introduction accidentelle par exemple).
  En *écologie**, la dispersion désigne généralement la distribution spatiale des organismes.
- **Dissémination** (n.f.) : Propagation des espèces végétales qui peut être effectuée, soit par les organes de reproduction, soit par les organes de *multiplication végétative**.
  La dissémination assure le maintien de l'aire de répartition de la plante mais également son extension dans de nouveaux milieux.
  La dissémination de la descendance revêt divers aspects selon le type de végétal :
  • projection mécanique : par suite d'augmentation de la pression interne dans le fruit, les *graines** sont expulsées brutalement jusqu'à quelques mètres de distance. Ex. *capsule** de balsamine (*Impatiens balsamina*, Balsaminacées), du concombre d'âne (*Ecballium elaterium*, Cucurbitacées) ;
  • *stolons**. Ex. lierre terrestre (*Hedera helix*) ;
  • *marcottage**, naturel (ex. ronces) ou artificiel (ex. fraisier), chez les végétaux supérieurs ;
  • *bouturage**, du fait de l'Homme. Ex. géranium (*Pelargonium*) ;
  • vent : ce moyen concerne les spores (Champignons, Algues, Mousses et Fougères) et les graines de petites tailles (chez certaines plantes supérieures) ou celles qui possèdent des graines pourvues de dispositifs spéciaux tels que les *poils** (cotonnier, peuplier), les aigrettes (akènes du pissenlit), les expansions latérales foliacées (samares de l'orme, de l'érable) ;
  • eau, chez les plantes aquatiques dont les graines ou les fruits flottent (ex. nénuphar, Nymphéacées) ou plantes vivant à proximité de l'eau (ex. cocotier) ;
  • animaux : ce mode de dissémination concerne de nombreuses plantes dont les graines et les fruits (souvent charnus) sont ingérés par des Oiseaux ou des Mammifères (frugivores) qui ne digèrent pas les graines ou dont les fruits possèdent de petits crochets (bardane, carotte, gaillet gratteron, luzernes) qui s'attachent à la toison des animaux qui les transportent parfois à de très grandes distances.

Dissémination/Pollinisation [Bot.]
Angl. : dispersal/pollination, pollinization

- **Dissémination** (n.f.) : Voir **dispersion**.
- **Pollinisation** (n.f.) : Transport naturel ou artificiel du *pollen** (gamétophyte mâle) de l'étamine jusqu'aux stigmates (élément récepteur femelle), permettant ainsi la *fécondation** de la *fleur** receveuse chez les Angiospermes ; transfert du pollen du *cône** mâle au cône femelle pendant le processus de fécondation chez les Gymnospermes.
  Le transfert du pollen peut se faire sur le stigmate de la fleur qui l'a produit (pollinisation directe ou autopollinisation), d'une autre fleur du même individu (géitonogamie) ou, le plus souvent, de fleurs d'autres individus de la même espèce (pollinisation croisée ou allopollinisation ou hétéropollinisation). Dans le premier et second cas, les fleurs sont dites autogames (blé, avoine, pois, tomate, abricotier, etc.) ; dans le troisième cas, elles sont dites allogames (betterave, carotte, luzerne, maïs, tournesol, etc.).
  Chez les fleurs chasmogames (qui s'ouvrent), la pollinisation peut se faire, par le vent (anémophilie), par l'eau (hydrophilie), par les animaux (zoophilie) ou par l'Homme (manuelle) dans le cas de certaines plantes d'intérêt économique (palmier dattier, vanillier...). Dans le cas de la zoophilie, les animaux impliqués le plus souvent sont des insectes (entomophilie), parfois des oiseaux (ornithophilie) ou des chauves-souris (chéiroptérophilie). Chez certaines espèces entomophiles, la forme des corolles épouse la forme des insectes pollinisateurs. Le pollen est épineux, collant ou agglutiné, ce qui favorise sa fixation au corps des animaux pollinisateurs et assure son transport.
  Chez les fleurs cléistogames (qui restent fermées), obligatoirement hermaphrodites, elle se fait avec leur propre pollen.

Dissolution/Liquéfaction/Solubilisation/Solvatation [Chim.]
Angl. : dissolution, dissolving/liquefaction/solubilization/solvation

- **Dissolution** (n.f.) : Action ou processus de dissoudre ou d'être dissous. La dissolution d'un solide dans un liquide est le processus par lequel le solide (soluté) passe en solution par son interaction avec le *solvant**, aboutissant à la formation d'un *mélange** homogène. Le soluté peut être également liquide ou gazeux. La dissolution de produits peut être facilitée par agitation et/ou en chauffant légèrement.
- **Liquéfaction** (n.f.) : Passage d'un corps de l'état gazeux à l'état liquide, à pression et température caractéristiques.
  Syn. : condensation.
  Ant. : vaporisation.
- **Solubilisation** (n.f.) : Action de rendre une substance soluble ou plus soluble dans une quantité donnée de liquide (*solvant**), par un traitement physique ou chimique approprié (choix du solvant, pH, température...), pour créer une solution ou une suspension colloïdale. Ex. certaines *protéines** sont solubles dans l'eau pure (ex. *albumines**) ; d'autres dans des solutions salines (ex. globulines) ; d'autres enfin, ne le sont que dans des solutions fortement *acides** ou alcalines, ou dans des solvants tels que l'éthanol.
  Ces *solubilités** différentes sont utilisées pour les isoler, les extraire et obtenir des concentrats ou des isolats. Pour une protéine, l'aptitude à se solubiliser dans l'eau pure est souvent une première indication sur les autres propriétés fonctionnelles. Ainsi, une protéine de solubilité élevée aura généralement de bonnes propriétés

émulsifiantes et moussantes alors qu'une protéine moins soluble sera un bon agent épaississant ou gélifiant.
La solubilité dépend principalement de deux facteurs : type et propriétés du solvant (ex. organique ou inorganique, polarité) et température. Une augmentation de cette dernière est souvent associée à une amélioration de la solubilité. Dans le cas particulier des molécules amphotères (ex. acides aminés), la solubilité est minimale au point isoélectrique.
La solubilité d'une substance donnée est limitée par sa quantité maximale au-delà de laquelle la solution est dite saturée.
Dans le cas particulier des liquides et des gaz, on parle plutôt de *miscibilité**.

- **Solvatation** (n.f.) : Processus suivant lequel dans une solution, les molécules du *solvant** entourent et parfois interagissent (complexation, forces électrostatiques, forces de Van der Waals ou établissement de liaisons hydrogène) avec les ions ou d'autres molécules du corps dissous (soluté) en formant des agrégats. Quand le solvant est l'eau, on parle d'*hydratation**. Ex. les molécules d'eau sont dipolaires, aussi chaque cation et chaque anion s'entoure d'un certain nombre de molécules d'eau.

Diversité spécifique/Richesse spécifique [Écol.]
Angl. : species diversity, specific diversity/species richness

- **Diversité spécifique** (l.f.) : Désigne l'ensemble des espèces (plantes, animaux, organismes microscopiques, êtres humains) d'un groupe taxonomique donné ou la totalité des espèces présentes dans un espace donné. À ce titre, le terme de diversité spécifique est synonyme de *biodiversité** ou diversité biologique ou encore de richesse totale.
  À ce jour, les scientifiques ont identifié et nommé 1,75 million d'espèces, mais les biologistes estiment qu'il en existe beaucoup plus. La diversité spécifique reflète l'état de santé des *écosystèmes**.
- **Richesse spécifique** (l.f.) : Désigne le nombre d'espèces présent dans un *habitat** ou un *écosystème** donné.
  On distingue la richesse totale qui est le nombre total d'espèces présentes dans un biotope ou une station donnée et la richesse moyenne, nombre moyen d'espèces présentes dans les échantillons d'un *peuplement** donné.

Division cellulaire (l.f.) : Voir **cycle cellulaire**.

Dominance/Épistasie [Génet.]
Angl. : dominance/epistasis

- **Dominance** (n.f.) : En *génétique**, désigne l'effet d'un allèle ou d'un gène qui s'exprime phénotypiquement à l'état hétérozygote comme à l'état homozygote. Un gène est dit dominant lorsque sa présence, amenée par un seul parent, suffit pour qu'il ait un effet sur le phénotype, il est alors symbolisé par une lettre majuscule. Le terme opposé est récessif. Un gène est dit récessif lorsque les deux parents doivent l'apporter pour qu'il ait un effet visible ; il est symbolisé par une lettre minuscule.
- **Épistasie** (n.f.) : En *génétique**, mesure le degré de dominance d'un gène (dit épistatique) sur un autre gène (hypostatique) non allélique (situé à un locus différent). Ce phénomène contraste avec les termes dominant et récessif, qui décrivent la relation entre différents allèles du même gène.

Dominance apicale/Inhibition corrélative [Physio.vég.]
Angl. : apical dominance/correlative inhibition

- **Dominance apicale** (l.f.) : Phénomène largement répandu dans le règne végétal, par lequel la *croissance** du bourgeon apical inhibe la croissance des bourgeons axillaires (latéraux) sous-jacents.
  Chez les plantes supérieures, la dominance apicale est partiellement contrôlée par l'acide abscissique, les cytokinines, les gibbérellines et les auxines produites dans les bourgeons apicaux. Son intensité diminue avec l'âge, se traduisant par une ramification latérale plus importante (comme c'est le cas chez les arbres). De même, l'élimination de la partie sommitale d'une plante déclenche le développement des bourgeons situés au-dessous d'elle.
  La dominance apicale influe également sur l'orientation des rameaux latéraux qui, au lieu d'avoir une croissance verticale (ou orthotrope), prennent une orientation horizontale (croissance plagiotrope). Si l'apex est coupé, les rameaux à croissance plagiotrope se redressent.
  Une dominance plus ou moins prononcée est responsable en grande partie du port des arbres (croissance droite, oblique ou horizontale). Si la dominance est faible, tous les bourgeons axillaires croissent également (port « en boule »). Si, au contraire, la dominance est forte, les ramifications ne se produisent que plus tard. Ce phénomène est particulièrement net chez les Conifères (épicéa, sapin).
- **Inhibition corrélative** (l.f.) : Chez les arbres, en plus du phénomène de *dominance apicale** dont l'effet est observable au cours de la saison suivante, il y a souvent suppression de la *croissance** latérale des branches au cours de la même saison. Ce processus est connu sous le nom d'inhibition corrélative.
  L'inhibition corrélative se produit généralement dans toutes les plantes ligneuses, indépendamment de leur origine ou de leur zone d'adaptation et a souvent des implications notables sur les facteurs morphogénétiques qui déterminent l'architecture des arbres.
  Contrairement à la dominance apicale et aux phénomènes associés à des conditions environnementales défavorables, cette inhibition semble être causée par un facteur endogène du méristème, présent dans les bourgeons végétatifs et reproducteurs. Le mécanisme de l'inhibition corrélative d'origine apicale est complexe : il comprend une part d'inhibition par l'auxine, elle-même née du bourgeon terminal et une part d'inhibition secondaire, née des phénomènes de détournement trophique, c'est-à-dire un transport privilégié vers le bourgeon terminal au détriment des bourgeons axillaires.

Dormance/Quiescence/Repos végétatif [Physio.vég.]
Angl. : dormancy/quiescence, quiescency/vegetative rest

- **Dormance** (n.f.) : Inaptitude à la germination présentée par certains organes végétaux même lorsque toutes les conditions de l'environnement sont apparemment favorables (présence d'eau, bonne oxygénation, température modérée, etc.). C'est donc une inhibition contrôlée par un mécanisme intrinsèque qui réside dans la structure inhibée elle-même.
  La dormance concerne les organes de croissance des végétaux ou les *semences** (bourgeons, *tubercules**, *bulbes**, *graines**). Par exemple, après la récolte, certaines variétés de pommes de terre traversent une période où le tubercule ne germe pas, quelles que soient les conditions de température, d'éclairage, d'oxygénation et d'humidité.

Pour les graines, les mécanismes de la dormance sont nombreux et divers et l'on distingue deux grandes catégories : la dormance embryonnaire et la dormance tégumentaire.

La dormance embryonnaire se manifeste par l'absence de germination de l'embryon même débarrassé des diverses structures qui l'entourent.

Dans le cas de la dormance due aux inhibitions tégumentaires, la germination a lieu si l'embryon est dénudé ou le tégument scarifié. Certains composés, dont la plupart dérivent de produits phénoliques aux propriétés antimicrobiennes, stockés dans les téguments des graines, jouent également un rôle d'inhibiteur du processus germinatif. Ils peuvent soit avoir une action spécifique en bloquant la mobilisation des réserves du grain, soit empêcher la graine de s'imbiber d'eau du fait de leur caractère hydrophobe. Ils peuvent même, quelquefois, empêcher l'entrée d'oxygène nécessaire à l'embryon (ex. pommier, tournesol). L'élimination de ces inhibiteurs peut être effectuée par trempage des graines dans l'eau. Dans la nature, c'est l'eau de pluie ou la fonte de neige qui provoque leur lessivage. Tel est le cas des graines des plantes désertiques qui germent seulement à la suite des *précipitations** abondantes suffisantes pour achever tout le cycle vital de la plante. Certaines graines ont des enveloppes trop résistantes pour que l'embryon puisse les rompre. On parle alors de graines dures ou de dureté tégumentaire.

Certaines graines requièrent souvent une période de dormance pour leur maturation. Dans le cas des Céréales, par exemple, la germination est empêchée tant que la graine est attachée à la plante-mère et favorise la *dispersion** des graines. Certaines graines nécessitent de la lumière pour germer et ont tendance à ne germer que près de la surface du sol ; ce sont, en général, de petites graines renfermant peu de réserves alimentaires (ex. graines de quelques variétés de Laitue). On dit que ces graines ont une photosensibilité positive. D'autres, au contraire, ne germent que quand elles sont profondément enfouies dans le sol ; ce sont, en général, de grosses graines renfermant des réserves abondantes.

La durée pendant laquelle une graine en dormance reste viable et apte à la germination varie de quelques jours, quelques semaines, quelques mois, à plusieurs années, et même à plusieurs décennies, suivant l'espèce et les conditions de conservation, mais surtout de la température. La dormance peut être levée par un traitement thermique adéquat en jouant sur l'alternance de température, par l'exposition à la lumière et par des traitements chimiques. Toutes ces techniques ont de larges applications agronomiques.

En *agriculture**, la réfrigération des graines est une pratique très courante dans le cas du pommier et de diverses autres Rosacées (qui présentent une dormance embryonnaire) pour hâter la germination. Ce traitement, connu sous le nom de *stratification**, consiste en un séjour des graines pendant un à quelques mois à 4-5 °C. Les effets de la stratification varient d'une espèce à l'autre, selon que la dormance affecte la *radicule** (ex. pommier) ou la gemmule (ex. pêcher) ou les deux à la fois (ex. muguet). Mais l'un des résultats est la diminution graduelle de la teneur en inhibiteurs de la germination tels que l'acide abscissique.

Les plantes bisannuelles et *pérennes** ainsi que les espèces ligneuses (arbres fruitiers) perdent souvent leurs feuilles et forment des bourgeons dormants. Chez d'autres plantes, ce sont les parties souterraines de la *multiplication végétative**, comme les bulbes, bulbilles et tubercules, qui peuvent entrer en dormance à certains stades de leur développement.

La dormance revêt une signification écologique considérable dans la mesure où les plantes utilisent ce phénomène comme stratégie d'adaptation face à l'adversité de l'environnement. Les graines peuvent germer uniquement à l'époque la plus favorable.

- **Quiescence** (n.f.) :
  1. Pour un organisme, c'est un arrêt temporaire de son activité ou de sa croissance mais avec possibilité de reprise en fonction des conditions du milieu. Il s'agit donc d'une inhibition imposée par les conditions environnementales. Ex. une plante qui cesse de se développer pendant l'hiver, une *semence**, un bourgeon ou un *tubercule**.
  2. Dans le cas d'une *graine** mûre, ayant généralement une faible teneur en humidité (5-15 %), état de latence précédent la germination et durant lequel tous les processus métaboliques sont momentanément réduits au minimum, permettant une *adaptation** des plantes aux variations climatiques des saisons et aux conditions défavorables concomitantes (basse température, sécheresse). Cette propriété remarquable des graines est qu'elles sont capables de survivre dans cet état, souvent pendant de nombreuses années, et de reprendre par la suite un métabolisme normal. Pour que la germination se produise, pour de nombreuses graines quiescentes, l'*hydratation** n'est pas suffisante en l'absence des autres conditions qui favorisent le métabolisme, par exemple, une température appropriée et la présence d'oxygène. La quiescence ne doit pas être confondue avec la *dormance** qui a une base physiologique entièrement différente et qui concerne l'incapacité des graines imbibées à compléter la germination dans des conditions favorables.
- **Repos végétatif** (l.m.) : État physiologique endogène d'une plante qui ne présente aucun phénomène de *croissance** et qui se conserve sans aucun changement, même en présence de conditions environnementales favorables. Il survient entre la chute des feuilles (automne, hiver) et le réveil végétatif (débourrement).

Dosage colorimétrique/Titrage colorimétrique [Tech.]
Angl. : colorimetric dosage/colorimetric titration

- **Dosage colorimétrique** (l.m.) : Dosage par *étalonnage** effectué avec un *colorimètre**.
  Le dosage colorimétrique utilise généralement un indicateur de complexation comme, par exemple, le dosage de *protéines** dans les liquides biologiques par la technique de Bradford qui est basé sur l'utilisation du bleu de Coomassie. Ce *colorant** se fixe sur les protéines et absorbe alors à une *longueur d'onde** de 595 nm. Cette technique nécessite la réalisation d'une gamme étalon à partir de *concentrations** connues d'une protéine de référence, le plus souvent la BSA (albumine bovine sérique).
- **Titrage colorimétrique** (l.m.) : Méthode rapide de détermination de *concentration** d'espèces chimiques en solution, fondée sur une réaction de titrage quantitatif et où l'équivalence est estimée par un changement de couleur de la solution dû à la présence d'un indicateur coloré par exemple.

Dose (n.f.) : Voir **concentration**.

***dot blot, slot blot/dot-plot* [Tech.]**
Blot(ting) : Terme anglais désignant une technique de biochimie consistant à transférer mécaniquement après électrophorèse des molécules biologiques du gel vers une membrane chargée positivement au niveau de laquelle le profil

électrophorétique sera préservé ; les molécules sont alors plus facilement accessibles et plus concentrées ; elles pourront réagir plus spécifiquement avec divers produits. Différents types de supports sont utilisés comme des membranes en nitrocellulose, en nylon, en polyamide ou en tissu de fibres de verre. Il en existe plusieurs variantes selon le type de molécules à fixer et de *sonde** utilisée. Parmi ces variantes le *dot-blot* et le *dot-plot* qui sont parfois confondus :

- ***Dot blot, slot blot*** : La *sonde** est constituée d'ADN monocaténaire alors que la cible peut être soit de l'ADN monocaténaire, soit de l'ARN. À la différence des techniques de type *Southern* ou *Northern*, les acides nucléiques cibles ne sont pas séparés préalablement par électrophorèse mais directement adsorbés sur une membrane d'hybridation (nitrocellulose ou autres) à une *concentration** connue soit sous forme de point (« *dot* »), soit de trait (« *slot* »). Des *appareils** adaptés à ces techniques sont disponibles dans le commerce. Après hybridation entre la sonde marquée et la cible, l'intensité de l'empreinte luminescente ou radioactive obtenue reflète la concentration de l'acide nucléique étudié (sonde) parmi les acides nucléiques cibles. Cette technique est plus rapide à mettre en œuvre que les expériences de type *Southern* ou *Northern*. Cependant, il faut être certain que la sonde d'ADN soit très spécifique de la séquence cible recherchée car l'absence de séparation des molécules cibles selon leur taille (électrophorèse) empêche de déceler des hybridations non spécifiques.
- ***Dot plot*** : Représentation graphique à points bidimensionnelle de ressemblance/différences globales de deux ensembles (ou plus) de données, disposées verticalement l'une par rapport à l'autre, en fonction de leurs valeurs portées sur deux échelles, en ordonnée et en abscisse. Chaque ensemble forme les bords du tracé rectangulaire (« matrice »). Les données de chaque ensemble de même que celles se trouvant au croisement des deux ensembles sont colorées différemment pour faciliter la lecture rapide de l'ensemble des données et notamment du degré de similitude et/ou de différence.

Double-haploïde (adj.) : Voir **dihaploïde**.

Drogue/Principe actif [Pharm.]
Angl. : plantdrug/active principle, active compound.

- **Drogue végétale** (l.f.) :
  1. En pharmacognosie, tout matériel végétal, parfois d'un animal, desséché ou frais, utilisé en thérapeutique et n'ayant encore subi aucune préparation pharmaceutique. Les drogues végétales peuvent être des plantes cultivées ou sauvages, parties de plantes (*racines**, feuilles, fruits, etc.) d'algues, de champignons, de lichens, des exsudats (résines, gomme), etc. Les drogues végétales doivent être définies avec précision par la *nomenclature** binomiale. Des conditions appropriées de culture, de collecte, de *séchage**, de fermentation et de conservation sont essentielles pour garantir leur qualité. Leur authentification se fait, dans la plupart des cas, par leur description macroscopique, microscopique et par CCM. Elles doivent être conformes aux exigences mentionnées dans les monographies de la pharmacopée (définition, identification, essai, dosage).
  2. Toute substance chimique (naturelle ou synthétique) capable de produire des effets psychologiques et physiologiques.
- **Principe actif** (l.m.) : Molécule pure d'origine biologique, minérale ou organique, naturelle ou synthétique, chimiquement bien définie, douée d'une activité

pharmacologique déterminée et, par suite responsable de l'utilisation de ses propriétés en thérapeutique.
La présence de ces principes actifs dans les plantes est dépistée par des méthodes particulières de la chimie qualitative et quantitative selon des normes établies. Leur activité biologique et leur toxicité sont appréciées par des tests appropriés et comparatifs.
À ces substances actives sont souvent associés dans la formulation ou juste avant le traitement un ou plusieurs *adjuvants** (mouillants, *solvants**, etc.) qui en facilitent l'utilisation ou en améliorent l'activité.

Duplication du chromosome/Réplication de l'ADN [Bio.mol.]
Angl. : chromosome duplication/DNA replication
- **Duplication du chromosome** (l.f.) : Dédoublement des *chromosomes**, donnant naissance à deux *chromatides**, observables lors de la *mitose** ou de la *méiose**. La duplication chromosomique entraînera un changement de ploïdie contrairement à la *réplication** de l'ADN.
  Pour éviter toute confusion, on réservera le terme de réplication à la molécule d'ADN.
- **Réplication de l'ADN** (l.f.) : Processus de duplication à l'intérieur d'un noyau à l'identique d'une molécule d'ADN en deux nouvelles molécules filles identiques sous l'action d'une ADN polymérase.
  La réplication a lieu pendant l'interphase suivant la *mitose**. Ces molécules sont ensuite réparties entre les cellules filles.
  Les deux brins de la molécule d'ADN matrice (molécule parentale) se séparent par rupture des liaisons hydrogène qui relient les bases nucléotidiques complémentaires entre elles et servent chacun de leur côté de modèle à la synthèse d'un nouveau brin complémentaire.
  Au fur et à mesure de cette scission, les nucléotides libres, porteurs des bases complémentaires de la molécule parentale viennent se fixer sur chaque brin dissocié. Une enzyme, l'ADN polymérase catalyse la polymérisation de ces molécules libres dans un ordre qui est strictement complémentaire de celui du brin parental. Il se produit, ainsi, deux nouvelles molécules d'ADN à double hélice, identiques à la molécule mère et portant un brin d'origine parentale et un brin néosynthétisé ; ce mécanisme est qualifié de semi-conservateur. La réplication permet, ainsi, la conservation de l'intégrité de l'information génétique, nécessaire à sa transmission héréditaire dans toutes les générations cellulaires ultérieures.

Durcissement/Endurcissement [Tech.]
Angl. : hardening/hardening off
- **Durcissement** (n.m.) : En technologie des lipides, synonyme d'*hydrogénation** qui consiste à fixer l'hydrogène sur les liaisons insaturées des acides gras polyinsaturés. Cette réaction se fait à chaud en présence d'un catalyseur, le nickel, pour produire des huiles concrètes (dont la température de fusion s'élève et qui seront solides à température ambiante et plus résistantes aux oxydations). Cette réaction est très utilisée pour produire la *margarine**.
- **Endurcissement** (n.m.) : *Acclimatation** des plantes à des conditions de milieu contraignantes par privation graduelle d'eau, augmentation de la *salinité**, abaissement de la température, augmentation de l'éclairement ou raréfaction des

*nutriments**. L'endurcissement est pratiqué dans le but de conditionner les plantes pour la survie lorsqu'elles sont transplantées à l'extérieur.

E

Eau de coco (l.f.) : Voir **crème de coco**.

Eau déionisée/Eau déminéralisée/Eau distillée [Tech.]
Angl. : deionised water/demineralized water/distilled water

- **Eau déionisée** (l.f.) : Eau purifiée par passage sur une résine échangeuse d'ions *acide** puis sur une résine basique ce qui permet de la débarrasser successivement de ses cations (ex. calcium, sodium) puis de ses anions.
  Les déionisateurs utilisés à cet effet peuvent être à résines à usage unique (jetables) ou à résines régénérables.
- **Eau déminéralisée** (l.f.) : Eau ne contenant plus d'ions minéraux dissous, obtenue par passage dans un système à échangeur d'ions (les particules non chargées et les colloïdes ne sont pas enlevés). Les ions en solution dans l'eau (chlorures, calcium, magnésium, etc.) sont échangés sur des échangeurs contre des ions : $H^{+}_{(aq)}$ pour les cations et $HO^{-}_{(aq)}$ pour les anions.
- **Eau distillée** (l.f.) : Eau purifiée par distillation, processus qui imite l'*évaporation** naturelle.
  L'eau à distiller est évaporée, et ainsi débarrassée de toutes les particules dissoutes solides ionisées, des impuretés (particules, micro-organismes, substances pyrogènes, etc.).
  Les performances de la distillation sont similaires à celles de l'osmose inverse pour l'élimination des minéraux qui y sont dissous. La résistivité de l'eau en sortie varie de 0,5 à 2 $M\Omega.cm^{-1}$. Pour améliorer encore le processus, on peut pratiquer une bi-distillation.
  L'eau distillée est utilisée dans de nombreux processus industriels, en chimie.

Écart-type (l.m.) : Voir **déviation standard**.

Échancré/Émarginé/Rétus [Bot.]
Angl. : notched/em(m)arginate/retuse

- **Échancré** (adj.) : À bord pourvu d'une entaille plus ou moins profonde, généralement arrondie. Ex. limbe du *Ginkgo biloba* (Ginkgoales).
- **Émarginé** (adj.) : Se dit d'une feuille très légèrement *échancrée** au sommet.
- **Rétus** (adj.) : À sommet tronqué et légèrement déprimé au centre. Ex. silicule de bourse à pasteur (*Capsella bursa pastoris*).

Échanges gazeux/Respiration cellulaire [Physio., Bioch.]

Angl. : respiration, gaseous exchange, breathing (animals)/cellular respiration

- **Échanges gazeux** (l.m.pl.) **[Physio.]** : Au niveau physiologique, échange gazeux effectué (avec une intensité fluctuante) jour et nuit, et qui peut se résumer par l'absorption de dioxygène (O_2) et rejet de dioxyde de carbone (CO_2) par les végétaux aérobies et les animaux.
  Chez les végétaux, ces échanges gazeux liés à la respiration sont donc inverses de ceux de la photosynthèse. Dans la journée, la photosynthèse l'emporte sur la respiration. Ces échanges de gaz se font avec l'atmosphère environnante par les *stomates**.
  Chez l'Homme et les animaux possédant des poumons, les échanges gazeux se déroulent entre les sacs alvéolaires et les capillaires sanguins qui les entourent.
  Les échanges gazeux fournissent à la respiration cellulaire les molécules de dioxygène puisées dans l'environnement.
- **Respiration cellulaire** (l.f.) **[Bioch.]** : Transformations énergétiques qui consistent en le transfert d'électrons dans une suite de réactions d'oxydoréductions s'effectuant en partie ou en totalité au niveau des membranes mitochondriales des eucaryotes (cytoplasmiques chez les bactéries) à partir d'un *substrat** donneur jusqu'à un accepteur final, en général le dioxygène (composé minéral ou organique chez certaines bactéries), qui s'accompagne d'une translocation unidirectionnelle de protons (ou parfois d'ions Na^+) vers la face externe, contribuant de cette façon à la formation d'un potentiel électrochimique membranaire ou force proton-motrice (Δp).
  La respiration cellulaire est assimilable à la combustion lente des substances mises en réserve. L'énergie que contenaient ces substances est récupérée sous forme d'ATP pour être utilisée dans divers processus d'entretien et de *croissance**.

Échappement/Esquive/Évitement [Biol.]

Angl. : escape, evasion/avoidance

- **Échappement** (n.m.) : Mécanisme d'*adaptation** mis en œuvre par une plante soumise à une contrainte de l'environnement de façon à réduire ou à annuler l'effet néfaste de ces conditions. Par exemple, dans le cas d'un *stress hydrique**, la plante tend à achever son *cycle de développement** pendant la période favorable.
  Syn. : **esquive**.
- **Évitement** (n. m.) :
  1. Comportement par lequel un animal se protège en réduisant son exposition à un risque, en particulier de prédation. Ce comportement peut être inné ou appris.
  2. Mécanisme par lequel une plante réduit la probabilité de contact avec les agents *pathogènes** ou les ravageurs (animaux, insectes).
  La plante utilisant ce mécanisme possède des caractéristiques (morphologiques ou chimiques) qui la rendent peu attrayante pour les insectes pour l'*alimentation**, la ponte ou l'abri. Par exemple, la pubescence du coton empêche la ponte du charançon de la capsule de coton. De plus, dans le coton, une odeur répugnante repousse le charançon à se nourrir de la plante.
  Les traits morphologiques qui interfèrent avec l'alimentation et la reproduction des insectes suscitent l'intérêt des sélectionneurs en tant que première ligne de défense contre les insectes nuisibles.
  Les producteurs de cultures peuvent aider leurs cultures à éviter les attaques d'agents pathogènes et de ravageurs en programmant la plantation de la culture

(semis précoces ou tardifs), de sorte que le stade de croissance le plus sensible ou le plus vulnérable ne coïncide pas avec le moment où l'insecte nuisible ou l'agent pathogène est le plus abondant.

Écologie/Écologisme [Écol.]
Angl. : ecology/ecologism, environmentalism
- **Écologie** (n.f.) : Discipline scientifique qui étudie les rapports entre les êtres vivants (biocénose), leurs milieux de vie, souvent limités à l'échelle stationnelle (biotope), leurs cycles biologiques et leur phénologie. Cette science s'intéresse également à l'équilibre des *écosystèmes**, leur perturbation, leur évolution et leur dynamisme. C'est donc une science de synthèse au carrefour de multiples disciplines fondamentales et appliquées (botanique, zoologie, physiologie, biochimie, microbiologie, *agronomie**, climatologie, pédologie, phytosociologie, etc.).
- **Écologisme** ou **Environnementalisme** (n.m.) : Notion qui fait référence à un courant de pensée et de valeurs du mouvement écologiste militant en faveur de la protection et du respect de l'environnement.

Écologue/Écologiste [Écol.]
Angl. : ecologue/ecologist
- **Écologue** (n.m.) : Scientifique spécialisé dans l'étude des relations entre les êtres vivants et les relations entre ces derniers et leurs milieux.
- **Écologiste** (n.m.) : Partisan d'un courant associatif ou politique militant en faveur de l'*écologie**.

Écorce/Liège/Périderme [Bot.]
Angl. : bark/cork/periderm
- **Écorce** (n.f.) :
  1. Anatomie végétale : partie de la *tige** ou de la *racine** située à la périphérie, en continuité avec le cylindre central qui, lui, contient les tissus conducteurs.
  2. Couche externe (suber) d'une tige ligneuse, d'un tronc d'arbre, de ses branches ou d'une racine et que l'on peut détacher ; elle est de couleur, de consistance, de forme et d'épaisseur variables selon les espèces. S'exfoliant ou s'usant continuellement à sa partie externe, elle se renouvelle à sa partie interne, grâce à l'activité d'une couche cellulaire dite phellogène ou assise génératrice subéro-phellodermique.

  Dans quelques cas particuliers, l'écorce limitée au suber, acquiert une importance économique. C'est le cas du chêne-liège (*Quercus suber*, Fagacées) dont on exploite le liège tous les dix ans environ, et du quinquina (*Cinchona* spp., Rubiacées) dont on extrait la quinine et la quinidine.

  L'écorce de la majorité des plantes ligneuses est riche en tanins. Elle peut également contenir des alcaloïdes.
- **Liège** (n.m.) : Tissu externe du *périderme** formé de cellules parallélépipédiques mortes remplies d'air, à paroi subérifiée, provenant du fonctionnement de l'assise génératrice subéro-phellodermique (tissu secondaire). Il est imperméable à l'eau et aux gaz, et apparaît sur les *tiges**, les branches ou les *racines** âgées des Dicotylédones ligneuses et des Gymnospermes. C'est donc un tissu de protection mécanique et calorifique.

  Le chêne-liège (*Quercus suber*, Fagacées) produit une couche de liège dont l'épaisseur atteint plusieurs centimètres en quelques années, pouvant s'enlever et être utilisée à différents usages.

Le suber est un tissu cicatriciel pouvant également apparaître sur tout organe vert blessé (mêmes chez les Monocotylédones).
Il existe deux autres tissus formés de cellules à paroi plus ou moins subérifiée :
• assise subéreuse : assise de cellules à paroi légèrement imprégnée de subérine apparaissant en dessous de l'assise pilifère et la remplaçant, dans les jeunes racines d'Angiospermes Dicotylédones ;
• subéroïde : tissu formé de plusieurs couches de cellules à paroi subérifiée, qui se forme en dessous de l'assise pilifère qu'il remplace, dans les racines des Angiospermes Monocotylédones.

- **Périderme** (n.m.) : Tissu externe imperméable, qui, chez les plantes à croissance secondaire (Gymnospermes et Angiospermes Dicotylédones) remplace l'épiderme. Il provient de l'assise génératrice subéro-phellodermique, constituant le phelloderme vers l'intérieur et le *liège** ou suber vers l'extérieur.

Écosphère (n.f.) : Voir **biosphère**.

Écosystè (n.m.) : Voir **biome, communauté**.

Écotoxicologie/Toxicologie environnementale [Tox.]
Angl. : ecotoxicology/environmental toxicology

- **Écotoxicologie** (n.f.) : Discipline interdisciplinaire née de la rencontre entre l'*écologie**, la chimie environnementale et la toxicologie, étudiant les effets des agents toxiques de l'environnement (pollution de l'air, des eaux, des sols par des substances chimiques d'origine naturelle ou artificielle) sur les espèces vivantes et leurs répercussions sur les équilibres biologiques. De nombreux produits chimiques sont introduits dans les milieux terrestres et aquatiques à partir de diverses sources, y compris les gisements géologiques d'hydrocarbures (ex. charbon, pétrole, gaz), l'exploitation minière, les industries, l'*agriculture**, la production d'électricité, les véhicules, etc. L'action de ces substances toxiques sur les cibles potentielles peut être directe ou indirecte. Ce dernier cas correspond le plus souvent aux intoxications liées aux pollutions environnementales pouvant interférer avec les *chaînes alimentaires** et les *écosystèmes**, avec des conséquences possibles pour la santé humaine. Une attention toute particulière est actuellement portée sur les contaminants émergents (nano-particules et perturbateurs endocriniens).
Les écotoxicologues étudient les propriétés physiques et chimiques des matériaux, surveillent leur comportement dans l'environnement et utilisent leurs connaissances pour prédire comment un produit chimique et ses métabolites sont transférés entre les organismes, les effets toxiques potentiels et aussi si des mesures de nettoyage et de biorestauration peuvent être utilement déployées. L'ensemble de ces connaissances est utilisé comme base pour l'évaluation des risques environnementaux dans l'élaboration de la législation sur la protection de l'environnement.
Les écotoxicologues sont également concernés par le développement de la « *chimie verte** », qui vise à fabriquer et à utiliser des composés plus sûrs ayant un impact écologique minimal ainsi que le développement de bio-essais utilisant des organismes modèles (ex. artémies, lentilles d'eau, daphnie, etc.) pour l'étude de la toxicité et de la dégradation des produits chimiques, en particulier ceux fabriqués par l'Homme (ex. pesticides).

- **Toxicologie environnementale** (l.f.) : Discipline scientifique qui étudie les différents aspects toxicologiques des *poisons** et des produits chimiques, leurs propriétés, leur devenir dans l'environnement y compris leurs effets directs sur l'Homme.
  Les produits chimiques rejetés dans l'environnement peuvent devenir un *danger** pour la santé humaine en raison de leur accumulation dans la *chaîne alimentaire**. D'autres produits chimiques peuvent nuire aux cultures ou tuer des poissons ou des oiseaux importants sur le plan économique.
  La compréhension et la connaissance de ces aspects de toxicologie environnementale aident à l'élaboration de nouvelles lignes directrices pour la protection de la santé humaine et de l'environnement.

Écotype (n.m.) : Voir **cultivar**.

Écrémage (n.m.) : Voir **délipidation**.

Efférent (adj.) : Voir **afférent**.

Effet additif/Synergie [Phar.]
Angl. : additive or cumulative effect/synergy, synergism

- **Effet additif** (l.m.) : Un effet additif est défini comme l'action globale de deux agents (substance, rayonnement, etc.), résultant en une réponse observée égale à la somme de celle prédite par chacun indépendamment. Ex. effet toxique d'un médicament produit par l'administration répétée de petites *doses** à des intervalles qui ne sont pas assez longs pour qu'il soit décomposé ou excrété par l'organisme.
- **Synergie** (n.f.) : Interaction entre deux ou plusieurs éléments se traduisant par le renforcement de l'effet de l'un par la présence de l'autre ; l'effet observé est supérieur à celui de chacun des éléments pris séparément. Ex. l'*absorption** des cations (K^+, Ca^{2+}) par les racines des plantes est facilitée par la présence des anions comme Cl^- et NO_3^-.
  Syn. : interaction positive, interaction coopérative.
  Ant. : antagonisme.

Effet secondaire/Symptôme/Syndrome [Méd.]
Angl. : side effect/symptom/syndrome

- **Effet secondaire** (l.m.) : Effet produit par un médicament en plus de ses effets thérapeutiques recherchés. Les effets secondaires sont souvent indésirables et peuvent être nocifs.
- **Symptôme** (n.m.) : Manifestation spontanée, d'un état pathologique perçue par une personne indisposée ou malade (symptôme subjectif) ou trouble observable, palpable, audible ou mesurable par un médecin lors de l'examen physique d'un patient (symptôme objectif).
- **Syndrome** (n.m.) : Ensemble bien défini de *symptômes** qui apparaissent ensemble et qui caractérisent un état pathologique particulier mais dont la cause spécifique n'est pas exactement définie.

Efficacité/Efficience [Biol.]
Angl. : efficacy, effectiveness/efficiency

- **Efficacité** (n.f.) : En biologie et en medicine, mesure dans laquelle une substance provoque une réponse biologique par rapport à un objectif, une norme, au niveau moléculaire, au niveau cellulaire ou dans l'organisme entier, dans des conditions données.
  En toxicologie, l'efficacité fait référence à un effet qui devrait être nocif, alors qu'en pharmacologie, l'effet devrait être bénéfique.
- **Efficience** (n.f.) : Rapport entre le résultat (*production**, rendement, succès) obtenu et les ressources mises en œuvre, dans des conditions d'essai spécifiques.
  Par exemple, l'efficacité de l'utilisation des éléments nutritifs par les plantes est souvent définie par le rendement (biomasse) par unité d'intrants. Cette efficacité est un paramètre complexe qui dépend de la capacité à absorber les *nutriments** du sol, mais aussi de leur transport, de leur stockage, de leur mobilisation et de leur *assimilation** par la plante, et même de l'environnement. Les mêmes niveaux de nutriments peuvent avoir des effets sur la *croissance** et le rendement différent selon les espèces ou *variétés**. L'efficacité de l'utilisation des éléments nutritifs est particulièrement intéressante en tant que cible majeure pour l'amélioration des cultures. Une bonne efficacité d'utilisation des éléments nutritifs est une condition préalable essentielle à l'installation d'une culture agricole dans des terres marginales à faible disponibilité en nutriments, mais aussi un moyen de réduire l'utilisation d'*engrais** inorganiques.

Efflorescence/Inflorescence [Bot., Chim., Écol.]
Angl. : efflorescence/inflorescence

- **Efflorescence** (n.f.) **[Chim.]** : Perte d'eau d'un hydrate cristallin lors de l'exposition à l'air, démontrée par la formation d'un dépôt pulvérulent sur la surface les cristaux.
- **Efflorescence** (n.f.) **[Écol.]** : Soudaine apparition d'une grande prolifération de phytoplancton et d'algues, résultat d'une intense reproduction due à la remontée d'eaux profondes riches en *nutriments**.
- **Inflorescence** (n.f.) **[Bot.]** : Regroupement de *fleurs** en un ensemble morphologiquement bien individualisé. L'*épi**, la *grappe**, l'ombelle, etc., en sont des exemples.

Électronégativité (n.f.) : Voir **affinité électronique**.

Emarginé (adj.) : Voir **échancré**.

Émigration/Immigration/Migration [Écol.]
Angl. : emigration/immigration/migration

- **Émigration** (n.f.) : Déplacement d'individus qui quittent une *population** ou leur biotope d'origine vers d'autres lieux. L'émigration entraîne un flux de gènes hors de la population d'origine.
- **Immigration** (n.f.) : Arrivée dans une *population** ou un milieu naturel de nouveaux individus (plantes, animaux) venant d'autres régions.
- **Migration** (n.f.) : Mouvement saisonnier d'espèces animales d'une région ou d'un pays vers un autre. À l'échelle d'une *population**, la migration favorise le maintien de la variabilité par brassage génétique. Ex. migration des oiseaux de l'hémisphère nord vers le Sud, à l'approche de l'hiver.

Émulsion/Suspension [Chim.phys.]
Angl. : emulsion/suspension

- **Émulsion** (n.f.) : Milieu hétérogène constitué de deux (ou plusieurs) phases liquides non miscibles dont l'une est dispersée à l'état de particules très fines dans l'autre (phase dispersante). C'est le plus souvent le *mélange** résultant d'une phase aqueuse (lait écrémé, vinaigre, etc.) et d'une phase grasse (crème du lait, huile, etc.). On distingue :
  • les émulsions huile/eau : la phase grasse est dispersée dans la phase aqueuse. C'est le cas de la vinaigrette, de la crème du lait, etc.). L'huile mélangée vigoureusement à l'eau forme de fines gouttelettes, appelées micelles ;
  • les émulsions eau/huile : la phase aqueuse est dispersée sous forme de fines gouttelettes de quelques micromètres de diamètre dans la phase grasse. C'est le cas du *beurre** et de la *margarine**.
- **Suspension** (n.f.) : Dispersion de fines particules solides (poudre) ou de cellules (suspension de microalgues) visibles à l'œil nu ou au microscope optique, au sein d'un liquide. Contrairement à une solution, la suspension ne forme pas une seule phase continue, même si elle présente une certaine homogénéité sur le plan macroscopique.
  Ces particules en suspension sont responsables de la turbidité ou de l'opacité de l'eau que l'on mesure à l'aide d'un disque de Secchi.

Enantiomère (n.m.) : Voir **diastéréoisomère**.

Encapsulation/Piégeage [Tech.]
Angl. : encapsulation/entrapment

- **Encapsulation** (n.f.) : Procédé d'immobilisation d'une molécule bioactive labile (ex. enzyme) ou volatile, de cellules ou d'un micro-organisme emprisonné à l'intérieur d'un espace délimité, totalement ou partiellement, par une membrane semi-perméable, qui permet sa *diffusion** de façon étalée dans le temps ou la diffusion de produits du métabolisme.
  L'encapsulation des cellules les protège et leur confère une plus grande viabilité. Cette stabilité est importante pour la conservation des souches, mais aussi pour la mise en œuvre de procédés continus de *bioconversion**.
  La matrice d'immobilisation est généralement constituée de polymères comme les alginates ou les carraghénanes. Ex. immobilisation de cellules dans des billes d'alginate, d'embryons végétaux pour fabriquer des graines artificielles, etc.
  En industrie agro-alimentaire, on utilise souvent des polysaccharides comme les maltodextrines, l'amidon et la gomme arabique comme agents encapsulant pour protéger des molécules aromatiques contre l'*oxydation** ou l'*évaporation**.
- **Piégeage** (n.f.) : Procédé d'immobilisation d'enzymes, de *protéines** ou de cellules dans des mailles de polymères suffisamment grandes pour que les *substrats** et les *nutriments** puissent passer, mais suffisamment petites pour piéger les molécules biologiques de *poids moléculaire** élevé.
  Les composés piégés sont donc au contact du milieu extérieur ce qui n'est pas le cas des molécules encapsulées qui ne traversent pas la paroi de la capsule.

Endémique (adj.) : Voir **autochtone**.

Endergonique/Endothermique [Chim., Chim.phys.]
Angl. : endergonic/endothermic

- **Endergonique** (adj.) : Qualifie une réaction chimique qui ne peut se dérouler sans apport d'énergie externe sous une forme autre que de la chaleur ; c'est donc une réaction thermodynamiquement impossible ($\Delta G > 0$). La décomposition de l'eau en hydrogène et oxygène par électrolyse en est un exemple.
- **Endothermique** (adj.) : Se dit d'une réaction ou d'un processus s'accompagnant d'une consommation de chaleur.

Endosperme/Périsperme [Bot.]
Angl. : endosperm/perisperm

- **Endosperme** (n.m.) : Chez les Gymnospermes, il désigne le tissu de réserve haploïde représenté par le *gamétophyte** femelle, issu de la *méiose** d'une macrospore du nucelle. C'est l'analogue fonctionnel de l'*albumen** des Angiospermes.
  La traduction anglaise d'albumen est « *endosperm* », à ne pas confondre avec l'endosperme des Gymnospermes.
- **Périsperme** (n.m.) : Tissu nourricier diploïde dérivé du nucelle de l'ovule, donc de nature sporophytique, exceptionnellement persistant après la double fécondation chez certaines *graines** d'Angiospermes. Ex. graines des Caryophyllales, Cactacées, Aizoacées, Nymphéacées.

Endothermique (adj.) : Voir **endergonique**.

Endurcissement (n.m.) : Voir **durcissement**.

Énergie d'ionisation (l.f.) : Voir **affinité électronique**.

Engrais (n.m.) : Voir **amendement**.

Enrichissement (n.m.) : Voir **biofortification**.

Enthalpie/Entropie [Chim.phys.]
Angl. : enthalpy/entropy

- **Enthalpie** ΔH (n.f.) : Concept de thermodynamique désignant le contenu calorique d'un système. Dans une réaction chimique, c'est l'énergie des liaisons chimiques de la molécule, représentée par H ; dans une réaction cellulaire, l'énergie libre est égale à l'enthalpie des molécules de *réactifs** de la réaction.
- **Entropie** ΔS (n.f.) : Concept de thermodynamique mesurant la quantité d'énergie d'un système qui se dissipe, généralement sous la forme de chaleur également répartie.
  L'entropie d'un système parfaitement ordonné est nulle. L'entropie d'un système fermé augmente ($\Delta S > 0$) si, par exemple, une forme d'énergie est transformée en une autre.

Entomochorie/Entomogamie/Entomophilie [Bot.]
Angl. : entomochory/entomogamy/entomophily

- **Entomochorie** (n.f.) : Condition des plantes (dites entomochores) dans laquelle les *semences** sont disséminées par les Insectes.
- **Entomogamie, entomophilie** (n.f.) : Condition des plantes (dites entomogames ou

entomophiles) dans laquelle le *pollen** est dispersé par les insectes (Abeilles, Bourdons, Papillons). Lorsque ceux-ci visitent les *fleurs** pour se nourrir du nectar ou du pollen, ils se frottent nécessairement aux étamines, retenant ainsi sur leur corps des *grains de pollen** qu'ils transportent sur une autre plante. Les fleurs entomogames ont des pétales colorés et/ou un parfum attirant les insectes de même que le nectar (ou un excès de pollen) servant de nourriture pour les insectes.
Le pollen est gluant pour faciliter sa fixation sur l'insecte. Ex. les Apiacées, Lamiacées, Orchidacées. Chez ces dernières (notamment le genre *Ophrys*), l'émission d'un mélange de substances imitant la phéromone sexuelle des femelles attire les mâles d'Hyménoptères qui, en tentant de s'accoupler avec les fleurs, en réalisent la pollinisation.
Certaines plantes présentent des *adaptations** morphologiques à ce type de pollinisation : la fleur de sauge possède deux étamines qui basculent sous le poids de l'insecte et déposent leurs grains de pollen sur son dos.

Entropie (n.f.) : Voir **enthalpie**.

Enveloppe (n.f.) : Voir **capside**.

Épi/Grappe [Bot.]
Angl. : spike, ear/bunch, raceme

- **Épi** (n.m.) : *Inflorescence**, de type racémeux, dans laquelle les *fleurs**, sessiles ou à *pédoncules** très courts sont disposées sur toute la longueur d'un seul axe commun, allongé, appelé rachis. Cette inflorescence caractérise une famille d'Angiospermes importante : celles des Poacées (blé, orge, avoine, etc.). Chez le blé, par exemple, l'inflorescence est un épi de petits épis (épillets), c'est-à-dire un épi composé.
- **Grappe** (n.f.) : *Inflorescence** à ramification monopodiale (racémeuse), constituée d'un ensemble de *fleurs** ou de fruits équidistants, portés par un *pédoncule** et des *pédicelles** sensiblement de même longueur et fixés eux-mêmes à des niveaux distincts sur un axe commun à croissance continue. Les grappes peuvent être pendantes (ex. robinier) ou dressées (ex. pistachier). Quand les pédicelles sont très courts, voire absents, la grappe devient un *épi** (ex. lupin, digitale).
  La *floraison** s'effectue successivement de la base vers l'apex (floraison acropète).
  Une grappe peut être simple, composée ou composite. Dans une grappe simple, toutes les fleurs sont portées par un pédoncule très net et sont attachées le long d'un axe, les unes au-dessus des autres (ex. *Linaria chalepensis*, Scrophulariacées). Dans une grappe composée, les grappes de fleurs sont disposées elles-mêmes en grappe (ex. vigne). Parmi les grappes composites, on rencontre des grappes d'ombelles (ex. lierre), des grappes d'épillets (ex. *panicule** de l'avoine).
  Syn. : racème.

Épice (n.f.) : Voir **aromate**.

Épigé/Épigyne [Bot.]
Angl. : epigeal, epigeous/epigynous

- **Épigé** (adj.) : Placé à la surface et apparent hors du sol.
  Ant. : hypogé.

- **Épigyne** (adj.) : Se dit des organes (étamines, enveloppes florales) d'une *fleur** (ou de la fleur elle-même) à ovaire infère, situés au-dessus du gynécée. Ex. étamines des roses (*Rosa*), fleur du groseillier (*Ribes*, Saxifragacées).
  Ant. : hypogyne.

Épimère (n.m.) : Voir **diastéréoisomère**.

Épinastie/Flétrissement [Bot.]
Angl. : epinasty/wilt(ing)

- **Épinastie** (n.f.) : Phénomène de *croissance** des végétaux caractérisé par le fait que certains organes (branches, pétioles, limbes foliaires) se courbent anormalement vers le bas par suite de la croissance plus rapide de la face supérieure par rapport à la face inférieure.
  Des déficiences nutritionnelles ou des irrégularités au niveau des régulateurs de croissance peuvent provoquer l'épinastie.
- **Flétrissement** (n.m.) : État d'une plante, généralement dû à une importante perte d'eau (activité métabolique, transpiration), non compensée par une *absorption** suffisante, contrairement à l'*épinastie** où les tissus sont turgescents. Les plantes ne peuvent, en général (sauf adaptations particulières), prélever l'eau du sol en dessous d'une certaine limite. En effet, la présence de sels, d'argile, d'*humus** augmente la rétention d'eau du sol et limite son absorption. Après retour aux conditions normales, si la perte est modérée, le flétrissement peut être réversible.
  Certains éléments du sol, freinent l'absorption de l'eau et accélèrent la *transpiration**, surtout chez les plantes dites calcifuges. C'est le cas du calcium, par exemple.
  Le flétrissement peut également être provoqué par une attaque fongique ou bactérienne. Ex. de nombreux polysaccharides de bactéries phytopathogènes produisent le flétrissement des feuilles par obstruction physique de la circulation.

Épine (n.f.) : Voir **aiguillon**.

Épiphyte/Parasite/Saprophyte [Biol.]
Angl. : epiphyte/parasite/saprophyte

- **Épiphyte** (n.m.) : Plante vivant sur les branches d'arbres dont elle ne se sert que comme support mécanique, sans en être *parasite**. L'épiphyte est nutritionnellement indépendant et la plante qui le porte n'en souffre pas. L'épiphytisme permet l'accès à la lumière et les supports colonisés peuvent parfois être par exemple des rochers et des fils électriques.
  Les principaux groupes d'épiphytes se trouvent parmi les Fougères, les Orchidées des zones tropicales vivants sur les branches des arbres, certaines Aracées et Broméliacées, mais quelques espèces, appartenant aux familles les plus diverses, comme des Rubiacées, des Vacciniacées, des Asclépiadacées, partagent ce mode de vie. Ils sont surtout abondants dans les forêts pluviales de montagne, là où les brouillards et les nuages maintiennent une humidité atmosphérique toujours élevée, propice à leur développement.
  Les vrais épiphytes ou holoépiphytes, sont des plantes qui ne s'enracinent jamais dans le sol. Ils passent tout leur cycle de vie ancrés à la plante hôte.
  Les hémiépiphytes sont strictement épiphytiques durant une phase de leur cycle de vie mais sont enracinés dans le sol pendant une autre phase. Dans la majorité des

cas, les épiphytes s'approvisionnent en eau et éléments minéraux à l'aide de leurs racines adventives ou aériennes qui s'enroulent autour de l'écorce de la plante hôte ou croissent en direction du sol, quelquefois à plus de 30 m de haut vers la litière d'une forêt ombragée.

- **Parasite** (n.m.) : Organisme qui vit aux dépens d'un autre organisme hôte vivant sur lequel ou dans lequel il trouve subsistance et protection. Cette dépendance peut être permanente (parasite obligatoire) ou non (parasite facultatif).
  Un hyperparasite vit aux dépens d'un autre parasite.
  Les parasites des plantes peuvent être des bactéries, des champignons, des algues et même des plantes supérieures.
  Les plantes parasites sont généralement, mais pas toujours, dépourvues de chlorophylle. Parmi les plantes vertes parasites, on peut citer le gui (Loranthacées), plante haute de 50 cm, rameuse, vivant sur les branches de nombreux arbres : peuplier, pommier, pin, sapin, etc. Les rhinanthes, plantes herbacées, également vertes, parasitent les *racines** de plantes variées. Ces plantes qui, à la faveur de leur chlorophylle, peuvent se nourrir de dioxyde de carbone de l'atmosphère et empruntent du carbone à leurs hôtes, menant à la fois la vie des autotrophes et celle des parasites, sont appelées hémiparasites.
  Les autres plantes supérieures non chlorophylliennes, sont dites holoparasites, c'est-à-dire que leur parasitisme est total. C'est le cas des orobanches (Orobanchacées), de *Rafflesia arnoldi* (Rafflesiacées), de *Cynomorium cocineum* (Cynomoriacées), par exemple.
  La vie parasitaire est une nécessité absolue pour la cuscute, on parle alors de parasitisme obligatoire. Pour d'autres plantes, au contraire, le parasitisme est facultatif ; dans ce cas, c'est tantôt le parasitisme, tantôt le saprophytisme. Ce cas est le plus fréquent.
  Les parasites peuvent être superficiels comme les agents de l'oïdium qui développent leurs filaments sur la surface des plantes malades, n'envoyant leurs suçoirs que dans les cellules superficielles de l'hôte ; ce sont des ectoparasites. Mais beaucoup d'autres parasites (ex. *Plasmopara viticola*, responsable du mildiou de la vigne) pénètrent dans les tissus profonds ; on les appelle endoparasites.
  Les parasites manifestent une certaine spécialisation, plus ou moins grande : il en est qui attaquent un organe unique. Le Champignon de l'ergot des Graminées, par exemple, parasite seulement les ovaires, tandis que l'agent du mildiou de la pomme de terre sévit sur les feuilles, les *tiges* et les *tubercules**. Certains parasites sont très spécifiques de leur hôte : la cuscute (*Cuscuta monogyna*, Convolvulacées) parasite uniquement la vigne. Pour d'autres parasites, il est nécessaire d'avoir alternativement deux hôtes pour accomplir leur cycle complet. On dit que ce sont des parasites hétéroxènes. C'est le cas du champignon *Puccinia graminis* qui provoque la rouille des Céréales. Après avoir parasité l'épine-vinette (Berbéridacées) au printemps, il attaque le blé en été.
  Beaucoup de champignons parasites sont responsables de maladies des plantes et provoquent chez les animaux et chez l'Homme des mycoses plus ou moins graves.
- **Saprophyte** (n.f. et adj.) : Au sens strict, désigne ou qualifie une plante, et par extension, tout organisme (champignon, bactérie) qui se développe aux dépens des déchets organiques de la biomasse. Les espèces saprophytes jouent un rôle essentiel au sein des cycles biologiques en « minéralisant » les matières végétales ou animales mortes ou en cours de décomposition.
  Syn. : saprotrophe.

Épistasie (n.f.) : Voir **dominance**.

Équilibre chimique/Mésomérie [Chim.]
Angl. : chemical equilibrium, chemical balance/mesomerism
- **Équilibre chimique** (l.m.) : L'équilibre chimique, qui consiste dans l'uniformité et la stationnarité des compositions (même concentrations) d'un *mélange** de *réactifs**, peut être un équilibre dynamique (mêmes vitesses de réaction) de deux réactions opposées (réaction réversible). Il peut être aussi un équilibre thermodynamique exprimé par la loi d'action de masse. Un changement des conditions du milieu (température, pression, etc.) peut rompre cet équilibre. L'équilibre est symbolisé par deux flèches à pointes inversées $\rightleftharpoons$ entre des espèces physiquement existantes (molécules ou ions).
- **Mésomérie** (n.f.) : Mode de représentation ou d'étude de la structure réelle d'une entité moléculaire dont les électrons de liaison sont délocalisés, suggérant ainsi l'existence possible de plusieurs structures appelées mésomères ou formules limites ou formes de résonance. La mésomérie est symbolisée par une double flèche ou une flèche à deux pointes ($\leftrightarrow$) qui sépare les différentes structures limites.

Érodible/Érosif [Écol.]
Angl. : erodible/erosive
- **Érodible** (adj.) : Qualifie un sol susceptible à l'érosion.
- **Érosif** (adj.) : Désigne tout facteur (vent, eau...) qui est susceptible de produire une érosion.

Érodibilité/Érosivité [Écol.]
Angl. : erodibility/erosivity
- **Érodibilité** (n.f.) : Facilité avec laquelle un sol est érodé, déterminée par les interactions physico-chimiques des particules minérales du sol combinées aux processus biologiques des organismes vivant dans et sur le sol, qui comprennent les micro-organismes, les plantes, les herbivores, les prédateurs, etc.
- **Érosivité** (n.f.) : Terme utilisé pour décrire le potentiel de l'impact du vent ou des gouttes de pluie, du ruissellement de la fonte des neiges ou de l'eau d'irrigation pour détacher et éroder le sol.

Érosif (adj.) : Voir **érodible**.

Erreur/Incertitude [Stat.]
Angl. : error/uncertainty
- **Erreur** (n.f.) : Différence entre la valeur mesurée expérimentalement et la « valeur vraie ».
- **Incertitude** (n.f.) : Limites de l'intervalle de confiance d'une grandeur mesurée ou calculée. Elle permet de caractériser la dispersion raisonnable des valeurs obtenues autour de la moyenne que l'on peut associer au mesurande.
  La probabilité des limites de confiance doit être spécifiée, de préférence par un écart-type. L'incertitude est donc généralement exprimée sous la forme d'un nombre suivi d'un signe « ± ». Ex. 20 ± 1 mg/L à un niveau de confiance de 95 %, c'est-à-dire que la mesure se situe entre 19 et 21 mg/L.
  En laboratoire, les *erreurs** et les incertitudes proviennent de nombreuses sources dont les principales sont : l'instrument de mesure, l'échantillon et méthode

d'échantillonnage, le processus de mesure, l'*étalonnage** de l'instrument, la compétence de l'expérimentateur, les conditions environnementales.

Erreur standard (l.f.) : Voir **déviation standard**.

Espèce (n.f.) : Voir **cultivar**.

Espérance de vie/Longévité [Biol.]
Angl. : life expectancy/life span, longevity

- **Espérance de vie** (l.f.) : Désigne la probabilité de durée moyenne de la vie d'un individu d'une espèce donnée à la naissance.
  La diminution de la *mortalité** infantile, la maîtrise des principales maladies infectieuses (chez l'enfant) et l'amélioration des conditions de vie sont les facteurs les plus importants responsables de l'augmentation de l'espérance de vie dans les pays développés au cours des cent dernières années. Aujourd'hui, ce sont les maladies liées à la vieillesse qui sont parmi les principales causes de mortalité.
  L'espérance de vie est calculée sur un groupe d'individus se prêtant à une étude statistique (appelée une cohorte) présentant certaines caractéristiques communes comme le sexe et l'âge. En comparant des cohortes, on en déduit l'espérance de vie attendue pour un individu comparable à l'un des groupes.
- **Longévité** (n.f.) : Mesure de la durée totale de la vie d'un être vivant, depuis la naissance (ou l'éclosion) jusqu'à la mort. La longévité potentielle est la durée de vie maximale que peut présenter une espèce.

Esquive (n.f.) : Voir **échappement**.

Essence/Huile essentielle [Chim.]
Angl. : essence/essential oil

- **Essence** (n.f.) : *Mélange** de substances aromatiques contenues dans certains végétaux que l'on extrait par expression à froid.
  Pour les agrumes, l'essence est extraite par expression du zeste. On devrait dire essence de citron et non *huile essentielle** de citron.
  Lors de sa transformation par distillation, l'essence subit une modification biochimique et devient huile essentielle qui est donc l'essence de la plante distillée.
- **Huile essentielle** (l.f.) : Ensemble de produits volatils d'*odeur** tout à fait caractéristique, de composition complexe, que l'on extrait des végétaux soit par distillation par entraînement à la vapeur d'eau (le plus fréquent), soit par distillation sèche, (ex. l'huile essentielle de cade utilisée en dermatologie), soit, parfois, par séparation à l'aide de *solvants**. Dans ce cas, on parlera d'extraits et non d'huiles essentielles. Les huiles essentielles se distinguent des huiles grasses par le fait que leur tache sur le papier disparaît sous l'effet de la chaleur.
  La matière première végétale utilisée peut être fraîche ou sèche, entière ou broyée grossièrement.
  Les huiles essentielles sont formées principalement d'un mélange de terpénoïdes et de phénylpropanoïdes.
  Des huiles essentielles en quantité appréciable ont été trouvées chez environ 2 000 espèces de plantes, réparties dans 60 familles. Les Rutacées, les Lauracées, les Myrtacées, les Apiacées, les Lamiacées, les Astéracées et les Pinacées sont particulièrement riches en huiles essentielles.

Estrus (n.m.) : Voir **cycle menstruel**.

Étalonnage (n.m.) : Voir **calibrage**.

Étang/Lac/Marais/Mare/Marécage [Écol.]
Angl. : pond, pool/lake/marsh, swamp/pond/swamp

- **Étang** (n.m.) : *Écosystème** d'eau douce isolée avec une faible profondeur, abritant quelques formes de vie uniques dont les oiseaux (canards, foulques, poules d'eau...), d'étendue plus petite que celle d'un *lac**.
- **Lac** (n.m.) : *Écosystème** d'eau douce, plus ou moins étendue, qui occupe le fond d'une dépression ou d'un bassin géologique sans communication directe avec la mer, caractérisé par une profondeur relative plus importante que celle d'autres écosystèmes analogues tels les *étangs**, d'où l'existence d'une zonation verticale due à la stratification thermique. La lumière n'atteint généralement pas les zones profondes.
- **Marais** (n.m.) : *Écosystème** humide de faible profondeur d'eau douce ou d'eau salée, sur des sols hydromorphes constitués par des gleys.
  La *végétation** des marais est dominée par des espèces herbacées (ex. graminées, carex, joncs, roseaux, espèces à feuilles flottantes).
  Les marais sont fréquents sous les *climats** tempérés où les étés sont chauds et les hivers froids. Ils se forment généralement au niveau des deltas de rivières mais aussi dans les plaines intérieures.
- **Mare** (n.f.) : Biotope aquatique de faible profondeur (environ 1 m au maximum) et de surface plus petite que celle de l'*étang** (souvent moins de 1 000 m^2). Elle s'en distingue également par la prépondérance de sa zone littorale et par son assèchement pendant l'été. Elle peut être naturelle ou artificielle. La *végétation** y est généralement herbacée, capable de tolérer l'engorgement.
- **Marécage** (n.m.) : Biotope aquatique caractérisé par un sol mal drainé et par une *végétation** abondante, représentée en particulier par des *arbustes** et les arbres capables de tolérer l'asphyxie racinaire, abritant une vie sauvage typique. Les marécages peuvent être d'eau douce (marécages intérieurs) ou salée (marécages côtiers). L'eau est stagnante la plupart du temps mais les niveaux d'eau sont fluctuants en fonction des saisons, en moyenne 30 cm de profondeur. La matière organique produite dans ces systèmes se décompose rapidement mais la formation de *tourbe** est limitée.
  Les marécages se trouvent généralement dans les zones basses près des rivières ou le long des zones côtières. Ils sont alimentés par les eaux du débordement de la rivière ou des marées océaniques.

Éthique médicale (l.f.) : Voir **bioéthique**.

Éthnologie/Éthologie/Étiologie [Biol., Méd.]
Angl. : ethnology/ethology/aetiology, etiology

- **Éthnologie** (n.f.) : Étude scientifique des peuples et des sociétés et de leurs particularités historiques, linguistiques, coutumières, religieuses et économiques, etc.
- **Éthologie** (n.f.) : Étude du comportement des espèces animales et en particulier, sa signification et ses réponses adaptatives aux conditions du milieu.

- **Étiologie** (n.f.) : Discipline qui étudie l'origine et/ou la cause des phénomènes biologiques et en médecine et pathologie celle des maladies infectieuses ou dues à des facteurs intrinsèques.

Étiolement (n.m.) : Voir **albinisme**.

Eutrophisation/Prolifération d'algues [Écol.]
Angl. : eutrophication, eutrophization/algal bloom

- **Eutrophisation** (n.f.) : Enrichissement des eaux de surfaces en éléments minéraux (phosphates et nitrates, en particulier), provenant soit du lessivage des *engrais** utilisés sur les terres agricoles voisines, soit des effluents d'égouts ce qui a pour conséquence une modification de l'équilibre biologique conduisant à la prolifération des végétaux aquatiques et surtout des bactéries qui les dégradent et qui sont de gros consommateurs de dioxygène. Le développement de l'anaérobiose provoque l'asphyxie des autres formes de vie aquatique, en particulier la mort partielle ou totale de la vie animale, etc.
- **Prolifération d'algues** (l.f.) : Développement excessif d'algues sur ou près de la surface de l'eau (*lacs**, rivières ou mer), se produisant naturellement ou en raison d'un excédent de *nutriments** (eutrophisation) provenant de la pollution organique et inorganique (nitrates, phosphates). Des eaux plus chaudes peuvent également aider les algues à se développer rapidement.
  La prolifération d'algues toxiques peut avoir de graves répercussions sur la santé humaine et animale, les *écosystèmes** aquatiques et l'économie.
  La prolifération d'algues en surface empêche la lumière du soleil d'atteindre d'autres organismes vivants en profondeur.

Évaporation/Sublimation/Vaporisation [Tech.]
Angl. : evaporation/sublimation/vaporization

- **Évaporation** (n.f.) : Départ graduel de vapeur d'eau ou de tout autre produit volatil hors d'une phase liquide lié au flux d'air et à l'augmentation de la température. Lors de l'évaporation, les molécules ne se vaporisent qu'à partir de la surface du liquide. Les températures utilisées sont en général en dessous du point d'ébullition du liquide à évaporer.
  La vitesse de l'évaporation dépend en particulier de la température du liquide et de sa nature. Toutefois, les températures élevées peuvent être évitées en opérant sous pression réduite dans une étuve à vide. Dans ces conditions, la température d'ébullition du liquide à éliminer est réduite.
  Ant. : condensation.
- **Sublimation** (n.f.) : Passage de l'état solide à l'état gazeux sans passer par l'état liquide. Ce changement d'état ne peut se faire que dans certaines conditions de pression (vide partiel) et de température. Le point de convergence s'appelle « point triple ».
  Un corps solide se trouvant à un point quelconque sous la courbe de changement d'état, à une température inférieure à T_0 et une pression inférieure à P_0 va changer d'état par sublimation. T_0 étant le point de congélation du produit à la pression atmosphérique.
  La sublimation est à la base de la technique de lyophilisation.
- **Vaporisation** (n.f.) : Passage d'une substance de la phase liquide ou solide en phase gazeuse (vapeur), soit par *évaporation**, soit par ébullition.

Évitement (n.f.) : Voir **échappement**.

Exactitude/Précision [Tech.]
Angl. : accuracy/precision

- **Exactitude** (n.f.) : Degré de conformité d'une valeur — mesurée ou calculée — à sa valeur qui est considérée comme conventionnellement réelle (valeur étalon ou réelle). Elle est exprimée en pourcentage par l'équation suivante :

$$\%\ \text{d'erreur} = \frac{\text{valeur mesurée ou calculée} - \text{valeur réelle}}{\text{valeur réelle}} \times 100$$

  Le concept d'exactitude est donc qualitatif.
- **Précision** (n.f.) : Mesure le degré de concordance dans une série de mesures individuelles répétées de la même quantité (ou paramètre) dans des conditions déterminées. La précision d'un paramètre est souvent — mais pas nécessairement — exprimée par l'*écart-type**. Plus l'écart-type est petit, plus grande est la précision.
  La précision dépend de l'instrument de mesure et du procédé de mesure. Un instrument ou un procédé sont dits précis lorsqu'en répétant une mesure lors d'essais indépendants dans les mêmes conditions opératoires, on obtient des résultats similaires (différence statistique entre les différentes mesures non significative).

Excipient (n.m.) : Voir **adjuvant**.

Excrétion/Sécrétion [Physio.]
Angl. : excretion/secretion

- **Excrétion** (n.f.) : Processus par lequel les déchets du métabolisme sont éliminés à l'extérieur de leur site de production par les cellules, les tissus ou l'organisme entier. L'excrétion permet aussi d'ajuster le bilan hydro-électrolytique de l'organisme et d'éliminer des déchets (ex. urée, chez certains animaux) qui deviendraient toxiques si leur *concentration** augmentait. Le rein est l'organe majeur assurant l'excrétion urinaire des substances solubles dans l'eau. Certains médicaments sont déversés dans la bile pour être excrétés par les fèces, certains peuvent cependant être réabsorbés dans le sang (circulation entérohépatique) ; les substances volatiles peuvent être excrétées par les poumons. Les autres voies d'excrétion comprennent la sueur (peau), la salive, les larmes et l'écoulement nasal.
- **Sécrétion** (n.f.) : Production et libération de molécules dans le milieu environnant par une cellule, un tissu, une glande ou un organe. Ces substances peuvent être déversées dans le sang. Les cellules sécrètent entre autres des enzymes, appelées alors exoenzymes, par exocytose ; les cellules glandulaires sécrètent des hormones. Chez les végétaux, le système sécréteur se présente sous la forme de *poils** (Lamiacées, sommités fleuries du chanvre indien) ou de papilles spécialisées, de poches (nombreuses Apiacées), de canaux (pin maritime). Ex. le zeste des Agrumes est riche en poches sécrétrices contenant des *essences**.

Exergonique/Exothermique [Chim., Chim.phys.]
Angl. : exergonic/exothermic

- **Exergonique** (adj.) : Se dit d'une réaction ou processus qui rejette de l'énergie dans le milieu et donc s'accompagnant d'un changement d'enthalpie libre négative $\Delta G < 0$. En d'autres mots, les réactions exergoniques se produisent spontanément, car elles n'ont pas besoin d'énergie extérieure pour avoir lieu.
  Ant. : endergonique.

- **Exothermique** (adj.) : Se dit d'une réaction ou d'un processus s'accompagnant d'une libération de chaleur.

Extraction/Isolement [Tech.]
Angl. : extraction/isolation

- **Extraction** (n.f.) : Opération technologique ayant pour but d'isoler une substance donnée d'un milieu complexe dans lequel elle se trouve.
Il existe trois principaux modes d'extraction liquide-solide, liquide-liquide, solide-fluide supercritique, selon la nature des phases mises en jeu.
L'extraction peut se faire de différentes manières par :
• broyage de la matière organique suivi d'une décantation ou d'une centrifugation, c'est le cas pour les substances solubles notamment ;
• pression, procédé utilisé pour les produits huileux ;
• macération, infusion ou décoction de la matière organique, selon le degré de *solubilité** des substances désirées et de leur facilité d'extraction ;
• sonication, traitement aux ultrasons ;
• des *solvants**.
Dans le cas des matières grasses, les solvants les plus utilisés sont l'hexane, le cyclohexane et le trichloroéthylène. Les *graines** des oléagineux sont d'abord broyées et chauffées pour faciliter l'extraction de l'huile. Le solvant utilisé doit être aussi spécifique que possible de la nature de l'huile désirée. Il est ensuite éliminé par distillation ou par entraînement à la vapeur.
L'extraction au solvant est aussi utilisée, par exemple, pour enlever un *arôme** à un extrait complexe. Une fois dissout, l'arôme est concentré par *évaporation** du solvant. Dans un procédé d'extraction au solvant efficace, on récupère le solvant et on peut le réutiliser plusieurs fois. Les systèmes d'extraction au solvant doivent être conçus et réalisés avec grand soin. Par exemple, l'arôme d'un fruit n'est pas dû à un seul composé, mais à une *combinaison** complexe de substances. À titre d'exemple, l'arôme des fraises mûres est constitué de plus de 100 substances. Si les proportions de ces constituants sont modifiées par l'extraction au solvant, l'arôme ou *goût** sera différent.
Dans le domaine des substances naturelles, le choix du solvant d'extraction dépendra de la polarité de la substance désirée.
L'extraction des *protéines** est plus délicate à réaliser que celle des matières grasses ou des sucres car leurs molécules sont beaucoup plus complexes, diverses, sensibles et fragiles (ex. sensibilité aux traitements thermiques, physiques, chimiques).
L'extraction de l'ADN doit être complétée par de longues étapes de purification pour enlever la forte proportion de « contaminants » (des protéines, notamment) qui l'accompagnent. C'est cette difficulté d'extraction, propre au monde végétal, qui a longtemps retardé le développement des techniques de biologie moléculaire dans le règne animal.
L'extraction liquide-liquide utilise les *miscibilités** respectives d'un soluté par rapport à deux solvants non miscibles mis en présence (l'eau et un solvant organique, par exemple). L'opération s'effectue par agitation mécanique dans une ampoule à décanter dont le volume doit être égal à 2 ou 3 fois le volume à extraire. Le soluté se répartit en fonction de son affinité propre pour l'une ou pour l'autre des deux phases avec un certain coefficient de partage. Après équilibration de l'ensemble, on peut séparer les deux phases, par une décantation.

L'extraction par solvant peut être à la fois améliorée et accélérée par l'utilisation conjointe de micro-ondes ; on parle alors d'extraction par solvants assistée par micro-ondes.

- **Isolement** (n.m.) : Ensemble des opérations incluant l'*extraction** et la purification jusqu'à l'obtention d'un composé pur à partir d'un extrait complexe.

F

Facteur de dilution (l.m.) : Voir **dilution**.

Fanaison/Fenaison [Agro.]
Angl. : withering/haymaking time

- **Fanaison** (n.f.) : Ramollissement des parties aériennes d'une plante dû à une perte d'eau limitée : si la perte est trop importante, la plante meurt.
- **Fenaison** (n.f.) :
  1. Période de l'année où l'on récolte les foins.
  2. Acte de couper les foins.

Fanaison/Reviviscence [Bot.]
Angl. : withering/reviviscence

- **Fanaison** (n.f.) : Voir plus haut.
- **Reviviscence** (n.f.) : Aptitude de certaines plantes, dites reviviscentes (appartenant en général aux Bryophytes et parfois aux Ptéridophytes), à supporter de grandes sécheresses temporaires en passant à l'état de vie ralentie lorsque leur teneur en eau descend en dessous d'un certain seuil. Ex. *Ceterach officinalis* (Ptéridophytes).
  Les tissus flétris peuvent se réhydrater en milieu humide et reprendre une vie active. La réviviscence concerne également certains Invertébrés primitifs capables de survivre en anhydrobiose et certains micro-organismes comme les bactéries lactiques contenues dans les yaourts surgelés.

Fécondation (n.f.) : Voir **accouplement.**

Fécondité/Fertilité [Biol.]
Angl. : fecundity/fertility

- **Fécondité** (n.f.) :
  1. Aptitude d'une espèce à former des éléments reproducteurs, tels que des ovules ou des spermatozoïdes, et à produire une progéniture. Le nombre et la *motilité** des spermatozoïdes sont des facteurs importants déterminant la baisse de la fécondité chez l'homme.
  La fécondité est contrôlée par des facteurs génétiques et environnementaux.

2. Paramètre qui mesure le nombre de nouveaux-nés, de descendants par portée (cas de certains animaux) ou d'œufs pondus par une femelle par saison de reproduction ou pour l'ensemble de la période de sa vie où elle se reproduit.

- **Fertilité** (n.f.) : Aptitude d'un couple à concevoir une progéniture vivante. La fertilité comprend des aspects de la spermatogenèse et de l'oogenèse.

Fenaison (n.f.) : Voir **fanaison**.

Fermenteur (n.m.) : Voir **bioréacteur**.

Fertilité (n.f.) : Voir **fécondité**.

Feuille simple/Feuille composée [Bot.]
Angl. : simple leaf/compound leaf

- **Feuille simple** (l.f.) : Une feuille est dite simple, même si son limbe est profondément découpé, lorsque son *pétiole** est unique.
  La feuille simple peut être linéaire, spatulée, lancéolée, ovale, arrondie, avec tous les intermédiaires possibles ; elle est souvent dentée plus ou moins profondément, crénelée ou lisse. Sa nervation peut être pennée (chêne), palmée (ricin), parallèle (poireau) ou pseudo-parallèle (muguet).
- **Feuille composée** (l.f.) : Une feuille est dite composée lorsque son *pétiole** est divisé en pétioles secondaires portant des portions de limbe identiques à des feuilles et que l'on nomme folioles. Les feuilles composées peuvent avoir leurs folioles de part et d'autre du pétiole principal : feuille composée pennée (paripennée si le nombre de folioles est pair, imparipennée si le nombre est impair). Les folioles peuvent partir du même point : feuille composée palmée (ex. palmier nain).
  Seul le pétiole de la feuille possède un bourgeon à son aisselle, ce qui n'est jamais le cas des folioles. Ce moyen sûr permet de ne pas confondre les folioles d'une feuille composée avec de vraies feuilles.

Feuillé/Feuillu/Foliacé [Bot.]
Angl. : leafy/broadleaved tree/foliaceous

- **Feuillé** (adj.) : Qui porte des feuilles.
- **Feuillu** (adj.) : Terme de *sylviculture** désignant un arbre ayant des feuilles à limbe assez large et plan et qui tombent à l'automne (ex. chênes, hêtre, charme, peupliers, etc.), par opposition aux feuilles des Résineux (ex. pin, sapin, etc.), qui sont en forme d'aiguilles ou d'écailles et qui sont persistantes.
- **Foliacé** (adj.) : Qualifie un organe ayant l'aspect d'une feuille. Ex. *stipules** du pois (*Pisum sativum*).

Fibre/Fibre alimentaire [Cyt., Alim.]
Angl. : fiber/dietary fiber

- **Fibre** (n.f.) :
  1. Cellule allongée aux extrémités effilées, à paroi souvent épaissie, rencontrée dans le xylème, le phloème ; d'autres sont des *trichomes**.
  Selon leurs utilisations, on peut diviser les fibres végétales en deux catégories : les fibres destinées à l'industrie textile et les fibres destinées à la fabrication du papier.
  La première catégorie comprend les fibres provenant des *poils** séminaux des *graines** de cotonnier (*Gossypium* sp.), du kapokier (*Ceiba pentandra*) ; les fibres du

phloème, essentiellement cellulosiques, tirées des *tiges** de plantes herbacées : chanvre (*Cannabis sativa*), lin (*Linum usitatissimum*), jute (*Corchorus capsularis*), ramie (*Boehmeria nivea*) ; les fibres tirées des feuilles d'alfa (*Stipa tenacissima*) et de sisal (*Agave sisalana*) ou d'enveloppes de fruits (noix de coco). Les fibres textiles obtenues à partir de ces plantes ont perdu de leur importance depuis l'invention des fibres synthétiques. Seul le coton garde encore une place importante.

La deuxième catégorie comprend les fibres de bois de Feuillus et de Résineux. Les fibres du bois, présentes surtout dans le xylème, dont les parois, épaissies et lignifiées, sont de longues cellules mortes à maturité, jouant essentiellement un rôle de soutien et de conduction.

2. Toute structure filiforme d'un tissu animal, telle qu'une cellule musculaire, une cellule nerveuse ou une cellule de collagène.

Les fibres musculaires sont des cellules allongées, multinucléées, contenant des centaines de myofibrilles longues et minces disposées en longueur. Ces cellules produisent des *protéines** spécifiques comme l'actine et la myosine qui permettent la *contraction** du muscle.

- **Fibres alimentaires** (n.f.pl.) : Nom générique désignant l'ensemble des substances d'origine végétale et qui, bien que *comestibles**, ne sont pas digérées dans l'intestin grêle ayant une capacité plus ou moins grande à fixer l'eau et ainsi à augmenter le volume des selles. Les fibres subissent, toutefois, l'action fermentaire de la flore colique anaérobie qui aboutit à leur dégradation, plus ou moins importante avec production de gaz. On distingue les fibres insolubles (cellulose, lignine, certaines hémicelluloses…) et les fibres solubles (certaines hémicelluloses, pectines, gommes, inuline…).

Fibroblaste/Fibrocyte [Cyt.]

Angl. : fibroblast/fibrocyte

- **Fibroblaste** (n.m.) : Type de cellule le plus courant trouvé dans le tissu conjonctif, peu différencié, dérivé du mésoderme et se retrouve dans tout le derme.

  Les fibroblastes sécrètent des *protéines** de collagène, d'élastine et d'autres composants de la matrice extracellulaire qui jouent un rôle de soutien de nombreux tissus et un rôle important dans la cicatrisation de la peau.
- **Fibrocyte** (n.m.) : Type de cellules d'origine mésenchymateuse, correspondant à la forme mature d'un fibroblaste, présent dans les tissus conjonctifs.

Filtration/Filtration sur gel [Tech.]

Angl. : filtration/gel filtration

- **Filtration** (n.f.) : Procédé de séparation des constituants d'un mélange solide-liquide ou solide-gaz (fumées) selon la taille des particules, par passage à travers un support poreux calibré, adapté aux caractéristiques de la suspension à filtrer, pour ne retenir que les particules d'une certaine taille, appelé filtre. La fraction ayant traversé le filtre est appelée filtrat. La taille des pores se situe dans un domaine de 0,1 à 20 µm en général.
- **Filtration sur gel** (l.f.) : Cette *technique** utilise une colonne remplie d'une phase stationnaire constituée par des billes de polymères poreuses et calibrées, imprégnées par la phase mobile. Le *mélange** de produits que l'on veut séparer est placé en tête de la colonne à travers laquelle on l'entraîne par l'écoulement d'une solution adéquate (éluant). Toutes les molécules ayant une taille supérieure à celle des pores du support, n'y pouvant pénétrer, seront entraînées obligatoirement au

travers de la colonne à l'extérieur des billes à la même vitesse que la phase mobile. On dit qu'elles sont exclues du gel. En revanche, les autres molécules de petites tailles seront les seules à pouvoir pénétrer dans les pores du gel et donc retardées, plus ou moins, dans leur traversée de la colonne en fonction de leur taille. On récupère, ainsi, en premier lieu, des molécules dont la taille est supérieure à un certain *poids moléculaire** (= seuil d'exclusion) variable selon le type de gel. Après cette fraction de tête, les fractions formées de molécules plus petites sortent progressivement dans l'ordre des tailles décroissantes. Ce phénomène est appelé effet de tamisage inverse.
Syn. : chromatographie de filtration sur gel, chromatographie d'exclusion moléculaire.

Finger printing/Foot-printing **[Bio.mol., Tech.]**

- ***Finger printing*** : Terme anglais désignant une *technique** de séparation bidimensionnelle permettant d'analyser différentes relations entre *protéines** ou acides nucléiques en utilisant la chromatographie (première dimension) et l'électrophorèse (deuxième dimension).
Le principe de base de la technique est de digérer une grosse molécule à l'aide d'une hydrolase spécifique pour produire des fragments de taille moyenne qui peuvent ensuite être séparés sur un gel d'électrophorèse. Le résultat constitue une « empreinte digitale » caractéristique de la molécule parentale à condition que les sites de clivage soient spécifiques (par exemple entre des acides aminés ou des bases particulières).
La technique peut être utilisée pour distinguer des souches de virus ou pour différencier des acides nucléiques ou des protéines similaires mais non identiques (cartographie peptidique).
Ce concept est également utilisé dans certaines techniques spectroscopiques, comme la spectroscopie infra-rouge ou la spectrométrie de masse, pour désigner le spectre obtenu par ces techniques et qui est caractéristique de chaque molécule, permettant ainsi de l'identifier très précisément.
- ***Footprinting*** : Terme anglais désignant une *technique** permettant de localiser des séquences d'ADN (ou ARN) qui interagissent spécifiquement avec des *protéines** (ex. facteur de transcription) et, de ce fait, sont protégées contre la digestion par les nucléases (DNase ou RNase). Après un tel traitement, les fragments d'ADN (ou ARN) non dégradés après digestion sont séparés par électrophorèse, caractérisés et comparés au témoin.

Fission binaire/Mitose/Scission [Bio.]
Angl. : binary fission/mitosis/scission

- **Fission binaire** (l.f.) : Type de multiplication asexuée le plus fréquent chez les organismes unicellulaires (diatomées, protozoaires, bactéries, etc.) par division en deux parties (fission binaire) ou en de multiples parties (fission multiple).
Après réplication de l'unique *chromosome** et son partage entre les deux cellules filles, ces dernières se séparent par étranglement de la *membrane cellulaire**. Les cellules filles résultantes peuvent à leur tour générer rapidement toute une population de cellules identiques (sauf cas de *mutations**) par le même mécanisme en donnant de nouveaux organismes.
Syn. : fissiparité.
- **Mitose** (n.f.) : Réplication et séparation du matériel nucléaire et cytoplasmique au cours de la *division cellulaire**. Ce phénomène n'existe que chez les Eucaryotes. C'est

une étape du *cycle cellulaire** qui correspond à la séparation de la cellule mère en deux cellules filles identiques.

- **Scission** (n.f.) : Mode de de multiplication asexuée propre à divers phylum de Protistes et d'Invertébrés (Annélides, Métazoaires) dans lequel un organisme se sépare en deux ou plusieurs parties qui régénèrent un nouvel individu entier après (architomie) comme par exemple chez l'étoile de mer ou avant (paratomie) la section de l'organisme parental, comme c'est le cas de l'anémone de mer et des Cnidaires.
  Syn. : scissiparité.

Flagelle (n.m.) : Voir **cil.**

Flaveur (n.f.) : Voir **arôme.**

Flétrissement (n.m.) : Voir **épinastie.**

Fleur/Inflorescence [Bot.]
Angl. : flower/inflorescence

- **Fleur** (n.f.) : Ensemble des organes assurant la reproduction des Phanérogames.
  Une fleur est constituée d'un axe prenant naissance à l'aisselle d'une feuille. La partie inférieure de cet axe, habituellement munie de préfeuilles, représente le *pédoncule** de la fleur dont l'extrémité plus ou moins renflée constitue le *réceptacle floral** à la base duquel peut s'insérer une *bractée**. Sur ce réceptacle sont insérées les différentes pièces florales. Une fleur peut être hermaphrodite (environ 70 % des fleurs d'Angiospermes) et contenir à la fois organes mâles (étamines) et femelles (carpelles), ou seulement mâle ou femelle (fleur unisexuée). De l'extérieur vers l'intérieur d'une fleur hermaphrodite, on distingue généralement quatre types de pièces florales souvent regroupées en verticilles sur le réceptacle floral :
  • deux ensembles de pièces stériles ou enveloppes florales formant le périanthe :
  1. le calice constitué de sépales généralement chlorophylliens, destinés à protéger la fleur en bouton,
  2. la corolle constituée de pétales généralement vivement colorés dont le rôle est d'attirer les animaux pollinisateurs qui sont pour la plupart des insectes.
  La fleur possède habituellement calice et corolle, mais peut n'avoir que le calice, vert ou coloré, ou une seule enveloppe florale réduite à des écailles (Graminées) ou aucune enveloppe florale.
  Chez les Dicotylédones, certaines fleurs sont dépourvues de pétales (apétales), d'autres sont à pétales séparés (dialypétales) et d'autres enfin à pétales soudés entre eux (gamopétales). Chez certaines fleurs, les pétales portent à leur base un nectaire sécrétant le nectar,
  • deux ensembles de pièces fertiles directement impliquées dans les phénomènes de reproduction :
  1. l'androcée constitué par l'ensemble des étamines. Chaque étamine comprend un filet et une anthère,
  2. le gynécée ou pistil constitué par l'ensemble des carpelles libres ou soudés entre eux, au centre de la fleur. Chaque carpelle est composé d'un ovaire, partie renflée et creuse contenant le ou les ovules, et d'un style, prolongement de l'ovaire qui s'épanouit à sa partie terminale en un stigmate destiné à réceptionner les grains de pollen véhiculés par les agents pollinisateurs.

Les fleurs peuvent être actinomorphes (symétrie axiale) comme celles de la renoncule, ou zygomorphes (symétrie bilatérale) comme celles des Orchidacées, ou des Papilionacées (Fabacées).
Certaines fleurs sont isolées (coquelicot, tulipe), mais le plus souvent elles sont groupées en ensembles appelés *inflorescences**.
Le polymorphisme de la fleur et de ses éléments constitutifs (nombre, forme, agencement, symétrie, etc.) revêt une importance essentielle en *systématique**.
De nombreuses plantes à fleurs font l'objet de cultures à des fins ornementales ou alimentaires.

- **Inflorescence** (n.f.) : Regroupement de *fleurs** en un ensemble morphologiquement bien individualisé.
On distingue :
• les inflorescences à croissance (théoriquement) indéfinie du type *grappe** dont l'axe principal n'est pas terminé par une fleur. À ce type d'inflorescences, appartiennent l'*épi** (pédoncules floraux nuls ou presque nuls ; ex. lupin), le châton (épi unisexué ; ex. genre *Salix*), l'ombelle (pédoncules floraux tous de même taille et partant du même point ; ex. lierre, *Pelargonium*), le corymbe (pédoncules floraux insérés à différents niveaux, mais de tailles différentes de façon à placer toutes les fleurs dans le même plan ; ex. cerisier), le *capitule** (l'axe de l'inflorescence prend la forme d'un plateau sur lequel sont insérées les fleurs ; ex. Astéracées). Ce dernier exemple est souvent confondu par les néophytes avec une fleur ;
• les inflorescences à croissance définie du type cyme dont l'axe principal voit sa croissance arrêtée par la formation d'une fleur. Chaque nouvel axe floral apparaît en dessous de l'axe le précédant. Suivant le nombre d'axes apparaissant à chaque niveau, on observe des cymes unipares (ex. myosotis), des axes bipares (ex. Caryophyllacées) et des cymes multipares (ex. certaines euphorbes).
Une inflorescence peut être simple, composée, c'est-à-dire formée d'inflorescences du même type qu'elle (ex. épi d'épillets des Poacées, ombelle d'ombellules des Apiacées) ou composite, c'est-à-dire formée d'inflorescences d'un type différent d'elle (ex. ombelle de capitules chez certaines Astéracées).

Flippase/Floppase [Enz.]
Angl. : flippase/floppase

- **Flippase** (n.f.) : Enzyme membranaire de la famille des transporteurs qui catalyse le mouvement des phospholipides (ex. phosphatidyléthanolamine et phosphatidyl sérine) de la surface extracellulaire vers la surface cytosolique de la membrane plasmique maintenant l'asymétrie de la composition de la bicouche lipidique qui constitue la membrane cytoplasmique des cellules. Elles déplacent également les lipides du côté interne des organites vers le côté cytoplasmique. Ce transport s'effectue contre le gradient de concentration et nécessite de l'énergie, fournie par *hydrolyse** de l'ATP.
- **Floppase** (n.f.) : Enzyme membranaire de la famille des transporteurs qui catalyse le mouvement des phospholipides de la couche cytosolique de la membrane vers le côté extracellulaire de la membrane plasmique. Ces enzymes sont également dépendantes de l'ATP.

Floculation (n.f.) : Voir **agglomération**.

Floppase (n.f.) : Voir **flippase**.

Floraison (n.f.) : Voir **anthèse.**

Flore/Végétation [Bot.]
Angl. : flora/vegetation
- **Flore** (n.f.) : Ensemble des espèces végétales qui se trouvent dans une région ou un milieu donné. Ces espèces forment des types de *végétation** diversifiés.
- **Végétation** (n.f.) : Ensemble physionomique constitué par des plantes associées par affinités biologiques en constituant des groupements végétaux au sein d'un territoire donné. La forêt, la lande, le *maquis**, la prairie, la savane, constituent des types de végétation caractérisés chacun par une distribution (qualitative et quantitative) particulière des espèces végétales qui s'y trouvent.

Fluorescence (n.f.) : Voir **bioluminescence.**

Foliacé (adj.) : Voir **feuillé.**

Foot-printing : Voir ***fingerprinting.***

Foresterie/Sylviculture [Agri.]
Angl. : forestry/silviculture
- **Foresterie** (n.f.) : Science interdisciplinaire dédiée à la gestion et à l'exploitation de l'ensemble de l'*écosystème** forestier au profit de l'Homme mais aussi la conservation des ressources naturelles qu'il abrite. Les ressources traditionnellement reconnues englobent des produits majeurs tels que le bois, les plantes médicinales, les champignons, le fourrage, l'eau, la faune et les loisirs. De ce fait, la pratique de la foresterie mobilise des connaissances approfondies sur la nature complexe de la forêt. Ces connaissances comprennent la géologie et la pédologie, le *climat** et les conditions météorologiques, la botanique, la faune, la croissance et le développement des forêts, ainsi que les facteurs sociaux et économiques. Les domaines spécialisés peuvent porter sur des sujets tels que l'*identification** des plantes, la biologie de la faune, l'*écologie** forestière, la physiologie et la génétique forestières, le génie forestier, l'hydrologie, la protection contre les incendies, la biométrie et la modélisation, la technologie et l'utilisation du bois, la *sylviculture**, la gestion des ravageurs forestiers, la conservation de la faune, la gestion des bassins versants, la gestion des ressources récréatives, la politique forestière et la prise de décisions, etc.
- **Sylviculture** (n.f.) : Branche de la *foresterie** concernée par la théorie et les pratiques qui concernent l'établissement (plantation, ensemencement), la composition (choix des espèces), le développement et la sauvegarde des *peuplements** forestiers (régénération des sites, espacement, fertilisation).

Formation végétale (l.f.) : Voir **association végétale.**

Formule florale (l.f.) : Voir **diagramme floral.**

Formule moléculaire/Formule structurale [Chim.]
Angl. : molecular formula/structural formula
- **Formule moléculaire** (l.f.) : Représentation indiquant la nature et le nombre relatif des atomes dans une molécule, en accord avec la *masse moléculaire** réelle, mais

sans présumer du mode de liaison de ces atomes en eux. Ex. la formule moléculaire du glucose ($C_6H_{12}O_6$) indique qu'une molécule de ce glucide est constituée de 6 atomes de carbone, 12 atomes d'hydrogène et 6 atomes d'oxygène. Cette formule permet donc de calculer la *masse molaire** du glucose qui est égale à (6 × 12 + 12 × 1 + 6 × 16) = 180 g/mole.

- **Formule structurale** (l.f.) : Représentation indiquant à la fois la nature et le nombre des atomes dont est constituée une molécule ainsi que le type de liaisons interatomiques. Ex. la formule structurale du butane $H_3C–CH_2–CH_2–CH_3$ montre que le type de liaisons entre les atomes de carbone sont toutes simples, en formant une chaîne linéaire ; le carbone étant tétravalent, ses valences sont toutes saturées.

Fortification (n.f.) : Voir **biofortification**.

Fossilisation/Pétrification [Géol.]

Angl. : fossilization/petrification

- **Fossilisation** (n.f.) : Processus par lequel un être vivant est conservé à l'emplacement où il est mort dans les couches de la croûte terrestre, en particulier, dans les terrains sédimentaires.
  En général, seules les parties dures des organismes sont conservées (par exemple, les os, les dents, les coquilles et le bois), mais dans certaines circonstances, l'organisme entier est préservé. Tel est le cas, par exemple, des fossiles entiers pratiquement inchangés de mammifères disparus, tels que le mammouth en Sibérie. De petits organismes ou parties d'organismes (ex. insectes, feuilles, fleurs, pollen) ont été conservés dans l'ambre.
- **Pétrification** (n.f.) : Processus biogéochimique par lequel des constituants organiques d'animaux ou de végétaux morts sont imprégnés par divers sels minéraux (carbonates, silice, pyrite, en particulier) provenant du milieu extérieur, tout en conservant en grande partie leur forme initiale, ce qui permet leur *fossilisation**. Ainsi, le bois pétrifié est un bois dont la structure a été remplacée par du carbonate de calcium ou de la silice et où de nombreuses structures d'origine sont préservées.

Fréquence/Longueur d'onde [Phys.]

Angl. : frequency/wavelength

- **Fréquence** (n.f.) : Pour un phénomène périodique de période T, la fréquence est $\nu = 1/T$. En unités SI, la période est exprimée en secondes et la fréquence en hertz (nombre de cycles par seconde).
  Dans les phénomènes de propagation d'ondes, la fréquence est inversement proportionnelle à la *longueur d'onde** λ ; le facteur de proportionnalité étant la *vitesse** de propagation : $\nu = c/\lambda$.
- **Longueur d'onde λ (lambda)** (l.f.) : Caractéristique d'une *radiation** électromagnétique. Unité de longueur (distance) qui sépare les deux pics consécutifs d'une onde (exprimé généralement en nm). Elle est reliée à la célérité c de l'onde et à sa période par $\lambda = cT = c/\nu$, où ν est la *fréquence**.

Fréquence/Vitesse [Phys.]

Angl. : frequency/speed, velocity

- **Fréquence** (n.f.) : Voir plus haut.

- **Vitesse** (n.f.) : Rapport d'une distance et d'un temps ou variation de la distance avec le temps d'un corps se déplaçant en ligne droite (vitesse linéaire). Son *unité** dans le système international est mètre par seconde ($m.s^{-1}$).
  La vitesse angulaire ou la vitesse de rotation, sont exprimées en tours par minute ($t.min^{-1}$) ou en radians par seconde ($rad.s^{-1}$).

Fruit/Infrutescence [Bot.]
Angl. : fruit/infrutescence

- **Fruit** (n.m.) : Ovaire mûr (habituellement après fécondation) et toute autre structure qui lui est étroitement associée.
  La transformation de la *fleur** en fruit est sous contrôle hormonal : le fruit se différencie grâce aux substances de croissance, ou phytohormones, comme l'acide indolyl-acétique (ou AIA), qui accélère la multiplication cellulaire.
  Les formes et la texture des fruits sont très variables, parfois secs, à *péricarpe** membraneux ou coriace (akène, capsule, follicule, gousse, silique), parfois charnus, à péricarpe épais entièrement pulpeux (baie) ou à endocarpe ligneux (drupe). Certains fruits sont si petits qu'on les nomme, à tort graines (fruits de l'anis vert, du chardon, du pissenlit, etc.). Ils se reconnaissent de ces dernières, en général, par les traces du style ou des styles qui les surmontent.
- **Infrutescence** (n.f.) : Ensemble des fruits dérivant d'une *inflorescence** (ex. mûre du mûrier, *grappe** de raisin).

Fruit agrégé/Fruit multiple [Bot.]
Angl. : aggregate fruit/multiple fruit

- **Fruit agrégé** (l.m.) : Désigne un fruit se développant par la fusion des carpelles de plusieurs *fleurs** d'une même *inflorescence**. Chaque fleur produit un fruit, qui, une fois mûr, reste soudé aux autres. Ex. l'ananas est constitué des baies soudées entre elles, de leurs *bractées** épaissies et de l'axe central de l'inflorescence.
  Syn. : fruit composé, fruit synanthocarpé.
- **Fruit multiple** (l.m.) : Fruit formé par une fleur pluricarpellée où les carpelles sont indépendants, chacun d'eux donnant un fruit au sens strict. Ex. fraise, framboise.
  Syn. : fruit polycarpé.

G

Gamétange/Gamétophyte [Bot.]
Angl. : gametangium/gametophyte

- **Gamétange** (n.m.) : Structure pluricellulaire du *gamétophyte** dans laquelle est (sont) formé(s) et contenu(s) le(s) gamète(s) des embryophytes : anthéridie et archégone.
  Le terme est généralement réservé aux organes sexuels des algues, des champignons, des mousses et des fougères.

- **Gamétophyte** (n.m.) : Chez les plantes présentant une alternance des générations, phase du cycle de vie d'un individu issu d'une méiospore (spore obtenue après réduction chromatique), produisant les gamètes d'un ou des deux sexes. Les noyaux de ces derniers possédant un nombre de *chromosomes** égal à la moitié de celui de l'espèce considérée, très généralement haploïde.
  Chez les Bryophytes et les Ptéridophytes, le gamétophyte, phase dominante du cycle de vie, est soit uni-, soit bisexué.
  Dans le cycle des algues, il y a souvent une alternance de deux formes distinctes de la même espèce. La première, appelée *sporophyte**, diploïde, produit des spores haploïdes qui engendrent la seconde forme, le gamétophyte. Celui-ci est soit mâle, soit femelle, et produit des gamètes haploïdes qui redonneront après *fécondation** le sporophyte.
  Chez les Angiospermes, le gamétophyte est toujours unisexué et réduit à quelques cellules : *grain de pollen** (gamétophyte mâle), structure bi- ou tricellulaire produisant les gamètes mâles, et le sac embryonnaire (gamétophyte femelle) de l'ovule, constitué généralement de 8 cellules haploïdes dont l'oosphère.
  Chez les Gymnospermes, le grain de pollen constitue le prothalle, ou gamétophyte mâle ; le gamétophyte femelle est représenté par l'*endosperme**.

Gamète mâle/Grain de pollen [Bot.]
Angl. : gamete/pollen

- **Gamète mâle** (l.m.) : Cellule reproductrice dont le noyau contient un nombre haploïde de *chromosomes**, apte à la *fécondation** avec un gamète femelle en produisant un œuf diploïde à partir duquel naît la génération suivante.
  Les gamètes mâles (anthérozoïdes ou cellules spermatiques) sont généralement mobiles (zoogamètes) et plus petits que les gamètes femelles ou oosphères.
  Chez les Bryophytes et les Ptéridophytes, les gamètes mâles se déplacent dans l'eau du milieu grâce à des *cils** (anthérozoïdes). Chez les Spermaphytes, ils ne possèdent pas de cils (noyaux gamétiques ou spermatiques) et sont apportés au contact de l'ovule par un tube pollinique formé par la germination du *grain de pollen**.
  Structure microscopique bi- ou tricellulaire haploïde, formée d'une cellule végétative enveloppant la cellule générative, produite par l'anthère des étamines des plantes à fleurs arrivées à l'anthèse (maturité), et dispersée dans le milieu sous une forme plus ou moins déshydratée.
  Le grain de pollen représente la phase gamétophytique (microgamétophyte) mâle du cycle de vie d'une plante à *fleur**. Il provient du développement d'une microspore résultant de la *méiose** des cellules mères du pollen, situées le long de la bordure interne des sacs polliniques.
  À maturité, les grains de pollen sont produits, le plus souvent, en très grand nombre, formant une poudre disséminable dès que les sacs polliniques s'ouvrent. Très riches en glucides (20 à 40 %), ils servent de nourriture à de nombreux Insectes dont les Abeilles et les Papillons qui le récoltent grâce à leurs pattes postérieures. Emporté par le vent ou l'eau ou transporté par les animaux jusqu'au stigmate du pistil, le grain de pollen germe, grâce à la cellule végétative, en formant le tube pollinique qui s'enfonce dans le style jusqu'au sac embryonnaire de l'ovule en pénétrant le plus souvent par le micropyle (porogamie). Dans le tube pollinique en croissance, le noyau de la cellule générative haploïde se divise en deux gamètes mâles qui, chez les Angiospermes, participeront tous deux à la fécondation. L'acceptation ou le rejet du pollen par le pistil dépendent de molécules de surface qui reconnaissent ou non le

grain de pollen. En effet, chez la plupart des fleurs, le pollen est rejeté par le pistil de la même fleur : il y a un phénomène d'auto-incompatibilité opposant une barrière à l'autofécondation, protégeant ainsi l'espèce des effets dépressifs de la consanguinité. Cultivés *in vitro*, les grains de pollen isolés préservent leur capacité organogène et donnent des embryons haploïdes (haploïdisation) à l'origine de plantes viables mais stériles. Le doublement du nombre de chromosomes par la colchicine produit des individus diploïdes homozygotes et féconds, très utiles en amélioration des plantes.
Le grain de pollen est entouré d'une double paroi, le sporoderme comprenant l'intine, à l'intérieur et l'exine, à l'extérieur. Parmi les *protéines** de l'intine et de l'exine, certaines sont des enzymes intervenant lors de la pénétration du tube pollinique dans le stigmate, d'autres sont impliquées dans la reconnaissance pollen-stigmate (protéine-kinase) ou tube pollinique-style. L'exine, très résistante, assure au grain de pollen, pendant quelque temps, un état de vie ralentie. La *longévité** naturelle des grains de pollen varie de quelques heures à quelques semaines ; quelques espèces d'intérêt agronomique majeur, comme les Céréales, ont une durée de vie très courte, ce qui pose un problème aux sélectionneurs. La durée de vie du pollen de maïs, par exemple, est de 1 à 2 heures, dans les conditions naturelles. Le pollen de riz, lui, a une viabilité de quelques dizaines de minutes, le plus souvent. La viabilité des grains de pollen, très réduite chez les Céréales, résiderait dans leur teneur en eau assez élevée à l'émission (60 % environ).
Les grains de pollen possèdent en général une ou plusieurs zones d'amincissement du sporoderme : les apertures ou pores germinatifs. Les apertures peuvent être de forme : allongée — ce sont des sillons ou colpus — ou bien arrondies (cas le plus fréquent), ce sont des pores. Leur situation et leur nombre sont très importants pour la détermination. Certaines espèces (ex. Musacées, Aristolochiacées) possèdent des grains de pollen sans aperture (inaperturés).
Extérieurement, les grains de pollen sont ornés par des aspérités et des cavités qui, par exemple dans le cas d'un transport par les insectes, permettent un meilleur accrochage. Cette ornementation des grains de pollen dont la forme et le décor de la paroi externe sont très particuliers dans chaque espèce, genre et famille, permet leur identification et sert de base à une classification morphologique des pollens.
L'enveloppe externe est extrêmement résistante aux agents corrosifs. Elle doit sa remarquable capacité de conservation à une substance singulière : la sporopollénine. Les grains de pollen peuvent, en effet, se trouver fossilisés dans certains dépôts géologiques.
Le pollen est plus ou moins abondant selon les espèces et sa taille est elle-même très variable. Ces caractéristiques sont en relation étroite avec les types de pollinisation :
• les plantes à pollinisation anémophile (par le vent) produisent une grande quantité de grains de très petite taille (de 10 à 15 µm) et sont à ornementation réduite ou nulle. Ex. saules, Poacées ;
• les plantes à pollinisation entomophile (par les insectes) produisent, moins abondamment, des grains de plus grande taille (jusqu'à 200 à 250 µm) présentant des ornementations de l'exine et un enduit visqueux favorisant leur accrochage aux soies des Insectes. Ex. Lamiacées ; chez les Orchidées, les grains de pollen restent agglomérés en masses appelées pollinies ;
• chez les plantes à pollinisation hydrophile (par l'eau), les grains de pollen sont souvent filamenteux et de grande taille (jusqu'à 3 à 5 mm), sans exine et parfois enduit de mucus.

À l'époque de la *floraison**, les grains de pollen sont parfois présents en quantités considérables sur le pourtour des flaques d'eau après la pluie (phénomène appelé « pluie de soufre »). De même, l'atmosphère contient une grande quantité de pollen en suspension. Celui de certaines espèces (ex. Armoises, Graminées, etc.) peut alors déterminer, chez les sujets prédisposés qui le respirent, des troubles pénibles à caractère allergique, connus sous le nom de « rhume des foins ».

- **Grain de pollen** (n.m.) : Structure microscopique bi- ou tricellulaire haploïde, formée d'une cellule végétative enveloppant la cellule générative, produite lors de *méioses** subies par des cellules mères situées dans le sac pollinique de l'anthère des étamines des Angiospermes ou dans le microsporange des Gymnospermes.
  Le grain de pollen émis par les *fleurs** mâles est très petit (18 à 20 microns de diamètre) et sphérique. Il produit le *gamétophyte** mâle au moment de sa germination et ne doit pas être confondu avec la *graine** ; on ne doit donc parler que de *dispersion** du pollen pour la pollinisation. Le grain de pollen est en fait l'équivalent végétal des spermatozoïdes chez les animaux (gamète mâle). Sa surface est recouverte d'excroissances caractéristiques.

Gamétophyte (n.m.) : Voir **gamétange**.

Garrigue/Maquis [Écol.]
Angl. : garrigue/scrub, maquis

- **Garrigue** (n.f.) : Formation végétale typiquement méditerranéenne, résultat de la dégradation de la forêt sur sol calcaire ou siliceux, pauvre en *humus** et avec rocher affleurant, comprenant des herbes à feuilles persistantes ou caduques, odorantes (thym, romarin, cistes, lavandes, etc.), des *arbustes** épineux, des *arbrisseaux** et des sous-arbrisseaux (buis, chêne kermès, genévrier oxycèdre) qui constituent des bouquets assez espacés pour permettre la circulation entre eux.
  Les plantes de la garrigue présentent diverses *adaptations** leur permettant de résister à l'aridité de l'été : système racinaire important, réduction de la surface foliaire, bord des feuilles enroulé, *stomates** abrités dans des cryptes, présence de cutine, ...
- **Maquis** (n.m.) : Formation végétale, de type méditerranéen, résultat de la dégradation de la forêt sur un sol siliceux ou argileux, constituée d'*arbustes** épineux et à feuilles dures (Ajoncs, Genêts), d'herbes odorantes (Romarin), formant des *peuplements** denses, adaptée au milieu aride et chaud.

Gaz naturel (l.m.) : Voir **biogaz**.

Gélatinisation/Rétrogradation [Chim.phys.]
Angl. : gelatinization/retrogradation

- **Gélatinisation** (n.f.) : Transformation d'une substance en gel par *coagulation** ou *agrégation** de particules. Dans le cas des polymères, la gélification se fait par établissement de liaisons intermoléculaires sous l'effet d'un catalyseur ou d'un facteur physique (chaleur, froid, lumière) ou chimique (pH, force ionique). L'amidon se gélatinise par absorption d'eau.
  La gélatinisation peut aussi être obtenue par addition d'un agent gélifiant.
- **Rétrogradation** (n.f.) : Insolubilisation irréversible de la pâte d'amidon cuit avec formation d'un précipité ou d'un gel selon la concentration lors du refroidissement.
  La rétrogradation est principalement due aux molécules d'amylose linéaires qui sont

attirées les unes aux autres en formant des faisceaux de chaînes polysaccharidiques parallèles par l'établissement de liaisons hydrogène entre les groupes *hydroxyles** sur les molécules voisines. L'amylopectine, ayant une structure ramifiée, montre une tendance moindre à la rétrogradation.

Gènes liés/Gènes liés au sexe [Génet.]
Angl. : linked genes/sex-linked genes

- **Gènes liés** (l.m.pl.) : Gènes très rapprochés sur le même *chromosome** ou sur une même paire de chromosomes de telle sorte qu'ils sont habituellement transmis ensemble ; la recombinaison entre les gènes liés peut servir à établir une carte des distances génétiques pour un chromosome.
- **Gènes liés au sexe** (l.m.pl.) : Gènes portés par un *chromosome** sexuel. La majorité des gènes liés au sexe sont situés sur le chromosome X qui en contient beaucoup plus (environ 1 110) que le chromosome Y (environ 78) et présentent des modes de transmission héréditaire qui leur sont propres.

Génétique/Hérédité [Biol.]
Angl. : genetics/heredity

- **Génétique** (n.f.) : Science qui étudie les gènes à l'origine des caractéristiques des organismes, donc du fonctionnement, des *variations** et de la transmission héréditaire des gènes d'une génération à la suivante. On distingue :
  • la génétique des populations qui étudie la variabilité génétique liée à la transmission des gènes dans une population afin de comprendre comment elle évolue au fil des générations ;
  • la génétique moléculaire qui étudie la biochimie des acides nucléiques, leur réparation, leur réplication, leur expression et leur régulation en suivant les événements qui se déroulent entre le transfert du gène et la manifestation du caractère ;
  • la génétique formelle ou mendélienne qui analyse les variations dans la transmission des gènes afin de comprendre les mécanismes responsables de la permanence et de la multiplication des espèces ;
  • la génétique du développement qui étudie les acteurs moléculaires qui interviennent dans la formation de l'organisme au cours de son développement ;
  • la génétique de l'évolution qui cherche à identifier les gènes qui ont joué un rôle essentiel dans l'*adaptation** et la survie des espèces dans des environnements changeants et de ce fait, qui étudie les mécanismes génétiques de l'évolution des espèces.
- **Hérédité** (n.f.) : Transmission des caractéristiques intrinsèques d'une espèce vivante à ses descendants et entre les générations lors de la reproduction, assurant la permanence des espèces.
  Les premières lois de l'hérédité sont monofactorielles et dites mendéliennes car issues des travaux du moine botaniste Gregor Mendel (en 1865) qui a démontré que les caractères sont transmis indépendamment. D'autres mécanismes furent ensuite mis en évidence montrant qu'il peut exister pour un caractère donné, toute une série de gènes portés par les *chromosomes** qui concourent à son établissement, on parle alors d'hérédité multifactorielle ou de système polygénique.
  Il existe aussi des caractères qui ne suivent pas les lois de l'hérédité mendélienne, on parle alors d'hérédité non-mendélienne comme l'hérédité extranucléaire due à la présence d'ADN dans des *organites** cellulaires (mitochondries et chloroplastes) ;

ces organites sont apportés par les ovules. Ainsi chez les humains, l'hérédité mitochondriale est transmise uniquement par les femmes car les mitochondries ne sont présentes que dans les ovocytes. Il existe enfin une hérédité cytoplasmique où ce sont des composants comme les *protéines** qui sont transmis. Les fondements moléculaires de la génétique ont été élucidés en 1944 par la découverte de l'ADN comme support de l'information génétique.

Glande sébacée/Glande sudoripare [Biol.an.]
Angl. : sebaceous gland/sweat gland
- **Glande sébacée** (l.f.) : Glande composée de cellules épithéliales, qui se trouve dans les follicules pileux de la peau, sécrétant une substance huileuse appelée sébum qui lubrifie les cheveux et la peau des mammifères.
- **Glande sudoripare** (l.f.) : Glande qui produit la sueur dont la fonction principale est de protéger la peau de la sécheresse et joue un rôle important dans la thermorégulation.
  La sueur est constituée principalement d'eau et d'électrolytes comme le sodium.

Glucane/Glycane [Bioch.]
Angl. : glucan/glycan
- **Glucane** (n.m.) : Polymère linéaire ou ramifié du glucose, produit par des bactéries, des champignons et des levures. On distingue les α-glucanes comme l'amylose, l'amylopectine composant l'amidon, le glycogène, etc. et les β-glucanes comme la cellulose, la laminarine, etc.
- **Glycane** (n.m.) : Polymère formé de monosaccharides liés par des liaisons glycosidiques formant des oligo- ou des polysaccharides liés aux *protéines** (glycoprotéines) ou aux lipides (glycolipides) par leurs extrémités réductrices. Ils jouent un rôle essentiel dans les membranes des cellules en particulier dans les systèmes de reconnaissance intercellulaires.

Glucoside/Glycoside [Bioch.]
Angl. : glucoside/glycoside, heteroside
- **Glucoside** (n.m.) : Hétéroside dont le glucide constitutif est une molécule de glucose exerçant un effet favorable sur la *solubilité** du glucoside et son *absorption**, voire son transport vers tel ou tel organe. C'est la partie glucidique qui est, souvent, la plus active et responsable de l'effet thérapeutique.
- **Glycoside** (n.m.) : Classe de composés très hétérogène, constituée de molécules naturelles renfermant une fraction glucidique (ose ou oligoside) à laquelle est lié (par le remplacement d'un groupement *hydroxyle** du sucre, avec élimination d'une molécule d'eau) un autre groupe non glucidique, appelé aglycone ou génine dont la nature peut être très variée mais qui renferme toujours une fonction alcool ou phénol (–OH) : alcool, phénol, stérol, etc. ; *amine** ($-NH_2$, –NH–) ou thiol (–SH). Ex. les anthocyanosides sont des flavonoïdes qui colorent les pétales de la plupart des *fleurs**.
  Lorsque la partie glucidique est constituée uniquement de glucose, on parle de *glucoside**.
  Les hétérosides sont des composés thermolabiles, polaires et non volatils.
  Syn. : hétéroside.

Glycane (n.m.) : Voir **glucane**.

Glycoprotéine/Peptidoglycane/Protéoglycane [Bioch.]
Angl. : glycoprotein/peptidoglycan/proteoglycan

- **Glycoprotéine** (n.f.) : Hétéroprotéine composée d'une partie peptidique liée de façon covalente à une partie glucidique.
  Les glycoprotéines sont abondantes dans les tissus animaux et végétaux. Chez l'Homme, elles comprennent toutes les *protéines** du *plasma** sanguin (à l'exception de l'albumine), celles des *sécrétions** muqueuses (mucines), certaines hormones, des enzymes, des constituants des membranes cellulaires.
- **Peptidoglycane** (n.m.) : Polymère, également appelé muréine, constitué de chaînes imbriquées de sucres aminés, la *N*-acétylglucosamine (NAG) et l'acide *N*-acétylmuramique (NAM) liés par des liaisons β-(1,4) et de peptides trouvés dans les *parois cellulaires** bactériennes.
  Le peptidoglycane est rompu spécifiquement par le *lysozyme**, enzyme présente dans plusieurs liquides biologiques comme les larmes, le mucus nasal, le lait maternel, le blanc d'œuf mais que l'on rencontre aussi dans les bactériophages pour lyser la paroi des bactéries hôtes, notamment celle des bactéries à Gram positif.
- **Protéoglycane** (n.m.) : Sous-classe de *glycoprotéines** dans laquelle les unités glucidiques sont des polysaccharides contenant des sucres aminés.
  Les protéoglycanes se trouvent principalement dans le tissu conjonctif comme le cartilage, les os, le sang, les tissus fibreux et le tissu adipeux.

Glycoside (n.m.) : Voir **glucoside**.

Glyoxysome/Peroxysome [Cyt.]
Angl. : glyoxysome/peroxisome

- **Glyoxysome** (n.m.) : *Organite** de la cellule végétale, participant à l'*oxydation** des acides gras. Les glyoxysomes se développent en grand nombre lors de l'utilisation des réserves des *graines** d'oléagineux. Les glyoxysomes sont, de ce fait, abondamment présents dans l'*albumen** et les cotylédons de ces graines. Ces organites cytoplasmiques jouent un rôle important dans la voie du cycle glyoxylique qui génère du succinate à partir d'acétate.
- **Peroxysome** (n.m.) : *Vésicule** cytoplasmique minuscule (0,5 µm de diamètre) entourée d'une membrane simple contenant des oxydases et des enzymes spécifiques du métabolisme du peroxyde d'hydrogène comme la catalase. Ces enzymes transfèrent les atomes d'hydrogène de divers *substrats** au dioxygène (O_2), produisant du peroxyde d'hydrogène (H_2O_2) qui est ensuite dégradé au niveau de cet organite.
  Ces organites cytoplasmiques jouent un rôle important dans la photorespiration chez les végétaux et dans le processus de neutralisation des *toxines** du sang dans les cellules animales. Repérés par les enzymes *marqueurs**, isocitrate-lyase ou malate synthétase, ils sont, habituellement, situés au voisinage des chloroplastes et des mitochondries.

Gomme/Mucilage/Résine [Phytoch.]
Angl. : gum/mucilage/resin

- **Gomme** (n.f.) : Se dit de produits végétaux glucidiques s'écoulant de l'écorce de certaines plantes dites gummifères (*Acacia senegal*, *Astragalus gummifer*, Fabacées ; *Sterculia* spp., Sterculiacées). Les gommes s'exsudent, soit naturellement, soit à la suite de piqûres d'insectes, parfois après incision de l'écorce.

Ce sont des macromolécules visqueuses et plus ou moins solubles dans l'eau, généralement inodores, fades, de couleur jaune pâle à brun clair.
Les gommes se distinguent des *mucilages** du fait qu'elles s'exsudent à l'extérieur du végétal et se concrètent par dessiccation au contact de l'air, alors que les mucilages sont des constituants cellulaires normaux, préexistant dans des formations histologiques spécialisées (cellules et canaux) fréquentes dans le tégument externe des *graines**. Elles se distinguent également des *résines** parce qu'elles sont insolubles dans les *solvants** organiques.
Certaines gommes sont encore utilisées de nos jours par l'industrie agro-alimentaire comme agents épaississants (ex. gomme tragacanthe E413).

- **Mucilage** (n.m.) : Les mucilages sont des produits de transformation des *parois cellulaires** végétales. Ils sont rarement simples (pectosiques, cellulosiques, callosiques), mais le plus souvent mixtes, en général celluloso-pectosiques (coing, moutarde, lin). Par *hydrolyse**, ils donnent des sucres (pentoses et hexoses) ; par *oxydation** nitrique, ils donnent de l'acide mucique, formé aux dépens du galactose. Ils forment, en présence d'eau chaude, des systèmes colloïdaux de consistance plus ou moins visqueuse qui gélifient en refroidissant.
  Les mucilages existent chez un grand nombre de végétaux et parfois en telle abondance que ces derniers sont appelés plantes mucilagineuses. On les rencontre dans les organes les plus divers, dans les *fleurs** (mauve, guimauve), les feuilles (bourrache, capillaire), les téguments des *graines** (lin, coing), les *bulbes** (oignon), les *racines** (guimauve), etc. Les Algues, particulièrement riches, font l'objet d'une *extraction** industrielle. On les emploie alors couramment comme émulsifiants (carraghénanes).
  En thérapeutique, ils sont utilisés comme régulateur du transit intestinal et servent à maintenir certaines substances actives en suspension.
- **Résine** (n.f.) : Groupe de substances produites par de nombreux arbres et *arbustes** (dits résinifères), notamment des Conifères (pins, sapins, épicéa, etc.). Certaines sont des dérivés d'alcools aromatiques, souvent phénoliques, d'autres d'acides aliphatiques ou encore des terpénoïdes.

Gousse/Silique [Bot.]
*Angl. : 1. legume, pod, 2. clove of g*arlic/*siliqua, silique*

- **Gousse** (n.f.) :
  1. Fruit sec, provenant d'un seul carpelle et s'ouvrant à maturité suivant deux fentes longitudinales (dorso-ventralement) en deux valves pour libérer les *graines** disposées en deux rangées alternantes. C'est le fruit caractéristique des Légumineuses. Ex. gousses du haricot (*Phaseolus vulgaris*), du pois (*Pisum sativum*).
  2. Caïeu de l'ail (*Allium sativum*).
- **Silique** (n.f.) : Fruit sec, déhiscent, allongé, à deux compartiments (carpelles) séparés par un septum translucide, renfermant plusieurs *graines** et s'ouvrant à maturité de bas en haut par deux valves. Sa longueur est plus de deux à trois fois sa largeur. C'est le fruit des Brassicacées. Ex. arabette (*Arabidopsis thaliana*), chou (*Brassica oleracea*), colza (*Brassica campestris*), giroflée (*Cheiranthus*), moutarde (*Sinapis*).

Goût (n.m.) : Voir **arôme**.

Grain de pollen (l.m.) : Voir **gamète mâle**.

Graine/Semence [Bot.]

Angl. : seed/seed

- **Graine** (n.f.) : Unité caractéristique des Spermaphytes, provenant exclusivement du développement et de la maturation de l'ovule après *fécondation**, et renfermant l'embryon avec des réserves nutritives nécessaires à son développement. L'ensemble est enveloppé par un tégument, plus ou moins dur.
  Chez les Angiospermes, les graines sont enfermées dans le fruit (provenant de l'ovaire), alors qu'elles sont nues et supportées par des écailles fertiles regroupées en *cônes** chez les Gymnospermes.
  Chez les Gymnospermes, la graine renferme un embryon et l'*endosperme** haploïde.
  Chez les Angiospermes, dans le même ovule, il se produit une double fécondation : une cellule spermatique (gamète mâle) fusionne avec l'oosphère (gamète femelle) pour constituer le zygote-plantule à l'origine de l'embryon-plantule et de la future plante, l'autre cellule spermatique fusionne avec la cellule centrale, le plus souvent binucléée, pour réaliser un zygote-albumen à l'origine du tissu nourricier (albumen).
  Au cours de la maturation, le ou les téguments de l'ovule se transforment en téguments de la graine. Les parois de leurs cellules s'épaississent et se sclérifient, constituant une enveloppe imperméable à l'eau et à l'oxygène. L'embryon atteint une taille de l'ordre de 1 mm à 1 cm (le ou les cotylédons sont ordinairement visibles), il se déshydrate progressivement et passe à l'état de vie ralentie. Trois possibilités peuvent se produire :
  1. la graine mûre est formée d'un embryon, accompagné d'*albumen** et de *périsperme** (restes du nucelle), dans une enveloppe tégumentaire, (un ou deux téguments plus ou moins durs). La graine est dite à périsperme. Ex. Caryophyllacées, Chénopodiacées, Nymphéacées, Pipéracées...
  2. l'embryon et l'albumen subsistent tous deux mais le nucelle disparaît complètement, la graine est dite albuminée. Ex. Apiacées, Euphorbiacées, Poacées, Polygonacées...
  3. seul l'embryon subsiste, les réserves sont stockées dans les cotylédons, la graine est dite exalbuminée. Ex. Astéracées, Brassicacées, Fabacées, Rosacées...

  À maturité, le fruit peut se détacher et tomber ou s'ouvrir régulièrement, ou encore se fragmenter : dans tous les cas, le résultat est normalement la *dispersion** des graines.
  Les graines ont des tailles extrêmement variables, selon l'espèce, de quelques fractions de millimètres, pour l'aulne ou les Orchidacées, à plusieurs centimètres, chez l'avocat. Leurs formes sont également très diverses : sphérique, ellipsoïde, ovoïde, lenticulaire, anguleuse, réniforme ou « cérébriforme » (noyer). Certaines sont ailées ou ciliées, comme beaucoup de fruits.
  La graine est capable de rester très longtemps à l'état dormant, c'est-à-dire qu'elle ralentit temporairement ses activités physiologiques. Ce phénomène se produit, notamment, lorsque les conditions extérieures ne permettent pas à la plantule de se développer normalement. Elle ne reprend son activité que si elle est mise dans des conditions de température et d'humidité favorables et si la *dormance** est levée, en donnant une plante semblable à celle qui l'a formée : c'est le phénomène de la germination.
  La longévité des graines (c'est-à-dire la période pendant laquelle la graine est en vie latente tout en conservant son pouvoir germinatif) varie beaucoup d'une espèce à l'autre ; elle est souvent de quelques années et peut varier de quelques semaines (orme, peuplier, saule) à une dizaine d'années (avoine, blé, carotte, chicorée,

concombre). En revanche, certaines graines de mauvaises herbes, grâce à l'imperméabilité de leurs téguments, peuvent se conserver dans le sol pendant plus de 20 ans (graines de moutarde blanche). Cependant, la longévité est liée aux conditions de conservation. La chaleur et l'humidité, par exemple, la diminuent considérablement.

- **Semence** (n.f.) :
  1. Se dit de toute partie isolée d'une plante, quelle que soit sa valeur morphologique, capable de donner un nouvel individu complet. Ex. une *graine** de haricot, un pépin de raisin, qui est une graine ; un caryopse de blé, qui est un fruit ; un glomérule floral de betterave, *tubercule** de pomme de terre, qui est une *tige** ; un noyau de cerise, qui est un fragment de fruit ; une spore de Champignon.
  2. Par extension, les embryons somatiques sont aussi appelés semences.

Grandissement (n.m.) : Voir **agrandissement**.

Grappe (n.f.) : Voir **épi**.

Grimpant/Remontant [Hort.]

Angl. : climbing/remontant, double-cropping, double-fruiting

- **Grimpant** (adj.) : Qualifie un végétal dont la *tige** flexueuse s'élève en s'accrochant aux supports voisins à l'aide de crampons (lierre), de vrilles (bryone, pois, vigne, certains liserons), de *racines** adventives (*Monstera tenuis*, *Philodendron*), d'*épines** en crochets (*Smilax*) ou en s'enroulant tout entier (plante volubile) autour de son support (chèvrefeuille, clématite).
- **Remontant** (adj.) : Qualifie une plante qui donne plusieurs fois des *fleurs** et des fruits au cours d'un même cycle de vie. Ex. certaines *variétés** de rosier (*Rosa*), fraisier (*Fragaria*), œillets (*Dianthus*), framboisiers (*Rubus*).

Grossissement (n.m.) : Voir **agrandissement**.

Guttation/Rosée/Sudation/Transpiration [Bot., Biol.]

Angl. : guttation/dew/sweating, sudation/transpiration

- **Guttation** (n.f.) : Exsudation d'eau sous forme de gouttelettes liquides, chargées de sels minéraux (calcium surtout), chez certaines plantes, particulièrement le long des bordures des feuilles, au niveau des *hydathodes**. Ex. feuilles de primevère (*Primula*), fraisier (*Fragaria*), saxifrage (*Saxifraga*), tomate (*Lycopersicon esculentum*), lierre (*Hedera helix*).
  Ce phénomène s'observe particulièrement quand l'air et le sol sont chargés d'humidité (ex. culture en serre) en l'absence d'*évaporation** ; par conséquent l'*absorption** l'emporte sur la *transpiration** qui est très peu intense.
- **Rosée** (n.f.) : Condensation de l'humidité atmosphérique sur la surface d'un végétal et particulièrement les feuilles.
- **Sudation, transpiration** (n.f.) : Émission de vapeur d'eau par une plante ou par un animal, sous l'effet de la chaleur.
  Chez l'animal, la sudation est efficace pour refroidir l'organisme mais requiert un apport équivalent en eau et sels minéraux ; elle se fait à travers la peau.
  Chez les plantes, on utilise de préférence le terme de *transpiration**; celle-ci se fait à travers les *stomates** des feuilles.

H

Habitat (n.m.) : Voir **aire de répartition.**

Halophile/Halophyte [Bot.]
Angl. : halophilous/halophyte

- **Halophile** (adj.) : Qualifie une plante (ou un micro-organisme) capable de vivre dans des sols chargés en sels, incompatibles avec le développement de la plupart des espèces végétales, soit parce qu'il est tolérant au sel, soit parce que le sol à forte *concentration**en sel lui est nécessaire.
- **Halophyte** (n.f.) : Plante vivant en milieux saumâtres et salés (bords de mer, chotts, sebkhas, mangroves, *marais** et *marécages**).
  Les halophytes, qui sont essentiellement des Angiospermes possèdent des caractères de xérophytisme, mais contrairement aux *xérophytes**, elles ne sont pas capables de supporter de longues périodes de sécheresse. Les halophytes sont souvent succulentes et enracinées superficiellement. Ex. les Chénopodiacées (*Salicornia, Suaeda, Beta maritima, Atriplex, Salsola*).
  Pour survivre, croître et assurer leur *cycle de développement** dans ces milieux, les halophytes ont développé de nombreuses *adaptations** physiologiques. Cette physiologie particulière suscite beaucoup de recherches afin de comprendre les mécanismes qui confèrent à ces plantes la *résistance** au sel, dans l'espoir de pouvoir introduire de tels caractères chez des plantes cultivées.
  Ant. : glycophyte.

Haplodiploïde, haploïde doublé (adj.) : Voir **dihaploïde**.

Haptène (n.m.) : Voir **adjuvant**.

Hasté/Sagitté [Bot.]
Angl. : hastate, halberd-shaped/sagittate

- **Hasté** (adj.) : Qualifie un organe (feuille en particulier) en forme de fer de hallebarde, avec à la base deux lobes étalés horizontalement. Ex. feuilles de l'arroche (*Atriplex hastata*), du liseron (*Convolvulus*).
- **Sagitté** (adj.) : Qualifie un organe (feuille, en particulier) en forme de fer de flèche. Ex. feuilles de la sagittaire (*Sagittaria*), de l'oseille (*Rumex*).

Héliophile/Héliophyte/Hélophyte [Biol.]
Angl. : heliophile, heliophilous/heliophyte/helophyte

- **Héliophile** (adj.) :
  1. Se dit d'animaux qui recherchent un éclairement intense. C'est le cas de nombreux papillons.
  2. Se dit d'un végétal qui vit en plein soleil.
- **Héliophyte** (n.f.) : Plante dite *héliophile**, ayant d'importants besoins en lumière pour se développer, et donc caractéristique des milieux très éclairés. Ex. genêt

épineux (*Calycotome spinosa*), figuier (*Ficus carica*), palmier dattier (*Phœnix dactylifera*), vigne (*Vitis vinifera*).

- **Hélophyte** (n.f.) : Plante croissant sur la vase, mais dont le sommet émerge à l'air libre. Ex. sagittaire (*Sagittaria sagittaefolia,* Alismatacées).

Héliophobe/Ombrophile [Bot.]
Angl. : heliophobe/ombrophilous

- **Héliophobe** (adj.) : Qualifie une espèce végétale se développant en lumière atténuée et pouvant donc pousser dans l'ombre des appartements ou des sous-bois. Ex. *Oxalis acetosella* (Oxalidacées).
  Ces plantes commencent à assimiler à une intensité lumineuse faible et elles craignent un ensoleillement trop fort. Elles présentent des dispositifs qui leur permettent de tirer parti d'un éclairement modéré : leurs feuilles sont planes et étalées, généralement glabres, et placées les unes par rapport aux autres de manière à ne pas se juxtaposer.
  Syn. : sciaphile.
  Ant. : héliophile.
- **Ombrophile** (adj.) : Se dit d'une plante ou d'une formation végétale se développant préférentiellement dans les zones à forte *pluviosité** ou à humidité atmosphérique élevée. Ex. plantes des forêts équatoriales.
  Ant. : ombrophobe.

Héliophyte ; hélophyte (n.f.) : Voir **héliophile**.

Hémostase/Homéostasie [Bio., Physio.an.]
Angl. : hemostasis/homeostasis

- **Hémostase** (n.f.) :
  1. Ensemble des réactions impliquées dans l'arrêt d'une hémorragie et le maintien de la fluidité du sang. Elle présente deux étapes, l'hémostase primaire comportant un temps vasculaire et un temps plaquettaire et l'hémostase secondaire, temps plasmatique aboutissant à la *coagulation**. La baisse de fluidité du sang peut induire une thrombose, c'est-à-dire la formation d'un caillot sanguin ou thrombus qui peut obstruer un vaisseau et provoquer un accident ischémique.
  2. Ensemble des examens biologiques effectués pour le *diagnostic** et le suivi biologique des patients avec une maladie hémorragique constitutionnelle (hémophilie, maladie de Willebrand, etc.) ou une maladie thrombotique.
- **Homéostasie** (n.f.) : État d'un système biologique (cellules, organe, organisme) fonctionnant normalement et efficacement, en dépit des variations de l'environnement. L'homéostasie désigne l'état d'autorégulation assurant la stabilité du milieu intérieur, c'est-à-dire l'ensemble des liquides extracellulaires (sang, lymphe et liquide interstitiel) et en particulier, la constance de ses caractéristiques physico-chimiques. Ce milieu intérieur est à l'interface entre les zones d'échange avec le milieu extérieur (poumon, intestin et rein) et les cellules de l'organisme.

Herboristerie/Phytothérapie [Méd.]
Angl. : herbalism, herb trade/phytotherapy, herbal medicine, phytomedicine

- **Herboristerie** (n.f.) : Commerce des plantes médicinales, sous des formes variées : plantes sèches, concentrés liquides, *huiles essentielles**, sirop et capsules entre autres. La *phytothérapie** et l'aromathérapie sont deux branches de cette activité.

- **Phytothérapie** (n.f.) : Ensemble des méthodes curatives faisant directement appel aux plantes (entières ou non, séchées ou fraîches, en jus, en infusion, etc.) ou des substances d'origine végétale.
  En phytothérapie, le contenu chimique (ou « *totum* végétal ») n'est pas nécessairement connu et doit être obtenu sans fractionnement poussé jusqu'à l'obtention de principes homogènes ou purs. Ainsi, le traitement par la digitaline, extraite d'une plante médicinale, la digitale pourpre, ne constitue pas une phytothérapie.
  Les plantes peuvent être utilisées entières ou uniquement leurs feuilles, leurs *racines**, leurs *inflorescences** ou leurs fruits. Les modes de préparation sont aussi variables selon la richesse de la plante en *principes actifs** et leur facilité d'entraînement :
  • en nature (sans préparation) ;
  • sous forme de préparations aqueuses, les tisanes, résultant d'opérations simples : infusion, décoction, digestion et macération ;
  • sous forme de préparations galéniques obtenues par extraction alcoolique (teinture, extraits, alcoolatures, intraits) et non par expression ou par distillation. Ces formes extractives peuvent être introduites dans des médicaments plus élaborés (gélules, sirops...).
  La phytothérapie connaît de nos jours un regain d'intérêt tant dans le domaine des maladies internes qu'en dermatologie et en cosmétologie (savons, eaux, déodorants, « shampooings ») et enfin en balnéothérapie (bains, compresses). Ce fait est en relation étroite avec les récentes découvertes dans le domaine de la biochimie, la pharmacognosie et la physiologie des substances isolées à partir de plantes réputées pour leurs vertus médicinales.
  Utilisées à bon escient, les plantes donnent bien souvent des résultats remarquables avec peu d'effets nocifs.
  L'aromathérapie (utilisation des huiles essentielles) et la gemmothérapie (utilisation d'extraits de bourgeons) sont des branches de la phytothérapie.

Héréditaire (adj.) : Voir **congénital**.

Hérédité (n.f.) : Voir **génétique**.

Hérédité chromosomique/Hérédité cytoplasmique [Génet.]
Angl. : chromosomal heredity or Mendelian inheritance/cytoplasmic heredity, cytoplasmic inheritance

- **Hérédité chromosomique** (l.f.) : Transmission, des parents aux descendants, des caractères portés par les *chromosomes** nucléaires, par le jeu de la ségrégation au moment de la formation des gamètes par la *méiose**, et de leur combinaison au moment de la *fécondation**. Cette transmission biparentale obéit aux lois de Mendel.
  Syn. : hérédité mendélienne.
- **Hérédité cytoplasmique** (l.f.) : Transmission, des parents aux descendants, des caractères héréditaires par l'ADN des organites extranucléaires tels que les mitochondries et les chloroplastes. Cette transmission est généralement uniparentale.
  Contrairement aux gènes chromosomiques, les *mutations** de l'ADN mitochondrial et chloroplastique ne sont pas de type mendélien. Lorsque le *gamète mâle** féconde le gamète femelle, il injecte son noyau dans celui-ci. Il s'ensuit que le patrimoine

génétique contenu dans les *organites** n'est généralement transmis à la descendance que par la voie maternelle.
Chez la majorité des Angiospermes, les chloroplastes et les mitochondries sont très préférentiellement transmis par les cellules de la lignée femelle (oosphères) au cours des croisements sexués, c'est-à-dire que les zygotes héritent la totalité de leurs mitochondries et chloroplastes de leur cellule maternelle et qu'elles n'en reçoivent aucune du gamète mâle parental alors que pour la plupart des Gymnospermes, les chloroplastes sont à hérédité paternelle et les mitochondries à hérédité maternelle. L'ADN mitochondrial et l'ADN chloroplastique sont ainsi responsables d'une hérédité non mendélienne.

Hibernation/Hivernage [Physio.an.]
Angl. : hibernation/overwintering
- **Hibernation** (n.f.) : Chez certains Mammifères, état de vie ralentie pendant la saison froide caractérisé par une diminution de la vitesse du métabolisme, un ralentissement du système cardiovasculaire et du système respiratoire et une baisse de la température corporelle à un niveau inférieur à la normale (parfois jusqu'à 0 °C). Durant l'hibernation, l'animal vit sur ses réserves de graisse. Au printemps, quand la température remonte, l'animal reprend son activité normale en quelques heures.
- **Hivernage** (l.m.) : Mode de survie saisonnier d'une population animale à la saison hivernale caractérisé par une diminution de température interne de l'animal de quelques degrés ; le retour à la normale se fait rapidement. Durant l'hivernage, l'animal reste très réactif en cas de danger. Ex. certains animaux comme l'ours.
  Les Vertébrés hivernent dans une tanière ou dans un terrier avec ou non véritable *hibernation**.
  Syn. : sommeil hivernal.

Homéopathie/Phytothérapie [Méd.]
Angl. : homeopathy/herbal medicine
- **Homéopathie** (n.f.) : Pratique, reconnue comme médicale dans certains pays, qui consiste à donner au patient des préparations de substances naturelles végétales, animales ou minérales, à très faible *dose**. Elle repose sur le principe qu'une même substance provoquant des *symptômes** identiques à ceux de la maladie chez une personne en bonne santé peut guérir les troubles chez une personne malade, lorsqu'elle lui est donnée à des doses infinitésimales.
  Les remèdes homéopathiques se présentent sous forme de pilules, de granules, de poudre, etc.
- **Phytothérapie** (n.f.) : Voir **herboristerie**.

Homéostasie (n.f.) : Voir **hémostase**.

Homologue (adj.) : Voir **analogue**.

Homologie/Homoplasie [Biol.]
Angl. : homology/homoplasy
- **Homologie** (n.f.) :
  1. En phylogénie, similitude de *caractères** (structurels et comportementaux mais aussi morphologiques, anatomiques, embryologiques ou moléculaires) chez des

espèces différentes mais héritée d'un ancêtre commun ; ex. les membres antérieurs des mammifères et les ailes des oiseaux.
2. En biologie moléculaire, le degré de ressemblance (homologie) entre des séquences d'ADN ou des *protéines** témoigne aussi d'une origine commune. Les gènes *homologues** étant tous issus d'un même gène ancestral. Une application importante de cette notion est de rechercher sur un modèle animal un gène responsable d'un disfonctionnement puis de regarder ensuite chez l'Homme s'il existe un gène homologue ce qui permet alors de comprendre l'origine de certaines maladies dites génétiques.

- **Homoplasie** (n.f.) : Désigne une similarité d'un *caractère** morphologique (organes, parties d'organes), moléculaire (séquences d'ADN ou de *protéines**, etc.) ou comportemental, apparue dans deux ou plusieurs lignées différentes bien que ne provenant pas de l'héritage d'un ancêtre commun mais résultant d'une évolution parallèle (taxons proches parents) ou convergente (taxons éloignés) ou d'une réversion de caractères (retour secondaire à un état semblable à l'état initial).
  L'homoplasie peut conduire à des conclusions erronées sur les relations phylogénétiques si elle est interprétée à tort comme une *homologie**.

Horticulture (n.f.) : Voir **agriculture**.

Huile de cannabidiol/Huile de chanvre [Chim.]
Angl. : cannabidiol oil/cannabis oil, hemp oilseed

- **Huile de cannabidiol** (l.f.) : Huile extraite des parties aériennes du chanvre (*Cannabis sativa*) et principalement des bourgeons floraux.
  L'huile de cannabidiol est un anti-douleurs naturel et permet de lutter contre le stress ; c'est aussi un puissant anti-inflammatoire.
- **Huile de chanvre** (l.f.) : Huile obtenue par extraction à partir des *graines** de chanvre par broyage.
  L'huile de chanvre renferme plus d'acides gras polyinsaturés que les huiles que l'on retrouve couramment sur le marché. Elle est utilisée dans l'*alimentation** et dans les produits des soins corporels.

Huile essentielle (l.f.) : Voir **essence**.

Huile essentielle/Huile végétale [Chim.]
Angl. : essential oil/plant oil, dietary oil

- **Huile essentielle** (l.f.) : Voir **essence**.
- **Huile végétale** (n.f.) : Corps gras liquide à la température ordinaire.
  Les huiles végétales (comme les huiles animales) sont des esters ; les huiles minérales sont des hydrocarbures.
  Les huiles végétales alimentaires sont extraites de *graines** ou de fruits. Les plus courantes sont les huiles d'arachide, d'olive, de colza, de tournesol.
  D'un point de vue qualitatif, chaque huile possède ses propres spécificités. Cette différenciation provient de son profil en acides gras qui détermine son aspect (fluide ou concret) mais surtout la désigne pour des utilisations relativement ciblées (alimentation humaine et/ou animale, industrie, etc.).

Huile de coprah/Huile de coco [Chim.]
Angl. : copra oil/coconut oil

- **Huile de coprah** (l.f.) : Huile obtenue à partir de l'amande séchée de la noix de coco (*Cocos nucifera*, Palmacées), par pression à chaud. Ayant perdu son *odeur** et sa *saveur**, l'huile de coprah est surtout utilisée en cosmétique. En agro-alimentaire, elle est utilisée dans la fabrication de la végétaline, matière grasse pour la cuisson. Sa qualité nutritionnelle est limitée du fait qu'elle est composée essentiellement d'acides gras saturés.
- **Huile de coco** (l.f.) : Huile extraite à froid à partir de pulpe fraîche de coco. Sa stabilité thermique (riche en acides gras saturés) et sa *saveur** étant conservée, elle est plus utilisée en cuisine.

Huile de palme/Huile de palmiste [Chim.]
Angl. : palm oil/palm kernel oil

- **Huile de palme** (l.f.) : Huile extraite du mésocarpe (pulpe) du fruit du palmier à huile. C'est une huile bon marché, solide à température ambiante, ce qui confère au Nutella® toute son onctuosité ! On la rencontre également dans de nombreux produits du quotidien (80 % dans l'alimentaire et 20 % dans la cosmétique).
- **Huile de palmiste** (l.f.) : Huile extraite du noyau du fruit de la même plante.

Huile végétale (l.f.) : Voir **huile essentielle**.

Humus (n.m.) : Voir **compost**.

Hydathode/Stomate [Bot.]
Angl. : hydathode/stoma, stomate (pl. stomata)

- **Hydathode** (n.m.) : *Stomate** aquifère situé à l'extrémité d'une nervure de feuille, permettant la *guttation**. Ex. *Tropaeolum majus, Alchemilla vulgaris.*
  Les hydathodes sont des ouvertures naturelles et, contrairement aux stomates, ils sont ouverts en permanence, ce qui représente une voie de moindre résistance à l'écoulement du liquide hors des feuilles. L'anatomie de l'hydathode révèle qu'il est formé de cellules translucides qui apparaissent extérieurement comme des pores ressemblant à des stomates dans l'épiderme.
- **Stomate** (n.m.) : Ouverture naturelle formée d'une paire de cellules réniformes de l'épiderme de la feuille ou de la *tige**, appelées cellules de garde, réunies du côté de leur concavité, laissant entre elles un ostiole, orifice à travers lequel peuvent se faire les échanges gazeux entre les tissus internes de la plante et l'extérieur. Sous cet orifice, se trouve un espace appelé chambre sous-stomatique.
  Le plus souvent, les stomates sont situés à la face inférieure (abaxiale) des feuilles. Cette caractéristique réduit la *transpiration** car la face inférieure se trouve moins exposée aux rayons du soleil que la face supérieure. Dans les plantes à feuilles flottantes (ex. nénuphar), les stomates se trouvent sur la face supérieure (adaxiale) qui est exposée à l'air.
  Chez la plupart des plantes, les stomates sont ouverts le jour, permettant l'entrée de CO_2, et fermés la nuit. L'exception à cette règle est représentée par les plantes CAM ou plantes à métabolisme acide crassulacéen pour lesquelles le processus est inverse : stomates fermés le jour et ouverts la nuit.
  Le fonctionnement du stomate est contrôlé par la variation périodique des *pressions osmotiques** des cellules de garde dû à un transport actif d'ions ainsi que par la

structure même de ces cellules. Ces dernières possèdent des parois internes (du côté de l'ostiole) plus épaisses que les parois externes. À la suite d'une absorption d'eau, les cellules de garde se courbent uniquement du côté des parois externes, laissant entre elles une ouverture du côté interne. Après une plasmolyse, l'effet inverse est obtenu.

Hydratation/Hydrogénation/Hydrogénolyse/Hydrolyse [Chim.]
Angl. : hydration/hydrogenation/hydrogenolysis/hydrolysis

- **Hydratation** (n.f.) :
  1. Capacité d'une substance à adsorber, absorber et retenir l'eau avec plus ou moins de facilité. Elle est influencée par des facteurs extérieurs comme l'acidité, la richesse en sels minéraux, la température du milieu dans lequel elles se trouvent. De cette aptitude ou non à l'hydratation dépendent la plupart des propriétés fonctionnelles des substances.
  2. Addition d'une molécule d'eau (H_2O) à une molécule organique.
- **Hydrogénation** (n.f.) : Réaction chimique de l'hydrogène avec une autre substance, généralement un composé organique insaturé.
  Les réactions d'hydrogénation comprennent, entre autres, des réactions d'addition d'hydrogène à des molécules réactives et des réactions d'incorporation d'hydrogène accompagnée d'un clivage des molécules de départ (*hydrogénolyse**).
  L'hydrogénation est synonyme de réduction dans laquelle l'oxygène ou un autre élément (le plus souvent azote, soufre, carbone ou halogène) est retiré d'une molécule.
- **Hydrogénolyse** (n.f.) : Ce terme désigne notamment un clivage dans une molécule, associé à l'addition d'hydrogène. L'hydrogénolyse est analogue à l'*hydrolyse** et à l'ammonolyse, qui impliquent le clivage d'une liaison induite par l'action de l'eau et de l'ammoniac, respectivement. Les liaisons chimiques qui sont brisées par des réactions d'hydrogénolyse peuvent être de type carbone-carbone, carbone-oxygène, carbone-soufre et carbone-azote.
- **Hydrolyse** (n.f.) : Réaction chimique ou biochimique se traduisant par la fixation d'une molécule d'eau au niveau d'une liaison covalente au sein d'une macromolécule, voir la réaction ci-dessous :

  $$A\text{–}B + H_2O \rightarrow AH + BOH$$

  Elle peut être chimique (due à l'action d'un acide ou d'une base) ou biochimique (action d'une enzyme appelée hydrolase) ou, parfois, spontanée. La réaction inverse est la condensation des deux molécules avec élimination d'eau.
  L'hydrolyse chimique nécessite généralement des conditions physico-chimiques plus contraignantes (pH, température élevée, pression, etc.) que celles exigées dans les conditions enzymatiques homologues (conditions douces).
  Dans le cas de *protéines**, leur hydrolyse, encore appelée protéolyse, conduit à l'obtention de polypeptides, d'oligopeptides et même d'acides aminés libres et d'ammoniac après une réaction d'oxydoréduction. Elle améliore certaines de leurs propriétés fonctionnelles (ex. l'hydrolyse alcaline des protéines du lait améliore leurs propriétés moussantes). Elle peut être partielle ou totale. Dans ce dernier cas, on obtient uniquement des petits peptides, des acides aminés libres et de l'ammoniac.

Hydrophyte/Hygrophyte [Bot.]
Angl. : hydrophyte/hygrophyte

- **Hydrophyte** (n.f.) : Synonyme de plante aquatique.

- **Hygrophyte** (n.f.) : Plante (dite hygrophile) habitant des stations humides dont le sol contient toujours de l'eau en quantité suffisante, mais non excessive. Ex. aulnes (*Alnus*), joncs (*Juncus*).
  Ant. : xérophyte.

Hydroponie (n.f.) : Voir **aquaponie**.

Hydroxyde/Hydroxyle [Chim.]
Angl. : hydroxide/hydroxyl

- **Hydroxyde** (n.m.) : Ion OH^-. Par extension, composé formé par un anion (qui peut être un métal, un métalloïde, un ion) et un groupement OH (*hydroxyle**). Ex. NaOH = hydroxyde de sodium ; NH_4OH = hydroxyde d'ammonium.
  Les hydroxydes sont des composés dont les caractéristiques chimiques vont de fortement basiques, amphotères (ayant à la fois des caractéristiques acides et basiques), à essentiellement acides.
- **Hydroxyle** (n.m.) : Groupement fonctionnel (–OH) porté par les alcools (ex. méthanol, CH_3OH), les énols et les phénols. Dans le groupement hydroxyle, un atome d'hydrogène se lie à un atome d'oxygène lui-même fixé à la chaîne carbonée de la molécule organique.
  Les groupements hydroxyles des sucres leur confèrent leur nature hydrophile et, par suite, leur polarité en raison de la présence de l'oxygène électronégatif qui attire vers lui les électrons de la liaison.

Hygiène des aliments/Hygiène nutritionnelle [Alim.]
Angl. : food hygiene, food sanitation/nutritional hygiene

- **Hygiène des aliments** (l.f.) : Expression désignant l'ensemble des conditions, mesures et pratiques nécessaires pour garantir la sécurité et la salubrité des *aliments** à toutes les étapes de la *chaîne alimentaire** telles que le respect de la température et de la durée de conservation, l'hygiène du personnel et le port de vêtements appropriés, la propreté des locaux et des équipements, celle des contenants adéquats, le transport, etc.
  L'hygiène des aliments vise à préserver la santé humaine et à assurer la protection du consommateur. La plupart des problèmes d'hygiène sont causés par une mauvaise manipulation des aliments et, dans le cas des aliments transformés ou emballés, surviennent souvent après la fabrication et l'emballage.
- **Hygiène nutritionnelle** (l.f.) : Expression médicale désignant le choix raisonné des *aliments** dans le but d'assurer une bonne *nutrition** par l'apport des aliments adéquats et en quantité suffisante et de prévenir la survenue de troubles (obésité), de maladies de carence ou de maladies chroniques (*diabète**, ostéoporose), de maladies cardiovasculaires (hypertension artérielle, hypercholestérolémie) et certains cancers.

Hygrophyte (n.m.) : Voir **hydrophyte**.

Hyperglycémie (n.f.) : Voir **diabète**.

Hyperplasie/Hypertrophie [Biol.]
Angl. : hyperplasia/hypertrophy

- **Hyperplasie** (n.f.) : Accroissement anormal du volume d'un tissu, provoqué par des divisions cellulaires trop actives et, en général, désordonnées.
- **Hypertrophie** (n.f.) : Accroissement du volume d'un tissu provenant de l'augmentation anormale du volume de ses cellules, sans que celles-ci se divisent.

Hypocotyle/Tige/Tubercule [Bot.]
Angl. : hypocotyl/stem, stalk, caulis/tuber, tubercle

- **Hypocotyle** (n.m.) : Partie de la *tige** provenant du développement de la tigelle embryonnaire, située entre le point d'insertion des cotylédons et le collet de la *radicule** et apparente chez les espèces à germination épigée.
- **Tige** (n.f.) : Organe de la plante, le plus souvent en forme d'axe, reliant les *racines** aux feuilles, à l'endroit appelé collet, et portant les branches, les feuilles, les *fleurs** ou les fruits.
  Les feuilles sont portées au niveau des nœuds. À la base de chaque feuille, se trouve un bourgeon latéral (axillaire) susceptible de se développer en rameau. La position de ces derniers sur la tige détermine le port de la plante. À l'extrémité de chaque tige se trouve un bourgeon apical.
  Suivant le milieu dans lequel elle croît, une tige est dite dressée ou aérienne (pour la grande majorité des Angiospermes), aquatique ou souterraine. Dans ce dernier cas, elle est transformée en *rhizome**, *bulbe** ou *tubercule**. La tige aérienne peut être herbacée, ligneuse, frutescente, sous-frutescente, grimpante, retombante, rampante, succulente, etc.
  Cette diversité de formes est d'ailleurs associée à une diversité de fonctions : soutien chez les tiges aériennes, propagation dans le cas des *stolons** horizontaux (fraisier), accumulation de réserves dans les tubercules (pomme de terre), les bulbes (poireau) et les rhizomes (asperge) ou encore chez les *plantes succulentes**.
  La tige peut prendre l'aspect d'une feuille et se nomme alors *cladode** (ex. petit houx), mais on peut reconnaître aisément sa véritable nature au fait qu'elle porte des fleurs.
  Parcourue par des éléments conducteurs, elle assure le transport des *nutriments** entre les racines et les feuilles et inversement. Contrairement à la plupart des racines, une tige peut être verte et participer activement à la photosynthèse.
  Syn. : axe caulinaire.
- **Tubercule** (n.m.) : Excroissance d'une partie quelconque d'un végétal (*tige** souterraine, *racine**, *hypocotyle**) plus ou moins ovoïde gonflée de substances de réserves variées.
  Contrairement aux *rhizomes**, la ramification des tubercules est, en général, peu abondante ou nulle.
  Les tubercules correspondent à une vie végétative ralentie, de certains végétaux (*vivaces**, notamment), destinée à faire franchir à une plante une période pendant laquelle la *croissance** des parties aériennes est fortement ralentie ou inexistante. Cette mise en sommeil du végétal dépend des conditions de température et de la disponibilité de l'eau dans le sol. Quand le développement redevient normal, le tubercule reprend son cycle de croissance et assure la reproduction de la plante.
  Dans le cas des tubercules provenant de tiges ou de *stolons** hypertrophiés, tels que la pomme de terre ou le topinambour, les réserves accumulées sont utilisées pour donner de nouvelles tiges aériennes. Le développement de celles-ci et des autres parties de la plante se fait initialement à partir du tubercule-mère, qui est vidé de sa

substance puis disparaît. Mais il existe aussi des tubercules vivaces pouvant persister plus longtemps. C'est le cas du glaïeul (Iridacées).
Dans le cas des tubercules provenant de racines tels que le dahlia, l'accumulation d'un glucide de réserve, l'inuline, pendant l'été persiste jusqu'à l'hiver quand les parties aériennes meurent. Au printemps suivant, des tiges reforment, aux dépens des réserves, un appareil aérien.
Pour les tubercules provenant de l'hypocotyle tels que la betterave, la carotte ou le radis, la reprise de végétation se traduit par la formation du système floral donnant des *graines** pour assurer la reproduction aux dépens des réserves de la racine.
Pour les tubercules à vocation industrielle, seule la partie glucidique (plus de 80 % de la matière sèche) est réellement exploitée. Les *co-produits** d'*extraction** de ces glucides sont, soit valorisés en *aliments** pour animaux (pulpes), soit rejetés avec les eaux de traitement (féculerie, sucrerie).
Beaucoup de tubercules jouent un rôle important dans l'alimentation. Un exemple typique est la pomme de terre (*Solanum tuberosum*).

Hypogé/Hypogyne [Bot.]
Angl. : hypogeal, hypogean, hypogeous/hypogynous
- **Hypogé** (adj.) : Se dit d'un organe (cotylédon, fruit, fructification fongique) qui demeure sous terre. Ex. fruit de l'arachide (*Arachis hypogea*), fructification souterraine des truffes du désert (*Terfezia arenaria*).
  Syn. : endogé.
  Ant. : épigé.
- **Hypogyne** (adj.) : Se dit d'une *fleur** dont les pièces florales (sépales, pétales et étamines) sont insérées au-dessous de l'ovaire qui est dit supère. Ex. fleurs de Liliacées, du pavot.
  Ant. : épigyne.

Hypoglycémiant (adj.) : Voir **antidiabétique**.

Hypothèse/Théorie [Gén.]
Angl. : hypothesis (pl. hypotheses)/theory
- **Hypothèse** (n.f.) : Supposition vérifiable, provisoirement adoptée pour expliquer certains faits et pour orienter l'étude visant à la confirmer par l'observation et/ou l'expérience. Une fois prouvée par une étude scientifique rigoureuse, elle devient une *théorie** ou une loi. Une hypothèse peut être remise en cause si elle s'avère incompatible avec de nouvelles informations.
- **Théorie** (n.f.) : Résultat d'une *hypothèse** établie et confirmée à l'aide de tests approfondis par diverses méthodes (souvent expérimentales) permettant d'expliquer un ou plusieurs faits réels (ex. théorie de l'évolution, de la relativité, etc.). Une théorie peut être améliorée ou modifiée à mesure que de nouvelles informations sont recueillies.

Hypothèse de travail/Problématique [Gén.]
Angl. : hypothesis/problematics
- **Hypothèse de travail** (l.f.) : Voir **hypothèse**.
- **Problématique** (n.f.) : Manière de poser un problème, dans un contexte donné, accompagnée de tous les éléments et données utiles à la compréhension de sa nature, de son importance, de ses implications et le(s) moyen(s) de le résoudre.

I

Identification/Nomenclature [Biol.]
Angl. : identification/nomenclature

L'*identification** et la *nomenclature** sont directement associées à la *classification** mais ne doivent pas être confondues.

- **Identification** (n.f.) : Procédure consistant à affecter un organisme spécimen à un groupe précédemment classé et nommé, en sélectionnant parmi une série de choix relatifs aux caractéristiques observées.
  L'identification utilise, en général, des clés dichotomiques. Chaque description est suivie d'une orientation vers une autre étape dans la clé. La sélection du caractère qui correspond au spécimen conduit à une autre étape, avec deux ou plusieurs autres choix, et ainsi de suite jusqu'à ce que le spécimen soit identifié au niveau espèce ou aux niveaux infra-espèces éventuellement (sous-espèce, variété, forme).
- **Nomenclature** (n.f.) : Attribution d'un nom taxonomique spécifique à un organisme ou groupes d'organismes vivants ou fossiles, selon des règles conventionnelles régissant l'application de ces noms.
  La nomenclature est étroitement liée à la *classification**. Les nouvelles avancées taxonomiques poseront toujours de nouveaux problèmes nomenclaturaux, quelle que soit la *taxonomie** employée.
  Le but des systèmes de nomenclature est de fournir un mécanisme qui permet aux biologistes et à tous ceux qui travaillent avec des organismes de communiquer par un nom scientifique afin d'éviter toute ambiguïté ou confusion. Les noms scientifiques sont latinisés. La même espèce peut avoir des noms communs ou familiers différents dans une variété de langues courantes, mais ne peut porter qu'un seul nom scientifique valide.
  Le nom d'une espèce est une combinaison de deux termes (nomenclature binomiale) consistant en le nom du genre auquel elle appartient suivi par une épithète spécifique ayant généralement la forme d'un adjectif et enfin du nom ou de l'initiale du découvreur. La première lettre du genre est écrite en majuscule et le reste en minuscule. L'épithète spécifique doit être un seul mot, éventuellement composé de deux ou plusieurs parties reliées par un ou des trait(s) d'union. Les deux termes sont écrits en italique. Ex. *Mentha viridis* pour la menthe verte, *Vitex agnus-castus* pour le gattilier ou agneau chaste.

Idéotype/Idiotype [Biol., Imm.]
Angl. : ideotype/idiotype

- **Idéotype** (n.m.) : Désigne, en amélioration des plantes, une plante idéale qui n'a besoin que d'un minimum d'intrants tout en ayant une *productivité** élevée dans un environnement défini.
- **Idiotype** (n.m.) : Désigne un ou plusieurs déterminants antigéniques héréditaires d'une molécule d'immunoglobuline particulière, d'une cellule formant des immunoglobulines ou d'un individu. Sur une molécule d'immunoglobuline, l'idiotype est situé sur la région variable comprenant le domaine de reconnaissance de l'antigène.

Iléon/Ilion [Anat.]
Angl. : ileon/ilium
- **Iléon** (n.m.) : Portion terminale de l'intestin grêle des Mammifères ; située entre le jejunum et le cæcum du gros intestin.
- **Ilion** (n.m.) : Grand os plat s'articulant dorsalement avec la vertèbre sacrée au niveau de la ceinture pelvienne chez les tétrapodes. Le point de jonction de l'ilion et de l'ischion sert d'attache à la patte postérieure.

Ilôts de Langerhans (l.m.pl.) : Voir **cellules de Langerhans.**

Immigration (n.f.) : Voir **émigration.**

Imparfaite/Incomplète [Bot.]
Angl. : imperfect/incomplete
- **Imparfaite** (adj.) : Se dit d'une *fleur** dépourvue soit d'étamines, soit de pistil. Cette fleur unisexuée est dite staminée ou pistillée, suivant l'organe sexuel qu'elle possède.
  Syn. : unisexuée.
  Ant. : parfaite, bisexuée.
- **Incomplète** (adj.) : Se dit d'une *fleur** dépourvue d'une ou de plusieurs parties florales : sépales, pétales (*Salix, Quercus,* etc.), étamines (fleurs femelles de mercuriale) ou pistil (fleurs mâles du chanvre).
  Ant. : complète.

Incertitude (n.f.) : Voir **erreur.**

Incidence/Prévalence [Épid.]
Angl. : incidence/prevalence
- **Incidence** (n.f.) : En épidémiologie, nombre de nouveaux cas d'une maladie débutée ou de personnes tombées malades pendant une période donnée et pour une population déterminée. Le taux d'incidence peut être exprimé en termes de personnes touchées pour 1 000 personnes à risque.
- **Prévalence** (n.f.) : « Nombre des cas de maladies ou des personnes malades, ou de tout autre événement tel qu'un accident, existant ou survenant dans une population déterminée, sans distinction entre les cas nouveaux et les cas anciens » (OMS).
  Cet indice, largement utilisé en épidémiologie et en statistique sanitaire, peut être exprimé en termes de personnes touchées par la maladie pour 1 000 personnes à risque, pendant une période donnée.

Incinération (n.f.) : Voir **combustion.**

Inclusion (n.f.) : Voir **compartiment.**

Incomplète (adj.) : Voir **imparfaite.**

Incurvé/Récurvé [Bot.]
Angl. : incurvate, incurved/recurvate, recurved
- **Incurvé** (adj.) : Courbé vers l'intérieur.
- **Récurvé** (adj.) : Courbé en arrière ou vers le bas.
  Syn. : réfléchi, réfracté, rétrorse.

Indusie/Induvie [Bot.]
Angl. : indusia, indusium/induvia

- **Indusie** (n.f.) : Membrane recouvrant plus ou moins complètement les sores chez certaines Fougères.
- **Induvie** (n.f.) : Organe, n'appartenant pas aux pièces femelles de la *fleur**, mais qui continue à se développer après la *fécondation** (chez les Spermaphytes). Ces organes peuvent être selon le cas le *réceptacle** floral, le calice, le *pédoncule**, le style, etc. Dans certains cas, ils deviennent charnus et *comestibles** et constituent des faux-fruits. Ex. réceptacle floral du fraisier (*Fragaria*).

Infection/Infectiosité/Infestation [Micr.]
Angl. : infection/infectivity/infestation

- **Infection** (n.f.) : Phase d'une maladie qui fait suite à la *contamination** et correspond au développement d'un agent *pathogène** (bactérie, champignon, parasite, virus, etc.) à l'intérieur des tissus vivants. Elle prend fin avec la guérison ou la mort de l'hôte.
  L'agent infectieux peut être transmis par un patient ou un porteur dans des gouttelettes en suspension dans l'air, expulsées pendant la toux et les éternuements ou par contact direct, comme des baisers ou des rapports sexuels ; par des animaux ou des insectes vecteurs ; par *ingestion** d'*aliments** ou de boissons contaminés ; ou d'une mère infectée au fœtus pendant la grossesse ou l'accouchement. Les organismes peuvent envahir des tissus vivants par une plaie ou une morsure ou par les muqueuses. Après une période d'incubation, des symptômes cliniques apparaissent chez l'hôte, consistant généralement en une inflammation et une douleur localisées ou d'autres effets. Le traitement avec des *antibiotiques** est généralement efficace contre la plupart des infections, mais il existe peu de traitements spécifiques pour de nombreuses infections virales courantes, y compris le rhume.
- **Infectiosité** (n.f.) : Capacité d'un agent infectieux ou *pathogène** à pénétrer dans un organisme hôte, à y survivre et à s'y multiplier, et qui peut être calculée en pourcentage de personnes exposées à une quantité donnée et contaminées. En virologie, l'infectiosité désigne la capacité d'un virus à se répliquer dans une cellule hôte sensible.
- **Infestation** (n.f.) : Envahissement d'un milieu, d'une plante-hôte ou d'une culture, par une population d'organismes nuisibles, généralement des animaux (insectes, acariens...).

Inflammable/Ininflammable [Chim.phys.]
Angl. : flammable, inflammable/non-flammable

- **Inflammable** (adj.) : Qualifie toute substance ou préparation liquide apte à brûler avec production de flammes dans des conditions d'essais spécifiés.
  Extrêmement inflammable : toute substance ou préparation dont le point éclair est extrêmement bas et le point d'ébullition aussi, ainsi que toute substance ou préparation gazeuse qui, à température et pression ambiantes, est inflammable à l'air.
  Facilement inflammable : toute substance ou préparation pouvant s'échauffer au point de s'enflammer à l'air à température ambiante sans apport d'énergie ; ou à l'état solide, qui peut s'enflammer facilement par une brève action d'une source d'inflammation et qui continue à brûler après l'éloignement de la source

d'inflammation ; ou à l'état liquide, dont le point éclair est inférieur à 37 °C ; ou qui, au contact de l'eau ou de l'air humide, produit des gaz extrêmement inflammables en quantités dangereuses.

- **Ininflammable** (adj.) : Contraire de *inflammable**.

Inflorescence (n.f.) : Voir **efflorescence, fleur**.

Infrutescence (n.f.) : Voir **fruit**.

Ingestion (n.f.) : Voir **digestion**.

Inhibition corrélative (l.f.) : Voir **dominance apicale**.

Inhibition thermique/Thermodormance [Physio.vég.]
Angl. : thermal inhibition, thermo-inhibition/thermodormancy

- **Inhibition thermique** (l.f.) : Arrêt du processus physiologique ou biochimique à la suite d'une diminution ou d'une élévation de la température en dessous ou au-dessus d'une certaine température. Ex. inhibition de la germination par une température excessive.
- **Thermodormance** (n.f.) : Type de *dormance** secondaire qui empêche les *graines** de germer lorsque la température dépasse la température maximale pour la germination. Ex. graines de laitue et de céleri.

Ininflammable (adj.) : Voir **inflammable.**

Innovation (n.f.) : Voir **découverte**.

Inoculation (n.f.) : Voir **contagion, contamination**.

Inotropique/Ionotropique [Bio.cell, Physio.an.]
Angl. : inotropic/ionotropic

- **Inotropique** (adj.) : Qualifie une substance qui augmente (inotrope positif) ou diminue (inotrope négatif) la force contractile et la vitesse de *contraction** du myocarde.
  La *contractilité** peut être augmentée par une stimulation directe du myocarde par augmentation de la concentration intracellulaire en Ca^{2+}.
  L'acétylcholine, libérée par le nerf vague, est l'agent inotropique négatif le plus important.
- **Ionotropique** (adj.) : Se dit d'une substance capable d'ouvrir des canaux ioniques qui permettent à des ions spécifiques d'entrer ou de sortir d'une cellule ou de certains récepteurs qui sont eux-mêmes des canaux permettant ces mouvements. Ainsi, le récepteur de l'acétylcholine contrôle le passage des cations (Na^+, K^+, Ca^{2+} ou Cl^-), déclenchant la dépolarisation de la cellule.
  Les récepteurs ionotropiques sont des complexes protéiques membranaires qui combinent deux domaines fonctionnels en une seule unité : un site extracellulaire sur lequel se fixent les neurotransmetteurs et un domaine transmembranaire qui forme un canal ionique qui s'ouvre en réponse à la fixation d'un neurotransmetteur. Ces récepteurs sont généralement les cibles de neurotransmetteurs rapides tels que l'acétylcholine.

Insertion/Intégration [Bio.mol.]
Angl. : insertion/integration

- **Insertion** (n.f.) : L'insertion consiste en l'addition dans une molécule d'ADN d'une paire de bases ou de plusieurs paires de bases lors de la réplication ; l'insertion peut se produire naturellement ou à cause d'un agent mutagène. Cette insertion peut provoquer un décalage du cadre de lecture du gène ayant subi l'insertion. On parle alors de mutagenèse par insertion.
- **Intégration** (n.f.) : En *génétique* et biologie moléculaire, insertion d'une séquence exogène dans l'ADN génomique d'une cellule hôte.

Instrument (n.m.) : Voir **appareil.**

Intervalle de récolte (l.m.) : Voir **délai d'attente.**

Intolérance alimentaire (l.f.) : Voir **allergie alimentaire**.

Invention (n.f.) : Voir **découverte.**

Iodimétrie/Iodométrie [Tech., Chim.]
Angl. : Iodimetry/Iodometry

- **Iodimétrie** (n.f.) : *Technique** d'analyse volumétrique impliquant un titrage avec une solution standardisée d'iode (agent *oxydant**), d'une substance réductrice de sorte que sa *concentration** puisse être déterminée par titrage, en utilisant l'iode comme solution titrante et l'amidon comme indicateur. La fin de titrage étant déterminée par l'apparition d'une couleur bleue. L'iodimétrie est utilisée pour quantifier les agents *réducteurs** en milieu neutre ou légèrement alcalin (pH 8) à légèrement *acide**.
- **Iodométrie** (n.f.) : *Technique** d'analyse volumétrique de certains composés chimiques, basée sur la réaction iode/iodure de potassium (I_2/KI). Les agents fortement *oxydants** réagissent avec l'iodure (I^-) en excès pour former de l'iode (I_2) qui est alors titré à l'aide d'une solution standard de thiosulfate de sodium (*réducteur**), en utilisant une solution d'amidon comme indicateur. L'amidon, en se liant à l'I_2 libéré, change de couleur du bleu foncé au jaune clair lorsqu'elle est titrée avec une solution de thiosulfate standardisée, indiquant le point final du titrage.
  Le cuivre, l'or, l'arsenic, l'antimoine, le chlore et le brome sont des exemples de composés dosés par iodométrie.

Ionisation/Oxydation [Chim.]
Angl. : ionization/oxidation

- **Ionisation** (n.f.) : Formation d'ions à partir d'atomes ou de molécules, due à la capture ou au départ d'électrons. L'ionisation résulte notamment de la dissociation des atomes d'un milieu, gaz ou solution, sous l'effet d'un champ électrique ou de la *solvatation**. Cette dernière engendre la formation d'électrolytes, responsables de la conductivité électrique des solutions aqueuses.
  Elle se produit de manière spontanée ou à la suite d'une excitation, par exemple d'une interaction entre un rayonnement ionisant et la matière.
  L'ionisation de l'air se produit dans le phénomène de l'arc électrique ou lors du passage de la foudre dans l'atmosphère.

- **Oxydation** (n.f.) :
  1. Perte d'un ou plusieurs électrons par un composé au profit d'un accepteur qui est réduit dans l'opération.
  2. Réaction chimique au cours de laquelle un produit fixe de l'oxygène.
  L'oxydation est un phénomène chimique important, par exemple, pour les êtres vivants lors de la production d'énergie sous forme d'ATP, principalement (oxydation des sucres, des *protéines**, etc.).
  L'oxydation des *aliments** conservés provoque généralement une détérioration des qualités nutritionnelles (ex. rancissement des corps gras).
  Une illustration courante et visible de ce phénomène est l'oxydation du fer, donnant la rouille.
  Ant. : réduction.

Ionotropique (adj.) : Voir **inotropique**.

Irradiance/Irradiation/Radiation [Tech.]
Angl. : irradiance/irradiation/radiation
- **Irradiance** (n.f.) : Énergie rayonnante émise par le Soleil dans toutes les *longueurs d'onde** reçue chaque seconde par une surface d'un mètre carré à l'extérieur de l'atmosphère terrestre. Unité : watt par mètre carré (W/m^2).
- **Irradiation** (n.f.) : Exposition d'un corps ou d'un produit alimentaire à des *radiations**, sous conditions contrôlées. Celles-ci peuvent être infrarouges, lumineuses, ultraviolettes, ou encore, de nature radioactive (ex. radiations gamma).
  Sur des organismes vivants, les effets d'une irradiation radioactive accidentelle peuvent se traduire par une mortalité cellulaire ou une perturbation du fonctionnement des cellules due à des dégradations au niveau des *protéines** et de l'ADN (modifications des structures ou des liaisons chimiques). Les radiations UV provoquent des altérations de l'ADN (dimères de thymine par formation d'une liaison covalente) engendrant des mécanismes de réparation largement étudiés chez les bactéries.
  En technologie alimentaire, les conséquences d'une irradiation sont bénéfiques ou préjudiciables selon la nature du produit et l'intensité du phénomène. Les radiations lumineuses, dans leur ensemble, sont préjudiciables à certaines vitamines ; mais elles sont susceptibles de convertir les provitamines D en facteur actif. Les radiations gamma ont pour effet d'avoir une action antibiotique qui peut soit endommager une flore parasite ou inhiber des phénomènes biologiques comme la germination, la pollution par les insectes, etc. À *doses** importantes, elles détruisent divers *nutriments** indispensables et provoquent des altérations de *goût**.
  La quantité d'énergie absorbée (dose) est habituellement exprimée en rads (1 rad = 100 ergs absorbés par gramme de matière). Dans le Système International des *unités**, le rad est remplacé par le Gray (Gy) (1 Gy = 1 joule/kg = 100 rad).
- **Radiation** (n.f.) : Rayonnement théoriquement monochromatique, pouvant être visible, ultraviolet, infrarouge ou autre. Dans le domaine de la lumière visible, à chaque radiation est associée une couleur.
  Les principaux types de radiation peuvent être électromagnétique, acoustique ou particulaire. Par exemple, les rayonnements électromagnétiques qui se propagent généralement d'une manière caractéristique sous forme d'ondes plutôt que des particules, sont grossièrement classés par ordre décroissant de *longueur d'onde** en ondes radio, micro-ondes, visible, ultraviolet, rayons X et rayons gamma. Dans les

trois dernières subdivisions, et fréquemment dans le visible, le comportement du rayonnement est plus particulaire qu'ondulatoire.
Syn. : rayonnement.

Isolement (n.m.) **[Tech.]** : Voir **extraction**.

Isolement/Quarantaine [Méd.]
Angl. : isolation/quarantine
- **Isolement** (n.m.) : Séparation des personnes malades atteintes d'une maladie infectieuse ou contagieuse des autres personnes, pour éviter la propagation de la maladie ou pour protéger le patient contre les facteurs environnementaux défavorables. Cette mesure est couramment utilisée dans la pratique hospitalière et est moins problématique sur le plan éthique, car ces patients bénéficieront également de soins.
- **Quarantaine** (n.f.) : *Isolement** d'une personne ou d'un organisme vivant pour une période (à l'origine, 40 jours) pour permettre l'apparition de *symptômes** d'une maladie contagieuse préexistante éventuellement. Se dit aussi du séjour de ceux qui viennent de lieux où une maladie épidémique existe ou est soupçonnée d'exister, dans un lieu séparé du nouvel endroit où ils arrivent. Actuellement, la mise en quarantaine est utilisée dans la régulation du commerce d'organismes vivants comme moyen de prévention d'invasions de maladies ou de ravageurs dans une région donnée.

J

Jachère (n.f.) : Voir **défens**.

L

Lac (n.m.) : Voir **étang**.

Lacune/Méat [Cyt.]
Angl. : lacuna (pl. ~ae)/meat
- **Lacune** (n.f.) : Espace intercellulaire au sein d'un tissu végétal (feuille, *tige**, *racine**), limité par plus de trois cellules. La présence d'un tissu lacuneux (riche en lacunes) est souvent un caractère d'*adaptation** de la plante à un milieu aquatique.

- **Méat** (n.m.) : Petit espace intercellulaire au sein d'un organe, facilitant la diffusion des gaz en profondeur. Ces espaces forment de véritables canaux entre les cellules depuis les tissus internes jusqu'à la surface de l'organe où ils débouchent dans le milieu extérieur par l'intermédiaire des *stomates**. Un tissu riche en méats est dit méatifère.

Lait de coco (l.m.) : Voir **crème de coco**.

Lamelle moyenne/Plaque cellulaire [Cyt.]
Angl. : middle lamella/cell plate

- **Lamelle moyenne** (l.f.) : La *paroi cellulaire** est constituée, en fait, de trois couches : la paroi primaire, la paroi secondaire et la lamelle moyenne.
  La lamelle moyenne est produite pendant la *division cellulaire**. Très fine, elle se prolonge de cellule en cellule entre les parois primaires de deux cellules voisines, jouant ainsi un rôle important dans la cohésion des cellules végétales de la plante.
  La paroi primaire existe seule dans les cellules juvéniles, indifférenciées et dans les tissus restant cellulosiques (parenchymes, collenchyme). Elle est formée d'un réseau lâche de microfibrilles de cellulose, disposées dans tous les sens, ce qui lui permet d'être flexible et extensible (au moins quand la cellule croît). Extérieurement, elle est recouverte par la lamelle moyenne. Elle est constituée généralement de composés pectiques (pectate de calcium), excepté chez les tissus ligneux où elle est imprégnée par la *lignine**. Elle est colorable par le rouge de ruthénium.
- **Plaque cellulaire** (n.f.) : Structure aplatie, se développant à partir du *phragmoplaste**, située à l'équateur de la cellule mère au début de la télophase lors de la division des cellules végétales. Elle est à l'origine de la formation de la nouvelle *paroi cellulaire** qui se forme entre les cellules filles.

Lamine/Laminine [Bioch.]
Angl. : lamin/laminin

- **Lamine** (n.f.) : *Protéine** fibreuse des filaments intermédiaires dans le noyau des cellules. On les trouve chez la plupart des eucaryotes multicellulaires (à l'exception des plantes) et certains eucaryotes unicellulaires (y compris la levure). Les lamines se lient aux complexes de pores nucléaires à l'intérieur du noyau et à la chromatine. Observées au microscope électronique, les lamines nucléaires donnent à la membrane nucléaire interne un aspect rugueux et fibreux.
- **Laminine** (n.f.) : *Glycoprotéine** de la matrice extracellulaire, constituant majeur des lames basales, c'est-à-dire du périmètre immédiat des cellules de type épithélial, adipeux, musculaire et nerveux avec le collagène de type IV et avec les intégrines membranaires de certaines cellules, essentiellement des cellules épithéliales et des neurones.

Latex [Chim.]
Angl. : latex

- **Latex** (n.m.) : Liquide blanc visqueux, d'aspect laiteux dont la nature chimique est un polymère de l'isoprène, produit dans les laticifères de certaines plantes dites plantes à latex comme les euphorbes.
  Le latex extrait de l'arbre Hévéa (*Hevea brasiliensis*) pour faire du *caoutchouc** est utilisé dans la fabrication des pneumatiques et pour d'autres usages médicaux et vestimentaires.

- **Latex** (n.m.) : Le terme « latex » est aussi donné à un élastomère synthétique, doué de propriétés analogues à celles du *caoutchouc** naturel, utilisé pour fabriquer des gants médicaux, des peintures et adhésifs, des préservatifs, les ballons, etc.

Liaison glucosidique/Liaison glycosidique [Bioch.]
Angl. : glucosidic bond/glycosidic bond

- **Liaison glucosidique** (l.f.) : Liaison osidique dans laquelle est impliqué le glucose.
- **Liaison glycosidique** (l.f.) : Liaison unissant deux oses au sein d'une molécule d'oside ou un ose à un groupe alcoolique, phénolique, stérolique, terpénique, –NH ou –SH au sein d'une molécule d'hétéroside. Dans le premier cas (oside), le carbone 1 d'un ose est relié à un atome de carbone (liaison C-glycosidique) d'une autre molécule d'ose ; une molécule d'eau est éliminée lors de la formation de la liaison entre les deux groupements *hydroxyles** (OH) fixés sur les deux atomes de carbone : R–OH + OH–R' → R–O–R' + H_2O. Un unique atome d'oxygène assure la liaison entre les deux oses.
- Ce terme, préféré à liaison osidique, est un terme général, utilisé quel que soit l'ose impliqué.

Liant/Ligand [Chim., Bioch.]
Angl. : binder/ligand

- **Liant** (n.m.) : Produit chimique plus ou moins complexe, utilisé pour maintenir la *cohésion** des molécules au sein d'une matrice. Ex. utilisation de la gélatine comme liant dans les fromages, nougats, réglisses, produits laitiers, etc.
- **Ligand** (n.m.) : Mot d'origine anglaise désignant une entité chimique (atome, molécule ou groupement) pouvant se lier réversiblement à une autre par des liaisons non covalentes. Sa fixation est souvent biospécifique d'un récepteur dont la structure tridimensionnelle traduit un arrangement dans l'espace de différents groupements chimiques intervenant dans cette interaction (ex. enzyme, antigène, hormone, récepteur).
  Syn. : coordinat.

Liège (n.m.) : Voir **écorce**.

Ligand (n.m.) : Voir **liant**.

Ligase/Lyase [Enz.]
Angl. : ligase/lyase

- **Ligase** (n.f.) : Enzyme catalysant la formation d'une liaison covalente entre deux molécules organiques ; on parle alors de ligation. Cette réaction de condensation est couplée à l'*hydrolyse** d'une liaison pyrophosphate de l'ATP ou d'un autre nucléoside triphosphate fournissant l'énergie. Ce groupe d'enzyme porte le numéro 6 (E.C : 6) dans la classification des enzymes. Ex. La pyruvate carboxylase (E.C. : 6.4.1.1).
  En génie génétique, ces enzymes sont utilisées pour lier des segments d'ADN ou d'ARN entre eux. Elles sont appelées, respectivement, ADN ligase ou ARN ligase. Dans ces cas, il se forme une liaison phosphodiester entre deux nucléotides adjacents en utilisant l'énergie fournie par l'ATP : c'est l'inverse de ce que fait une endonucléase active sur un seul brin de l'ADN bicaténaire.
  Syn. : synthétase.

- **Lyase** (n.f.) : Enzyme qui catalyse la formation ou la rupture d'une liaison entre deux atomes autres que l'hydrogène sans l'intervention d'une molécule d'eau (contrairement aux hydrolases) ou d'un *oxydant** (contrairement à certaines oxydases).
  Les décarboxylases font partie de cette classe d'enzymes, par exemple l'histidine décarboxylase, (E.C.4.1.1.22) qui calayse la conversion de l'histidine en histamine et dioxyde de carbone. Certaines lyases catalysent la formation de liaisons covalentes, et on leur donne parfois le nom de *synthases**.

Lignanes/Lignine [Bioch.]
Angl. : lignans/lignin

- **Lignanes** (n.f.pl.) : Classe importante de métabolites phénylpropanoïdes largement représentés dans le règne végétal, les lignanes sont des dimères d'unités phényl-propane (C6-C3) associées par le carbone central de leur chaîne aliphatique latérale (carbone β).
  Les lignanes ont été isolées de toutes les parties des plantes : des *racines**, des feuilles, des *fleurs**, des fruits et des *graines**. Chez les Gymnospermes et les Angiospermes, elles entrent dans la constitution du bois. Certaines sont présentes dans le liège alors que les résines sont particulièrement riches dans certains cas.
  On attribue aux lignanes un rôle dans la prévention du cancer chez l'Homme. Une lignane bien connue dans ce domaine est la podophyllotoxine, extraite des *rhizomes** de podophylle (*Podophyllum peltatum*, Berbéridacées), utilisée sous forme modifiée dans le traitement de certains cancers. La podophyllotoxine et ses dérivés sont, en effet, doués d'activités antimitotique (en se liant à la tubuline) et inhibitrice de la synthèse de l'ADN, de l'ARN et des *protéines**.
- **Lignine** (n.f.) : Polymère organique de composition très complexe, à structure réticulée, présent dans les *parois cellulaires** des vaisseaux du bois et de diverses cellules végétales et conférant à ceux-ci une résistance mécanique mais limitant leur élasticité. C'est l'un des principaux composants du bois avec la cellulose et les hémicelluloses, la lignine est présente chez toutes les plantes vasculaires terrestres.
  La lignine est formée par la polymérisation d'unités phényl-propane (C6-C3) dont les trois plus importantes sont les alcools coumarylique, coniférylique et sinapylique. L'ensemble formant des polymères très résistants, rigides et imperméabilisant les cellules qui serviront au maintien de la plante et au transport de l'eau et des sels minéraux. Elle contribue au port vertical des végétaux malgré la gravité ou l'action du vent et à l'alimentation en eau et en sels minéraux des différents organes de la plante. Peu sensible à la *dégradation** biologique, la lignine crée une barrière morphologique à la pénétration et à la progression des agents *pathogènes**, et contribue à la protection naturelle des végétaux contre certaines attaques parasitaires.
  La nature de la lignine varie avec l'espèce botanique, et pour une même espèce avec l'âge du végétal et le lieu où il s'est développé.
  La majeure partie de la lignine se trouve dans la *lamelle moyenne** et dans la paroi primaire des *fibres**. Elle se dépose d'abord au voisinage des méats intracellulaires, puis au niveau des parois primaires et secondaires. Facile à mettre en évidence grâce à sa propriété de coloration spécifique, la lignine permet de distinguer les tissus de soutien des tissus conducteurs : la phloroglucine en milieu chlorhydrique colore les tissus lignifiés riches en groupements cinnamaldéhyde comme le xylème et la réaction de Mäule colore les parois riches en groupements syringyle comme le

sclérenchyme. La paroi secondaire, de nature essentiellement cellulosique, ne contient que peu de lignine.
La lignine est, après la cellulose, la substance organique la plus abondante sur Terre. Elle représente suivant les espèces de 17 à 35 % du poids sec du bois. Certaines espèces végétales des forêts équatoriales et tropicales peuvent contenir jusqu'à 50 % de lignine. À l'échelle mondiale, la production annuelle de lignine, estimée à 20 000 millions de tonnes, est représentée par certains produits agricoles tels que la paille de blé, les tiges de tournesol, les tiges et rafles de maïs, la betterave sucrière, les bagasses de canne à sucre, le bois, le liège, etc.

Lignée (n.f.) : Voir **clade**.

Lignine (n.f.) : Voir **lignanes**.

Ligule/Pétale [Bot.]
Angl. : ligula, ligule/petal

- **Ligule** (n.f.) :
  1. Petite languette membraneuse (parfois remplacée par une rangée de *cils**) placée à la jonction de la gaine et du limbe (à sa face supérieure) des feuilles de Poacées (Graminées), apprimée sur le chaume et certaines Cypéracées.
  2. Forme de certaines *fleurs** d'Astéracées développées en forme de languette colorée ou non développée unilatéralement vers la périphérie du *capitule**. Toutes les fleurs des capitules des Liguliflores (ex. pissenlit, Astéracées) sont ligulées, seules les fleurs périphériques des Radiées (ex. pâquerette, Astéracées) le sont.
- **Pétale** (n.m.) : Élément interne du périanthe, de couleurs et de formes variées, dont l'ensemble constitue la corolle. Les pétales entourent les organes sexuels, et chez les *fleurs** entomophiles, attirent les Insectes pollinisateurs par leur couleur, leur parfum, etc.
  Les pétales sont libres chez les dialypétales (ex. pommier), soudés entre eux chez les gamopétales (ex. bourrache), absents chez les apétales (ex. ortie) ou fugaces (ex. vigne).

Limite de détection/Limite de quantification/Sensibilité [Tech.]
Angl. : limit of detection/quantification limit/sensitivity

- **Limite de détection** (l.f.) : C'est la plus faible quantité d'un élément ou d'une substance pouvant être détectée, mais non quantifiée de façon exacte, dans les conditions expérimentales d'une *méthode** et pour une matrice donnée. Pour qu'il puisse être pris en compte, le signal généré par cette quantité doit être au moins 3 fois égal à l'*erreur standard** du signal du témoin.
  Pour les mesures spectrométriques, la limite de détection d'un élément est la *concentration** correspondant à deux fois le signal dû au bruit de fond de l'*appareil**.
- **Limite de quantification** (l.f.) : C'est la plus petite quantité d'un élément ou d'une substance à rechercher dans un échantillon pouvant être dosée dans les conditions expérimentales d'une *méthode** définie.
- **Sensibilité** (n.f.) : Aptitude d'une *méthode** analytique ou d'un *instrument** à donner une réponse fiable pour une quantité donnée (la plus basse possible) d'un composé.

Liposome/Lysosome/Niosome [Bio.cel., Tech.]
Angl. : liposome/lysosome/niosome

- **Liposome** (n.m.) : Assemblage artificiel de tensioactifs en bicouche de phospholipides qui contiennent deux queues hydrophobes, formant une sphérule microscopique multilamellaire dont le *compartiment** interne est aqueux et non lipide comme c'est le cas des micelles.
  Ces agrégats peuvent être transformés en sphérules unilamellaires par sonication.
  Les liposomes peuvent être utilisés pour le transport de molécules médicamenteuses et incorporés dans des cellules vivantes où ils exercent leur effet direct. Des molécules d'ADN peuvent également être encapsulées dans des liposomes pour être introduites dans des cellules.
- **Lysosome** (n.m.) : *Vésicule** de petite taille, limitée par une membrane lipoprotéique simple, spécialisée dans la détoxification des cellules eucaryotes animales.
  Les lysosomes jouent dans la cellule le rôle de réservoir des enzymes qui catalysent les synthèses et les *dégradations** nécessaires à la vie cellulaire. Ils ont un pH de 5,0, ce qui est plus *acide** que celui du *cytosol**. Ils contiennent, en effet, des enzymes de dégradation très puissantes de type hydrolases acides capables d'hydrolyser aussi bien des acides nucléiques que des *protéines**, des glucides ou des lipides (phosphatases, lysozyme, protéases, ribonucléase, désoxyribonucléase, *N*-acétyl-glucosaminisidase, *N*-acétyl-galactosidase et des lipases). Ces enzymes ne s'en échappent que de façon contrôlée pour régler certains processus cellulaires. Les produits de la digestion lysosomale passent au cytosol où ils sont métabolisés ou réutilisés dans la synthèse de nouvelles molécules.
  Les enzymes lysosomiales sont synthétisées au niveau du réticulum endoplasmique granuleux, véhiculées dans les saccules de l'appareil de Golgi par l'intermédiaire des vésicules de transmission puis entourées par une membrane par l'appareil de Golgi. Le granule est enfin libéré dans le *cytoplasme** et forme un lysosome.
- **Niosome** (n.m.) : *Vésicule** constituée de *tensioactifs** non ioniques de synthèse, qui contiennent généralement une seule queue hydrocarbonée hydrophobe.
  Par rapport aux liposomes, les niosomes présentent des avantages tels qu'une bonne stabilité physique et chimique, un faible coût, une formulation et une utilisation faciles.

Liquéfaction (n.f.) : Voir **dissolution**.

Longévité (n.f.) : Voir **espérance de vie**.

Longueur d'onde (l.f.) : Voir **fréquence**.

Lyase (n.f.) : Voir **ligase**.

Lyse/Plasmolyse [Cyt.]
Angl. : lysis/plasmolysis

- **Lyse** (n.f.) : Éclatement et libération du contenu d'une cellule, sous l'influence d'agents biologiques (*lysozyme**, bactérie, virus lytique), chimiques (lyse alcaline des cellules bactériennes) ou physiques (choc osmotique, traitement aux ultrasons, broyage).
- **Plasmolyse** (n.f.) : Phénomène osmotique au cours duquel une cellule végétale mise dans une solution dont la *pression osmotique** est supérieure à celle de son contenu

vacuolaire, perd de l'eau et voit diminuer le volume délimité par sa *membrane cellulaire**. La plante dont les cellules sont plasmolysées est amenée à l'état de *fanaison**.
Ant. : turgescence.

Lysosome/Lysozyme [Cyt.]
Angl. : lysosome/lysozyme

- **Lysosome** (n.m.) : Voir **liposome**.
- **Lysozyme** (n.m.) : Molécule protéique dotée d'une activité enzymatique très spécifique qui lui permet d'hydrolyser les polysaccharides des parois des bactéries réagissant positivement à la coloration de Gram comme *Clostridium butyricum* qui peut contaminer le lait. Son action est moins nette sur les bactéries réagissant négativement à la réaction de Gram.
  Appelé également muramidase, le lysozyme attaque les peptoglycanes de la paroi bactérienne en hydrolysant les liaisons β-(1,4) entre l'acide *N*-acétylmuramique et la *N*-acétylglucosamide.
  Le lyzozyme est présent dans le sang, le lait de vache (plusieurs dixièmes de mg/l), le lait de femme (quelques centaines de mg/l), les larmes mais c'est surtout le blanc d'œuf qui en est la source principale. Il est extrait par précipitation à l'aide de chlorure de sodium. Il est utilisé dans la formulation de laits maternisés pour ses vertus bactéricides. Le lysozyme est thermosensible et est très endommagé au cours de la *pasteurisation**.

M

Magnitude (n.f.) : Voir **amplitude**.

Malnutrition/Sous-alimentation [Alim.]
Angl. : malnutrition, malnourishment/undernourishment, under-feeding, undernutrition

- **Malnutrition** (n.f.) : État physiologique caractérisé par une mauvaise *nutrition** ou une dénutrition causée par un déséquilibre en *nutriments**, une mauvaise *assimilation**, une distribution inadéquate de nutriments, des besoins accrus en nutriments essentiels, une perte anormale de nutriments ou, à l'inverse, une surconsommation.
  Il est à noter qu'un état nutritionnel juste satisfaisant pour une personne de moins de 50 ans peut être une source de difficulté pour une personne âgée (retard à la cicatrisation, troubles psychiques, *vieillissement** précoce, baisse des défenses immunitaires...).
  Les conséquences de la malnutrition peuvent être :
  • une réduction des indicateurs de la qualité de vie ;
  • une réduction de la force corporelle, une sarcopénie (fonte de la masse musculaire) avec : une baisse de la *mobilité**, un *risque** d'alitement (un risque infectieux de

pneumopathie, des troubles trophiques, des escarres), une augmentation du risque de chute, une augmentation des probabilités de fracture (fémur, surtout si ostéoporose associée) ; etc.
La malnutrition est plus fréquente dans les pays en développement, associée à des facteurs économiques ; ses incidences étant plus élevées chez les enfants. La malnutrition due à une mauvaise *absorption** des nutriments dans l'intestin, peut se développer avec un régime à base de céréales, en raison de la sensibilité de la muqueuse intestinale au gluten, une *protéine** présente dans les céréales. Une alimentation pauvre en protéines est la cause la plus fréquente de malnutrition et l'un des principaux problèmes sociaux et de santé humaine. Les formes les plus graves de malnutrition protéique sont le kwashiorkor et le marasme. Le kwashiorkor, un mot d'origine africaine, est observé chez les nourrissons ayant une *alimentation** pauvre en protéines, et donc d'acides aminés essentiels, et riche en glucides. Il se caractérise par un retard de *croissance** marqué, un abdomen enflé, un œdème, une diminution de l'*albumine** plasmatique, une anémie et une hépatomégalie. Le marasme est un état clinique de dépérissement sévère, causé par une carence chronique des protéines et des calories. Il provoque une perte de graisse corporelle totale et de masse musculaire.
La malnutrition englobe également la surconsommation alimentaire qui entraîne l'obésité et d'autres anomalies métaboliques, telles que le *diabète** et l'hyperlipidémie.

- **Sous-alimentation** (l.f.) : Lorsque l'apport alimentaire et énergétique est insuffisant, l'organisme puise dans un premier temps dans ses réserves de glycogène, puis dans ses réserves lipidiques (c'est ce qui se passe dans le cas des régimes amaigrissants). Si la situation persiste, les cellules dégradent leurs propres *protéines** pour obtenir leur énergie. Les cellules musculaires notamment dégradent leurs myofilaments, ce qui provoque la fonte musculaire, puis l'atrophie.

Maquis (n.m.) : Voir **garrigue**.

Marais (n.m.) : Voir **étang**.

Marcescent (adj.) : Voir **accrescent**.

Marche sur le chromosome/Saut sur le chromosome [Bio.mol.]
Angl. : chromosome walking, DNA walking, genome walking, overlap hybridization/ chromosome jumping

- **Marche sur le chromosome** (l.f.) : *Méthode** utilisée pour l'identification et le *séquençage** de longs fragments d'un brin d'ADN dont les extrémités se chevauchent, par exemple, un *chromosome**. Cette méthode permet de progresser de proche en proche sur l'ADN génomique à partir d'une séquence clonée initiale, dans un sens ou dans l'autre afin de couvrir de grands segments chromosomiques (supérieurs à 1 Kb) et d'établir la séquence des régions nucléiques voisines. C'est l'étape préliminaire dans la préparation d'une *carte physique** d'un génome donné.
  Syn. : marche sur le génome.
- **Saut sur le chromosome** (l.m.) : *Méthode** de biologie moléculaire qui permet de cloner ensemble deux segments d'ADN génomique très éloignés, séparés par des milliers de paires de bases (~100 à 200 kb).

Tout comme la *marche sur le chromosome**, la méthode de saut sur le *chromosome** est utilisée pour la construction de cartes de restriction des génomes.

Marcottage (n.m.) : Voir **bouturage**.

Mare (n.f.), **marécage** (n.m.) : Voir **étang**.

Margarine (n.f.) : Voir **beurre**.

Marqueur/Sonde [Bio.mol.]
Angl. : marker/probe

- **Marqueur** (n.m.) : Désigne tout caractère qui distingue deux molécules, deux individus, deux variétés ou deux *populations**, facilement et rapidement repérable spécifiquement, mesurable et évaluable objectivement, à déterminisme génétique simple, utilisé comme indicateur d'un processus biologique ou de l'état physiologique d'un organisme.
  Il peut être morphologique (nanisme, couleur, forme), cellulaire, biochimique (isozymes, *protéines**, métabolites secondaires, capacité de produire telle ou telle substance), physique (radioactivité d'une macromolécule par suite de l'incorporation d'un précurseur radioactif), moléculaire (une séquence d'ADN) ou génétique.
  Les marqueurs morphologiques sont utilisés depuis bien longtemps pour décrire les lignées et les espèces et les *variétés** chez les végétaux. Ils sont, pour la plupart, peu polymorphes et, en général, dominants. L'observation de ces caractères se fait à tous les stades de *développement** de la plante depuis la plantule jusqu'à la récolte, sur un grand nombre d'individus, souvent dans plusieurs lieux.
  Un marqueur cellulaire est une molécule qui fait partie d'une structure cellulaire, par exemple une *glycoprotéine** présente à la surface d'une membrane biologique, et que l'on peut détecter spécifiquement.
  Les marqueurs biochimiques sont des indicateurs dont le dosage permet d'explorer une pathologie spécifique ou un état physiologique particulier (ex. stress). Le marqueur biochimique doit avoir une *spécificité** qualitative et quantitative. Par exemple, HbA_{1c} est ainsi devenu un marqueur biologique indispensable pour le suivi du patient diabétique en raison de sa durée de vie importante et de ses faibles variations intra-individuelles.
  Des marqueurs biochimiques peuvent aussi caractériser certains *organites** ou *compartiments** cellulaires. Tel est le cas de certaines enzymes, utiles dans l'*isolement** de ces organites, lors d'un fractionnement cellulaire.
  Les marqueurs biochimiques (isozymes et, surtout, des *protéines**) révèlent le polymorphisme des séquences de certaines protéines et donc, indirectement, le polymorphisme des séquences d'ADN entre différents individus, à partir desquelles elles sont traduites. Ils sont utilisés dans un nombre croissant d'espèces végétales pour la cartographie génétique et pour la caractérisation (typage) des variétés cultivées.
  Les marqueurs moléculaires augmentent la vitesse et la précision de la sélection végétale, ce qui permet une économie de temps dans les plans de sélection, diminuant ainsi sensiblement le coût de la mise au point de *cultivars**.
  Un marqueur génétique est un gène qui confère à la cellule qui l'héberge une propriété caractéristique ou sélective particulière, comme une *résistance** à un *antibiotique** et dont les effets sont facilement détectés. Il peut être utilisé pour vérifier si un transfert génétique ou une recombinaison a bien eu lieu lors des

manipulations génétiques et la production d'OGM. Certains marqueurs génétiques permettent de sélectionner des *clones** particuliers de cellules.
Les marqueurs génétiques révèlent directement le polymorphisme de l'ADN d'un individu. Ils peuvent être utilisés tout au long d'une expérimentation et sont repérables à n'importe quel stade de développement de l'organisme et sur n'importe quel organe puisque l'information génétique est uniforme dans toutes ses cellules. Un marqueur génétique peut être détecté selon deux approches : soit ce segment d'ADN contient un ou des gènes dont l'expression phénotypique est observable (par exemple un gène de résistance à un antibiotique) ; soit cette séquence peut être hybridée avec une *sonde** complémentaire (par exemple dans un criblage de banque de gènes, ou dans un « *Southern blot* »). La présence (ou l'absence) d'un marqueur génétique est généralement liée à une *mutation**.
La stabilité d'un marqueur moléculaire ou génétique est capitale, c'est-à-dire qu'il doit être affranchi des fluctuations des conditions du milieu et de l'activité endogène de l'organisme hôte susceptible d'interférer avec son expression.
Les marqueurs moléculaires à *hérédité** simple sont recherchés par les généticiens pour sélectionner des individus porteurs de gènes responsables de caractères agronomiques importants.
Un marqueur physique peut être un atome radioactif introduit dans une molécule pour en faciliter le suivi au cours de ses transformations métaboliques.

- **Sonde** (n.f.) : Fragment d'ADN ou d'ARN dont la séquence est connue et utilisé en génie génétique ou en génétique moléculaire pour la détection spécifique de séquences *homologues** (complémentaires) par hybridation moléculaire.
Les sondes sont des outils qui servent à identifier la séquence recherchée au sein d'un mélange de séquences d'ADN ou d'ARN en confectionnant des hybrides spécifiques et quantifiables. Cette hybridation se fait par appariement au moyen de liaisons hydrogène qui peuvent être rompues par des moyens physiques. Les sondes, pour être utilisées, doivent être marquées au moyen de *marqueurs** radioactifs ou fluorescents. Les sondes ADN sont aussi utilisées comme amorces dans la méthode PCR.

Marron (n.m.) : Voir **châtaigne**.

Masse/Poids [Phys.]
Angl. : mass/weight

- **Masse** (n.f.) : Propriété physique d'un corps, liée à la quantité de matière qu'il contient. L'*unité** du système international pour la masse est le kilogramme (kg) mais dans la pratique, le gramme (g) ou le milligramme (mg) voire le microgramme (µg) sont plus couramment utilisés en biologie et en chimie. L'*instrument** usuel pour estimer une masse est la balance.
- **Poids** (n.m.) : Force de gravitation agissant sur un corps à la surface de la Terre, égale à sa *masse** multipliée par l'*accélération** (g) due à la pesanteur : $p = mg$, avec g = 9,81 m.s^{-2}. Le poids d'un corps peut donc changer en fonction de son emplacement.

Masse atomique/Nombre atomique ou Numéro atomique/Nombre de masse [Chim.phys.]
Angl. : atomic mass/atomic number/mass number

- **Masse atomique** (l.f.) : Masse moyenne des isotopes d'un élément, tenant compte de l'abondance naturelle de ses isotopes, exprimée en unité de masse atomique *u* ou *uma*. La masse atomique est généralement un nombre décimal et est approximativement égale au nombre total de ses protons et neutrons multiplié par l'unité de masse atomique, $u = 1{,}6605387 \times 10^{-24}$ grammes. (Les électrons sont beaucoup plus légers, environ 0,0005486 *u*.). C'est une notion fortement liée au *nombre de masse**.

- **Nombre atomique** (l.m.) : Nombre (désigné Z) de charges positives élémentaires ou protons au niveau du noyau d'un atome d'un élément. En conséquence, c'est aussi le nombre des électrons dans un atome neutre. C'est donc une caractéristique déterminante d'un élément puisqu'il détermine ses propriétés chimiques. Les atomes d'un même élément ont le même nombre atomique. Ce nombre détermine l'ordre de rangement des éléments entre 1 et 118 dans le tableau périodique. Il est indiqué par un chiffre en indice à gauche et en bas du symbole de l'élément. Par exemple $^{12}_{6}C$, où « 6 » est le nombre atomique du carbone.
- **Nombre de masse** (l.m.) : Somme (désignée A) des nucléons (protons Z et neutrons N) dans le noyau d'un atome ; désigné par un exposant à gauche du symbole de l'élément, ex. ^{12}C, ^{16}O.
  Les atomes d'un élément donné ont par définition le même nombre de protons, mais peuvent en revanche avoir des nombres différents de neutrons, et donc des nombres de masse différents, ce que l'on appelle des isotopes. Le nombre de masse n'a généralement aucune incidence sur les propriétés chimiques des atomes, car il n'affecte pas la configuration électronique.
  Dans le cas de certains éléments radioactifs, le nombre de masse est réduit de quatre pendant l'émission alpha, mais n'est pas modifié pendant la désintégration bêta ou la capture d'électrons.

Masse molaire/Masse moléculaire/Poids moléculaire [Chim.phys.]
Angl. : molar mass/molecular mass/molecular weight

- **Masse molaire** (l.f.) : La masse molaire d'une substance est la *masse** d'une mole de cette substance, c'est-à-dire la masse qui contient $6{,}0221 \times 10^{23}$ molécules. La masse molaire se note M et s'exprime en g/mol.
  Ex. la masse molaire de l'eau est égale à 18 g/mol ; celle du NaCl est égale à 58,5 g/mol.
- **Masse moléculaire** (l.f.) : Somme des *masses atomiques** des différents atomes constituant une molécule. La masse moléculaire s'exprime en dalton qui équivaut au 1/12 de la masse de l'atome de carbone.
  Ex. la masse moléculaire de l'eau (H_2O) est (2 × 1) + (16) = 18 daltons ; celle du NaCl est 23 + 35,5 = 58,5 daltons.
- **Poids moléculaire (PM)** (l.m.) : Valeur sans unité de la somme des *poids** des atomes constituant une molécule particulière. Ex. le poids moléculaire du NaCl est égal à 58,5 puisque le poids atomique de Na = 23 et celui de Cl = 35,5.
  Le poids moléculaire d'un composé peut être déduit de certaines de ses propriétés physiques comme l'abaissement du point de congélation ou par des techniques de séparation chromatographique ou électrophorétique, en utilisant des étalons.
  En définitive, la *masse molaire**, la *masse moléculaire** et le poids moléculaire sont numériquement identiques mais s'expriment différemment.

Masse volumique (l.f.) : Voir **densité**.

Matière minérale (l.f.) : Voir **cendre**.

Méat (n.m.) : Voir **lacune**.

Méiose/Mitose [Bio.cel.]
Angl. : meiosis/mitosis

- **Méiose** (n.f.) : Processus qui met en jeu deux divisions successives permettant, à partir d'une cellule diploïde à 2*n* *chromosomes**, l'obtention de quatre cellules haploïdes à *n* chromosomes (réduction chromatique).
  La cellule diploïde qui subit la méiose a, au préalable, doublé son contenu en ADN, chaque chromosome est alors constitué de 2 *chromatides**. Au début de la première division méiotique, les chromosomes *homologues**, d'origine paternelle et maternelle, s'apparient (formation de bivalents) ; des échanges ponctuels entre les chromatides des chromosomes appariés se réalisent (chiasmas). Au cours de l'anaphase, les bivalents se séparent et la répartition des chromosomes homologues s'effectue au hasard, sans tenir compte de leur origine paternelle ou maternelle (recombinaison génétique). En fin de télophase, les deux noyaux reconstitués contiennent un seul lot de chromosomes, chacun étant constitué de deux chromatides. Au cours de la deuxième division (dite équationnelle), les chromatides se séparent ; les quatre cellules formées sont haploïdes (*n* chromosomes).
  La méiose assure donc la réduction de 2*n* à *n* du nombre des chromosomes ; par ailleurs, elle permet un brassage génétique qui résulte des échanges entre chromatides (*crossing over*) et de la répartition aléatoire des chromosomes homologues.
  Dans un *cycle de développement**, la méiose est le complément nécessaire de la *fécondation**. Chez les Spermaphytes, la méiose se réalise dans l'ovule avec formation de quatre macrospores haploïdes et dans l'anthère avec formation de nombreuses tétrades de microspores. Contrairement aux animaux où la méiose est suivie immédiatement de la gamétogenèse, les plantes ne produisent pas directement des gamètes mais des méiospores qui se développeront en *gamétophytes** qui eux, produiront les gamètes. La fusion des gamètes redonnant un *sporophyte**. La taille du gamétophyte varie du *grain de pollen** (structure bi- ou tricellulaire) à un organe pluricellulaire (sac embryonnaire des Angiospermes, plante feuillée des Bryophytes, Prothalle des Ptéridophytes). La durée de vie du gamétophyte va de quelques jours (certains pollens d'Angiospermes) à toute la vie de la plante (Bryophytes).
- **Mitose** (n.f.) : La mitose au sens strict correspond à la division du seul noyau ; généralement suivie par la division du *cytoplasme** (cytodiérèse). Ce phénomène n'existe que chez les Eucaryotes.
  C'est une étape du *cycle cellulaire** que l'on a divisé en plusieurs phases : la phase G1 ou phase de croissance, la phase S au cours de laquelle le matériel nucléaire est répliqué, la phase G2 ou seconde phase de croissance cellulaire et la phase M qui correspond à la mitose proprement dite. Cette dernière est subdivisée arbitrairement en quatre phases successives : la prophase, la métaphase, l'anaphase et la télophase. Lors de l'entrée en mitose, la prophase est elle-même précédée par l'établissement d'une « bande préprophasique », ensemble de microtubules encerclant le noyau dans un plan correspondant au plan équatorial du futur fuseau achromatique. Cette bande préprophasique indique l'orientation dans laquelle va s'effectuer la division cellulaire.
  Au cours de la prophase, la chromatine, diffuse dans le noyau interphasique, se condense pour former des *chromosomes** bien définis, chacun étant constitué par

deux *chromatides**-sœurs associées au niveau des *centromères**. À la fin de la prophase, l'enveloppe nucléaire disparaît. La métaphase est marquée par la formation du fuseau achromatique constitué de faisceaux de microtubules sur lesquels s'alignent les chromosomes pour former la plaque équatoriale. Au cours de l'anaphase, les chromatides-sœurs se séparent simultanément et migrent le long des filaments du fuseau, dans des directions opposées. Ainsi, deux jeux de chromosomes identiques sont séparés et regroupés respectivement à chaque pôle de la cellule. Durant la télophase, les enveloppes nucléaires se reconstituent autour des deux lots de chromosomes génétiquement équivalents, tandis que le fuseau achromatique disparaît.

La durée d'une mitose est généralement de 2 à 3 heures (1 à 2 heures pour la prophase, 5 à 15 minutes pour la métaphase, 2 à 10 minutes pour l'anaphase et 10 à 30 minutes pour la télophase). La mitose ne représente qu'une fraction relativement brève du cycle cellulaire dont l'interphase (stades G1, S, G2) s'étale généralement sur une durée de 15 à 50 heures.

La cytodiérèse, qui correspond à la séparation de la cellule mère en deux cellules filles identiques, débute avant la fin de la télophase pendant laquelle se forme le *phragmoplaste** formé de microtubules. C'est à ce niveau que se met en place la plaque cellulaire, première étape de l'édification de la nouvelle paroi.

Syn. : caryocinèse ou caryocinèse équationnelle.

Méiospore/Pollen [Bot.]

Angl. : meiospore/pollen

- **Méiospore** (n.f.) : Cellule reproductrice (haploïde), produite par *méiose** de cellules situées dans des organes spécialisés du *sporophyte**: *capsule** des Bryophytes, sporanges des Ptéridophytes, nucelle des Spermaphytes. La méiospore donnera, en germant, le *gamétophyte**: protonéma chez les Bryophytes, prothalle chez les Ptéridophytes, *grain de pollen** et sac embryonnaire chez les Angiospermes.
- **Pollen** (n.m.) : Voir **gamète mâle.**

Mélange (n.m.) : Voir **combinaison**.

Mélanine/Mélatonine [Bioch.]

Angl. : melanin/melatonin

- **Mélanine** (n.f.) : *Pigment** foncé (brun ou noir) synthétisé par des cellules appelées mélanocytes à partir de la tyrosine, se trouvant dans certaines parties du corps comme la peau, les *poils** et les cheveux.

  Une carence en mélanine perturbe la pigmentation (hypersensibilité à la lumière).
- **Mélatonine** (n.f.) : Hormone (*N*-acétyl-5-méthoxytryptamine) sécrétée par l'épiphyse (glande pinéale) et qui intervient dans la régulation des fonctions associées aux cycles de reproduction chez les animaux, aux rythmes biologiques et au sommeil chez les Vertébrés.

  La transformation de la sérotonine en mélatonine est augmentée pendant la nuit (d'où son nom d'hormone du sommeil) et inhibée à la lumière. À cause de la brièveté du jour et de la baisse de luminosité ambiante, les dépressions hivernales sont fréquentes dans les pays nordiques. Au contraire, certains troubles dépressifs peuvent être soignés avec succès avec de la lumière vive pendant une trentaine de minutes (luminothérapie).

Membrane cellulaire/Paroi cellulaire [Biol., Bot.]

Angl. : plasma membrane, plasmalemma/cell wall

- **Membrane cellulaire** (l.f.) : Structure cellulaire vivante et souple, limitant la cellule. Sa structure de base est celle de toutes les membranes biologiques. Elle est faite par une bicouche de molécules de phospholipides — chacune avec un pôle hydrophobe (vers l'intérieur) et un pôle hydrophile (vers l'extérieur) — dans laquelle sont enchâssées des *protéines** transmembranaires, superficielles ou glycosylées (couche externe). Une part importante des protéines membranaires étant des enzymes responsables de nombreuses catalyses enzymatiques.
  La membrane est semi-perméable ce qui lui permet de réguler les échanges d'eau, des électrolytes et des diverses molécules entre la cellule et le milieu extracellulaire environnant. Pour la plupart des molécules et des ions, la *diffusion** s'effectue à travers la membrane sans fourniture d'énergie par la cellule (diffusion passive). Mais dans d'autres cas, le transport membranaire nécessite une dépense énergétique (transport actif), la source d'énergie étant l'ATP. Parmi les protéines transporteuses, l'*ATPase Na^+/K^+** est la mieux connue. Elle agit comme une pompe « aspirant » le K^+ vers l'intérieur de la cellule et « refoulant » le Na^+ vers l'extérieur.
  La membrane plasmique n'est visible qu'au microscope électronique. Dans les cellules végétales, la membrane plasmique est appliquée étroitement contre la *paroi cellulaire**.
  Syn. : plasmalemme, ectoplasme.
- **Paroi squelettique** (l.f.) : Structure rigide caractéristique des cellules végétales (et des Bactéries), doublant extérieurement la *membrane cellulaire**.
  Les parois des cellules végétales sont parfois imprégnées de substances diverses telles que la *lignine** (donnant le bois) ou la subérine (formant le liège) ou encore des composés gras comme la cutine (dans la cuticule). L'analyse chimique des parois lignifiées montre qu'elles sont constituées principalement de cellulose, de lignine, d'hémicelluloses, plus des pectines. Les parois contiennent aussi des tanins condensés (proanthocyanidines) qui sont des oligomères de flavan-3-ols et aussi des tanins hydrosolubles composés de plusieurs résidus d'acide gallique (et parfois aussi son dimère, l'acide ellagique). D'autres composés phénoliques sont présents dans la cutine et dans la subérine, toutes deux des polyesters aliphatiques mélangés et liés aux constituants de la lignine. Les proportions relatives des différents constituants pariétaux sont variables en fonction des espèces végétales.
  La paroi cellulaire est constituée, en fait, de trois couches : la paroi primaire, la paroi secondaire et la *lamelle moyenne**.
  La lamelle moyenne est produite pendant la *division cellulaire**. Très fine, elle se prolonge de cellule en cellule entre les parois primaires de deux cellules voisines, jouant ainsi un rôle important dans la cohésion des cellules végétales de la plante.
  La paroi primaire existe seule dans les cellules juvéniles, indifférenciées et dans les tissus restant cellulosiques (parenchymes, collenchyme). Elle est formée d'un réseau lâche de microfibrilles de cellulose, disposées dans tous les sens, ce qui lui permet d'être flexible et extensible (au moins quand la cellule croît). Extérieurement, elle est recouverte par la lamelle moyenne. Elle est constituée généralement de composés pectiques (pectate de calcium), excepté chez les tissus ligneux où elle est imprégnée par la lignine. Elle est colorable par le rouge de ruthénium et est visible au microscope optique.
  La paroi secondaire est formée, le plus souvent, lors de la différenciation de la cellule. Située sur la face interne de la paroi primaire, deux à trois fois plus épaisse,

dépourvue de composés pectiques et constituée d'un réseau dense de microfibrilles cellulosiques disposées régulièrement en décrivant des hélices, en strates alternées (disposées à angle droit l'une par rapport à l'autre), ce qui la rend élastique, capable de s'épaissir mais incapable d'élongation. Ce processus de lignification est caractéristique de certains tissus conducteurs (xylème) et de soutien (sclérenchyme). Cette interpénétration n'est pas seulement de nature physique mais également de nature chimique du fait, en particulier, de l'existence de liaisons de diverses natures entre hémicelluloses et cellulose. Une fraction peptidique (ex. extensine) existe également dans les parois.
L'existence de telles associations est d'une grande importance dans l'utilisation des parois cellulaires comme *fibres** dans l'industrie papetière, comme sources de sucres fermentescibles pour les micro-organismes des Ruminants et aussi du point de vue de leurs rôles physiologiques dans la structure de la paroi. Une corrélation entre la digestibilité, la teneur en lignine et des rapports élevés d'acide *p*-coumarique à l'acide férulique (tous deux acides phénoliques) a été démontrée. Mis à part leur possible action inhibitrice vis-à-vis des micro-organismes du rumen, les acides phénoliques peuvent, à travers leur rôle structural dans les parois, influencer la digestibilité.
La paroi cellulaire assure la rigidité de la cellule et la protège contre la différence de *pression osmotique** qui règne entre le milieu extérieur et l'intérieur de la cellule. En dépit de sa rigidité, elle est perméable à l'eau et aux substances dissoutes grâce à des unités fonctionnelles appelées *plasmodesmes** (traversant la paroi au niveau de ponctuations) qui permettent aux substances nutritives et aux métabolites de circuler librement d'une cellule à l'autre.
Syn. : paroi pectocellulosique.

Mésomérie (n.f.) : Voir **équilibre chimique**.

Mésophile/Mésophylle [Biol., Bot.]
Angl. : mesophilic/mesophyll

- **Mésophile** (adj.) :
  1. Qualifie un organisme qui s'accommode des conditions climatiques et écologiques « moyennes » ni trop chaudes (thermophiles), ni trop froides (cryophiles), ni trop sèches (*xérophiles**), ni trop humides (hygrophiles), ni trop ensoleillées (*héliophiles**), ni trop ombragées (sciaphiles). C'est le cas de la majorité des organismes et des plantes à *fleurs**, sous les *climats** tempérés et tropicaux.
  2. Qualifie un micro-organisme qui croît à des températures allant de 20 à 50 °C ; la croissance optimale se situe généralement à environ 37 °C.
- **Mésophylle** (n.m.) : Zone interne du limbe de la feuille, en dehors des nervures, compris entre les couches épidermiques.
  Le mésophylle est constitué de deux parenchymes particuliers : en général, à la face supérieure du côté de la lumière, le parenchyme palissadique, reconnaissable à ses cellules allongées fortement compactées et contenant de nombreux chloroplastes ; et du côté inférieur, le parenchyme lacuneux qui présente des espaces intercellulaires en relation avec les *stomates**, ce qui permet la circulation et l'échange des gaz. Des variations de structure du mésophylle peuvent être observées en fonction du type de plantes (plantes C3, plantes C4) et des conditions de luminosité du milieu. Par exemple, pour ce dernier cas, les limbes foliaires de l'Érable sont d'autant plus minces que lorsqu'ils sont moins éclairés.

Le mésophylle est souvent utilisé pour l'élaboration de protoplastes car il est disponible en quantité importante, il est relativement homogène et ses cellules sont pourvues de parois fines.

Métabolomique/Métabonomique [Bio.mol.]

Angl. : metabolomics/metabonomics

- **Métabolomique** (n.f.) : Analyse comparative simultanée de l'ensemble des métabolites produits par les cellules (ou métabolome), préalablement séparés dans des conditions spécifiques. L'étude qualitative et quantitative de tous les métabolites d'une cellule (métabolome) et la relation entre leurs taux et les caractères phénotypiques permettraient de mieux cerner le comportement cellulaire.
  Le métabolome diffère selon les types cellulaires et, pour un type cellulaire donné, selon le stade de développement et les conditions environnementales.
  L'étude du métabolome nécessite une approche intégrée et l'application d'un certain nombre de stratégies. D'un point de vue analytique, la métabolomique est un énorme défi qui nécessite la réalisation d'expériences à haut débit et à des coûts relativement faibles. La métabolomique n'est devenue possible qu'à la suite des récentes avancées technologiques dans la séparation et l'identification de petites molécules. Il s'agit notamment d'*appareils** robustes de spectrométrie de masse (SM) à haute résolution pour une détermination précise de la masse, de spectromètres RMN (résonance magnétique nucléaire) à haute résolution et à haut débit, de systèmes d'électrophorèse capillaire et de chromatographie liquide à ultra-haute pression (UPLC et HPLC) pour la séparation rapide des composés, ainsi que de nouveaux logiciels pour traiter rapidement des enregistrements spectraux ou chromatographiques.
- **Métabonomique** (n.f.) : Analyse semi-quantitative des métabolites produits par des cellules, des tissus ou des fluides biologiques afin de déterminer les processus métaboliques impliqués, par exemple, dans une maladie, la prise de médicaments, l'exposition à des *toxines** ou d'autres stimulus et d'évaluer les perturbations qui en résultent.
  La métabonomique est basée essentiellement sur la RMN qui fournit des informations sur la structure des métabolites et sur la SM qui fournit des informations sur les *masses moléculaires** associées.

Méthanotrophe/Méthylotrophe [Micr.]

Angl. : methanotrophic/methylotrophic

- **Méthanotrophe** (adj.) : Se dit d'un organisme aérobie se développant par *oxydation** du méthane comme source de carbone. Les méthanotrophes sont aussi des méthylotrophes. Elles sont classées dans deux groupes, les Methylococcacées et les Methylocystacées, en fonction de leur phylogénie, de leur structure interne, de leurs voies d'*assimilation** du carbone, etc. Leur nom de genre débute toujours par Methylo... avec 6 genres pour le premier groupe : *Methylococcus, Methylocaldum, Methylomonas, Methylobacter, Methylomicrobium, Methylospharea* et avec 2 genres pour le second groupe : *Methylocystis* et *Methylosinus.*
- **Méthylotrophe** (adj.) : Se dit d'un organisme utilisant comme seule source de carbone et d'énergie des composés monocarbonés autres que le CO_2 comme CH_4, HCHO, CH_3OH, CH_3NH_2, CH_3SH, CH_3Cl, CH_3Cl_3, ou encore des composés renfermant plus d'un atome de carbone mais où il n'y a pas de liaison directe C–C. Ex. $(CH_3)_2S$.

Méthode/Procédé/Technique [Tech.]
Angl. : method/procedure, process/technique

- **Méthode** (n.f.) : Application spécifique d'une ou de plusieurs *techniques**, ordonnées de manière logique en vue d'obtenir une information donnée. Elle englobe toutes les étapes, de l'échantillonnage à la présentation des résultats. Par exemple, la détermination des *protéines** dans le sang diffère de celle des protéines dans un tissu végétal. On distingue :
  • la méthode scientifique est basée sur l'approche objective d'un problème. Cette démarche implique l'énoncé d'une *hypothèse**, son expérimentation et l'observation des résultats, la réévaluation de l'hypothèse à la lumière des résultats et des nouvelles données, la ré-expérimentation pour vérifier la *reproductibilité** et enfin la validation de l'hypothèse ;
  • la méthode officielle exigée par une loi ou un règlement imposé par une agence officielle (AFNOR, directives européennes, etc.) ;
  • la méthode de référence développée et validée par des organismes (ISO, DIN, AFNOR, etc.) et qui utilisent des études interlaboratoires. Sa mise au point conduit à des résultats dont l'*exactitude** est connue.
- **Procédé** (n.m.) : Suite d'opérations unitaires nécessaires à la réalisation d'une application donnée.
- **Technique** (n.f.) : Ce terme décrit une manière de faire, basée sur un principe chimique ou physique, utilisée dans l'étude d'un analyte ou d'un phénomène précis.

Méthylation de l'ADN/Méthylation des histones [Bio.mol.]
Angl. : DNA methylation/histone methylation

- **Méthylation de l'ADN** (l.f.) : Fixation covalente d'un groupement méthyle ($-CH_3$) sur le carbone C5 des cytosines (5-méthylcytosine) qui appartiennent à un doublet CG et, parfois, sur l'adénine d'un ADN. Les groupements méthyle liés de l'ADN affectent l'aptitude de ce dernier à être transcrit. Il s'agit donc d'un processus de régulation de l'expression génique en empêchant l'action des endonucléases de restriction, donc la coupure de la molécule de l'ADN au niveau de leurs sites de reconnaissance. Cette méthylation fait intervenir des enzymes de la famille des transférases, les méthyltransférases.
  La proportion de cytosines méthylées dans le génome est extrêmement variable selon les espèces de 0 à environ 5 % chez les cellules eucaryotes. Cette proportion est influencée également par les facteurs extérieurs (effet épigénétique) auxquels sont exposées les cellules étudiées.
- **Méthylation des histones** (l.f.) : Fixation d'un, de deux ou de trois groupements méthyle ($-CH_3$) sur les résidus lysine ou arginine des histones H2A, H2B, H3 et H4, catalysée par des histone-N-méthyltransférases (HMTs) spécifiques. Cette méthylation peut être inversée par des histone-déméthylases.
  En se liant à certains acides aminés présents sur l'histone, les groupements « méthyle » vont masquer les gènes qui les portent et ainsi empêcher leur transcription mais aussi les protéger contre les rétrovirus. De ce fait, des anomalies de la méthylation peuvent conduire à l'expression de gènes défavorables ou, inversement, à la mise au silence d'autres qui seraient bénéfiques. Des anomalies dans le processus de méthylation, survenues sous l'effet de conditions environnementales (effet épigénétique), stress, pollution, *infection**, peuvent contribuer à l'apparition d'erreurs de lecture et, par conséquent, celle de certaines

maladies telles que cancer, maladies auto-immunes ou neuro-dégénératives par exemple.

Méthylotrophe (adj.) : Voir **méthanotrophe**.

Microbicide/Microbiostatique [Micr.]
Angl. : microbicidal, germ-killing/microbistatic
- **Microbicide** (adj.) : Qualifie un agent capable de détruire ou de tuer des micro-organismes.
- **Microbiostatique** (adj.) : Qualifie un agent capable d'inhiber la croissance et la reproduction des micro-organismes.

Microphotographie/Photomicrographie [Tech.]
Angl. : microphotography/photomicrography
- **Microphotographie** (n.f.) : Photographie d'objets de taille normale, à échelle fortement réduite et qui doit être examinée par grossissement ou projection agrandie (ex. microfilms).
- **Photomicrographie** (n.f.) : Photographie d'un objet vu à travers un microscope.

Migration (n.f.) : Voir **émigration**.

Minéralisation (n.f.) : Voir **calcination**.

Miscibilité/Solubilité [Chim.]
Angl. : miscibility/solubility
- **Miscibilité** (n.f.) : Capacité d'un liquide ou gaz A de se mélanger de façon homogène avec un liquide ou gaz B (en formant une seule phase). Les gaz sont miscibles totalement, en toutes proportions (par diffusion). Par exemple, l'azote, l'oxygène et le dioxyde de carbone sont totalement miscibles. La miscibilité de liquides est fonction de leurs propriétés physiques et chimiques (polarité). L'alcool et l'eau, par exemple, sont complètement miscibles à cause de leur similarité chimique, tandis que l'huile et l'eau sont immiscibles.
- **Solubilité** (n.f.) :

  1. Aptitude d'un corps (soluté) à se dissoudre dans une quantité donnée de liquide (solvant) particulier, dans des conditions définies (pH, température...).

  Ex. certaines *protéines** sont solubles dans l'eau pure (ex. albumines) ; d'autres dans des solutions salines (ex. globulines) ; d'autres enfin, ne le sont que dans des solutions fortement acides ou alcalines, ou dans des *solvants** tels que l'éthanol.

  Ces solubilités différentes sont utilisées pour les isoler, les extraire et obtenir des concentrats ou des isolats. Pour une protéine, l'aptitude à se solubiliser dans l'eau pure est souvent une première indication sur les autres propriétés fonctionnelles. Ainsi, une protéine de solubilité élevée aura généralement de bonnes propriétés émulsifiantes et moussantes alors qu'une protéine moins soluble sera un bon agent épaississant ou gélifiant.

  La solubilité dépend principalement de deux facteurs : type et propriétés du solvant (ex. organique ou inorganique, polarité) et température. Une augmentation de cette dernière est souvent associée à une amélioration de la solubilité. Dans le cas particulier des molécules amphotères, la solubilité est minimale au point isoélectrique.

Dans le cas particulier des liquides et des gaz, on parle plutôt de miscibilité.
2. Quantité maximale d'une substance pouvant être dissoute dans un volume donné de solvant à une température donnée. La solution est alors dite saturée.

Mise à la masse/Mise à la terre [Tech.]
Angl. : bounding/grounding, earthing
- **Mise à la masse** (n.f.) : Mise en communication de l'ensemble des pièces conductrices dans une installation électrique.
- **Mise à la terre** (n.f.) : Mise en communication de l'ensemble des pièces conductrices dans une installation électrique avec le sol.

Mitose (n.f.) : Voir **fission binaire ; méiose.**

Mobilité/Motilité [Biol.]
Angl. : mobility/motility
- **Mobilité** (n.f.) :
  1. Capacité de mouvement spontané (déplacement).
  2. Aptitude d'une substance ou de particules à migrer, soit sous l'action de la gravité, soit sous l'influence de forces locales.
  3. *Vitesse** d'un ion sous l'effet d'un champ électrique divisée par l'intensité du champ.
- **Motilité** (n.f.) : Capacité d'une cellule, d'un organe ou d'un organisme de se contracter par lui-même ou de réaliser des mouvements intracellulaires grâce au cytosquelette. Ex. muscle lisse intestinal, utérus.

Moder/Mor [Péd.]
Angl. : moder/mor, raw humus
- **Moder** (n.m.) : Type d'*humus**, de couleur noirâtre, caractérisé par une faible vitesse de *minéralisation** de la matière organique sous l'effet combiné du froid et de l'humidité, à pH acide (inférieur à 5). La matière organique humifiée est riche en acides fulviques.
- **Mor** (n.m.) : Type d'*humus** acide (pH 4 à 4,5) formé en milieu biologiquement peu actif, se caractérisant par une très faible vitesse de *minéralisation** de la matière organique et pouvant s'accumuler alors sur des profondeurs considérables. Ex. sol des forêts de Résineux, comme dans les podzols. Il se caractérise par une accumulation de litière non décomposée et par la formation d'un humus brut se déposant à la limite de l'horizon B sans être mélangé au matériel minéral édaphique. Syn. : humus brut.

Molalité/Molarité/Normalité [Chim.]
Angl. : molality/molarity/normality
- **Molalité (m)** (n.f.) : Expression de la *concentration** des solutés dans une quantité de *solvant** donné, exprimée en moles par kg de solvant (mole/kg). Utilisée dans les techniques de précipitations des *protéines** au sulfate d'ammonium par exemple.
- **Molarité (M)** (n.f.) : Expression de la *concentration** molaire d'un soluté dans un *solvant** donné. Une solution molaire d'une substance est celle qui contient une mole de cette substance dans un volume final d'un litre (1 mol. L^{-1}).
  La concentration molaire ou molarité est le nombre de moles d'un composé par unité de volume.
  La concentration molaire s'exprime en mol.L^{-1}ou M (« molaire »).

M = moles de soluté/litres de solution.
Ex. Sachant que la masse molaire de l'eau est égale à 18 $g.mol^{-1}$ et qu'un litre d'eau pèse 1 000 g à 25 °C, la molarité de l'eau est égale à 1 000 / 18 = 55,5 $mol.L^{-1}$ ou 55,5 M.
Syn. : concentration molaire.

- **Normalité** (n.f.) : État d'une solution (dite normale) qui contient une mole d'équivalent (ou d'équivalent-gramme) du corps considéré par litre de solution. Pour définir la mole d'équivalents, on distingue deux types de réactions chimiques :
  1. Échange de protons : acidimétrie-alcalimétrie.
  La normalité d'une solution *acide** ou *basique** est le nombre de moles d'ions H^+ ou d'ions OH^- libérés par litre de solution.
  2. Échange d'électrons : réactions d'oxydoréduction.
  La normalité d'une solution *oxydante** ou *réductrice** est le nombre de mole d'électrons fixés ou libérés par litre de solution
  On utilise aussi des multiples et des sous-multiples de la solution normale (solutions 2N, N/10, N/50, N/100, etc.).
  Dans une réaction d'équivalence entre deux solutions réagissantes, l'une de normalité N_1 et l'autre de normalité N_2, la relation qui lie entre elles les valeurs N_1 et N_2 devient : $N_1V_1 = N_2V_2$.
  V_1 et V_2 étant les volumes correspondant aux solutions N_1 et N_2.
  La normalité est aussi égale à la molarité x nombre d'équivalents par mole.
  Dans le cas d'un acide monoprotique (monoacide), la normalité de l'acide se confond avec sa molarité ; celle d'un diacide est le double de sa molarité.

Mor (n.m.) : Voir **moder**.

Morbidité/Mortalité [Méd.]
Angl. : morbidity/mortality

- **Morbidité** (n.f.) :
  1. Ensemble des facteurs pouvant produire une maladie.
  2. État d'être morbide.
  3. Taux de morbidité exprimé en nombre de sujets souffrant d'une maladie spécifique divisé par le nombre total de la population ; habituellement donné en nombre de cas/100 000.
- **Mortalité** (n.f.) : En dynamique des populations, nombre de décès au sein d'une population dans un intervalle de temps donné, souvent exprimé en décès pour 1 000 individus par an.
  Le taux de mortalité est un facteur important dans le contrôle de la taille d'une population.

Motilité (n.f.) : Voir **mobilité**.

Mucilage (n.m.) : Voir **gomme**.

Mucroné (adj.) : Voir **apiculé**.

Multiplication végétative/Parthénogenèse/Reproduction asexuée [Biol.]
Angl. : vegetative multiplication/parthenogenesis/asexual reproduction

- **Multiplication végétative** (l.f.) : Production d'individus nouveaux par multiplication indépendamment des phénomènes sexuels (sans production de gamètes), par le

développement d'organes végétatifs (*racines**, *tige** feuillée) pouvant se détacher de l'organisme parental donnant des individus-fils génétiquement identiques à la plante-mère et formant ce qu'on appelle un *clone**.
La multiplication végétative ne fait pas intervenir la *méiose**, mais un autre processus très strict de *division cellulaire**, sans remaniement du nombre de *chromosomes**: la *mitose**. Chaque cellule se divise en deux cellules-filles qui lui sont rigoureusement identiques. Les organes végétatifs ainsi formés sont donc conformes à la plante-mère qui leur a donné naissance.
Une espèce à multiplication végétative possède des plants à plusieurs tiges (ou à plusieurs talles) ou des plants interconnectés par des structures spécialisées (*rhizome**, racine adventive, *stolon**...). C'est ainsi que certaines plantes herbacées s'accroissent au moyen de leurs rhizomes (tiges souterraines) qui s'enracinent en donnant de nouvelles tiges aériennes (issues des tiges souterraines). D'autres végétaux, comme le fraisier et le framboisier, engendrent des *stolons** (tiges horizontales) qui, au contact du sol, s'enracinent en émettant de nouvelles ramifications aériennes *analogues**. Parmi les autres exemples de plantes les plus connues se multipliant par cette voie, la pomme de terre (par son *tubercule** de tige), le dahlia (par son tubercule de racine), l'oignon, l'ail et la tulipe (par leurs *bulbes**).
La multiplication végétative est commune chez les végétaux supérieurs et s'effectue, naturellement ou artificiellement. C'est ainsi que cette capacité à la multiplication végétative, qui résulte de la totipotence de la cellule végétale est mise à profit en laboratoire pour multiplier *in vitro* les individus présentant un intérêt économique. En *agriculture**, divers procédés expérimentaux sont couramment utilisés pour multiplier les espèces et créer de nouvelles *variétés** d'arbres fruitiers et de plantes ornementales qui possèdent cependant une reproduction : ces espèces sont allogames, fortement hétérozygotes et combinent parfois des caractères de plusieurs espèces spontanées. Les semis donnent des descendances très hétérogènes, alors que la multiplication végétative conserve les caractères de l'individu multiplié. Le *bouturage** consiste à couper un fragment de tige avec un bourgeon (géraniums, hortensias, œillets, rosiers), de rameaux (tige feuillée + bourgeon) (peuplier) ou de feuilles (saintpaulia) et de l'enterrer par la base dans un substrat humide. Après quelque temps, le fragment s'enracine et se développe en donnant un individu autonome, identique au plant d'origine. L'enracinement peut être accéléré par le traitement des boutures avec une substance de croissance : l'auxine. Certaines plantes se prêtent plus facilement que d'autres au bouturage. Le *marcottage**, en revanche, consiste à enterrer un rameau flexible tout en le gardant fixé à la plante-mère. Après l'apparition des racines, le rameau est coupé. Le greffage consiste à associer intimement un fragment de végétal avec bourgeon (greffon) avec un autre plant (porte-greffe ou ente) de la même espèce ou d'une espèce voisine. Si la greffe réussit, les deux parties mises en contact se soudent en développant entre elles d'étroites relations d'interdépendance. Le greffage est effectué sur de nombreuses plantes ligneuses, fruitières notamment. La multiplication des plantes peut s'effectuer également par leurs organes souterrains à condition qu'il s'agisse de tiges modifiées (ex. tubercules de pomme de terre).
Ces techniques classiques sont maintenant amplifiées ou relayées par des cultures *in vitro* qui consistent à cultiver un fragment de plante sur un milieu nutritif artificiel approprié, en conditions aseptiques. Grâce au phénomène de la totipotence, les cellules du fragment vont se dédifférencier et de multiples « copies » de la plante de départ vont pouvoir être régénérées. Les cultures *in vitro* font appel à différentes stratégies :

• culture de méristèmes préexistants ou de fragments d'organes stérilisés et ensemencés aseptiquement sur un milieu nutritif solidifié par l'*agar**. Maintenus à une température optimale, repiqués périodiquement sur un milieu neuf, ces fragments s'accroissent en donnant des tiges avec bourgeons ;
• culture *in vitro* : des fragments de tissus somatiques déjà différenciés (feuilles, pétioles, etc.) mis en culture dans un milieu approprié peuvent donner un nouvel individu. La première étape consiste à provoquer la *dédifférenciation** des tissus puis à induire l'organogenèse (néoformation de bourgeons et de racines). Le contrôle de ces phénomènes est rendu possible par la modulation du rapport de deux familles de substances de croissance l'une par rapport à l'autre, dans le milieu de culture. Par exemple, un milieu où la *concentration** molaire est en faveur des cytokinines joue un rôle déterminant dans l'organogenèse et le développement des bourgeons puis des tiges. Ce milieu est dit « caulogène ». Cependant, un milieu où les auxines sont prépondérantes, conduit à l'initiation des racines à la base des tiges précédemment formées. Ce milieu est dit « rhizogène » ;
• culture de cellules isolées : cas particulier de la culture de tissus, cette technique consiste à isoler des cellules, le plus souvent à partir de *cals** friables, et leur mise en culture dans un milieu liquide agité pour induire la prolifération des cellules puis leur différenciation.
La multiplication végétative offre certains avantages, et en particulier la rapidité d'obtention de nouveaux végétaux, la conservation des caractères de l'individu multiplié par la constitution de *clones** homogènes. Elle permet aux végétaux de coloniser rapidement un milieu pour lequel un de leur génotype est adapté. C'est aussi le seul mode de propagation possible pour des plantes stériles, qui sont souvent des hybrides interspécifiques ou des polyploïdes apparus spontanément ou obtenus artificiellement (bananiers triploïdes, canne à sucre, plantes bulbeuses).
Syn. : propagation végétative.

○ **Parthénogenèse** (n.f.) :
1. Formation d'un embryon à partir d'une oosphère d'un sac embryonnaire sans *fécondation** préalable, conduisant à une descendance ne possédant que le génome d'origine maternelle.
Bien qu'il pénètre dans le sac embryonnaire sans qu'il y ait de caryogamie, le rôle du gamète mâle est néanmoins nécessaire au déclenchement de l'embryogenèse. Chez les plantes, le résultat en sera donc un fruit (parthénocarpie) dépourvu de *graines**. Ce phénomène, relativement fréquent, peut être naturel ou expérimental. Chez de nombreuses espèces, le traitement d'ovaires non fécondés avec de l'auxine ou des gibbérellines provoque la parthénogenèse.
La parthénogenèse est un cas particulier de l'*apomixie**.
2. Développement d'un ovule non fécondé. Le produit peut demeurer haploïde, mais le plus souvent une régulation chromosomique intervient avant ou après la formation de l'ovule, qui lui permet d'acquérir le nombre diploïde de l'espèce. La parthénogenèse peut être constante chez tous les individus d'une espèce (pissenlits), ou chez certains seulement (mâles d'abeille), qui naissent par parthénogenèse et demeurent haploïdes.

○ **Reproduction asexuée** (l.f.) : Expression incorrecte, utilisée abusivement comme synonyme de *multiplication végétative**.

Mutagène (adj.) : Voir **cancérigène**.

Mutation/Variation [Génet.]
Angl. : mutation/variation

- **Mutation** (n.f.) : Modification du patrimoine génétique d'un organisme vivant, spontanée ou induite par des mutagènes, transmise à la descendance de façon permanente. Les mutations peuvent être : au niveau du *chromosome** (délétion, translocation, inversion, etc.) ou au niveau de l'ADN (déphasante par modification du cadre de lecture, d'insertion par modification dans la séquence des bases, faux sens par remplacement d'un codon par un autre, neutre car sans effet visible, non-sens par changement d'un codon spécifique en codon-stop, etc.). Le monde végétal présente aussi un taux très élevé de mutations somatiques bien supérieur à celui du monde animal mais non transmises à la descendance.
  Les mutations aléatoires sont à l'origine de nouvelles *variations** génétiques.
- **Variation** (n.f.) :
  1. Apparition chez un individu ou un groupe d'individus d'un caractère n'ayant appartenu à aucun des ancêtres.
  2. Écart des caractères structurels ou physiologiques d'un organisme ou d'un biotype par rapport aux caractères typiques ou habituels de son groupe.

Mutation faux-sens/Mutation non-sens [Génet.]
Angl. : missense mutation/non sense mutation

- **Mutation faux-sens** (l.f.) : *Mutation** ponctuelle dans laquelle un seul nucléotide est modifié, résultant en un codon distinct dans la séquence du gène qui code pour un acide aminé différent. Il en résulte souvent la production d'une *protéine** et/ou d'une enzyme inactive ou éventuellement instable.
- **Mutation non-sens** (l.f.) : *Mutation** qui introduit un codon-stop dans la séquence d'un gène, conduisant à l'arrêt de la traduction et, donc, à une *protéine** non fonctionnelle.

Mutation neutre /Mutation silencieuse [Génet.]
Angl. : neutral mutation/silent mutation

- **Mutation neutre** (l.f.) : *Mutation** qui n'a aucun effet observable sur le phénotype de l'organisme. Une mutation neutre peut être due au remplacement d'un acide aminé par un autre ayant un effet similaire ou à sa réparation avant la synthèse des *protéines**. Les cellules ont de multiples mécanismes de réparation pour fixer les mutations dans l'ADN.
- **Mutation silencieuse** (l.f.) : *Mutation** qui n'affecte pas la séquence d'acides aminés de la *protéine** codée et n'a donc pas d'effet observable sur le phénotype de l'organisme. Il s'agit d'un type spécifique de *mutation neutre**.

Mutualisme (n.m.) : Voir **commensalisme**.

Mycologie/Myologie [Biol.]
Angl. : mycology/myology

- **Mycologie** (n.f.) : Science des Champignons, y compris tous les organismes traditionnellement étudiés par les mycologues, quelle que soit leur *classification** actuelle, c'est-à-dire les mildious, les champignons filamenteux, les moisissures, les levures et les champignons macroscopiques.
- **Myologie** (n.f.) : Science dédiée à l'étude des muscles et de leurs structures accessoires (ex. tendons) et de leurs troubles.

N

Nastie/Nutation/Tactisme/Tropisme [Bot.]
Angl. : nasty/nutation/tactism/tropism

- **Nastie** (n.f.) : Mouvement réversible de certains organes (feuilles, pièces florales), subordonné aux variations de température, de lumière et d'humidité ou autre stimulus et dont l'orientation est fixée par une disposition anatomique. Ce mouvement est orienté par rapport à une structure préétablie de l'organe et non pas par une anisotropie du milieu (tropismes) ou par la *croissance** des organes (nutations).
  Les feuilles de nombreuses Légumineuses (ex. haricots) ou les folioles de l'*Oxalis acetosella*, par exemple, se replient sur elles-mêmes à la fin du jour et s'étalent à l'horizontale ou se redressent le matin. Ces mouvements nyctinastiques dépendent des rythmes endogènes de la plante avec une fréquence imposée par la photopériode. Ils sont dus à des variations de la pression de turgescence dans les cellules motrices à la base de ces organes. Le potassium serait l'agent osmotique qui amène les cellules motrices à absorber et à rejeter l'eau, sous l'influence de la lumière. Une élévation de température fait ouvrir la *fleur** de tulipes et de crocus (thermonastie).
- **Nutation** (n.f.) : Mouvement de certains organes végétaux en *croissance** tels que la *tige** ou les vrilles d'une plante volubile, non orienté par rapport à un facteur externe. Ce mouvement dont la trajectoire dépend de l'espèce, de l'organe, de l'âge et des conditions de croissance (elliptique, hélicoïdale ou pendulaire) est dû à une inégalité de croissance entre les faces opposées de l'organe. Il peut être de très grande amplitude ; il est alors appelé circumnutation ou mouvement révolutif. Son *sens** est génétiquement fixé : dans le sens des aiguilles d'une montre (chèvrefeuille, fève, houblon) ou dans le sens contraire (liseron).
- **Tactisme** (n.m.) : Mouvement Déplacement d'une cellule, d'un organe ou d'un micro-organisme (ex. algue unicellulaire) en *direction** d'une autre cellule ou d'un autre organisme ou d'un stimulus externe. Le chimiotactisme, par exemple, est dû à un facteur chimique. Les spermatozoïdes sont attirés par la chaleur de la zone de *fécondation** (39 °C) supérieure à celle de l'utérus qui n'est que de 37,5 °C : il y a thermotactisme. Le phototactisme est provoqué par la lumière.
- **Tropisme** (n.m.) : Réaction d'orientation d'un organe, généralement en voie de *croissance**, chez un végétal dont l'ensemble demeure immobile, et qui est provoquée par des facteurs divers du milieu : gravité (géotropisme ou gravitropisme), lumière (phototropisme), humidité (hydrotropisme), présence de certains composés chimiques (chimiotropisme) ou contact avec un support solide (haptotropisme ou thigmotropisme).
  Selon qu'il y a attirance ou répulsion par rapport au facteur en cause, on parle de tropisme positif ou négatif.

Naturel/Organique [Gén.]
Angl. : natural/organic
- **Naturel** (adj.) : Désigne tout ce qui a trait à la nature ou qui en provient, sans aucun traitement ou modification par l'Homme.
- **Organique** (adj.) :
  1. Qualifie tout composé dérivé d'organismes vivants et formé de composés du carbone (les tissus vivants, le pétrole et ses dérivés, ...).
  2. Se dit d'une pratique agricole (*agriculture** biologique) qui repose sur les intrants biologiques pour la fertilité des sols et la suppression des ravageurs et des maladies.

Nématode/Trématode [Biol.]
Angl. : nematode (pl. nematoda), eelworm/trematode (pl. trematoda), fluke
- **Nématode** (n.m.) : Groupe d'Invertébrés constitué par des vers ronds au corps filiforme (néma = filament), non segmenté, présentant une symétrie bilatérale et pourvus d'une cuticule élastique. Leur taille varie de 1 mm à 1 m selon les espèces.
  Les Nématodes vivent dans différents milieux (marins, dulçaquicoles ou terrestres) mais particulièrement dans les sols, sous différents *climats**.
  Ce groupe, d'une grande importance écologique et économique, renferme environ 25 000 espèces différentes et beaucoup sont *parasites**ou commensaux d'animaux ou de végétaux.
  Certains, en particulier diverses filaires, peuvent provoquer des maladies graves chez l'Homme comme l'oncocercose oculaire et l'éléphantiasis.
  De nombreuses espèces de Nématodes terricoles sont des parasites des végétaux, s'attaquant aux *racines** de certaines plantes et peuvent causer de graves dommages aux cultures pouvant conduire à la mort de la plante atteinte. Le seul moyen de lutter contre eux est de stériliser le sol et d'alterner les cultures sur la même parcelle.
  Syn. : némathelminthes.
- **Trématode** (n.m.) : Groupe d'Invertébrés acoelomates appartenant au phylum des Plathelminthes. Toujours *parasites**, leur cycle de vie, complexe, comporte en général un ou plusieurs hôtes intermédiaires pour transmettre leurs œufs ou larves à l'hôte final. Leur corps aplati et leur tube digestif, dépourvu d'anus, présente un ou deux cœca. Ils possèdent des organes de fixation très variés et complexes en particulier une ou deux, voire plusieurs ventouses ressemblant à des trous, (d'où le nom du groupe : trématode = troué), mais aussi des crochets leur permettant de se fixer à l'hôte. Ce groupe compte environ 10 000 espèces connues.
  Certains Trématodes sont responsables de graves affections parasitaires d'animaux, comme la grande douve (*Fasciola hepatica*) qui vit en parasite dans les canaux biliaires du foie du mouton, ou de l'Homme, comme la bilharziose.

Néphrostome/Néphrotome [Anat.]
Angl. : nephrostome/nephrotome
- **Néphrostome** (n.m.) : Ouverture en entonnoir cilié du néphron dans le cœlome, conduisant à la néphridie, organe excréteur des mollusques. Ce terme est également utilisé pour les métanéphridies des protostomiens.
- **Néphrotome** (n.m.) : Le néphrotome (de tome = couper) correspond à la partie segmentée du mésoderme latéral qui se détache des somites pour former les organes du système urogénital.

Neurotrophique/Neurotropique [Biol.]
Angl. : neurotrophic/neurotropic

- **Neurotrophique** (adj.) : Impliqué dans la *nutrition** (ou l'entretien) du système nerveux. Ex. la phosphogluco-isomérase qui favorise la différenciation des neurones.
- **Neurotropique** (adj.) : Ayant une *affinité** pour le système nerveux, comme le virus de la rage, qui se localise dans les neurones. Le terme s'applique également pour des produits chimiques.

Niche écologique (n.m.) : Voir **aire de répartition**.

Nidation/Nidification [Biol., Écol.]
Angl. : nidation/nidification, nesting

- **Nidation** (n.f.) : Après la *fécondation** de l'ovule, fixation de l'embryon de mammifère dans la paroi utérine où il poursuivra son *développement** grâce aux échanges avec la mère.
  Chez l'Homme, la nidation a lieu environ six jours après la fécondation.
- **Nidification** (n.f.) : Processus par lequel les femelles (ou le couple) d'une espèce animale (oiseaux, poissons, reptiles, insectes, etc.) construisent un nid, généralement au début de la période de reproduction, pour la couvaison des œufs et la protection des jeunes.

Niosome (n.m.) : Voir **liposome**.

Nitration/Nitrification/Nitrosation/Nitrosylation [Chim., Tox.]
Angl. : nitratation/nitrification/nitrozation/nitrosylation

- **Nitratation** (n.f.) : Étape finalede la nitrification marquée par l'*oxydation** des nitrites en nitrates : $2\ NO_2^- + O_2 \rightarrow 2\ NO_3^-$.
  Dans le sol, la nitratation est l'œuvre du seul genre *Nitrobacter*, bactéries aérobies.
- **Nitrification** (n.f.) : Processus chimique dans lequel l'azote (principalement sous forme d'ammoniac) des déchets végétaux et animaux est oxydé d'abord en nitrites, puis en nitrates. Ces réactions sont effectuées principalement par les bactéries nitrifiantes *Nitrosomonas* et *Nitrobacter* respectivement. Contrairement à l'ammoniac, les nitrates sont facilement absorbés par les *racines** des plantes. La nitrification est donc une partie cruciale du cycle de l'azote. Des composés contenant de l'azote sont souvent appliqués sur des sols déficients en cet élément.
- **Nitrosation** (n.f.) : *Oxydation** du cation ammonium en anion nitrite au cours du cycle de l'azote qui est le fait de divers micro-organismes chimioautotrophes aérobies du solen particulier de *Nitrosomonas denitrificans* : $NH_4^+ + O_2 \rightarrow NO_2^- + 4H^+$.
- **Nitrosylation** (n.f.) : Addition d'un cation nitrosyl (NO^+) ou groupe nitrosyl (–NO) à un autre groupe.

Nodosité, nodule/Nœud [Bot.]
Angl. : nodosity, nodule/node, knot, knob

- **Nodosité** (n.f.), **nodule** (n.m.) : Petite excroissance globulaire formée sur les *racines** et/ou les *tiges** des Légumineuses à la suite de leur *infestation** par les bactéries fixatrices d'azote (ex. *Rhizobium* spp.).

Ces bactéries, sous forme de bactéroïdes ayant perdu leur paroi, fixent et réduisent l'azote en ammoniac grâce à leur nitrogénase, et puisent l'énergie nécessaire à leur métabolisme chez la plante hôte.
La coloration rosée des nodosités est due à la présence de leghémoglobine.
Sous l'influence d'Actinomycètes (*Frankia* sp.) fixateurs d'azote, les racines de certaines espèces ligneuses non légumineuses, parmi lesquelles le casuarina (*Casuarina*, Casuarinacées), l'aulne (*Alnus*, Bétulacées), l'argousier (*Hippophae*, Eléagnacées), etc. peuvent également former des nodosités.

- **Nœud** (n.m.) : Lieu d'insertion des feuilles sur la *tige** ou sur les rameaux, et des branches sur la tige, légèrement gonflé. L'espace de tige entre deux nœuds consécutifs est appelé entre-nœud ou mérithalle, notable chez les plantes volubiles (liseron), minime, voire nul, au contraire quand les feuilles sont en rosette (plantain). Les nœuds sont présents sur les tiges mais pas sur les *racines**.

Noix (n.f.) : Voir **capsule**.

Nomadisme/Transhumance [Agro.]
Angl. : nomadism/transhumance

- **Nomadisme** (n.m.) : Mode de vie pastorale non sédentaire dans lequel l'élevage est la ressource principale. Les populations nomades se déplacent avec leurs troupeaux de place en place selon les saisons, en vue de la recherche de nourriture, sans toutefois revenir forcément à leur point de départ comme dans le cas de la *transhumance**.
- **Transhumance** (n.f.) : Déplacement saisonnier des troupeaux, en vue de la recherche de nourriture dans des zones de pâturage éloignées du lieu de résidence principal.

Nombre atomique ; nombre de masse (l.m.) : Voir **masse atomique**.

Nombre d'oxydation (l.m.) : Voir **charge électrique**.

Nomenclature (n.f.) : Voir **identification**.

Normalité (n.f.) : Voir **molalité**.

Noyau/Pépin [Bot.]
Angl. : nucleus/pip

- **Noyau** (n.m.) : Partie ligneuse d'une drupe correspondant à l'endocarpe et renfermant la (rarement) ou les graine(s). Ex. noyau des cerises, d'olive, des prunes, de pêche.
  Dans les cas particuliers de la datte et de l'avocat qui sont des baies, le « noyau » est en fait la graine à *albumen** très dur car riche en hémicelluloses.
- **Pépin** (n.m.) : Terme vernaculaire généralement réservé à la *graine** d'une baie (cerise, raisin), d'une hespéride (citron, orange) ou d'un fruit pomacé (coing, poire, pomme).

Numéro atomique (l.m.) : Voir **masse atomique**.

Nutation (n.f.) : Voir **nastie**.

Nutraceutiques/Pharmaceutiques [Nutr., Phar.]
Angl. : nutraceuticals/pharmaceuticals

- **Nutraceutiques** (n.f.pl.) : Le terme a pour origine la contraction de *nutrition** et de pharmaceutique et désigne toute substance qui peut être considérée comme étant un *aliment** ou faisant partie d'un aliment et qui possède des propriétés bénéfiques pour la santé ou qui assurent une protection contre les maladies chroniques. En général, elle est commercialisée sous forme de comprimés ou de gélules mais peut aussi être rajoutée à un aliment que l'on dit alors fonctionnel comme les nombreux aliments actuellement enrichis en oméga-3.
Syn. : alicaments.
- **Pharmaceutiques** (n.f.pl.) : Produits (ou préparations) définis en accord avec les spécifications de la pharmacopée et utilisés principalement à des fins thérapeutiques.

Nutrigénomique/Nutrigénétique [Nutr., Génet.]
Angl. : nutrigenetics/nutrigenomics

- **Nutrigénomique** (n.f.) : Branche de la génomique nutritionnelle qui étudie l'impact de *nutriments** ou les composants d'un régime alimentaire particulier (composés bioactifs) sur l'expression des gènes composant le génome d'un individu et des résultats physiologiques et métaboliques qui en résultent. Cette étude mobilise divers outils moléculaires complémentaires (dont la biochimie, la physiologie, la protéomique, la métabolomique, la transcriptomique et l'épigénomique) à haut débit. Ce domaine est de plus en plus reconnu comme essentiel pour comprendre le rôle de l'*alimentation** dans le maintien de l'*homéostasie** (bien-être), la prévention du risque de maladies chroniques telles que la maladie d'Alzheimer et le cancer ou le ralentissement de la progression de la maladie. Son potentiel considérable pour l'avenir de l'alimentation est peut-être actuellement sous-estimé.
- **Nutrigénétique** (n.f.) : Branche de la génomique nutritionnelle qui vise à identifier la susceptibilité génétique des individus aux maladies et à comprendre comment la variabilité génétique influence la réponse du corps à un *nutriment** ou à un régime alimentaire ou entraîne des besoins nutritionnels distincts. La nutrigénétique vise à offrir des conseils personnalisés de prévention des maladies basés sur la constitution génétique.
Ainsi, la nutrigénétique et la nutrigénomique abordent l'interaction de l'*alimentation** et des gènes à partir de points de départ opposés.

Nutriment (n.m.) : Voir **aliment**.

Nutrition (n.f.) : Voir **alimentation**.

Nutritionniste (n.m.) : Voir **diététicien**.

O

Odeur (n.f.) : Voir **arôme**.

Oléacé/Oléagineux [Bot.]
Angl. : oleaceous/oleaginous, oily

- **Oléacée** (adj.) : Désigne des plantes appartenant à la famille des Oleacées, Phanérogames Dicotylédones ligneuses, arbustives ou arborescentes, dont l'olivier (*Olea europea*), originaire du Bassin méditerranéen, représente l'espèce la plus connue, sans être nécessairement des *oléagineux**. Ainsi, le jasmin, oléacée arbustive, n'est-il pas un oléagineux car on n'en tire pas d'huile. Réciproquement, beaucoup d'oléagineux (arachide, colza, soja, etc.) n'appartiennent pas à la famille des Oléacées.
- **Oléagineux** (adj.) : Qualifie une plante contenant une proportion importante d'huile ou dont la culture est destinée à la production d'huile, à usage alimentaire (soja, tournesol, arachide, colza, olivier, etc.), industriel (lin, ricin, carthame, etc.) ou pharmaceutique et cosmétique (amandier, noisetier, avocatier, cacaoyer, etc.).
  Les huiles sont essentiellement des triglycérides qui s'accumulent sous forme de gouttelettes limitées par une simple membrane, appelées oléosomes ou sphérosomes.
  Les graines oléagineuses, d'origines botaniques variées, sont souvent d'origine subtropicale (soja, arachide, palmier à huile, cocotier, cotonnier, etc.) ; on en rencontre aussi dans les régions tempérées et même froides (olivier, tournesol, colza, etc.).
  Les plantes oléagineuses fournissent également des matières premières qui entrent dans la fabrication des savons, des lubrifiants et de nombreux produits cosmétiques.
  Certaines plantes oléagineuses sont exclusivement cultivées pour leur huile, mais d'autres le sont également pour leur richesse en *protéines** ; ce sont les oléo-protéagineux (tournesol, colza, soja). D'autres, comme le lin et le cotonnier, sont cultivées pour leurs *fibres** textiles.

Ombrophile (adj.) : Voir **héliophobe**.

Oncogénique (adj.) : Voir **cancérigène**.

Ondulé/Sinué, sinueux [Bot.]
Angl. : undulate, corrugated, repand, repandate, wavy/sinuate

- **Ondulé** (adj.) : Qualifie un organe (feuille, en particulier) présentant des sinuosités arrondies. Ex. feuilles de la lavande de mer (*Limonium sinuatum*), de la molène (*Verbascum undulatum*).
- **Sinué, sinueux** (adj.) : Qualifie un organe (feuille, en particulier) présentant des échancrures (sinuosités) peu prononcées et arrondies. Ex. feuilles du chêne (*Quercus*).

Oosphère/Ovule [Bot.]
Angl. : oosphere, egg/ovule, ovum

- **Oosphère** (n.f.) : C'est le gamète femelle mûr et fécondable contenu à l'intérieur d'un archégone chez les Bryophytes, Ptéridophytes et Gymnospermes et l'une des cellules

haploïdes situées au pôle micropylaire, entre les deux synergides du sac embryonnaire chez les Angiospermes (chez ces dernières, les archégones seraient virtuels).
Syn. : gynogamète.

- **Ovule** (n.m.) : Chez les Préspermaphytes et les Spermaphytes, ce terme désigne l'organe reproducteur femelle contenant le *gamétophyte** femelle. Il est formé d'un ou deux téguments enveloppant le nucelle (mégasporange) dans lequel se forme l'endosperme (gamétophyte femelle) chez les Préspermaphytes et les Gymnospermes ou le sac embryonnaire (gamétophyte femelle) chez les Angiospermes. Après *fécondation** et maturation, chez les Spermaphytes il donne la *graine**. Chez les Angiospermes, l'ovule est attaché au placenta carpellaire par un pédoncule plus ou moins court, le funicule.
L'ovule est nu chez les Préspermaphytes et les Gymnospermes, plus ou moins protégé par des enveloppes chez les Chlamydospermes, et enfermé dans l'ovaire chez les Angiospermes.
Chez les Angiospermes selon les espèces, il peut y avoir un à plusieurs centaines d'ovules produits dans l'ovaire de chaque carpelle.

Oral (adj.) : Voir **aural**.

Organique (adj.) : Voir **naturel**.

Organite (n.m.) : Voir **compartiment**.

Osmolalité/Osmolarité [Chim.phys.]
Angl. : osmolality/osmolarity

- **Osmolalité** (n.f.) : Nombre de moles de particules osmotiquement actives par quantité de *solvant**, exprimé en osmoles/kg de solvant.
L'osmole (Osm) est une unité de *concentration** égale au nombre de moles de soluté dans une solution qui contribue à sa *pression osmotique** en tenant compte du nombre d'ions lorsqu'il se dissocie en solution. Ainsi une solution molaire de NaCl contient 2 osmoles car en solution, ce sel se dissocie complètement en deux ions Na^+ et Cl^- qui participent séparément à la pression osmotique de la solution ; de la même façon, une solution molaire de K_2SO_4 contient 3 osmoles et une solution molaire de glucose une osmole. En pratique, les valeurs d'osmolalité sont généralement données en milliosmoles (mOsm).
- **Osmolarité** (n.f.) : *Concentration** molaire totale en solutés dans une solution, exprimée en osmoles/L de solution. L'osmolarité conditionne le potentiel osmotique d'une solution ou d'un milieu nutritif.
Dans le cas d'une substance non dissociable, l'osmolarité est égale à la *molarité**, tandis que dans le cas d'une substance qui se dissocie en solution aqueuse, l'osmolarité est supérieure à la molarité dans la mesure où elle dépend du nombre de solutés auxquels elle donne naissance.
Dans les solutions physiologiques ou les tampons d'extractions, on utilise souvent du saccharose pour maintenir l'osmolarité.
L'osmolarité du *plasma** est d'environ 300 mosmoles/L, due principalement à des électrolytes de faible *poids moléculaire**. Na^+ et K^+ jouent un rôle important à cet égard et leur mouvement à travers les membranes est conditionné par des systèmes de transport d'ions, tels que l'*ATPase* Na^+*–*K^+*.

Osmose (n.f.) : Voir **diffusion**.

Ostéoblaste/Ostéoclaste/Ostéocyte [Cyt.]
Angl. : osteoblast/osteoclast/osteocyte

- **Ostéoblastes** (n.f.pl.) : Cellules immatures de la famille des fibroblastes, à partir desquelles se forment les cellules osseuses différenciées, testes, grâce à la *sécrétion** de certains composants organiques et de sels inorganiques.
- **Ostéoclastes** (n.f.pl.) : Cellules volumineuses multinucléées qui se développent à partir des monocytes et qui sont responsables de la dégradation de la matrice osseuse déposée par les ostéoblastes et de la libération de ses minéraux (ex. calcium, phosphore).
- **Ostéocytes** (n.f.pl.) : Cellules osseuses matures au repos, qui assurent la persistance du tissu osseux en maintenant sa structure et sa densité par le recyclage continu du calcium. Les ostéocytes peuvent être réactivées si l'os est lésé.

Ovipare/Ovovivipare [Biol.]
Angl. : oviparous/ovoviviparous

- **Ovipare** (adj.) :
  1. Qualifie un mode de reproduction animale (et par extension, à l'animal lui-même) où les œufs, ayant suffisamment de réserves nutritives, vont éclore et se développer après avoir quitté le corps de la mère, comme chez les reptiles.
  2. Le terme est aussi utilisé pour désigner des plantes du groupe des Préspermaphytes (Cycadales, Gingko), dont l'ovule quitte l'organisme maternel pour être fécondé à l'extérieur de ce dernier, au sol par exemple.
- **Ovovivipare** (adj.) : Qualifie un mode de reproduction animale (et par extension, à l'animal lui-même) où le jeune éclot à partir de l'œuf encore retenu dans les voies génitales de la mère et y effectue son *développement** embryonnaire. Il n'y a plus de transfert de *nutriments** de la mère au jeune après la *fécondation**.
  L'ovoviviparité est présente chez de nombreux invertébrés et chez certains poissons et reptiles (ex. la vipère).

Ovule (n.m.) : Voir **oosphère**.

Ovule des animaux/Ovule des végétaux [Biol.]
Angl. : animal's ovule, ovum/vegetal's ovule

- **Ovuledes animaux** (l.m.) : Cellule sexuelle femelle haploïde qui participe à la *fécondation**.
  Au sens strict, le terme fait référence à cette cellule lorsqu'elle est prête pour la fécondation.
- **Ovule des végétaux** (l.m.) : Voir **oosphère**.

Oxydase/Oxygénase [Enz.]
Angl. : oxidase/oxygenase

- **Oxydase** (n.f.) : Enzyme catalysant une réaction d'*oxydation** par perte d'atomes d'hydrogène ou perte d'électrons ; l'accepteur étant l'oxygène.
  Les oxydases ont pour effet « d'activer » leurs *substrats** en les oxydant, occasionnant leurs réactions avec des *protéines** et/ou l'apparition de dérivés.

Ces enzymes ont des répercussions technologiques considérables. Ce sont principalement des polyphénols oxydases et des peroxydases des lipides ; les premières étant les plus fréquentes.
Parmi les enzymes d'oxydation des lipides, les lipoxygénases sont peut-être les plus caractéristiques ; certaines sont liées aux lamelles chloroplastiques alors que d'autres sont solubles. Ces enzymes ont comme groupement prosthétique un atome métallique (fer ou cuivre) parfois lié à un hème. Les polyphénols solubles peuvent les inactiver.

- **Oxygénase** (n.f.) : Enzyme catalysant une réaction d'*oxydation** par incorporation directe d'un atome d'oxygène (monooxygénase) dans une molécule, formant un groupement *hydroxyle** ou carboxyle, par exemple. Les dioxygénases catalysent des réactions dans lesquelles les deux atomes d'oxygène (O_2) sont incorporés dans une molécule organique. Ex. la tryptophane 2,3-dioxygénase qui catalyse l'ouverture du cycle à 5 carbones du tryptophane dans le catabolisme de cet aminoacide.

Oxydant/Réducteur [Chim.]
Angl. : oxidant, oxidizer, oxidizing agent /reducer, reductant, reducing agent

Les termes oxydant et réducteur sont parfois source de confusion, car l'agent oxydant n'est pas oxydé (il est réduit) et l'agent réducteur n'est pas réduit (il est oxydé).

- **Oxydant** (n.m.) : Composé acceptant des électrons. Ex. l'oxygène, les peroxydes, les chlorates, les perchlorates, les nitrates et les permanganates.
  Un oxydant est d'autant plus fort qu'il fixe plus facilement les électrons. Cette force est estimée par la mesure du potentiel redox du couple oxydant-réducteur ($E_{ox/red}$).
  En industrie agro-alimentaire, parmi les agents oxydants les plus utilisés figurent le dioxyde de chlore qui est utilisé comme agent antimicrobien dans l'eau et les fruits de mer et les iodates qui sont utilisés comme améliorants de farine.
  Ant. : *réducteur**.
- **Réducteur** (n.m.) : Composé subissant lui-même une *oxydation** et qui cède les électrons au composé qui subit une réduction.

Oxydation/Oxygénation [Chim.]
Angl. : oxidation/oxygenation

- **Oxydation** (n.f.) : Voir **ionisation**.
- **Oxygénation** (n.f.) : Voir **oxygénase**.

Oxygénase (n.f.) : Voir **oxydase**.

Oxygénation (n.f.) : Voir **oxydation**.

P

Palatabilité (n.f.) : Voir **appétabilité**.

Panicule/Thyrse [Bot.]
Angl. : panicle/thyrse, thyrsus

- **Panicule** (n.f.) : Type d'*inflorescence** indéfinie correspondant à une *grappe** composée (grappe de grappes) avec deux ou plusieurs *fleurs** sur chaque *pédoncule**. Les pédoncules des fleurs, placés à la partie inférieure de l'axe principal, sont plus longs que ceux situés à la partie supérieure et donnent à l'ensemble une forme pyramidale ou conique. Les fleurs s'épanouissent en partant de l'axe. Ex. inflorescence mâle du maïs (*Zea mays*), de l'avoine (*Avena*).
- **Thyrse** (n.f.) : Type d'*inflorescence** composée correspondant à une *grappe** de cymes où les *pédicelles** se greffent directement sur l'axe principal. L'aspect général est celui d'une grappe de forme plus ou moins pyramidale ou ovoïde. Ex. thyrse de lilas (*Syringa*), de troène (*Ligustrum*).

Paraphrase (n.f.) : Voir **citation**.

Paraplasme/Protoplasme/Protoplaste [Cyt.]
Angl. : paraplasm/protoplasm/protoplast

- **Paraplasme** (n.m.) : Ensemble des formations inertes du *cytoplasme** cellulaire. Ce sont les *inclusions;* cytoplasmiques (lipidiques, glucidiques, protéiques) et les vacuoles.
- **Protoplasme** (n.m.) : Désigne le contenu total d'une cellule vivante, c'est-à-dire l'espace délimité extérieurement par le plasmalemme et intérieurement par le tonoplaste. Il comprend des *organites** divers (mitochondries, plastes, appareil de Golgi, réticulum endoplasmique, *peroxysomes**, *glyoxysomes**), un noyau et un *cytoplasme** correspondant à l'espace situé en dehors de ces organites cellulaires, appelé aussi *cytosol**.

  Le cytosol est le siège de nombreux processus métaboliques. Par exemple, des nucléotides, des acides gras et des acides aminés sont synthétisés dans le cytosol. Dans certaines voies métaboliques, il y a coopération étroite entre le cytosol et les organites cellulaires. Un exemple typique d'une telle coopération est donné par la dégradation oxydative des glucides, initiée dans le cytosol et achevée dans les mitochondries.
- **Protoplaste** (n.m.) : Cellule végétale ou bactérienne débarrassée de sa paroi et qui n'est plus limitée que par sa membrane cytoplasmique et donc de forme sphérique. Cette particularité en fait un matériel de choix pour l'expérimentation scientifique. L'obtention des protoplastes se fait habituellement par digestion enzymatique (cellulases + pectinases) de la paroi. Les protoplastes bactériens peuvent être obtenus par culture des bactéries en présence d'*antibiotiques** qui bloquent la synthèse des peptidoglycanes de la *paroi cellulaire**. Les protoplastes bactériens sont préparés plus facilement à partir de cellules Gram$^+$ qu'à partir de cellules Gram$^-$.

  La fusion de protoplastes (*in vitro*), entre cellules appartenant à des espèces végétales différentes, est notamment utilisée lorsque le croisement (voie sexuée) entre les deux espèces est impossible.

Parasite/Pathogène [Path.]
Angl. : parasite/pathogen(ic)

- **Parasite** (adj.) : Voir **épiphyte**.
- **Pathogène** (adj.) : Qualifie un organisme vivant responsable de maladie chez un autre organisme hôte. Par exemple, des bactéries, des champignons ou des virus provoquant des *infections** chez les plantes ou les animaux. Les plantes subissent de graves dommages causés par des champignons pathogènes engendrant des maladies comme le mildiou de la vigne ou le charbon de l'oignon, ou par des virus comme la mosaïque du tabac.
  Les interactions entre les plantes et les micro-organismes pathogènes sont, pour la plupart, hautement spécifiques. Les effets causés par les organismes pathogènes sur les plantes résultent presque entièrement de réactions biochimiques entre les substances sécrétées par le pathogène et celles présentes dans, ou produites par la plante. Les principaux groupes de substances sécrétées par les pathogènes dans les plantes, impliqués directement ou indirectement dans la maladie, comprennent des enzymes, des *toxines**, des substances de croissance, des polysaccharides et des *antibiotiques**. Ces substances diffèrent notablement par leur pathogénicité et leur importance relative peut être différente d'une maladie à une autre.
  L'étude des maladies des plantes quels qu'en soient les agents responsables s'appelle la phytopathologie ou pathologie végétale. C'est un domaine capital de la recherche actuelle dans le domaine végétal.

Parc national (l.m.) : Voir **aire protégée**.

Paroi cellulaire (l.f.) : Voir **membrane cellulaire**.

Parthénogenèse (n.f.) : Voir **multiplication végétative**.

Pasteurisation (n.f.) : Voir **appertisation**.

Pathogène (adj.) : Voir **parasite**.

Pathogénicité/Virulence [Micr.]
Angl. : pathogeneticity/virulence

- **Pathogénicité** (n.f.) : Capacité d'un organisme (bactérie, virus, champignon, *nématodes**, etc.) ou d'une substance (comme le tabac ou l'amiante) à causer l'apparition de maladies.
  La pathogénicité d'un agent infectieux est mesurée par le rapport du nombre de personnes développant des signes cliniques de maladie au nombre de personnes exposées à l'*infection**.
- **Virulence** (n.f.) : Ensemble des mécanismes bactériens, fongiques ou viraux spécifiques qui permettent l'installation et le développement d'un processus infectieux chez un hôte en brisant ses mécanismes de *résistance** et en provoquant des changements pathologiques, soit par invasion des cellules et des tissus, soit par émission de *toxines**.

La virulence est souvent multifactorielle, impliquant une interaction complexe entre le *parasite** et l'hôte. Divers facteurs liés à l'hôte, notamment l'âge, le sexe, l'état nutritionnel, la constitution génétique et l'état du système immunitaire, influent sur le résultat de cette interaction. Les hôtes dont le système immunitaire est déprimé, tels que les patients transplantés et cancéreux, sont sensibles aux micro-organismes qui ne sont normalement pas *pathogènes** chez les hôtes sains. Ces micro-organismes sont appelés pathogènes opportunistes.

Pédicelle/Pédoncule/Pétiole [Bot.]
Angl. : pedicel, peduncle/petiole, leafstalk

- **Pédicelle, pédoncule** (n.m.) : Axe portant des *fleurs** ou des fruits. Dans le cas d'une *inflorescence**, on réserve parfois ce terme à l'axe principal de l'inflorescence et on parle alors de pédicelles pour les axes plus fins portant les fleurs. Les fleurs et fruits sans pédoncule ou pédicelle sont dits sessiles.
- **Pétiole** (n.m.) : Partie rétrécie de la feuille qui unit le limbe à la tige. À sa base, se trouvent parfois des *stipules**. Le pétiole est parcouru par les tissus conducteurs qui irriguent le limbe au niveau des nervures. Il peut être long (ex. céleri) ou court (ex. choux, laitue). Les feuilles dépourvues de pétiole sont dites sessiles.

Pépin (n.m.) : Voir **noyau**.

Peptidoglycane (n.m.) : Voir **glycoprotéine**.

Pérenne/Vivace [Bot.]
Angl. : perennial, perennate.

- **Pérenne, pérennant** (adj.) : Se dit de l'appareil aérien d'une plante (et par extension, à la plante elle-même) qui ne meurt pas en hiver et subsiste ou dépasse 3 années (*Cistus monspeliensis, Phragmites communis*) à plusieurs milliers d'années (*Sequoia*). En font partie les arbres, *arbustes**, *arbrisseaux** et certaines plantes herbacées. Dans cette catégorie de plantes, le *sporophyte**, persistant après la formation des *gamétophytes**, continue son *développement** en produisant, à chaque année, de nouvelles branches et de nouvelles *fleurs** qui produisent de nouvelles *graines**, etc.
  Le peuplier vit environ 35 ans, les chênes sont souvent plusieurs fois centenaires.
- **Vivace** (adj.) : Terme admis généralement pour qualifier un végétal dont le développement du système racinaire peut s'étendre sur plusieurs années. Durant la mauvaise saison, la plante ne subsiste que par ses *racines**, souvent riches en réserves nutritives. Ce sont donc souvent des plantes à propagation végétative. Ex. fraisier), des plantes à *bulbes** (oignon, tulipe), à *rhizomes** (houblon), à *tige** tuberculeuse (pomme de terre), à racine tuberculeuse (dahlia), etc.

Péricarpe/Testa [Bot.]
Angl. : pericarp/testa

- **Péricarpe** (n.m.) : Paroi externe du fruit mûr (issu de la paroi de l'ovaire) divisée généralement en trois couches : l'épicarpe (externe), le mésocarpe (intermédiaire) et l'endocarpe (intérieur).
- **Testa** (n.m.) : Tégument externe protecteur de la *graine** pouvant porter pointes, crochets, poils, cils, etc., jouant un rôle dans la *dissémination** de cette graine.

Périderme (n.m.) : Voir **écorce.**

Périsperme (n.m.) : Voir **endosperme.**

Perméabilité/Perméation [Chim.phys.]
Angl. : permeability/permeation

- **Perméabilité** (n.f.) : Aptitude d'un milieu ou d'une matière à permettre la pénétration de liquides, de gaz, de molécules ou d'ions.
  La perméabilité s'exprime en volume de substance par unité de temps et par unité de surface.
  Les membranes biologiques ne sont pas également perméables à toutes les substances. Elles sont sélectivement perméables, c'est-à-dire qu'elles laissent passer seulement certaines petites molécules par *diffusion** libre comme l'oxygène, l'azote, le dioxyde de carbone, etc. ou certains ions grâce à des transporteurs spécifiques situés au niveau de ces membranes.
  La perméabilité des emballages d'*aliments** est importante pour la prédiction de la durée de conservation des produits. Le conditionnement des aliments sous atmosphère modifiée implique l'utilisation de films avec des coefficients de perméabilité définis pour les différents gaz.
  Dans un sol, facilité avec laquelle l'air, l'eau ou les racines des plantes pénètrent dans ou passent au travers d'un horizon donné, dans des conditions normales. Elle dépend de la porosité du sol et de la densité du fluide.
- **Perméation** (n.f.) : Passage de fluides à travers des matériaux tels que des membranes, des matériaux d'emballage alimentaire ou d'autres barrières, ou, dans le domaine chimique, la *diffusion** ou la pénétration des ions, des atomes ou des molécules au travers une substance perméable.

Peroxyde/Superoxyde [Chim.]
Angl. : peroxide/superoxide

- **Peroxyde** (n.m.) : Composé chimique dans lequel deux atomes d'oxygène, constituant un groupe peroxo, sont liés entre eux par une seule liaison covalente, de formule générale : R–O–O–R où R est un groupe alkyle ou acyle.
  Plusieurs peroxydes organiques et inorganiques sont utilisés comme agents de blanchiment, comme amorceurs de réactions de polymérisation ou dans la préparation de peroxyde d'hydrogène et d'autres composés oxygénés.
- **Superoxyde** (n.m.) : Tout composé caractérisé par la présence dans sa structure d'un radical anion inorganique à nombre impair d'électrons O_2^-.
  Dans les cellules, le superoxyde est produit à partir de molécules de dioxygène par la xanthine oxydase, la NADPH oxydase et les systèmes de transfert d'électrons situés dans la membrane interne des mitochondries.
  Le superoxyde est susceptible de contribuer à la pathogenèse de nombreuses maladies et peut-être aussi au *vieillissement* via* les dommages oxydatifs qu'il inflige aux cellules. Dans les organismes vivants, la superoxyde dismutase protège la cellule des effets délétères des molécules de superoxyde.
  Les superoxydes sont des agents *oxydants** très puissants qui sont très réactifs avec l'eau en donnant de l'oxygène gazeux et des ions OH^-. L'ion superoxyde a un électron non apparié et est coloré en jaune-orangé à température ambiante.

Peroxysome (n.m.) : Voir **glyoxysome.**

Persistance/Rémanence [Biol., Écol., Phar.]
Angl. : persistance/remanence
- **Persistance** (n.f.) : Caractéristique se rapportant à la durée de séjour ou de rétention d'une substance dans un tissu, un organe, un sol ou une eau. La persistance est une notion qui dépend de plusieurs paramètres : *solubilité** dans le milieu biologique, biodégradabilité, potentiel d'épuration, dimension et composition de la substance, etc. Elle peut se mesurer par la durée nécessaire pour obtenir une dégradation complète ou partielle.
- **Rémanence** (n.f.) : Durée de l'*efficacité** d'un produit de traitement dans l'organisme qui peut varier de quelques heures à une dizaine de jours ou encore *persistance** d'un produit chimique (ex. pesticide) dans l'environnement qui peut varier de quelques heures à plusieurs années.

Perspiration/Transpiration [Physio.an.]
Angl. : perspiration/transpiration
- **Perspiration** (n.f.) : Ensemble des échanges respiratoires (dioxyde de carbone, oxygène, vapeur d'eau), accompagnant ou non la *sudation** qui, elle, implique les glandes sudoripares.
- **Transpiration** (n.f.) : Ensemble des processus de *perspiration** et de *sudation** (perte d'eau chargée d'électrolytes).

Pétale (n.m.) : Voir **ligule**.

Pétiole (n.m.) : Voir **pédicelle**.

Pétrification/Putréfaction [Écol.]
Angl. : petrifaction/putrefaction
- **Pétrification** (n.f.) : Voir **fossilisation**.
- **Putréfaction** (n.f.) : Décomposition microbienne des plantes et des animaux après la mort ou de denrées alimentaires mal conservées, en particulier la dégradation anaérobie des matières protéiques avec la production de substances toxiques (ex. toxine botulique), d'*amines** et de gaz nauséabonds.

Peuplement/Population [Écol.]
Angl. : community/population
- **Peuplement** (n.m.) : Groupement naturel d'espèces végétales ou animales appartenant souvent à un même groupe taxonomique, qui croissent en un même territoire. Ex. peuplement de rapaces d'une forêt montagneuse.
  Un peuplement végétal, par exemple, peut être évalué à l'aide de trois grands groupes de paramètres :
  1. la quantité de *végétation** (biomasse, volume),
  2. la densité des individus (taux de recouvrement d'un échantillon de parcelles),
  3. la fréquence des taxons (présence sur de nombreuses parcelles).
- **Population** (n.f.) : Ensemble d'individus d'une même espèce vivant dans un biotope déterminé à un moment donné et au sein duquel se font des échanges de gênes lors de la reproduction sexuée.
  Une population est déterminée par des facteurs tels que la densité (nombre d'individus par unité de surface pour les organismes terrestres et nombre d'individus par unité de volume dans les systèmes aquatiques), le rapport de

masculinité, la structure par âge, les taux de natalité et de mortalité, l'*émigration** et l'*immigration**, etc.).

Phagemide/Plasmide [Micr.]
Angl. : phasmid/plasmid

- **Phagemide** (n.m.) : Construction hybride formée par la recombinaison du génome d'un phage et un *plasmide**. La recombinaison entre phage et plasmide peut se produire au sein d'une cellule bactérienne et implique l'intégrase (codée par le génome du phage).
  Un phagemide a la possibilité de se répliquer comme un plasmide ou comme un phage ; les deux modes de réplication sont habituellement fonctionnels chez différentes espèces bactériennes.
  Les phagemides sont utilisés comme *vecteurs* de clonage.
- **Plasmide** (n.m.) : Molécule d'ADN circulaire ou linéaire — distincte de l'ADN chromosomique, mitochondrial ou chloroplastique — capable de se répliquer de façon autonome, dans la cellule d'origine et dans une cellule-hôte, présente chez certaines cellules de Procaryotes et/ou d'Eucaryotes.
  La taille des plasmides naturels varie de 5 kb à plus de 100 kb. Cette molécule porte des caractères génétiques non essentiels à la cellule hôte. Les gènes des plasmides peuvent être des gènes de *résistance** ou des gènes codant pour des enzymes cataboliques, la synthèse d'*antibiotiques** ou la production de *toxines**. Les plasmides sont absents de certaines cellules comme celles des bactéries des genres *Anaplasma*, *Bartonella*, *Brucella* et *Rickettsia*.
  Il est possible d'obtenir de grandes quantités de plasmides en les multipliant dans les bactéries hôtes. Certains plasmides sont utilisés comme vecteurs de *clonage de gènes**.

Pharmaceutiques (n.m.pl.) : Voir **nutraceutiques**.

Pharmacocinétique/Pharmacodynamie/Toxicocinétique [Phar.]
*Angl. : pharmacokinetics/*pharmacodynamics, pharmacodynamy/*toxicokinetics*

- **Pharmacocinétique** (n.f.) : Étude quantitative des mécanismes d'*absorption** d'un composé pharmaceutique, de sa répartition dans l'organisme, de son métabolisme, de son accumulation et de son élimination. Elle doit être associée le plus tôt possible aux études cliniques pour permettre une meilleure compréhension des mécanismes cités ci-dessus. Elle peut être utile pour diminuer le nombre de paliers de *dose** donc pour diminuer le nombre de sujets nécessaires à l'établissement de la DMT (Dose Maximale Tolérée). Elle constitue également une aide précieuse pour déterminer la dose recommandée et le schéma d'administration pour les essais cliniques de phase II.
- **Pharmacodynamie** (n.f.) : Branche de la pharmacologie traitant des interactions entre les substances pharmacologiquement actives (ex. médicaments) avec des sites cibles dans les systèmes vivants et les conséquences biochimiques et physiologiques conduisant à des effets thérapeutiques ou indésirables.
  La pharmacodynamie relie la réponse mesurée (effet biologique ou physiologique obtenu), son efficacité, sa toxicité ou les deux, à la pharmacocinétique du médicament y compris la relation entre la concentration du médicament et l'effet (dose-réponse).

- **Toxicocinétique** (n.f.) : Étude du devenir d'une substance toxique dans l'organisme. La quantité de substance qui réagit avec l'organisme pour causer un effet néfaste dépend de quatre facteurs biologiques principaux qui sont : l'*absorption**, la distribution, le métabolisme (ou la biotransformation) et l'*excrétion**.
  L'extrapolation des données entre les animaux et les humains dans le but d'établir la marge de sécurité, lorsqu'elle est uniquement basée sur les *doses** (mg/kg de poids corporel), peut donner des résultats très trompeurs en raison de grandes différences pharmacocinétiques entre les espèces et les sexes.

Pharmacogénétique/Pharmacogénomique [Phar.]
Angl. : pharmacogenetics/pharmacogenomics

- **Pharmacogénétique** (n.f.) : Discipline étudiant l'évaluation de l'*efficacité** clinique, de la sécurité et de la *tolérance** d'un médicament chez des groupes d'individus qui diffèrent par certaines caractéristiques génétiques (variabilité interindividuelle) en vue de prédire la réponse de ces individus aux médicaments. Elle vise, par l'identification du polymorphisme génétique (ex. différences ethniques), à identifier des sujets non répondeurs à certains médicaments ou des sujets à risque de développer des effets indésirables et/ou à adapter au mieux la posologie de certains médicaments à chaque individu.
- **Pharmacogénomique** (n.f.) : Discipline étudiant les interactions entre les médicaments et le génome, y compris les modifications (induction ou suppression) de l'expression des gènes par ces médicaments et l'effet de *mutation(s)** sur ces gènes dont les produits sont impliqués dans la réponse à des médicaments spécifiques. La pharmacogénomique vise à identifier l'ensemble des nombreux gènes qui déterminent la réponse aux médicaments.
  La pharmacogénomique a une signification plus large et inclut à la fois la pharmacogénétique et le champ immense des cibles des médicaments. Cette approche, qui combine la génomique et la pharmacologie, améliore la compréhension des actions des médicaments, suggère de nouvelles molécules médicamenteuses potentielles et permet des recherches informatisées sur les cibles probables des médicaments. En outre, l'analyse des données génétiques des individus soulève la perspective que les médicaments soient adaptés à la constitution génétique de patients ou de groupes de patients particuliers. Ce ciblage plus précis des médicaments devrait rendre les médicaments plus efficaces, avec moins de risque d'effets secondaires indésirables.

Pharmacorésistance/Pharmacotolérance [Phar.]
Angl. : pharmacoresistance/pharmacotolerance

- **Pharmacorésistance** (n.f.) : Absence de réactivité d'une cible biologique à des substances à effets thérapeutiques.
  La *résistance** clinique aux médicaments englobe deux grandes catégories. La résistance innée aux médicaments est observée lorsque la maladie d'un patient ne répond pas au traitement initial. La résistance acquise survient avec le développement de la récidive après la fin du traitement initial.
  Ant. : pharmacosensibilité.
- **Pharmacotolérance** (n.f.) : Atténuation des effets d'un médicament à la suite d'une exposition prolongée. La *tolérance** peut être causée par une clairance accrue en raison de l'auto-induction des enzymes responsables du métabolisme du

médicament, comme cela se produit avec certains médicaments antiépileptiques (par exemple, la carbamazépine).

Phénogramme (n.m.) : Voir **arbre phylogénétique**.

Phosphatase/Phosphorylase [Enz.]
Angl. : phosphatase/phosphorylase

- **Phosphatase** (n.f.) : Enzyme qui élimine un groupement phosphate d'une molécule par *hydrolyse** d'une liaison ester phosphorique. Par exemple, au niveau du foie, le glucose phosphorylé peut être clivé en glucose à l'aide de la phosphatase hépatique. Selon le pH où se situe l'optimum d'efficacité de ces enzymes, on distingue les phosphatases acides (E.C : 3.1.3.2., pH optimum voisin de 5) et les phosphatases alcalines (E.C : 3.1.3.1., pH optimum voisin de 9).
- **Phosphorylase** (n.f.) : Enzyme qui transfère directement un groupement phosphate inorganique (acide phosphorique) d'un *substrat** à l'adénosine monophosphate ou diphosphate ou de l'adénosine mono-, di- ou triphosphate à un substrat, catalysé dans la cellule par des kinases. Ce transfert se fait généralement par formation de liaisons ester phosphoriques, riches en énergie. L'énergie ainsi accumulée peut être libérée et utilisée dans les réactions endergoniques.
  La phosphorylation des *protéines** intervient en général sur les chaînes latérales de sérine, de thréonine, de tyrosine, d'histidine ou d'aspartate. Les réactions de phosphorylation sont importantes pour le stockage de l'énergie, la biosynthèse d'intermédiaires durant le métabolisme ainsi que pour la régulation de nombreuses enzymes.

Phosphorescence (n.f.) : Voir **bioluminescence**.

Phosphorylase (n.f.) : Voir **phosphatase**.

Photomicrographie (n.f.) : Voir **microphotographie**.

Photopériodisme/Phototropisme [Phys.]
Angl. : photoperiodism/phototropism

- **Photopériodisme** (n.m.) : Réaction des plantes à l'alternance ou aux variations saisonnières de périodes d'éclairement (jour) et d'obscurité (nuit).
  Beaucoup de plantes utilisent ce changement de durée du jour comme signal pour passer d'un stade végétatif à un stade reproducteur (formation des fleurs). Les caractéristiques de cet éclairement sont variables selon les exigences des plantes. On distingue, par exemple, des plantes de jours courts ou plantes nyctipériodiques, qui ne fleurissent qu'en jours courts (maïs, riz, soja, tabac, topinambour, chrysanthèmes, dahlia, café, coton, canne à sucre, chanvre, houblon, etc.), des plantes de jours longs ou plantes héméropériodiques, dont la *floraison** est plus rapide en jour long (nombreuses Céréales, aneth, betterave, épinard, ivraie, jusquiame, luzerne, radis, trèfle, etc.) et des plantes indifférentes à la durée du jour (concombre, pissenlits, tomates, tournesol, etc.) qui fleurissent quelle que soit la durée relative des jours et des nuits.
  Expérimentalement, on arrive à maîtriser la date de floraison dans le cas de certaines espèces de grande importance économique (ex. les chrysanthèmes, Astéracées).

Le *pigment** impliqué dans les réactions photopériodiques est le phytochrome.

- **Phototropisme** (n.m.) : Réaction d'orientation d'un organe, généralement en voie de *croissance**, chez un végétal dont l'ensemble demeure immobile, et qui est provoquée par la lumière.

Phototropine/Phytotropine [Bioch., Physio.vég.]
Angl. : phototropin/phytotropin

- **Phototropine** (n.f.) : Type de récepteurs de lumière bleue/UV-A (*longueur d'onde** 400-500 nm), de nature flavoprotéique, associés à la membrane plasmique et ayant une activité protéine kinase impliquée dans le phototropisme et l'orientation des chloroplastes par rapport à la lumière, chez des algues et plantes supérieures.
- **Phytotropine** (n.f.) : Désigne des inhibiteurs non compétitifs du transport polaire des auxines dans les plantes. Certaines phytotropines couramment utilisées sont l'acide triiodobenzoïque (TIBA), la morphactine et l'acide naphtylphtalamique (NPA).

Phototropisme (n.m.) : Voir **photopériodisme**.

Phragmoplaste/Phragmosome [Cyt.]
Angl. : phragmoplast/phragmosome

- **Phragmoplaste** (n.m.) : Structure formée de microtubules et de *vésicules** dérivées de l'appareil de Golgi, qui s'alignent le long de l'axe médian de la cellule végétale au début de la cytodiérèse, pour former une *paroi cellulaire** entre les deux cellules filles.
- **Phragmosome** (n.m.) : Fine couche différenciée de *cytoplasme** d'une cellule végétale en division qui se forme dans le plan de la future *paroi cellulaire**. Le phragmosome contient à la fois de l'actine et des microtubules, se formant lorsque le noyau atteint sa position centrale et constituant un site pour l'assemblage du *phragmoplaste**.

Phyllode, phylloclade (n.f.) : Voir **cladode, cladophylle.**

Phylum/Taxon [Biol.]
Angl. : phylum/taxon

- **Phylum** (L.) :
  1. Entité de *classification** naturelle impliquant l'existence de liens réels de parenté entre ses membres. Un phylum est, par nature, un continuum indéfini entre ses membres alors qu'un taxon est un état défini.
  2. Synonyme d'*Embranchement**, une subdivision de haut niveau des systèmes de classification.
- **Taxon** (n.m.) (pl. **taxons**) : Terme désignant une unité de *classification** de rang quelconque auquel est attribué un nom.
  Tout système de classification est fondé sur les relations entre taxons. Ces relations sont déduites de l'étude de la répartition de certains caractères qui peuvent relever de la morphologie (niveau macroscopique), de l'anatomie et ultrastructure (niveau cellulaire), de la palynologie, de la cytologie (caryologie), de la physiologie, ou de la phytochimie et biochimie (micro- et macromolécules).
  Plus grande est la similitude entre deux taxons, plus ils seront rapprochés dans le système de classification.

Le taxon de base de la classification est représenté par l'espèce et tous les autres rangs taxinomiques ne sont donc que des regroupements (genre, famille, ordre, classe, embranchement) ou des subdivisions (sous-espèce, variété, écotype) de celui-ci.

Physique médicale (l.f.) : Voir **biophysique**.

Phytothérapie (n.f.) : Voir **herboristerie ; homéothérapie**.

Piégeage (n.m.) : Voir **encapsulation**.

Pigment (n.m.) : Voir **colorant**.

Plantes grasses (n.f.pl.) : Voir **Cactacées**.

Plaque cellulaire (l.f.) : Voir **lamelle moyenne**.

Plaque motrice/Unité motrice [Biol.]
Angl. : motor plate/motor unit

- **Plaque motrice** (l.f.) : Jonction (synapse) entre la terminaison axonale d'un neurone moteur (ou motoneurone) et une partie du *sarcolemme** d'une *fibre** musculaire et au niveau de laquelle s'effectue la transmission de l'excitation du motoneurone à la fibre musculaire au moyen de l'acétylcholine qui se fixe sur les récepteurs nicotiniques-cholinergiques de l'espace subsynaptique de la membrane de la cellule musculaire.
  Syn. : jonction neuromusculaire, synapse neuromusculaire.
- **Unité motrice** (l.f.) : Chez les Vertébrés, ensemble formé par un neurone moteur et l'ensemble des cellules musculaires qu'il innerve.

Plasma/Sérum [Bioch.]
Angl. : plasma/serum

- **Plasma** (n.m.) : Milieu liquide du sang non coagulé, jaune clair, sans les éléments figurés. Le plasma est extrait du sang par anticoagulants et centrifugation. Il contient diverses molécules, entre autres : 70-80 g/L de *protéines** dont environ 60 % d'*albumines**, 4 % d'α-globulines, 8 % d'α-globulines, 12 % de β-globulines et 16 % de γ-globulines ainsi que du fibrinogène (3 %). Le fractionnement du plasma humain permet l'*isolement** et la purification de certains constituants pour les utiliser dans le domaine thérapeutique et clinique.
- **Sérum** (n.m.) : Partie soluble du *plasma** obtenue après *coagulation** du sang et centrifugation.
  Le sérum et le plasma diffèrent uniquement par leur contenu en fibrinogène. Lors de la coagulation sanguine, le fibrinogène précipite en fibrine, le caillot ainsi formé laissant exsuder le sérum.
  Le sérum contient des hormones dont la présence est nécessaire pour une *croissance** normale des cellules. Ainsi, des facteurs comme l'EGF (*Epithelium Growth Factor*) sont souvent nécessaires en culture cellulaire.
  Les sérums destinés à l'expérimentation sont préparés dans des conditions stériles à partir du sang d'animaux sous contrôle vétérinaire. Le sérum brut subit un contrôle de qualité avant d'être traité (pH, osmolarité, taux d'hémoglobine). Il subit ensuite

une *filtration** stérilisante, sur des filtres de porosités décroissantes : 1,2 µm, 0,45 µm, 0,2 µm puis 0,1 µm. Cette filtration est réalisée en salle blanche. Les filtrats sont conditionnés sous hotte à flux laminaire et soumis aux analyses biochimiques (teneurs en *protéines**, glucose, lipides et hémoglobine) et cliniques (absence de contamination par les mycoplasmes, bactéries *pathogènes**, virus, anticorps viraux, etc.).

Plasmide (n.m.) : Voir **phagemide**.

Plasmodesme/Ponctuation [Cyt.]
Angl. : plasmodesma (pl. plasmodesmata)/pit
- **Plasmodesme** (n.m.) : Structure anatomique permettant l'échange intercellulaire rapide des petits métabolites, comme les sucres simples, les régulateurs de croissance et certaines molécules signal transitant par les vaisseaux vers leurs tissus cibles. Les plasmodesmes sont situés au niveau de perforations cylindriques d'un diamètre approximatif de 40 nm, qui traversent la *paroi cellulaire** avec continuité des membranes plasmiques des deux cellules adjacentes. L'annulus, qui constitue la fraction cytoplasmique du plasmodesme, assure la continuité cytoplasmique d'une cellule à l'autre. Le desmotubule, situé au centre du plasmodesme constitue pour sa part la fraction membranaire de cette structure et permet des échanges entre les réticulums endoplasmiques des deux cellules, desquelles il dérive.
- **Ponctuation** (n.f.) : Simple perforation dans la *paroi cellulaire** d'une cellule végétale, facilitant les échanges entre diverses cellules adjacentes, xylémiennes, phloémiennes, parenchymateuses.

Plasmode/*Plasmodium* [Biol.]
Angl. : plasmodium/Plasmodium
- **Plasmode** (n.m.) : Masse de *cytoplasme** amiboïde qui renferme plusieurs noyaux diploïdes, entourée d'une membrane plasmique simple et qui se forme pendant le stade de *croissance** du cycle de *développement** de nombreuses espèces de Myxomycètes dont il en existe environ 500.
  Le plasmode peut s'étendre sur plusieurs centimètres carrés. Cette « grande cellule » provient de divisions mitotiques des noyaux qui n'ont pas été suivies de division du cytoplasme. Il se déplace en étendant ses pseudopodes par constrictions cytoplasmiques, au moyen des microfilaments d'actine et de myosine et se nourrit en engloutissant les particules de nourriture par phagocytose. Ex. le blob (*Physarum polycephalum*).
- ***Plasmodium*** (L.) : Genre de *parasite**, *agent causal** de la malaria.

Plasmolyse (n.f.) : Voir **lyse**.

Pluviosité/Précipitations [Météo.]
Angl. : pluviosity/precipitation
- **Pluviosité** (n.f.) : Désigne le régime et l'importance relative des pluies dans un biotope ou un territoire donné.
- **Précipitation** (n.f) : Ensemble des formes sous lesquelles l'eau atmosphérique est apportée vers la Terre : pluies, grêle, neige, rosée, givre. Le type de précipitations est déterminé par la nature des nuages et de leur degré d'humidité, des courants ascendants et de la température.

Poids (n.m.) : Voir **masse**.

Poids moléculaire (l.m.) : Voir **masse molaire**.

Poils/Trichome [Bot.]
Angl. : hair, villus (pl. villi), pilus (pl. pili)/trichome

- **Poil** (n.m.) : Dans les parties aériennes de la plante (tige, feuilles), les poils sont constitués par le prolongement de certaines cellules de l'épiderme, se présentant sous forme d'un filament plus ou moins long et fin, uni- ou pluricellulaire.
  Les poils dits tecteurs s'observent fréquemment chez les plantes croissant dans des milieux chauds (réduction de la *transpiration**) ou en haute montagne (protection contre le froid). Ils peuvent se gorger de substances sécrétées par les plantes et sont dits alors poils sécréteurs. Ex. poils des Lamiacées.
- **Trichome** (n.m.) : Ensemble des formations pilifères d'un organe, comme les *poils** épidermiques de différentes formes, structures et fonctions, écailles, papilles et, dans les *racines**, les *poils absorbants**. Le trichome prend son origine à partir des cellules épidermiques. Il peut être uni- (ex. poils urticants de l'*Urtica urens*) ou pluricellulaire (*Verbascum nigrum*), temporaire ou permanent. Les *parois cellulaires** peuvent être renforcées par des incrustations de silicate, carbonate de calcium ou autres substances ce qui leur donne une certaine raideur apte à dissuader les animaux de les consommer (ex. certaines Borraginacées et Brassicacées).
  Le trichome limite également la perte d'eau par les feuilles. Les trichomes glandulaires produisent des substances chimiques liquides qui sont sécrétées ou vaporisées. La plupart de ces substances sont des terpénoïdes odoriférants et colorés.
  Les formes particulières que revêt le trichome sont parfois utilisées pour l'*identification** de certains groupes taxonomiques.

Poils absorbants/Radicelles [Bot.]
Angl. : root hairs/rootlets, radicels

- **Poils absorbants** (l.m.pl.) : Désigne des *poils** nés des prolongements tubulaires des cellules du rhizoderme, un peu au-dessus de la coiffe et constituant la zone pilifère. En augmentant la surface de contact et donc les échanges entre les *racines** et le milieu externe, ils favorisent un meilleur prélèvement de l'eau et des substances dissoutes du sol. La forte *pression osmotique** qui règne dans les vacuoles des poils absorbants est responsable de ce prélèvement. Ces poils ne sont fonctionnels que quelques jours. Ils sont remplacés constamment lors de l'allongement de la racine.
- **Radicelle** (n.f.) : Fine ramification émise par la racine principale ou par les racines secondaires, assurant l'*absorption** de l'eau et des sels minéraux et contribuant à l'ancrage des plantes.

Poison/Toxine [Tox.]
Angl. : poison/toxin

- **Poison** (n.m.) : Désigne toute substance toxique (par ingestion ou inhalation) et spécialement celle qui est employée volontairement pour nuire à autrui.
- **Toxine** (n.f.) : Substance d'origine naturelle capable de perturber le fonctionnement d'un organisme vivant, voire de le tuer.
  Les toxines sont produites par des organismes variés, bactéries et cyanobactéries, protozoaires, animaux (serpents, scorpions, poissons, coquillages, anémone de mer),

végétaux (plantes terrestres, macro- ou microalgues), micro- et macromycètes (champignons). Du fait de leur grande *spécificité** pour des cibles variées (jonction neuromusculaire, *hémostase**, membrane et échanges intracellulaires), les toxines sont responsables de nombreux effets physiopathologiques. On distingue les neurotoxines agissant sur le système nerveux comme la toxine botulique des conserves avariées, les hémotoxines détruisant les cellules sanguines, les hépatotoxines agissant sur le foie comme l'amanitine de l'amanite phalloïde, les dermatotoxines (peau et muqueuses), les myotoxines agissant sur la *contraction**musculaire, etc.

Elles peuvent être aussi des remèdes bénéfiques pour l'Homme comme le botox, utilisé pour inhiber la contraction de certains muscles.

Chez les micro-organismes, on distingue deux types de toxines :

- les endotoxines qui sont des constituants de la cellule et qui ne sont libérées qu'après la lyse de celle-ci ;
- les exotoxines qui sont rejetées dans le milieu extérieur. Un traitement chimique les transforme en anatoxines, dépourvues de toxicité mais conservant leur pouvoir antigénique.

Les substances actives de certaines plantes médicinales (alcaloïdes, *glucosides**) sont des *poisons** violents pour l'organisme humain. Cependant, prises à faible *dose**, elles peuvent être des remèdes très bénéfiques pour l'Homme.

Les toxines recombinantes sont des *protéines** toxiques codées par un gène recombinant.

Pollen (n.m.) : Voir **gamète mâle ; méiospore**.

Ponctuation (n.f.) : Voir **plasmodesme**.

Population (n.f.) : Voir **peuplement**.

Porine (n.f.) : Voir **aquaporine**.

Potentiel hydrique/Potentiel osmotique [Chim.phys.]
Angl. : hydric potential/osmotic potential

- **Potentiel hydrique** (l.m.) : C'est l'énergie potentielle de l'eau (notée par la lettre grecque Psi, Ψ). Ce paramètre se mesure dans tous les milieux où l'eau est présente et permet d'estimer l'état de liberté de l'eau. Il peut se définir comme l'énergie qu'il faut fournir pour libérer 1 g d'eau d'un système. Le potentiel hydrique a les dimensions d'une pression et est exprimé en Pascal.

  Dans une cellule végétale, le potentiel hydrique est la somme algébrique du potentiel osmotique (π, valeur négative) et du potentiel de turgescence (T, valeur positive) qui correspondant à la résistance des *parois cellulaires** au gonflement de la cellule ou mieux, à la pression exercée par la paroi lorsque la cellule est turgescente et qui tend à faire sortir l'eau de la cellule. Il est donné par la formule : $\Psi = \pi + T$ ou encore écrite sous la forme : $\Psi_w = \Psi_s + \Psi_t$ où Ψ_s et Ψ_t sont respectivement le potentiel osmotique (s pour solutés) et le potentiel de turgescence et Ψ_w le potentiel hydrique.
- **Potentiel osmotique** (l.m.) : Le potentiel osmotique d'une solution est dû à la présence de composés dissous. Plus la *concentration** d'une solution est importante, plus son potentiel osmotique est négatif, et en conséquence, plus grande sera la tendance pour l'eau à se déplacer, par *diffusion** ou *osmose**, vers cette solution à partir

d'une solution de concentration plus faible, à condition que les deux solutions soient séparées par une membrane hémiperméable (perméable à l'eau mais pas aux solutés). Dans une cellule végétale, le potentiel osmotique est essentiellement dû aux substances dissoutes dans la vacuole, mais c'est le potentiel hydrique qui règle les échanges d'eau intracellulaires.

Potiron (n.m.) : Voir **citrouille**.

Pourcentage d'eau (l.m.) : Voir **activité de l'eau.**

Prébiotique/Probiotique [Nutr.]
Angl. : prebiotics/probiotics

- **Prébiotiques** (n.m.pl.) : Ingrédients alimentaires non digestibles qui améliorent la santé de l'hôte en stimulant sélectivement la *croissance** et/ou l'activité des bactéries bénéfiques, ou probiotiques, du côlon.
  Les prébiotiques sont généralement des oligosaccharides à base de fructose (fructo-oligosaccharides) et de galactose.
- **Probiotiques** (n.m.pl.) : Micro-organismes vivants ajoutés aux *aliments** pour améliorer l'équilibre ou l'activité métabolique de la flore intestinale bénéfique. En font partie, *Bifidobacterium* spp., *Enterococcus faecium*, *Lactobacillus* spp., *Saccharomyces bulardii*. En se multipliant dans l'intestin, les probiotiques permettent, de réduire par simple compétition la population bactérienne potentiellement *pathogène**.

Précipitations (n.f.pl.) : Voir **pluviosité**.

Précision (n.f.) : Voir **exactitude**.

Pression oncotique/Pression osmotique [Chim.phys.]
Angl. : oncotic pressure/osmotic pressure

- **Pression oncotique** (l.f.) : *Pression osmotique** produite par les colloïdes (c'est-à-dire les *protéines** et autres grosses molécules) présents dans le système sanguin. L'*albumine**, la protéine plasmatique la plus abondante, est responsable d'environ 75 % de cette pression.
  Les parois des vaisseaux sont relativement imperméables à ces molécules. La pression oncotique compense en grande partie la pression hydrostatique qui tend à conduire l'eau des vaisseaux sanguins dans les espaces extracellulaires et les tissus. Par conséquent, si la pression oncotique diminue, il existe un risque accru d'accumulation de liquide et de gonflement des tissus (œdème).
- **Pression osmotique** (l.f.) : Pression responsable du passage des molécules d'eau depuis une solution moins concentrée (hypotonique) séparée par une membrane semi-perméable vers une solution plus concentrée (hypertonique). Cette pression osmotique est une caractéristique physique de la solution ; elle peut se mesurer en utilisant un osmomètre, mais elle peut aussi se calculer à condition de connaître un certain nombre de paramètres : la pression osmotique d'une solution π est donnée par la relation : $\pi = R.T.C$; dans les unités du système international, l'*unité** de pression est le pascal (Pa) et l'unité de volume est le m^3 ; dans ce cas, la concentration est exprimée en mole/m^3 et R (constante des gaz parfaits = 8,314 J/mol.K). Il est souvent plus facile d'utiliser le bar comme unité de pression et le litre comme unité de

volume, la concentration est alors exprimée en mole/L et R = 0083 bar L/mol.K. Si on utilise l'atmosphère (unité un peu désuète) R est alors égal à 0,082 atm L/mol.K. Dans les trois cas, T est exprimé en kelvin.
Elle peut aussi être exprimée en osmoles pour une solution d'électrolyte.
Ex. pression osmotique d'une solution de saccharose 0,5 M à 20 °C :
- en Pascal : π = R.T.C = 8,314 × 293 × 500 = 1 218 001 Pa = 1,218 MPa,
- en bar : π = R.T.C = 0,083 × 293 × 0,5 = 12,16 bars,
- en atmosphère : π = R.T.C = 0,082 × 293 × 0,5 = 12,01 atm,
- en osmole : π = 0,5 osmol.

Prévalence (n.f.) : Voir **incidence.**

Principe actif (l.m.) : Voir **drogue.**

Probiotique (n.m.) : Voir **prébiotique.**

Problématique (n.f.) : Voir **hypothèse de travail.**

Procédé (n.m.) : Voir **méthode.**

Produit de régime (l.m.) : Voir **aliment diététique.**

Production/Productivité [Gén.]
Angl. : production/productivity
- **Production** (n.f.) :
  1. Notion quantitative désignant l'ensemble de la matière vivante produite par les diverses catégories écologiques d'êtres vivants (individu, population, niveau trophique, sol, etc.), évaluée par la quantité de biomasse obtenue pendant un temps donné.
  2. Action de produire.
- **Productivité** (n.f.) :
  1. Aptitude potentielle d'un organisme (végétal, animal ou bactérie) à fournir une certaine quantité d'un produit déterminé (biomasse, fruits, *graines**, fourrages, huile, *principe actif**, etc.). En d'autres termes, la productivité mesure l'*efficacité** avec laquelle les intrants sont utilisés par un organisme pour obtenir un niveau donné de production.
  2. Quantité d'un produit économiquement important produite dans une période donnée à partir d'une quantité précise de matière première.
  3. Pour un *écosystème**, c'est la quantité de matière vivante produite par unité de surface en un temps donné (= vitesse de production), ce qui équivaut à la *production** par unité de temps.

Prolifération d'algues (l.f.) : Voir **eutrophisation.**

Pronostic (n.m.) : Voir **diagnose.**

Proportion/Rapport/Taux [Gén.]
Angl. : proportion/ratio/rate
- **Proportion** (n.f.) : Une proportion est une fraction, sans dimension. Ex. nombre d'enfants malades sur le nombre total de malades. Sa valeur varie de 0 à 1.

- **Rapport** (n.m.) : Fraction de deux quantités similaires, c'est-à-dire ayant les mêmes unités. Ex. rapport de deux longueurs.
- **Taux** (n.m.) :
  1. Fréquence d'occurrence ou fréquence à laquelle un événement se produit dans une population définie au cours d'une période donnée. Ex. en démographie, le nombre de nouveaux-nés en une année.
  2. En chimie, le terme « taux » signifie généralement « vitesse » de variation, par exemple.

Protéine/Protide [Bioch.]
Angl. : protein/protid

- **Protéine** (n.f.) : Une des plus importantes classes de molécules présentes dans tous les organismes vivants. Elles assurent l'essentiel des fonctions de la cellule (architecture cellulaire, effecteurs au niveau du fonctionnement). On les retrouve sous différentes formes : enzymes, hormones, récepteurs, neurotransmetteurs, etc. Les protéines sont des macromolécules constituées de longues chaînes d'acides aminés (les éléments de base) liées par des liaisons peptidiques (–CO–HN–). La protéine est la résultante de la traduction du message génétique contenu dans un gène.
- **Protides** (n.m.pl.) : Nom générique comprenant, outre les *protéines**, des substances de nature protéique telles les enzymes, les acides aminés, et tous les composés, peptides et protéides, donnant par *hydrolyse** un ou plusieurs acides aminés.
  Les peptides englobent les produits (naturels ou synthétiques) formés par l'union de plusieurs acides aminés et dans lesquels la liaison, dite peptidique, a lieu par perte d'une molécule d'eau entre un groupement aminé d'une molécule et un groupement carboxylique d'une autre. On distingue des di-, tri-, tétra- polypeptides selon le nombre de molécules d'acides aminés entrant dans leur combinaison.

Protéoglycane (n.m.) : Voir **glycoprotéine**.

Protide (n.m.) : Voir **protéine**.

Protoplasme ; protoplaste (n.m.) : Voir **paraplasme**.

Putréfaction (n.f.) : Voir **pétrification**.

Pyrolyse (n.f.) : Voir **combustion**.

Q

Quarantaine (n.f.) : Voir **isolement**.

Quiescence (n.f.) : Voir **diapause, dormance**.

R

Racine/Rhizoide/Rhizome [Bot.]

Angl. : root/rhizoid/rhizome, rootstock

- **Racine** (n.f.) : Organe végétatif des Spermaphytes et des Ptéridophytes (sauf les prothalles) fixant le végétal au sol et lui permettant d'absorber l'eau et les substances dissoutes. On la distingue de la *tige** notamment au fait qu'elle ne porte jamais de feuilles en écailles (à l'inverse de la plupart des *rhizomes**).
  D'un point de vue anatomique, une jeune racine est caractérisée, de l'intérieur vers l'extérieur, par : un cylindre central réduit délimité par une assise de cellules, le péricycle renfermant les tissus conducteurs de sève (le xylème primaire centripète alternant avec le phloème primaire) ; l'endoderme, composé d'une seule couche de cellules, assise la plus interne de l'écorce très épaisse, avec son parenchyme riche en substances de réserves ; une assise pilifère porteuse de *poils absorbants** remplacée ensuite par une assise subéreuse (Dicotylédones) ou un subéroïde (Monocotylédones). À l'extrémité de la racine et juste sous la coiffe, se trouve un tissu composé de cellules à divisions rapides, le méristème racinaire apical. Une racine plus âgée présente chez les Gymnospermes et chez les Angiospermes Dicotylédones des tissus secondaires, bois et liber au centre, suber et phelloderme à la périphérie. Ces tissus proviennent du fonctionnement de méristèmes secondaires responsables de l'accroissement en épaisseur.
  La racine est dite pivotante si elle est droite et dominante par rapport aux racines secondaires qu'elle émet latéralement ; c'est le cas de la majorité des Dicotylédones (carotte, radis, etc.). Quand il n'y a pas de racine principale mais de nombreuses racines toutes de même taille partant du collet, on les dit fibreuses ou fasciculées ; c'est le cas des Monocotylédones. Les racines fibreuses occupent souvent un volume important tout en restant près de la surface du sol et permettent donc une *absorption** maximale de l'eau et des sels minéraux. Les racines peuvent aussi être enflées en *tubercules** comme chez l'arum et la bryone. Elles peuvent s'hypertrophier par l'accumulation de réserves, on les dit tubéreuses ; c'est le cas de la betterave, de la carotte. Ces réserves sont utilisées par la plante lorsqu'elle fleurit et produit des fruits. C'est pourquoi les racines alimentaires sont récoltées avant la *floraison**.
  Les plus fines terminaisons des racines s'appellent *radicelles**. Certaines plantes, spécialement dans la zone équatoriale, émettent des racines aériennes qui peuvent atteindre plusieurs mètres (ex. certains *Ficus*). Dans la mangrove, des arbres (les Palétuviers, Rhizophoracées) émettent de longues racines aériennes servant de soutien, appelées racines échasses ou des ramifications verticales des racines sortant de la vase et terminées par des extensions spongieuses, appelées pneumatophores, contribuant aux *échanges gazeux** avec les parties submergées du système racinaire.
  Les racines adventives naissent sur une partie inhabituelle (ex. tige), dans certaines conditions (*marcottage**, *bouturage**, etc.), et parfois sur une feuille (ex. bégonia).
  Les Légumineuses (haricot, fèves, pois, soja, etc.) hébergent dans des *nodosités** de leurs racines des bactéries symbiotiques du genre *Rhizobium* qui fixent directement l'azote atmosphérique. Les racines de nombreux arbres sont entourées d'un

manchon de tissus de champignons : les mycorhizes qui aident à l'absorption des ions minéraux (phosphore notamment).

- **Rhizoide** (n.m.) : Longue cellule tubulaire (chez les Hépatiques et les Anthocérotes) ou filament de cellules (chez les Mousses) ressemblant aux *racines** sans en posséder la structure ou la fonction physiologique et servant à fixer les *gamétophytes** sur la surface où elles poussent. Contrairement aux racines, un rhizoide n'est pas formé de tissus, ne possède pas de cellules conductrices spécialisées et ne joue pas un rôle important dans l'*absorption** de l'eau et des minéraux.
- **Rhizome** (n.m.) : *Tige** souterraine de certaines espèces herbacées *vivaces** s'étendant, le plus souvent, horizontalement, souvent charnue et renflée. Elle se distingue d'une vraie *racine** par les critères suivants :
  • elle porte des feuilles qui sont, selon les cas, soit réduites à des écailles non chlorophylliennes (feuilles non fonctionnelles), soit des feuilles vertes développées et fonctionnelles sortant du sol ; si les feuilles ont disparu, le rhizome porte des cicatrices foliaires ;
  • le rhizome porte les bourgeons axillaires des feuilles qui peuvent produire des tiges, aériennes ou souterraines, ou des appareils floraux ;
  • la structure anatomique des rhizomes est typiquement celle d'une tige et non pas d'une racine (avec quelques modifications dues à sa situation souterraine.
  Le rhizome accumule la totalité des réserves nutritives de la plante et sert à la survie hivernale et à la propagation des plantes. Sa croissance est assurée, soit par le bourgeon apical (ex. monopode de *Paris quadrifolia*), soit par un bourgeon axillaire (ex. sympode de sceau-de-Salomon, *Polygonatum odoratum*). Chaque année, la tige aérienne formée résulte alors soit du développement d'un bourgeon axillaire, soit du développement du bourgeon terminal. Lorsque la tige aérienne meurt, le rhizome persiste, subit une période de *dormance** hivernale puis reprend sa croissance. Ex. rhizome de l'iris, de la renoncule.

Radiation (n.f.) : Voir **irradiance**.

Radicelle/Radicule [Bot.]
Angl. : rootlet, radicel/radicle

- **Radicelle** (n.f.) : Fine ramification émise par la *racine** principale ou par les racines secondaires, portant des *poils absorbants** assurant l'*absorption** de l'eau et des sels minéraux.
- **Radicule** (n.f.) : Organe de la plantule qui, en se développant, deviendra la *racine** principale de la future plante.

Radicidation/Radurisation [Tech.]
Angl. : radicidation/radurization

- **Radicidation** (n.f.) : Traitement des denrées alimentaires par des *radiations** ionisantes (10 kGray au minimum) visant à réduire le nombre de micro-organismes *pathogènes** (non sporulés), en vue de leur conservation. Les denrées alimentaires pouvant être soumises à un tel traitement comprennent les herbes aromatiques, les légumes et fruits secs, la viande de volaille, les crevettes, etc.).
  Syn. : radiopasteurisation.
- **Radurisation** (n.f.) : *Irradiation** modérée d'une denrée alimentaire, généralement à forte teneur en humidité, par des rayonnements ionisants de faible intensité en vue

de réduire la charge microbienne (micro-organismes putréfiants : levures, moisissures et bactéries non sporulantes) afin de prolonger la durée d'entreposage, avec ou sans réfrigération. La *dose** employée ne dépasse généralement pas 10^4 Gray.

Radicule (n.f.) : Voir **radicelle**.

Radurisation (n.f.) : Voir **radicidation**.

Rancissement hydrolytique/Rancissement oxydatif [Chim.]
Angl. : hydrolytic rancidity/oxidative rancidity

- **Rancissement hydrolytique** (l.m.) : Développement du *goût** et de l'*odeur** de rance dans les matières grasses, due largement à l'*hydrolyse** enzymatique des glycérides sous l'action des lipases qui libèrent des acides gras à chaîne courte (C6 à C12). Les lipases sont le plus souvent sécrétées par des micro-organismes, comme le genre *Pseudomonas.*
- **Rancissement oxydatif** (l.m.) : Rancissement dû à l'*oxydation** des liaisons éthyléniques des acides gras constitutifs des glycérides avec ouverture de ces liaisons conduisant à l'obtention d'acides gras fortement odorants à chaîne carbonée plus courte.
  Dans le cas d'une matière grasse comportant des acides gras insaturés, il y a, en présence d'oxygène, formation de *peroxydes** puis de méthylcétones (rancissement cétonique). La formation de peroxydes est accompagnée de la production de radicaux libres conduisant à une réaction en chaîne. Les traces de métaux lourds (plomb, cuivre) catalysent l'oxydation, tandis que l'absence d'oxygène, la présence d'*antioxygènes** (notamment des tocophérols) la diminuent. La lumière et la chaleur sont également des facteurs favorisant le rancissement, d'autant plus important que l'exposition à ces facteurs est longue.

Rapport (n.m.) : Voir **proportion**.

Réactif/Substrat [Bioch., Chim.]
Angl. : reactant/substrate

- **Réactif** (n.m.) : Toute substance (atomes ou molécules) qui subit une réaction chimique ; écrite sur le côté gauche de l'équation représentant la réaction. Dans une réaction, les réactifs réagissent pour former de nouvelles molécules ou produits de cette réaction, écrits sur le côté droit de l'équation.
- **Substrat** (n.m.) :
  1. Substance sur laquelle agit spécifiquement l'enzymequi la transforme.
  2. Corps ou substance (ou groupe de substances) servant simplement de support mécanique et/ou de milieu nutritif de base à un micro-organisme ou à une plante en culture.

Réaction de Maillard (l.f.) : Voir **caramélisation**.

Real-time PCR/Reverse Transcriptase PCR **[Bio.mol.]**
Les deux techniques portent le même acronyme anglais ***RT-PCR***, d'où des risques de confusion. Une solution simple consiste à utiliser la *RT-PCR* uniquement pour signifier la PCR à transcription inverse et *qPCR* (ou PCR quantitative) pour les méthodes de PCR quantitatives en temps réel.

- ***Real-time PCR* ou *RT-PCR*** (Acr.) : La PCR en temps réel est une variante de la PCR conventionnelle, réalisée grâce à un appareillage approprié permettant de suivre au fur et à mesure (en temps réel) la production des produits d'amplification (amplicons) grâce à l'émission d'une quantité de *fluorescence** proportionnelle à la *concentration** de produits formés, qui est elle-même proportionnelle à la concentration initiale de la cible présente dans l'échantillon à analyser. La PCR en temps réel fournit des mesures quantitatives précises et est également appelée PCR quantitative (*qPCR*).
- ***Reverse Transcriptase PCR* ou *RT-PCR*** (Acr.) : La *Reverse Transcriptase PCR*, correspondant à une PCR classique réalisée après transcription inverse d'un acide ribonucléique (ARN) en ADN complémentaire (ADNc) grâce à une enzyme spécifique, la transcriptase inverse. La seconde étape consiste en l'amplification par PCR de ce brin d'ADNc afin d'obtenir des quantités analysables. C'est une méthode très sensible pour détecter (et éventuellement quantifier) les ARNm en faible concentration au niveau d'un organe, d'un tissu ou d'une cellule. Elle est aussi utilisée pour la construction de banques d'ADNc, le tri d'ARNm et la construction de *sondes** d'ADN.

Reboisement (n.m.) : Voir **boisement**.

Réceptacle floral/Réceptacle inflorescentiel [Bot.]
Angl. : receptacle, torus

- **Réceptacle floral** (l.m.) : Extrémité plus ou moins élargie, plane (Astéracées), convexe (Ranunculacées) ou concave (pêcher, pommier) du *pédoncule** où s'insèrent les divers éléments constitutifs d'une *fleur** ou de plusieurs fleurs lorsque celles-ci sont réunies en *capitule** (pissenlit, cardère, etc.).
  La fraise est un réceptacle de fleur hypertrophié (induvie), le fond d'artichaut également, mais d'une *inflorescence**. Dans certains cas, le réceptacle creux devient plus ou moins charnu et abrite les akènes (fruit de l'églantier), il peut même, dans le cas de certaines inflorescences, contenir les fleurs et prendre l'allure d'un fruit charnu, comme chez la figue.
- **Réceptacle inflorescentiel** (l.m.) : Axe principal de certaines *inflorescences**. Chez la camomille romaine (Astéracées), le réceptacle de l'inflorescence (*capitule**) est conique et porte en périphérie, un involucre de *bractées**.

Récurvé (adj.) : Voir **incurvé**.

Redifférenciation (n.f.) : Voir **dédifférenciation**.

Réducteur (n.m.) : Voir **oxydant**.

Réflectance/Transmission [Phys.]
Angl. : reflectance/transmitance

- **Réflectance** (n.f.) : Rapport de l'intensité d'un rayonnement incident (Io) à celle du rayonnement réfléchi (I) par une surface éclairée.
- **Transmission (T)** (n.f.) : En spectrophotométrie, rapport entre l'intensité de la lumière traversant l'échantillon : $T = I/I_0$ avec I intensité de la lumière transmise et I_0 intensité de la lumière incidente ou encore log % T = 2 – A où A est l'absorbance.

Réflexion (n.f.) : Voir **diffraction**.

Refractile/Réfractaire [Phys.]
Angl. : refractile/refractory
- **Refractile** (adj.) : Qualifie un objet (structure, particule, etc.) qui diffuse (réfracte) la lumière.
- **Réfractaire** (adj.) : Se dit d'un matériau minéral (ex. céramiques) qui ne peut pas se fondre, ou qui ne se fond qu'à très haute température (supérieure à 1 000 °C). Les matériaux réfractaires sont utilisés dans un grand nombre de structures ou d'équipements (ex. revêtements de fours).

Réfraction (n.f.) : Voir **diffraction**.

Réglage (d'un instrument de mesure) (n.m.) : Voir **ajustage.**

Régulation (n.f.) : Voir **contrôle.**

Relicte/Relique [Bot.]
Angl. : relict/relic
- **Relicte** (n.f.) : Désigne un organisme vivant dans un habitat (souvent isolé) témoignant d'une modification ancienne d'un peuplement beaucoup plus important à une époque où les conditions étaient plus favorables à son développement.
- **Relique** (n.f.) : Terme désignant une espèce abondante au cours des temps géologiques, et n'ayant pratiquement pas évolué. Ex. *Cycas, Ginkgo,* prêles (*Equisetum*).

Rémanence (n.f.) : Voir **persistance**.

Remontant(adj.) : Voir **grimpant**.

Rénine/Rennine [Enz.]
Angl. : renin/rennin
- **Rénine** (n.f.) : Peptidase libérée par les reins dans le *plasma** et qui permet la transformation enzymatique de l'angiotensinogène, précurseur circulant, en angiotensine, précurseur de l'hormone active qui contribue à l'augmentation de la pression artérielle (action vasoconstrictrice sur les artères rénales). Sa libération se produit également en réponse à une baisse des niveaux de sodium dans le sang et à la chute de la pression artérielle.
- **Rennine** (n.f.) : Ancien nom de la chymosine qui est une enzyme protéolytique (EC : 3.4.23.4) sécrétée par les cellules tapissant le quatrième estomac du jeune veau (abomasum) et qui permet la *coagulation** du lait, agissant sur la *protéine** la plus abondante du lait, la caséine. La rennine transforme le caséinogène en caséine et, en présence d'ions Ca^{2+}, il se forme un précipité de caséinate de calcium qui est ensuite attaqué par d'autres protéases dont la pepsine. Cette enzyme peut être récoltée ou synthétisée artificiellement et utilisée dans la fabrication du fromage. La présure contient environ 80 % de chymosine et 20 % de pepsine. Le pH optimal pour la coagulation des protéines est 6,5. Sa *masse moléculaire** est de 40 kDa.

Répétabilité/Reproductibilité [Tech.]
Angl. : repeatability/reproductibility
- **Répétabilité** (n.f.) : Étroitesse de l'accord entre les résultats de mesures successives lors d'essais indépendants de la même mesurande, effectués dans les mêmes

conditions de mesure à l'aide d'un *instrument** de mesure ou d'une procédure d'analyse.

On peut l'exprimer sous forme d'*écart-type** d'un ensemble de résultats d'une mesure effectuée dans les mêmes conditions (méthode de mesure, opérateur, échantillon, lieu, instrument de mesure, réactifs, etc.). Une mauvaise répétabilité se traduit par un grand écart-type.

- **Reproductibilité** (n.f.) : Degré de concordance des valeurs obtenues lors de mesures répétées de la même mesurande dans des conditions expérimentales variées (quantité d'échantillons, appareillages, laboratoires, réactifs, étalon de référence, lieu, conditions d'utilisation et durée) par différents opérateurs et par l'application d'une même méthode à un matériel d'essai identique. Il est donc nécessaire de spécifier les conditions que l'on fait varier pour que l'expression de la reproductibilité soit valable. On peut l'exprimer sous forme d'*écart-type** d'un ensemble de résultats d'une mesure effectuée en ne conservant que la méthode.

  La reproductibilité, de même que la *répétabilité** sont deux composantes de *précision** dans un système de mesure.

Réplication de l'ADN (l.f.) : Voir **duplication du chromosome**.

Repos végétatif (l.m.) : Voir **dormance**.

Reproductibilité (n.f.) : Voir **répétabilité**.

Reproduction asexuée (l.f.) : Voir **multiplication végétative**.

Réseau trophique (l.m.) : Voir **chaîne alimentaire**

Reséquençage/Séquençage/Séquençage *de novo* [Bio.mol.]

Angl. : resequencing/sequencing/de novosequencing

- **Reséquençage** (n.m.) : Expression utilisée dans les études de génomes pour désigner le *séquençage** d'un segment d'ADN suivi de la comparaison du résultat obtenu avec celui d'une séquence de référence connue.
- **Séquençage** (n.m.) : Détermination de l'ordre linéaire de l'enchaînement des composants d'une macromolécule (ex. les acides aminés d'une *protéine**, ou des nucléotides d'un acide nucléique).

  Le séquençage des acides nucléiques se fait habituellement par deux techniques : la technique de Maxam et Gilbert (1977) et celle de Sanger (1977). Ce dernier avait mis au point, vingt-cinq ans plus tôt, une méthode de séquençage des acides aminés d'une protéine.

  Les séquençages de génomes réalisés ou en cours de réalisation sont limités à quelques espèces : quelques bactéries, une levure, deux plantes (*Arabidopsis thaliana* et *Oryza sativa*), un ver nématode (*Caenorhabditis elegans*), un insecte (*Drosophila melanogaster*) et l'Homme.
- **Séquençage *de novo*** (l.m.) : Il s'agit du *séquençage** d'un génome pour lequel il n'existe pas de séquence référence ou d'information préalable dans les bases de données. Il s'agit donc de la détermination d'une séquence inconnue.

  Les séquençages *de novo* sont généralement plus lents et plus exigeants en informatique que le *reséquençage**, mais ils sont nécessaires pour reconstruire les génomes et les transcriptomes chez des espèces dont le génome est inconnu.

Réserve naturelle (l.f.) : Voir **aire protégée.**

Résine (n.f.) : Voir **gomme.**

Résistance/Tolérance [Bio.]
Angl. : resistance/tolerance
- **Résistance** (n.f.) : Caractère d'un organisme qui réagit contre l'action d'un *parasite**, d'un produit, d'un facteur de l'environnement, etc. sans dommage apparent. L'origine de la résistance est généralement génétique.
- **Tolérance** (n.f.) : Capacité pour un organisme de supporter les contraintes du milieu environnant (chaleur, froid, salinité, sécheresse, maladie, attaque d'insectes, pollution atmosphérique, etc.) sans perte de vigueur notable et de maintenir une activité métabolique et un taux de production acceptable.

Résolution (n.f.) : Voir **agrandissement.**

Respiration cellulaire (l.f.) : Voir **échanges gazeux.**

Rétrogradation (n.f.) : Voir **gélatinisation.**

Rétus (adj.) : Voir **échancré.**

Reviviscence (n.f.) : Voir **fanaison.**

Rhizoide (n.m.) : Voir **racine.**

Rhizome/Stolon [Bot.]
Angl. : rhizome, rootstock/stolon, runner
- **Rhizome** (n.m.) : Voir **racine**
- **Stolon** (n.m.) : *Tige** superficielle, rampante, à longs entre-nœuds, le plus souvent herbacée, à feuilles très réduites et différentes de celles portées par la tige principale, terminée par un bourgeon, qui pousse horizontalement au-dessus du sol et qui, aux points de contact avec le sol, produit des *racines** adventives, ce qui permet d'engendrer de nouveaux individus. Ex. stolon du fraisier (*Fragaria*), du lierre terrestre (*Hedera*), de la potentille (*Potentilla*), du pourpier (*Portulaca*), des ronces (*Rubus*), de la violette (*Viola*).
  Syn. : coulant.

Ribosome/Ribozyme [Bioch.]
Angl. : ribosome/ribozyme
- **Ribosome** (n.m.) : Complexe cytoplasmique assemblé dans le noyau de la cellule, au niveau du nucléole, à partir de *protéines** et de trois molécules différentes d'ARN (ARN messager, ARN de transfert et ARN ribosomique). Les ribosomes sont impliqués dans la traduction des ARNm en protéines. Ils peuvent être isolés ou en groupe sous forme de chapelets (polysomes), libres dans le *cytoplasme** ou liés aux membranes du réticulum endoplasmique. Ils existent aussi dans les chloroplastes et les mitochondries. Les ribosomes d'organites sont le plus souvent plus petits que les ribosomes cytoplasmiques de la plupart des Eucaryotes et de taille semblable à celle des ribosomes bactériens.

Le ribosome est lui-même formé de deux sous-unités reliées entre elles, une grosse et une petite (dénommées 60 S et 40 S pour les Eucaryotes ; 50 S et 30 S pour les Procaryotes) différant par leur ARN constitutif et le nombre de leurs protéines associées. Les valeurs 30 S, 50 S, etc. font allusion aux coefficients de sédimentation à l'ultracentrifugation, notés en unités Svedberg (1 S = 10^{-13} s).

- **Ribozymes** (n.m.pl.) : Ce sont des ARN douées d'activité enzymatique (clivage ou transestérification) et qui se comportent comme des enzymes vis-à-vis des ARN donc qui sont leur propre *substrat**. Ils interviennent notamment dans la dégradation de courts oligonucléotides d'ARNm, bloquant ainsi leur traduction. Leur *spécificité** d'action (reconnaissance et coupure au niveau d'un ARN précis) en fait des candidats possibles en thérapie humaine (traitement des *infections** virales, des maladies auto-immunes, des maladies endocriniennes et des cancers). Les ribosomes sont considérés comme des ribozymes du fait de leur activité catalytique ; en effet leur site actif du ribosome catalyse la réaction de synthèse des liaisons peptidiques.

Richesse spécifique (l.f.) : **diversité spécifique**.

Ripicole/Rupestre, rupicole [Bot.]
Angl. : riparial, riparian/rupestral, rupicolous

- **Ripicole** (adj.) : Se dit d'une espèce qui vit au bord des cours d'eau (ex. laurier rose). Dans le cas d'un arbre, on parle de ripisylve (ex. aulne glutineux).
- **Rupestre, rupicole** (adj.) : Se dit d'une espèce qui vit sur des substrats pierreux et les fissures des rochers. Ex. plusieurs espèces d'orpins (*Sedum* spp.), ombilic rupestre (*Umbilicus rupestris*, Crassulacées).
  Syn. : rupestre, saxicole.

Risque (n.m.) : Voir **danger**.

Rosée (n.f.) : Voir **guttation**.

Rotation (n.f.) : Voir **assolement**.

Rupestre, rupicole (adj.) : Voir **ripicole**.

S

Sagitté (adj.) : Voir **hasté**.

Salinité/Sodicité [Écol.]
Angl. : salinity/sodicity

- **Salinité** (n.f.) : Teneur totale d'une eau ou d'un sol en sels dissous, exprimée en $g.L^{-1}$ ou $g.kg^{-1}$, respectivement. Elle est aussi parfois exprimée en décisiemens par mètre

(dS.m^{-1}) ou en millisiemens par centimètre (mS.cm^{-1}). Dans la pratique courante, la salinité est aussi évaluée grâce à la *conductivité** électrique.
La salinité est un facteur écologique souvent limitant dans de nombreux *écosystèmes**. L'excès de sel dans les sols empêche le développement de la plupart de la *végétation** et seules quelques plantes, dites halophiles peuvent s'en accommoder et croître plus ou moins normalement.

- **Sodicité** (n.f.) : Mesure des ions sodium dans le sol ou dans l'eau par rapport aux ions calcium et magnésium.
La sodicité est un résultat secondaire de la *salinité** dans les sols argileux, où le lessivage par des processus naturels ou anthropiques entraîne des sels solubles en profondeur dans le sous-sol et laisse le sodium lié aux charges négatives de l'argile. Cet accroissement du taux de sodium échangeable d'un sol provoque une déflocculation des argiles et une obturation des pores qui entrave la circulation de l'eau. Le sodium a donc une action défavorable sur la structure du sol. Le sol devient de ce fait imperméable et donc infertile. Certaines plantes, qualifiées de natrophiles, sont particulièrement adaptées à des milieux riches en Na, parfois sans être à proprement parler des *halophytes**. Tel est le cas des Chénopodiacées (ex. betteraves fourragère et sucrière), et beaucoup de plantes C_4 qui réagissent positivement à l'apport de sodium.
Bien que le chlorure de sodium (NaCl) soit l'une des espèces dominantes dans les sols salins ou l'eau, d'autres sels peuvent également être présents en différentes quantités. Le sulfate de sodium (Na_2SO_4), le sulfate de calcium ($CaSO_4.2H_2O$), le chlorure de calcium ($CaCl_2$), le chlorure de magnésium ($MgCl_2$) et le bicarbonate de sodium [$Ca(HCO_3)_2$] se trouvent dans les sols *acides**, neutres et alcalins dans des proportions différentes. Dans tous les cas, ils se dissocient en cations chargés positivement et en anions chargés négativement en solution aqueuse.
Plus précisément, la sodicité est la proportion de sodium échangeable adsorbé par rapport à la capacité d'échange cationique (souvent exprimée en pourcentage de sodium échangeable, PSE), plutôt que la quantité absolue de sodium échangeable. Un sol est dit sodique si le PSE est égal ou supérieur à 15.

Saprophyte (adj.) : Voir **épiphyte**.

Sarclage (n.m.) : Voir **binage**.

Sarcolemme/Sarcomère [Hist.]
Angl. : sarcolemma/sarcomere

- **Sarcolemme** (n.m.) : Fine couche de tissu conjonctif entourant une *fibre** musculaire et se contractant avec elle.
- **Sarcomère** (n.m.) : Plus petite unité contractile d'une *fibre** musculaire (squelettique et cardiaque), constituée de myosine et d'actine et qui s'étend entre deux lignes Z adjacentes, répétée sur toute la longueur de la myofibrille.

Saut sur le chromosome (l.m.) : Voir **marche sur le chromosome**.

Sauterelle (n.f.) : Voir **criquet**.

Saveur (n.f.) : Voir **arôme**.

Scission (n.f.) : Voir **fission binaire**.

Séchage (n.m.) : Voir **calcination**.

Sécheresse climatique/Sécheresse physiologique [Écol.]
Angl. : climatic drought/physiological drought

- **Sécheresse climatique** (l.f.) : Phénomène naturel caractérisé par un déficit pluvieux marqué par rapport aux niveaux normalement enregistrés dans une région donnée et qui entraîne de graves déséquilibres hydrologiques préjudiciables aux systèmes de production des ressources de la terre. Le déficit pluviométrique peut être temporaire ou permanent.
- **Sécheresse physiologique** (l.f.) : Condition dans laquelle une plante est incapable d'absorber de l'eau bien qu'elle soit disponible en quantité suffisante dans le sol, en raison d'une température basse, d'une *salinité** élevée ou d'inondations asphyxiantes. Les sels dissous réduisent le potentiel hydrique externe et rendent l'eau moins facilement accessible aux plantes, provoquant un effet osmotique ou une « sécheresse physiologique ».

Sécrétion (n.f.) : Voir **excrétion**.

Sécurité alimentaire/Sécurité des aliments [Alim.]
Angl. : food security/food safety

- **Sécurité alimentaire** (l.f.) : Capacité d'accéder à une *alimentation** suffisante pour les populations humaines, y compris pour les plus vulnérables, leur permettant de satisfaire leurs besoins nutritionnels et énergétiques pour mener une vie saine et active.
  La sécurité alimentaire constitue un véritable défi pour l'humanité. Le changement climatique, l'expansion démographique, la gestion des terres et des eaux, l'urbanisation, la mondialisation du commerce et les conflits armés sont autant de facteurs qui impactent directement la sécurité alimentaire actuelle et celle du futur.
  Syn. : sécurité nutritionnelle.
- **Sécurité des aliments** (l.f.) : Ensemble des conditions et mesures nécessaires pour garantir l'innocuité des *aliments** à toutes les étapes de la chaîne de production jusqu'à la consommation finale, conformément à l'usage auquel ils sont destinés.
  La sécurité alimentaire englobe également la mise à jour de lois et de procédures industrielles sur la base de prescriptions cohérentes et transparentes, le renforcement des contrôles et de la traçabilité depuis le producteur jusqu'au consommateur final ainsi que l'amélioration du système d'information scientifique, afin que les aliments ne causent pas de dommage au consommateur quand ils sont préparés et/ou consommés.

Sélectivité/Sensibilité/Spécificité [Tech.]
Angl. : selectivity/sensitivity/specificity

- **Sélectivité** (n.f.) :
  1. Aptitude d'une méthode analytique ou d'un *instrument** à détecter qualitativement un groupe d'espèces chimiques, plus ou moins restreint, en présence d'autres composants contenus dans l'échantillon examiné.
  2. Aptitude d'une phase stationnaire chromatographique à retenir sélectivement certaines molécules selon leurs caractéristiques chimiques (polarité, taille, etc.).

3. Capacité d'une plante à prélever dans le milieu uniquement les éléments minéraux dont elle a besoin.

- **Sensibilité** (n.f.) :
  1. Capacité d'un test ou d'une *technique** analytique à détecter de petites différences entre les observations ou mesures.
  2. Plus petite quantité d'un analyte que la technique peut détecter.
  La sensibilité d'une technique ne doit pas être confondue avec la sensibilité d'un instrument.
- **Spécificité** (n.f.) :
  1. Capacité d'une *méthode** ou d'une *technique** analytique à mesurer quantitativement un paramètre physico-chimique, un analyte ou un groupement fonctionnel recherché parmi d'autres substances interférentes, de structure et/ou de propriétés voisines, présentes dans un *mélange**.
  Le manque de spécificité d'une méthode peut être d'origine instrumentale, comme l'élargissement de la bande d'absorption d'un *spectrophotomètre**, mais la plupart du temps, il est dû à la présence de substances interférentes qui vont « répondre » comme l'analyte recherché ou, au contraire, gêner sa réponse.
  2. Capacité que présente une enzyme de se lier seulement à un ou à un nombre limité de *substrats** et de catalyser, ainsi, une seule réaction.

Semence (n.f.) : Voir **graine ; pollen**.

Sénescence/Vieillissement [Biol.]
Angl. : senescence/aging

- **Sénescence** (n.f.) : Affaiblissement et ralentissement irréversibles des fonctions vitales et dégradation des composants biologiques survenant tardivement à tous les niveaux dans le développement d'organismes multicellulaires.
  Au niveau cellulaire, la sénescence est marquée par une combinaison de divers facteurs (ex. raccourcissement des télomères, stress oxydatif). Selon la gravité des dommages à l'ADN, les cellules peuvent ne plus être en mesure de subir une réparation.
  Chez les végétaux, la durée de vie de certains organes est plus courte que celle de la plante-mère elle-même. La sénescence est plus apparente au niveau des feuilles. Chez les arbres pluriannuels caducifoliés, les feuilles ne persistent pas plus d'une saison et sont toutes éliminées simultanément indépendamment de leur âge (sénescence synchrone), tandis que chez les plantes sempervirentes, ce sont les feuilles les plus âgées qui tombent successivement (sénescence séquentielle). Chez les plantes monocarpiques, la sénescence et la mort sont étroitement liées à la formation des organes de reproduction. Tel est le cas de l'agave (plante pluriannuelle) et de l'épinard (plante annuelle). Au contraire, les plantes polycarpiques peuvent fleurir et fructifier année par année.
  La mort des cellules est parfois une des conditions pour qu'elles exercent leur fonction au sein de la plante, comme c'est le cas des trachéides et vaisseaux du xylème, sans pour autant que la plante elle-même ne présente de symptômes de sénescence.
  Ce processus est sous la dépendance d'un ensemble de gènes. Il est retardé par les cytokinines et induit par l'acide abscissique et par l'éthylène.

- **Vieillissement** (n.m.) : Évolution normale et inévitable accompagnée de modifications progressives des réactions homéostatiques du corps humain et qui se termine par la mort.
  Le vieillissement résulte d'une réduction des fonctions de l'organisme comme la force musculaire, la capacité respiratoire, le débit cardiaque, le taux de filtration glomérulaire, le ralentissement des réflexes, etc. d'où une incapacité de l'organisme à se maintenir dans un état fonctionnel optimal.
  Cette évolution en fonction du temps est sous la dépendance d'un ensemble de facteurs à la fois intrinsèques, reposant sur des modifications de l'expression du génome et extrinsèques, dues au mode de vie ou à l'apparition de certains troubles liés à l'âge ou de certaines pathologies.

Sens (n.m.) : Voir **direction.**

Sensibilité (n.f.) : Voir **sélectivité.**

Séquençage ; Séquençage *de novo* (l.m.) : Voir **reséquençage.**

Séquence d'une protéine (l.f.) : Voir **composition d'une protéine.**

Sérum (n.m.) : Voir **plasma.**

Silique (n.f.) : Voir **gousse.**

Sinué, sinueux (adj.) : Voir **ondulé.**

Slot blot : Voir ***dot blot.***

Sodicité (n.f.) : Voir **salinité.**

Solubilisation (n.f.) : Voir **dissolution.**

Solubilité (n.f.) : Voir **miscibilité.**

Solvant (n.m.) : Voir **diluant.**

Solvatation (n.f.) : Voir **dissolution.**

Sonde (n.f.) : Voir **marqueur.**

Sous-produit (l.m.) : Voir **coproduit.**

Spécificité (n.f.) : Voir **sélectivité.**

Spectrophotomètre (n.m.) : Voir **colorimètre.**

Spectroscopie optique/Spectroscopie visible [Tech.]
Angl. : optical spectroscopy/visible spectroscopy

- **Spectroscopie optique** (l.f.) : *Technique** d'analyse spectrale qualitative et quantitative, consistant à mesurer l'*absorption** par des molécules de certains rayonnements du domaine du visible et s'étendant au-delà du violet dans l'ultraviolet et au-delà du rouge dans le proche infrarouge du spectre électromagnétique.
- **Spectroscopie visible** (l.f.) : *Technique** d'analyse spectrale qualitative et quantitative, consistant à mesurer l'*absorption** par des molécules d'un échantillon des *longueurs d'onde** du rayonnement visible émis par une lampe au tungstène ayant un spectre d'émission de 380 à 780 nanomètres.

Spermatogenèse/Spermiogenèse [Biol.]
Angl. : spermatogenesis/spermiogenesis
- **Spermatogenèse** (n.f.) : Ensemble des étapes conduisant à la formation et au développement des spermatozoïdes dans les tubules séminifères. Durant ce processus, les spermatogonies (cellules diploïdes) se différencient en spermatocytes, puis subissent deux fois la *méiose**, se différencient en cellules haploïdes appelées spermatides qui mûrissent ensuite en spermatozoïdes par morphogenèse.
  Chez l'homme, une spermatide est transformée en spermatozoïde mûr en trois semaines environ.
- **Spermiogenèse** (n.f.) : Étape finale de différenciation et de maturation des spermatides en spermatozoïdes matures ayant lieu dans les tubes séminifères des testicules.

Sporange/Sporophyte [Bot.]
Angl. : sporangium (pl. ~gia)/sporophyte
- **Sporange** (n.m.) : Chez les Ptéridophytes, organe en forme de sac, limité par une ou plusieurs assises cellulaires stériles et à l'intérieur duquel sont formées les spores par *méiose**. Dans le groupe des Fougères, les sporanges produisent un seul type de spores donnant des prothalles portant les deux sexes. Chez d'autres Ptéridophytes, les sexes sont séparés au niveau des prothalles : les spores, à l'origine des *gamétophytes** mâles sont produites par des microsporanges, celles à l'origine des gamétophytes femelles sont formées dans des macrosporanges (ou mégasporanges). Chez les Bryophytes, le sporange, sous forme de *capsule**, est porté par un pédicelle fixé dans les tissus du gamétophyte grâce à un suçoir.
  Chez les Spermaphytes, le macrosporange correspond au nucelle de l'ovule, et le microsporange correspond au sac pollinique.
- **Sporophyte** (n.m.) : Phase du cycle de *développement** d'une espèce faisant suite à la *fécondation** et, donc, contenant un nombre double de *chromosomes** du *gamétophyte**. C'est la phase qui correspond à la production des méiospores (microspores et macrospores).
  Chez les Ptéridophytes et les Spermaphytes, c'est la phase largement dominante qui correspond à l'appareil végétatif de la plante (tige, feuilles, racines) alors que chez les Bryophytes, c'est une phase discrète et fugace qui vit en *parasite** du gamétophyte qui correspond, lui, à la plante feuillée.
  Syn. : méiosporophyte.

Statistiques (n.f.pl.) : Voir **biomathématiques**.

Stérilisation (n.f.) : Voir **appertisation**.

Stimulant/Tonique [Méd.]
Angl. : stimulant/tonic

- **Stimulant** (adj.) : Se dit d'une substance qui accroît l'activité fonctionnelle, physique ou biologique, de manière momentanée et rapide. Les stimulants ont une action digestive et une action sur la circulation, ce qui anime pratiquement toutes les autres fonctions.
- **Tonique** (adj.) : Qualifie une substance qui fortifie l'organisme et relève les propriétés vitales d'une manière plus ou moins durable.

Stipe/Tronc [Bot.]
Angl. : stipe/trunc, trunk, bole

- **Stipe** (n.m.) : *Tige** ligneuse cylindrique de certaines espèces de Monocotylédones arborescentes ne comportant aucune ramification inférieure et présentant seulement des cicatrices correspondant aux feuilles disparues. Sa structure anatomique est très différente de celle du *tronc**. Ex. stipe du palmier, du cocotier (Arécacées).
- **Tronc** (n.m.) : *Tige** d'un arbre ayant atteint une dimension importante grâce à la formation de tissus secondaires (bois et liber) par les assises génératrices ou cambiums.

Stipule (n.f.) : Voir **bractée**.

Stolon (n.m.) : Voir **rhizome**.

Stomate (n.m.) : Voir **hydathode**.

Strate/Stratification [Écol.]
Angl. : strate, layer/stratification

- **Strate** (n.f.) : Chacune des subdivisions propres à la zonation verticale d'une phytocénose. On distingue sommairement 5 strates aériennes, de bas en haut :
  • strate muscinale : couche composée de mousses ou de cryptogames (si elle comprend des champignons) tapissant le sol et dont la taille est généralement inférieure à 15 cm ;
  • strate herbacée : ensemble des herbes, c'est-à-dire des végétaux non ligneux, de quelques centimètres au-dessus du sol, plantes non arborées et petites pousses d'arbres de taille égale ou inférieure à 1 m ;
  • strate arbustive : ensemble des arbustes de petite taille, de jeunes plants, de lianes et des plantes ligneuses buissonnantes, dont la hauteur est comprise entre 7 et 1 m ;
  • strate arborescente : formée par les arbres en cours de croissance de taille intermédiaire de l'ordre de 10 à 20 m en moyenne ;
  • strate arborée : composée par l'ensemble des arbres adultes dont la partie supérieure constitue la canopée d'une forêt.
- **Stratification** (n.f.) :
  1. Disposition des individus d'une *communauté** végétale les uns par rapport aux autres dans le plan vertical, en *strates** superposées.
  2. Opération qui consiste à disposer certaines *graines** en les plaçant en couches superposées et alternées avec un substrat humide (vermiculite, sable ou mélange sable-*tourbe**) à environ +4 °C, pendant quelques semaines.
  Cette pratique permet une bonne germination des graines à *dormance** embryonnaire telles que les Rosacées (aubépine, églantier, pommier, etc.).

Stress hydrique (l.m.) : Voir **contrainte hydrique**.

Strobile (n.m.) : Voir **cone**.

Structure du sol/Texture du sol [Péd.]
Angl. : soil structure/soil texture

- **Structure du sol** (l.f.) : Caractéristique physique décrivant l'arrangement des particules de sable, de limon et d'argile dans le sol, dispersées ou en agrégats, de formes et de dimensions variées.
  La structure est l'un des facteurs, avec la *texture**, qui détermine la porosité d'un sol qui peut se définir comme la proportion du volume des lacunes par rapport au volume total. De celle-ci dépend la rétention et la circulation de l'eau et des gaz dans les sols. Une couche arable bien structurée permet les *échanges gazeux** avec l'atmosphère aérienne qui alimentent les *racines** en oxygène. Elle stocke suffisamment d'eau pour répondre aux besoins des plantes mais n'empêche pas la percolation de l'eau lorsque la pluie est abondante.
- **Texture du sol** (l.f.) : Quantité relative de particules minérales contenue dans la terre, déterminée par analyse granulométrique. Celle-ci permet de distinguer des éléments grossiers (cailloux >20 mm et graviers, de 2 mm à 20 µm) et des éléments fins (sables, entre 2 mm et 20 µM ; limons, entre 20 et 2 µM et enfin argiles, <2 µm).
  La texture d'un sol conditionne son degré de *rétention de l'eau** et de sa restitution donc son aptitude à être mis en culture. Ainsi, les sols sableux retiennent très peu d'eau et sont extrêmement drainants et donc, sujets à la sécheresse.

Sublimation (n.f.) : Voir **évaporation**.

Substrat (n.m.) : Voir **réactif**.

Sudation (n.f.) : Voir **guttation**.

Superoxyde (n.m.) : Voir **peroxyde**.

Supplémentation (n.f.) : Voir **biofortification**.

Surcharge pastorale/Surpâturage [Agri.]
Angl. : overstocking/overgrazing

- **Surcharge pastorale** (l.f.) : Placement d'un grand nombre d'animaux sur une zone donnée conduisant à une utilisation excessive des ressources végétales et hydriques.
- **Surpâturage** (n.m.) : Pâturage excessif, c'est-à-dire avec une capacité de charge ou une intensité supérieure à la *productivité** primaire conduisant à un épuisement des ressources fourragères voire, une détérioration du sol, accélérant ainsi son érosion hydrique et éolienne.
  Syn. : paturage excessif, surpaissance.

Suspension (n.f.) : Voir **émulsion**.

Sylviculture (n.f.) : Voir **foresterie**.

Symbiose (l.f.) : Voir **commensalisme**.

Symbole/Unité [Chim., Phys.]
Angl. : symbol/unity
- **Symbole** (n.m.) : Lettre majuscule unique, ou combinaison d'une lettre majuscule et d'une petite, qui est utilisée pour représenter un atome ou une mole d'un élément chimique de manière plus compacte et sans ambiguïté. Par exemple, le symbole chimique du potassium (K) est tiré du nom de ce composé (kalium).
- **Unité** (n.f.) : Quantité déterminée (de longueur, de temps, de surface, de poids, etc.) adoptée par convention internationale comme étalon de mesure. Par exemple, l'unité de quantité de matière est la « mole » et son *symbole** est « mol ».

Symport (n.m.) : Voir **cotransport**.

Symptôme (n.m.) : Voir **effet secondaire**.

Synanthéré (adj.) : Voir **connivente**.

Syndrome (n.m.) : Voir **effet secondaire**.

Synergie (n.f.) : Voir **effet additif**.

Synthase/Synthétase [Enz.]
Angl. : synthase/synthetase
- **Synthase** (n.f.) : Enzyme effectuant une synthèse par formation d'une liaison nouvelle (réaction de condensation) sans apport énergétique de nucléoside triphosphate (ATP, GTP, etc.).
- **Synthétase** (n.f.) : Enzyme effectuant une synthèse (réaction de condensation) couplée à une hydrolyse d'ATP ou autre nucléoside comme source d'énergie (enzyme appartenant à la classe 6 de la classification internationale des enzymes). Ex. glutamine synthétase, qui catalyse la réaction qui utilise l'acide glutamique et l'ammonium pour former la glutamine. L'énergie requise pour la synthèse est fournie par l'*hydrolyse** de l'ATP.
  Syn. : ligase.

Systématique (n.f.) : Voir **classification**.

T

Tactisme (n.m.) : Voir **nastie**.

Talle/Thalle [Bot.]
Angl. : tiller, sucker/thallus
- **Talle** (n.m.) : *Tige** secondaire munie de ses propres *racines**, naissant à la base de la tige principale des Poacées.

- **Thalle** (n.m.) : Appareil végétatif de nombreux végétaux inférieurs dans lequel on ne peut décrire ni *racine**, ni *tige**, ni feuilles. Il est constitué de cellules organisées en filaments ramifiés ou non, cellulaires ou cœnocytiques (Algues et Champignons) ou en lamelles (Algues, Lichens, le prothalle des Fougères).
  C'est le thalle entier qui assure généralement les différentes fonctions vitales (absorption, conduction, photosynthèse...).

Taux (n.m.) : Voir **proportion**.

Taxon (n.m.) : Voir **phylum**.

Taxonomie (n.f.) : Voir **classification**.

Technique (n.f.) : Voir **méthode**.

Technique biologique (l.f.) : Voir **biotechnologie**.

Témoin (n.m.) : Voir **blanc**.

Température critique [Chim.]/Température critique [Phys.]/Température critique [Physio.]
Angl. : critical temperature.

- **Température critique** (T_c) **[Chim.]** (l.f.) : Température à laquelle ou au-dessus de laquelle un système à deux composants partiellement miscibles existe en une seule phase et en dessous de laquelle il se sépare en deux phases.
- **Température critique [Phys.]** (l.f.) : Température au-dessus de laquelle la liquéfaction d'un gaz ne peut se produire quelle que soit la pression appliquée.
  La température critique du dioxyde de carbone (le plus utilisé actuellement) et celle de l'eau sont respectivement 31,4 et 374,1 °C.
- **Température critique [Physio.]** (l.f.) : Température ambiante la plus basse à laquelle tout ou partie d'un organisme vivant peut supporter pendant 30 minutes sans dommage notable.
  La température critique varie selon l'espèce (ex. blé 4 °C, bananes 15 °C, riz 18 °C), le tissu, le stade de *croissance**, etc. Certaines espèces sont endommagées par des températures basses au-dessus du point de congélation (sensibles au froid) ; d'autres seulement par des températures inférieures au point de congélation.
  Les plantes originaires des régions chaudes, par exemple le maïs et le coton, sont beaucoup plus sensibles au refroidissement que les plantes des régions plus froides. De nombreux animaux ont des stratégies pour s'adapter aux baisses saisonnières de température, entrant souvent dans un état de torpeur dans lequel le métabolisme est considérablement réduit. Dans cet état, ils peuvent tolérer des températures corporelles beaucoup plus basses que lorsqu'ils sont pleinement actifs pendant les périodes chaudes. Pour la plupart des animaux, la température critique supérieure se situe entre 30 et 45 °C, tandis que peu de plantes peuvent survivre à des températures foliaires supérieures à 50 °C, à l'exception des plantes du désert telles que les agaves et les cactus, qui peuvent tolérer des températures de 60 °C ou plus.

Teneur (n.f.) : Voir **concentration**.

Tensioactif (n.m.) : Voir **détergent**.

Testa (n.m.) : Voir **péricarpe**.

Tétanos/Tétanos [Physio.an., Méd.]
Angl. : tetanus, tetany, tetanic contraction/tetanus
- **Tétanos** (n.m.) : Condition dans laquelle il y a une excitabilité anormale des nerfs et des muscles, causée par divers facteurs tels que le manque d'ions calcium dans le sang, le manque de vitamine D, l'alcalose du sang, etc.
  Syn. : contraction tétanique.
- **Tétanos** (n.m.) : Toxi-infection due à la *toxine** bactérienne produite par *Clostridium tetani*, caractérisée par des *contractions** musculaires incontrôlées et continues, des crampes et des spasmes ; et dans les formes sévères, des spasmes des muscles du larynx (laryngospasme) et des convulsions voire, la paralysie des muscles en état de contraction.

Texture du sol (l.f.) : Voir **structure du sol**.

Théorie (n.f.) : Voir **hypothèse**.

Thermodormance (n.f.) : Voir **inhibition thermique**

Thalle (n.m.) : Voir **talle**.

Thermophile/Thermorésistant [Gén.]
Angl. : thermophile, thermophilic, thermophilous/thermoresistant, heat resistant
- **Thermophile** (adj.) : Qualifie un organisme dont la température optimale de *croissance** est à des températures élevées, généralement au-dessus de 50 à 60 °C ; sa limite inférieure de croissance se situe généralement vers 40-45 °C. C'est le cas de nombreuses bactéries et cyanobactéries, de quelques microalgues et de quelques champignons ou les plantes des biotopes désertiques (ex. le palmier dattier, *Phoenix dactylifera*).
- **Thermorésistant** (adj.) : Qualifie une substance ou un micro-organisme ayant la propriété de résister à des températures élevées.
  Certains micro-organismes peuvent même croître à des températures supérieures à 85 °C (bactéries des sources chaudes) ; ils sont alors qualifiés d'extrêmophiles. L'exemple le plus connu est la bactérie *Thermus aquaticus*, dont on extrait la Taq polymérase utilisée en PCR (*polymerase chain reaction*). C'est une enzyme thermorésistante dont la température optimale de fonctionnement est comprise entre 70 et 75 °C.

Thigmonastie/Thigmotactisme/Thigmomorphogenèse/Thigmotropisme [Physio.vég.]
Angl. : thigmonasty/thigmotaxis/thigmomorphogenesis/thigmotropism
- **Thigmonastie** (n.f.) : Changement rapide dû à la pression de turgescence dans des cellules spécifiques à la base des folioles et non à la *direction** de la source de stimulus.

- **Thigmotactisme** (n.m.) : Changement dans la direction, par mouvement ou croissance, provoqué par un stimulus de contact au toucher, avec le substrat ou le support. Ex. feuilles de mimosa se fermant au toucher.
- **Thigmomorphogenèse** (n.f.) : Changement de la morphologie d'un individu et d'un organe, lié à la thigmonastie.
- **Thigmotropisme** (n.m.) : Réaction d'orientation d'un organe, généralement en voie de croissance, chez un végétal dont l'ensemble demeure immobile, et qui est provoquée par le contact avec un support solide. Le thigmotropisme est dû à une *croissance** différente du côté au contact d'un objet de celle du côté opposé, d'où une croissance à des rythmes différents.
  Par exemple, le contact des vrilles de vigne ou de pois de senteur stimule la réponse d'enroulement, causée par la croissance différentielle des cellules sur les côtés opposés de la vrille.

Thyrse (n.f.) : Voir **panicule**.

Tige (n.f.) : Voir **hypocotyle**.

Titrage colorimétrique (l.m.) : Voir **dosage colorimétrique**.

Tolérance (n.f.) : Voir **résistance**.

Tonique (adj.) : Voir **stimulant**.

Tourbe(n.f.) : Voir **compost**.

Toxémie/Toxicité [Tox.]
Angl. : toxaemia, toxemia, blood poisoning/toxicity

- **Toxémie** (n.f.) : Présence de *toxines**, d'origine endogène ou exogène, dans le sang, souvent due à une défaillance du système d'élimination de l'organisme.
- **Toxicité** (n.f.) : Résultat de l'action plus ou moins néfaste pour un organisme vivant que peut exercer une substance avec celui-ci par contact, *ingestion** ou inhalation.
  La toxicité d'une substance quelle qu'elle soit doit toujours être rapportée à la *dose** ; c'est cette dernière qui détermine les différences dans le degré de toxicité. Chez l'Homme, la dose toxique dépend, entre autres, de la substance toxique, de la taille et de l'âge de l'individu.
  On distingue la toxicité aiguë (causant la mort ou des désordres physiologiques importants immédiatement ou peu de temps après l'exposition), subaiguë (effets dus à des doses plus faibles, se produisant à court terme, sur des organes cibles, parfois réversibles), ou chroniques (causant des effets irréversibles à long terme par une absorption continue de petites doses de polluants ou des effets cumulatifs).
  Les tests de toxicité aiguë sont pratiqués sur des périodes courtes (quelques heures à quelques jours), dont la durée varie en fonction du temps de génération de l'organisme soumis aux tests, au contraire des tests de toxicité chronique (ou toxicité à moyen ou long terme). Mais il existe également des tests permettant d'étudier la toxicité chronique (ou sub-chronique), la génotoxicité (*mutation** génique), la reprotoxicité (tératogenèse, diminution de la *fertilité**, mortalité embryonnaire), l'immunotoxicité, la neurotoxicité, etc.

La toxicité aiguë d'une substance est estimée habituellement par la dose qui provoque un effet particulier chez la moitié de la population soumise au test (DE_{50}). Si cet effet est la mort, on parle de dose létale 50 (DL_{50}). La dose maximale sans effet (DMSE) est la dose immédiatement inférieure à celle qui provoque le moindre effet dans le même test expérimental.

Toxicocinétique (n.f.) : Voir **pharmacocinétique**.

Toxicologie environnementale (l.f.) : Voir **écotoxicologie**.

Toxine (n.f.) : Voir **poison**.

Transgénique (n.m.) : Voir **clone**.

Transhumance (n.f.) : Voir **nomadisme**.

Transmission (n.f.) **[Micr.]** : Voir **contagion**.

Transmission (n.f.) **[Phys.]** : Voir **réflectance**.

Transpiration (n.f.) : Voir **guttation ; perspiration**.

Trématode (n.m.) : Voir **nématode**.

Trichome (n.m.) : Voir **poils**.

Triploïdie/Trisomie [Génet.]
Angl. : triploidy/trisomia

- **Triploïdie** (n.f.) : Présence de trois copies de *chromosomes** (3n) dans les noyaux ou cellules d'un organe ou d'un individu. Ex. *albumen** des Angiospermes.
  Les triploïdies sont dues à des non-disjonctions méiotiques (diplospermie ou digynie) ou à des accidents de *fécondation** (dispermie).
  Les organismes triploïdes sont normalement stériles parce qu'un tiers de leurs chromosomes n'auront pas de partenaires et seront donc incapables de s'apparier pendant la *méiose**. Cela peut être utile pour les sélectionneurs, par exemple les bananes triploïdes ne contiennent pas de *grains** et sont stériles mais peuvent être multipliées de manière asexuée.
- **Trisomie** (n.f.) : Présence d'un *chromosome* homologue** surnuméraire dans chaque cellule somatique ($2n + 1$) à la suite d'une non-disjonction à la *méiose**; l'embryon diploïde possède ainsi trois copies d'un même chromosome au lieu de deux. Chez l'Homme, les individus trisomiques peuvent survivre si le chromosome est petit ; le syndrome de Down correspond à la trisomie 21 (3 chromosomes 21 au lieu de 2).

Tronc (n.m.) : Voir **stipe**.

Tropisme (n.f.) : Voir **nastie**.

Tubercule (n.f.) : Voir **hypocotyle**.

Type biologique (l.m.) : Voir **cycle de développement**.

U

Ubiquiste (adj.) : Voir **cosmopolite.**

Unité (n.f.) : Voir **symbole.**

Unité fourragère/Valeur fourragère [Agro.]
Angl. : fodder unit/fodder value, forage value

- **Unité fourragère (UF)** (l.f.) : Valeur énergétique d'un fourrage en prenant comme référence la quantité d'énergie nette (EN) contenue dans un kilo d'orge récolté à maturité (870 g de MS). On distingue l'unité fourragère « lait », UFL d'ENL (1 UFL = 1,70 kcal), énergie nette pour la production laitière, de l'unité fourragère « viande », UFV d'ENEV (1 UFV = 1,82 Mcal), énergie nette pour l'entretien et la *croissance** d'un ruminant.
- **Valeur fourragère** (l.f.) : Valeur alimentaire d'une plante ou d'un couvert pour le bétail et/ou le gibier qui est déterminée notamment par son *appétence**, sa valeur nutritionnelle (énergie, azote, digestibilité) et, parfois aussi par la quantité de fourrage produite, sa longévité et sa disponibilité dans son *aire de répartition**.

Unité motrice (l.f.) : Voir **plaque motrice.**

Urémie (n.f.) : Voir **azotémie.**

V

Vacuole centrale/Vacuole contractile/Vésicule [Cyt.]
Angl. : centralvacuole/contractile vacuole/vesicle

- **Vacuole centrale** (l.f.) : Formation intracellulaire caractéristique de la cellule végétale, délimitée par une membrane simple qui lui est propre, le tonoplaste.
  Les cellules végétales contiennent de nombreuses et larges vacuoles, occupant généralement plus de 90 % du volume cellulaire total et, dans certains cas, 98 à 99 %. Le nombre de vacuoles par cellule tend à diminuer avec l'âge de la cellule. Leur ensemble constitue le vacuome.

Les vacuoles contiennent un grand nombre de composés organiques et minéraux en solution ou en suspension et jouent, de ce fait, un rôle important dans les échanges d'eau entre la cellule et le milieu extérieur. Leur composition chimique varie avec l'espèce étudiée, avec les caractéristiques du milieu où elle vit et avec l'âge de la vacuole considérée. C'est le lieu préférentiel d'accumulation des substances hydrophiles de réserve (glucides, protéines, sels minéraux, acides organiques), *pigments** (anthocyanes), etc. De plus, les substances toxiques et les produits de déchets (oxalate de calcium) sont stockés dans les vacuoles et sont ainsi écartés du *cytoplasme** métaboliquement actif. Les vacuoles peuvent donc être considérées comme des organites d'*excrétion** ou de *sécrétion**. Par leur aptitude à ajuster la tonicité de leur liquide vacuolaire par le phénomène de l'*osmose**, les vacuoles conditionnent la rigidité des organes végétaux.
La vacuole intervient également dans la *croissance** cellulaire. Dans les *graines**, les vacuoles se déshydratent et leur contenu forme des grains compacts d'aleurone, riches en *protéines**. À la germination, la graine s'humidifie, le contenu des grains est décomposé grâce à des enzymes hydrolytiques et il se forme une vacuole dont la membrane permet le passage actif des substances nutritives indispensables à la jeune plantule. La vacuole assure donc un *turn over* continu dont le rôle est fondamental pour la régulation du métabolisme cellulaire. De plus, la barrière membranaire du tonoplaste est essentielle puisqu'elle permet une séparation des processus de *dégradation** et des processus métaboliques cytoplasmiques. Les solutés vacuolaires chez les végétaux jouent également un rôle très important dans le maintien de l'équilibre osmotique entre la cellule et le milieu ambiant.

- **Vacuole contractile** ou **pulsatile** (l.f.) : Chez les Protistes d'eau douce (amibe, paramécie, etc.) et certains animaux (éponge), vacuole contenant un liquide limpide, prélevant l'eau de la cellule et qui, en se contractant, l'expulse au-dehors par un pore de manière cyclique, ce afin de maintenir constante la *pression osmotique** intracellulaire et éviter l'éclatement de la cellule.
- **Vésicule** (n.f.) : Formation intracellulaire sphérique, nettement plus petite qu'une vacuole, délimitée par une membrane simple, formée généralement par pincement de l'extrémité des saccules aplatis des dictyosomes de l'appareil de Golgi. Ces vésicules, dites de *sécrétion**, véhiculent des matières entre l'appareil de Golgi et d'autres structures cellulaires. Certaines, dites vésicules de transition, se détachent d'une région spécialisée du réticulum endoplasmique de transition. D'autres sont formées par phagocytose ou par pinocytose. Dans ce cas, la membrane plasmique entoure les particules alimentaires ou les liquides puis se referme, formant une vésicule. Les vésicules peuvent fusionner avec d'autres membranes du système endocellulaire pour y déverser leur contenu.
  Dans les cellules animales, il existe plusieurs vésicules qui sont plus petites et plus nombreuses que les vacuoles.

Valeur fourragère (l.f.) : Voir **unité fourragère**.

Vaporisation (n.f.) : Voir **évaporation**.

Variation (n.f.) : Voir **mutation**.

Variété (n.f.) : Voir **cultivar**.

Vecteur (n.m.) : Voir **agent causal**.

Végétalien/Végétarien [Alim.]
Angl. : vegan/vegetarian
- **Végétalien** (adj.) : Se dit de régimes alimentaires excluant totalement la consommation de produits d'origine animale. Par extension, se dit aussi de personnes adoptant ce régime.
  Aussi appelé végétarien strict.
- **Végétarien** (adj.) : Se dit de régimes alimentaires excluant la consommation de produits carnés, mais pouvant tolérer les apports à base d'œufs, de lait ou de fromage. Par extension, se dit aussi de personnes adoptant ce régime.

Végétation (n.f.) : Voir **flore**.

Veine (n.f.) : Voir **artère**.

Vénéneux/Vénimeux [Tox.]
Angl. : poisonous/venomous
- **Vénéneux** (adj.) : Se dit d'une plante qui contient une ou plusieurs substances toxiques pour l'Homme et/ou pour les animaux. Ex. la ciguë (*Conium maculatum*, Apiacées) qui contient un neurotoxique la coniine, le colchique (*Colchicum autumnale*) qui contient de la colchicine, *poison** bloquant la *division cellulaire**, l'aristoloche clématite (*Aristolochia clematitis*) contenant de l'acide aristolochique, composé toxique pour les reins.
- **Vénimeux** (adj.) : Se dit particulièrement d'un animal (ex. scorpions, serpents, grenouilles, araignées, insectes, méduses, etc.) capable de produire une *toxine** ou un venin dont il s'en sert pour se défendre ou pour attaquer ses proies en l'injectant dans la circulation sanguine de la victime. Les venins ont souvent des effets extrêmement rapides.

Vent (n.m.) : Voir **courant d'air**.

Vibrion/Virion/Viroïde [Micr.]
Angl. : vibrio/virion/viroid
- **Vibrion** (n.m.) : Les vibrions sont les plus petites des bactéries, à forme incurvée en forme de virgule, généralement à Gram négatif, mobiles et aérobies.
  L'*agent causal** du choléra (*Vibrio cholerae*) se développe dans le sol et les eaux souillées et après *ingestion**, se fixe de manière irréversible sur les cellules de l'intestin grêle.
- **Virion** (n.m.) : Virus mature, de taille allant généralement de 20 à 600 nm de diamètre, constitué d'un noyau d'acide nucléique (ADN ou ARN) simple brin ou double brin, entouré d'une *enveloppe** protéique. Certains (virus enveloppés) portent une enveloppe externe composée de *protéines** et de lipides. À l'intérieur de la cellule hôte, le virus initie la synthèse des protéines virales et subit une réplication. Les nouveaux virions sont libérés lorsque la cellule hôte se désintègre.
- **Viroïde** (n.m.) : Les viroïdes sont constitués uniquement d'un brin d'ARN circulaire, c'est-à-dire qu'ils ne contiennent aucune *protéine** et sont dépourvus de *capside** et d'*enveloppe** protéique. Tous les viroïdes ne sont pas *pathogènes**.

Les viroïdes sont plus petits que les virus et, contrairement à ces derniers, ils n'infectent que les plantes. La molécule d'ARN comprend 300 à 400 nucléotides et contient une section centrale double brin qui relie deux boucles simple brin. Comme le font les virus à ARN, les viroïdes dépendent de l'ARN polymérase d'une cellule hôte pour assembler de nouvelles molécules d'ARN à partir de leur propre ARN.

Vieillissement (n.m.) : Voir **sénescence**.

Virion ; viroïde (n.m.) : Voir **vibrion**.

Virulence (n.f.) : Voir **pathogénicité**.

Vitesse (l.f.) : Voir **fréquence**.

Vitesse de centrifugation (l.f.) : Voir **accélération**.

Vivace (adj.) : Voir **pérenne**.

Volume plasmatique/Volume sanguin total ou Volémie [Bio.an.]
Angl. : plasma volume/blood volume

- **Volume plasmatique** (l.m.) : Volume total des liquides circulant hors cellules sanguines. Sa valeur normale est de 43,5 ± 3 ml/kg pour les deux sexes.
  Le *plasma** contient environ 92 % d'eau et 8 % de substances diverses, représentées essentiellement de *protéines** et de lipides.
- **Volume sanguin total** (l.m.) : Volume sanguin total circulant (*plasma** et éléments figurés). C'est un des facteurs essentiels de l'équilibre hémodynamique de l'organisme, régulé par les reins. La volémie typique d'un être humain adulte est environ 4,5-5,5 L (soit environ 6 à 8 % du poids corporel).
  Syn. : volémie.

X

Xérophile/Xérophyte [Bot.]
Angl. : xerophile/xerophyte

- **Xérophile** (adj.) : Qualifie une plante adaptée aux milieux secs et d'une *végétation** constituée de plantes de ce type.
- **Xérophyte** (n.f.) : Plante (dite xérophile) adaptée aux *climats** caractérisés par un important *déficit hydrique**, résistante à la dessiccation du sol et à la sécheresse de l'air.
  Pour vivre en milieu sec ou pauvre en eau, la plante doit : ou bien accroître au maximum l'*absorption** d'eau du sol qu'elle est susceptible de rencontrer, par le développement d'un système racinaire ou bien réduire les pertes d'eau qu'elle subit

du fait de la *transpiration** par les *stomates**, ou bien encore constituer des réserves d'eau dès qu'elle en a la possibilité. Les deux premiers procédés sont employés par les xérophytes qui sont dites sèches ou sclérophytes, le dernier est surtout celui des *plantes succulentes**. Parmi les adaptations spécifiques des xérophytes pour limiter les pertes d'eau, on retrouve :

• la réduction plus ou moins importante de la surface foliaire (ex. les épines des Cactacées sont des feuilles transformées) ;

• l'épiderme foliaire couvert d'une cuticule très épaisse (ex. olivier, lentisque) ou de *poils** (ex. lavande) ;

• les stomates enfoncés dans des cryptes ou situées sur la face inférieure de la feuille (souvent enroulée), ce qui permet d'éviter les courants d'air desséchants (ex. alfa, laurier-rose, oyat, romarin) ;

• les racines enfoncées très profondément, à la recherche de l'eau des nappes phréatiques (ex. éphédra), ou, au contraire, étalées superficiellement pour récupérer le maximum d'eau à la surface du sol (ex. armoise du désert).

Ant. : hygrophyte.

Z

Zéro (n.m.) : Voir **blanc**.

Lexique anglais-français

A

Abaxial	Abaxial
Abreviation	Abréviation
Absorption	Absorption
Acceleration	Accélération
Acclimation, acclimatization	Acclimatation
Accomodation	Accommodation
Accreditation	Accréditation
Accrescent	Accrescent
Accuracy	Exactitude
Acid	Acide
Acronym	Acronyme
Active compound, active principle	Principe actif
Adaptamer	Adaptamère
Adaptation	Adaptation
Adaxial	Adaxial
Addiction	Addiction
Additive (or cumulative) effect	Effet additif
Adhesion	Adhésion
Adjustment	Ajustage
Adjuvant	Adjuvant
Adnate	Adné
Adsorption	Adsorption
Advection	Advection
Aetiology	Étiologie

Afferent	Afférent
Affinity	Affinité
Afforestation, afforesting	Boisement
Aflatoxin	Aflatoxine
Agamospermy	Agamospermie
Agar	Agar
Agarose	Agarose
Agglomeration	Agglomération
Aggregate fruit	Fruit agrégé
Aggregation	Agrégation
Aging	Vieillissement
Agonist	Agoniste
Agriculture	Agriculture
Agrology	Agrologie
Agronomy	Agronomie
Air current	Courant d'air
Albinism	Albinisme
Albumen	Albumen
Albumin	Albumine
Alcohol	Alcool
Aldehyde	Aldéhyde
Algal bloom	Prolifération d'algues
Alimentary	Alimentaire
Alimentation	Alimentation
Allele	Allèle
Alpha toxin	Alpha toxine
Amide	Amide
Amine	Amine
Amplitude	Amplitude
Analogous	Analogue
Anemochory	Anémochorie
Anemogamy	Anémogamie
Anemophily	Anémophilie
Antagonism	Antagonisme
Antagonist	Antagoniste
Anthesis	Anthèse
Anthropochory	Anthropochorie
Anthropophily	Anthropophilie
Antibiotics	Antibiotiques
Antidiabetic	Antidiabétique
Antifoam, antifoaming agent	Antimousse
Antioxidant	Antioxydant

Antioxygen	Antioxygène
Antiport (counter transport)	Antiport
Antiporter (countertransporter)	Antiporteur
Antiseptics	Antiseptiques
Apical dominance	Dominance apicale
Apiculate	Apiculé
Apomixis, apomixy	Apomixie
Apparatus	Appareil
Appertization	Appertisation
Appetence	Appétence
Appetibility	Appétabilité
Aptamer	Aptamère
Aquaculture	Aquaculture
Aquaponic gardening	Aquaponie
Aquaporin	Aquaporine
Aquiculture (hydroponics, soilless gardening or cultivation)	Aquiculture
Aridification	Aridification
Aroma	Arôme
Aromate	Aromate
Artery	Artère
Asexual reproduction	Reproduction asexuée
Ash	Cendre
Assimilation	Assimilation
Astringency	Astringence
Asymmetric	Carbone asymétrique
Atomic mass	Masse atomique
Atomic number	Nombre atomique ou numéro atomique
Aural	Aural
Autochthonous	Autochtone
Avidity	Avidité
Avoidance	Évitement
Azotemia	Azotémie
B	
Bacteriocins	Bactériocines
Bandwidth	Bande passante
Bare fallow	Jachère
Bark	Écorce
Base	Base
Bifid	Bifide
Binary fission	Fission binaire

Binder	Liant
Biocombustible	Biocombustible
Bioconversion	Bioconversion
Biodegradable	Biodégradable
Bioethics	Bioéthique
Biofortification	Biofortification
Biofuel	Biocarburant
Biogas	Biogas
Bioindication	Bio-indication
Bioinformatics, biological computing	Bioinformatique
Biological technique	Technique biologique
Bioluminescence	Bioluminescence
Biomathematics	Biomathématiques
Biome	Biome
Biomolecule	Biomacromolécule
Biomonitoring	Biosurveillance
Biophysics	Biophysique
Biopolymer	Biopolymère
Bioreactor	Bioréacteur
Biosphere	Biosphère
Biotechnology	Biotechnologie
Biotransformation	Biotransformation
Bipartite	Bipartite
Bitterness	Amertume
Blank	Blanc
Blend >> Mixture	
Blood poisoning >> Toxaemia, toxemia	
Blood volume	Volume sanguin total ou Volémie
Blossoming >> Flowering	
Bole >> Trunc	
Bolus	Bol
Bounding	Mise à la masse
Bract	Bractée
Broadleaved tree	Feuillu
Bulb	Bulbe
Bunch (raceme)	Grappe
Butter	Beurre
By-product	Sous-produit
C	
Cactaceous plants	Cactacées ou Cactées
Calcination	Calcination
Calibration (gauging)	Calibrage

Calibration (standardization)	Étalonnage
Callose	Callose
Callus (pl. Calli)	Cal
Calorie	Calorie (Cal)
Cannabidiol oil	Huile de cannabidiol
Cannabis oil (hemp oilseed)	Huile de chanvre
Capitulum, head	Capitule
Capsid	Capside
Capsule	Capsule
Caramelization	Caramélisation
Carbonylation	Carbonylation
Carboxylation	Carboxylation
Carburant (fuel)	Carburant
Carcinogenic	Cancérigène, cancérogène
Causal agent, causal organism	Agent causal
Causality (imputability)	Causalité
Cell cycle	Cycle cellulaire
Cell division	Division cellulaire
Cell plate	Plaque cellulaire
Cell wall	Paroi cellulaire
Cellular respiration	Respiration cellulaire
Central vacuole	Vacuole centrale
Centriole	Centriole
Centromere	Centromère
Centrosome	Centrosome
Certification	Certification
Character (trait)	Caractère
Chemical agent	Agent chimique
Chemical balance, chemical equilibrium	Équilibre chimique
Chemical weapon	Arme chimique
Chestnut	Châtaigne, marron
Chestnut burr	Bogue
Chiral carbon	Carbone chiral
Chitin	Chitine
Chitosan	Chitosane
Chromatid	Chromatide
Chromatophore	Chromatophore
Chromogene	Chromogène
Chromophore	Chromophore
Chromosomal heredity (Mendelian inheritance)	Hérédité chromosomique
Chromosome	Chromosome
Chromosome duplication	Duplication du chromosome

Chromosome jumping	Saut chromosomique
Chromosome walking (DNA walking, genome walking, overlap hybridization)	Marche chromosomique
Chyle	Chyle
Chyme	Chyme
Cilium (pl. Cilia)	Cil
Citation (quotation)	Citation
Clade	Clade
Cladode (phylloclade)	Cladode, phylloclade
Cladogram	Cladogramme
Cladophyll (phyllode, phyllodium)	Cladophylle, phyllode
Clarification, clarifying	Clarification
Classification	Classification
Climate	Climat
Climatic drought	Sécheresse climatique
Climax	Climax
Climbing	Grimpant
Clone	Clone
Clotting >> Coagulation	
Clove (of garlic)	Gousse (d'ail)
Coagulation (clotting)	Coagulation
Coconut cream	Crème de coco
Coconut milk	Lait de coco
Coconut oil	Huile de coco
Coconut water	Eau de coco
Coding strand	Brin codant
Coenzyme	Coenzyme
Cofactor	Cofacteur
Cohesion	Cohésion
Colorant (coloring agent, dye)	Colorant
Colorimeter	Colorimètre
Colorimetric dosage	Dosage colorimétrique
Colorimetric titration	Titrage colorimétrique
Combination	Combinaison
Combustion	Combustion
Comestible >> Edible	
Commensalism	Commensalisme
Common pumpkin (gourd)	Citrouille
Community	1. Communauté, 2. Peuplement
Compartment	Compartiment
Competition	Compétition
Complementation	Complémentation

Composition	Composition d'une protéine
Compost	Compost
Compostable	Compostable
Compound leaf	Feuille composée
Computational biology	Bioprogrammation
Concentration	Concentration
Conceptacle	Conceptacle
Condiment	Condiment
Conductance	Conductance
Conduction	Conduction
Conductivity, conductometry	Conductivité
Cone	Cone
Configuration	Configuration
Conformation	Conformation
Congenital	Congénital
Conjugate acid	Acide conjugué
Conjugate base	Base conjuguée
Connate(d)	Conné
Connivent	Connivente
Contagion	Contagion
Contamination	Contamination
Content	Teneur
Contractile vacuole	Vacuole contractile
Contractility	Contractilité
Contraction	Contraction
Control	Contrôle
Control (reference check)	Témoin
Convection	Convection
Copra oil	Huile de coprah
Coproduct	Coproduit
Copulation >> Mating	
Cork	Liège
Corm	Corme
Correlation	Corrélation
Correlative inhibition	Inhibition corrélative
Corrugated >> Undulate	
Cosmopolitan	Cosmopolite
Cotransport	Cotransport
Counter transport >> Antiport	Antiport
Countertransporter >> Antiporter	Antiporteur
Creaming	Écrémage
Creatine	Créatine

Creatinine	Créatinine
Criminalistics	Criminalistique
Criminology	Criminologie
Critical temperature	Température critique
Cropping pattern, croping plan >> Sole cropping	
Cultivar	Cultivar
Cumulative effect >> Additive effect	
Cuspidate	Cuspidé
Cystinosis	Cystinose
Cystinuria	Cystinurie
Cytokinins	Cytokinines
Cytokins	Cytokines
Cytoplasm	Cytoplasme
Cytoplasmic heredity, cytoplasmic inheritance	Hérédité cytoplasmique
Cytosol	Cytosol
Cytotoxic T-cell	Cellule T cytotoxique
Cytotrophic	Cytotrophique
Cytotropic	Cytotropique
D	
data bank	Banque de données
database	Base de données
De novo sequencing	Séquençage *de novo*
Decarbonation	Décarbonatation
Decarboxylation	Décarboxylation
Decontamination	Décontamination
Dedifferentiation	Dédifférenciation
Defatting	Délipidation
Defoaming agent	Démoussant
Defoliation	Défoliation
Deforestation	Déboisement
Degradation	Dégradation
Dehydration	Déshydratation
Deionised water	Eau déionisée
Demineralized water	Eau déminéralisée
Denaturation	Dénaturation
Density	Densité
Dependance, dependency	Dépendance
Desertization	Désertification
Detergent	Détergent
Development	Développement
Dew	Rosée
Diabetes	Diabète

Diagnosis	Diagnose
Diagnostic	Diagnostic
Diagnostic	Diagnostique
Diapause	Diapause
Diastereoisomer	Diastéréoisomère
Diet product	Produit de régime
Dietary fiber	Fibre alimentaire
Dietary supplement >> Food supplement	
Dietetic food	Aliment diététique
Dietician, dietitian	Diététicien
Diffraction	Diffraction
Diffusion	Diffusion
Digestion	Digestion
Dihaploid	Dihaploïde
Diluent	Diluant
Dilution	Dilution
Dilution factor	Facteur de dilution
Diplospermy	Diplospermie
Direction	Direction
Discovery	Découverte
Disinfection	Désinfection
Dispermy	Dispermie
Dispersal	Dissémination
Dispersion	Dispersion
Dissolution, dissolving	Dissolution
Distilled water	Eau distillée
Distribution area	Aire de répartition
DNA methylation	Méthylation de l'ADN
DNA replication	Réplication de l'ADN
DNA walking >> Chromosome walking	
Dominance	Dominance
Dormancy	Dormance
Dosage, dose	Dose
Double-cropping, double-fruiting >> Remontant	
Doubled haploid	Double-haploïde, haploïde doublé
Dye >> Colorant	
E	
Earthing (grounding)	Mise à la terre
Eatable >> Edible	
Ecological niche	Niche écologique
Ecologism, environmentalism	Écologisme
Ecologist	Écologiste

Ecologue	Écologue
Ecology	Écologie
Ecosphere	Écosphère
Ecosystem	Écosystème
Ecotoxicology	Écotoxicologie
Ecotype	Écotype
Edible (eatable, comestible)	Comestible
Eelworm >> Nematode	
Effectiveness >> Efficacy	
Efferent	Efférent
Efficacy (effectiveness)	Efficacité
Efficiency	Efficience
Efflorescence	Efflorescence
Electric charge	Charge électrique
Electron affinity	Affinité électronique
Electronegativity	Électronégativité
Em(m)arginate	Émarginé
Emigration	Émigration
Emulsion	Émulsion
Enantiomer (optical antipode)	Énantiomère
Encapsulation	Encapsulation
Endemic	Endémique
Endergonic	Endergonique
Endosperm	Endosperme
Endothermic	Endothermique
Enrichment	Enrichissement
Enthalpy	Enthalpie
Entomochory	Entomochorie
Entomogamy	Entomogamie
Entomophily	Entomophilie
Entrapment	Piégeage
Entropy	Entropie
Envelop	Enveloppe
Environmental chemistry	Chimie environnementale
Environmental toxicology	Toxicologie environnementale
Epigeal, epigeous	Épigé
Epigynous	Épigyne
Epimer	Épimère
Epinasty	Épinastie
Epiphyte	Épiphyte
Epistasis	Épistasie
Erodibility	Érodibilité

Erodible	Érodible
Erosive	Érosif
Erosivity	Érosivité
Error	Erreur
Escape	Échappement, esquive
Essence	Essence
Essential oil	Huile essentielle
Estrous cycle	Cycle œstrien
Estrus	Estrus
Ethnology	Éthnologie
Ethology	Éthologie
Etiolation	Étiolement
Etiolog >> Aetiology	
Eutrophication, eutrophization	Eutrophisation
Evaporation	Évaporation
Evasion >> Escape	
Excipient	Excipient
Exclosure	Défens
Excretion	Excrétion
Exergonic	Exergonique
Exothermic	Exothermique
Expansion	Agrandissement
Extraction	Extraction
F	
Fecundation (fertilization)	Fécondation
Fecundity	Fécondité
Feeding >> Alimentation	
Fermentor	Fermenteur
Fertility	Fertilité
Fertilization >> Fecundation	
Fiber (fibre)	Fibre
Fibroblast	Fibroblaste
Fibrocyte	Fibrocyte
Field capacity	Capacité au champ
Filtration	Filtration
Flagellum (pl. ~lla)	Flagelle
Flammable (inflammable)	Inflammable
Flavor	Flaveur
Fleshy plants >> Succulent plants	
Flippase	Flippase
Flocculation	Floculation
Floppase	Floppase

Flora	Flore
Floral diagram	Diagramme floral
Floral formula	Formule florale
Flower	Fleur
Flowering (blossoming)	Floraison
Fluke >> Trematode	
Fluorescence	Fluorescence
Fodder unit	Unité fourragère
Fodder value (forage value)	Valeur fourragère
Foliaceous	Foliacé
Food	Aliment
Food additive	Additif alimentaire
Food allergy	Allergie alimentaire
Food chain	Chaîne alimentaire
Food hygiene (food sanitation)	Hygiène des aliments
Food intolerance	Intolérance alimentaire
Food safety	Sécurité des aliments
Food sanitation >> Food hygiene	
Food security	Sécurité alimentaire
Food supplement (dietary supplement)	Complément alimentaire
Food web >> Trophic web	
Forage value >> Fodder value	
Forecast	Pronostic
Forestry	Foresterie
Fortification	Fortification
Fossilization	Fossilisation
Frequency	Fréquence
Fruit	Fruit
Frutex (pl. ~ ices) >> Shrub	
Fuel >> Carburant	
G	
Gametangium	Gamétange
Gamete	Gamète mâle
Gametophyte	Gamétophyte
Garrigue	Garrigue
Gauging >> Calibration	
Gel filtration	Filtration sur gel
Gelatinization	Gélatinisation
Gene cloning	Clonage de gènes
Genetic map	Carte génétique
Genetics	Génétique
Genome walking >> Chromosome walking	

Germ cell	Cellule germinale
Germ layer	Couche germinale
Germ-killing >> Microbicidal	
Glucan	Glucane
Glucose-lowering >> Hypoglycemic	
Glucoside	Glucoside
Glucosidic bond	Liaison glucosidique
Glycan	Glycane
Glycoprotein	Glycoprotéine
Glycoside (heteroside)	Glycoside
Glycosidic bond	Liaison glycosidique
Glyoxysome	Glyoxysome
Gourd >> Common pumpkin	
Grasshopper	Sauterelle
Green chemistry	Chimie verte
Grounding >> Earthing	
Growth	Croissance
Gum	Gomme
Guttation	Guttation
H	
Habitat	Habitat
Habituation	Accoutumance
Hair (pilus, villus)	Poil
Halberd-shaped >> Hastate	
Halophilous	Halophile
Halophyte	Halophyte
Haplodiploid	Haplodiploïde
Hapten	Haptène
Hardening	Durcissement
Hardening off	Endurcissement
Harrowing	Binage
Hastate (halberd-shaped)	Hasté
Haymaking time	Fenaison
Hazard	Danger
Heat resistant >> Thermoresistant	
Heliophile, heliophilous	Héliophile
Heliophobe	Héliophobe
Heliophyte	Héliophyte
Helophyte	Hélophyte
Hemostasis	Hémostase
Hemp oilseed >> Cannabis oil	
Herba trade >> Herbalism	

Herbal medicine	Phytothérapie
Herbalism (herb trade)	Herboristerie
Hereditary	Héréditaire
Heredity	Hérédité
Heteroside >> Glycoside	
Hibernation	Hibernation
Histone methylation	Méthylation des histones
Homeopathy	Homéopathie
Homeostasis	Homéostasie
Homologous	Homologue
Homology	Homologie
Homoplasy	Homoplasie
Horse chestnut spiny capsule	Capsule épineuse du marronnier d'Inde
Horticulture	Horticulture
Humus	Humus
Hydathode	Hydathode
Hydration	Hydratation
Hydric potential	Potentiel hydrique
Hydrogenation	Hydrogénation
Hydrogenolysis	Hydrogénolyse
Hydrolysis	Hydrolyse
Hydrolytic rancidity	Rancissement hydrolytique
Hydrophyte	Hydrophyte
Hydroponics (aquiculture, soil-less culture)	Hydroponie
Hydroxide	Hydroxyde
Hydroxyl	Hydroxyle
Hygrophyte	Hygrophyte
Hyperglycemia	Hyperglycémie
Hyperplasia	Hyperplasie
Hypertrophy	Hypertrophie
Hypocotyl	Hypocotyle
Hypogeal, hypogean, hypogeous	Hypogé
Hypoglycemic (glucose-lowering)	Hypoglycémiant
Hypogynous	Hypogyne
Hypothesis	Hypothèse de travail
Hypothesis (pl. Hypotheses)	Hypothèse
I	
Identification	Identification
Ideotype	Idéotype
Idiotype	Idiotype
Ileon	Iléon

Ilium	Ilion
Immigration	Immigration
Imperfect	Imparfaite
Imputability >> Causality	
Incidence	Incidence
Incineration	Incinération
Inclusion	Inclusion
Incomplete	Incomplète
Incurvate, incurved	Incurvé
Indusia, indusium	Indusie
Induvia	Induvie
Infection	Infection
Infectivity	Infectiosité
Infestation	Infestation
Inflammable >> Flammable	
Inflorescence	Inflorescence
Infrutescence	Infrutescence
Ingestion	Ingestion
Innovation	Innovation
Inoculation	Inoculation
Inotropic	Inotropique
Insertion	Insertion
Instrument	Instrument
Integration	Intégration
Intercourse >> Mating	
Interval to harvest	Intervalle de récolte
Invention	Invention
Iodimetry	Lodimétrie
Iodometry	Lodométrie
Ion channel	Canal ionique
Ionization	Ionisation
Ionization energy	Énergie d'ionisation
Ionotropic	Ionotropique
Irradiance	Irradiance
Irradiation	Irradiation
Isolation	Isolement
Isotopic abundance	Abondance isotopique
K	
Karyogram	Caryogramme
Karyotype	Caryotype
Killer cell	Cellule tueuse
Knob, knot >> Node	

L

Lacuna (pl. ~ae)	Lacune
Lake	Lac
Lamin	Lamine
Laminin	Laminine
Land degradation	Dégradation de la terre
Langerhans cells	Cellules de Langerhans
Langerhans isles	Ilôts de Langerhans
Large gourd >> Pumpkin	
Latex	Latex
Layerage, layering	Marcottage
Leaffall	Défeuillaison
Leafstalk >> Pétiole	
Leafy	Feuillé
Legume	Gousse
Life cycle	Cycle de développement
Life expectancy	Espérance de vie
Life form	Type biologique
Life span >> Longevity	
Ligand	Ligand
Ligase	Ligase
Lignans	Lignanes
Lignins	Lignines
Ligula, ligule	Ligule
Limit of detection	Limite de détection
Lineage (phylogenetic lineage)	Lignée
Linked genes	Gènes liés
Linoleic acid	Acide linoléique
Linolenic acid	Acide linolénique
Liposome	Liposome
Liquefaction	Liquéfaction
Locust	Criquet
Longevity (life span)	Longévité
Lyase	Lyase
Lysis	Lyse
Lysogenic cycle	Cycle lysogénique
Lysosome	Lysosome
Lysozyme	Lysozyme
Lytic cycle	Cycle lytique

M

Magnification	Grandissement, grossissement
Magnitude	Magnitude

Maillard browning, Maillard reaction	Réaction de Maillard
Malnutrition, malnourishment	Malnutrition
Manure	Engrais
Maquis (scrub)	Maquis
Marcescent	Marcescent
Margarine	Margarine
Marker	Marqueur
Marsh, swamp	Marais
Mass	Masse
Mass number	Nombre de masse
Mating (copulation, intercourse)	Accouplement
Meat	Méat
Medical chemistry	Chimie médicale
Medical ethics	Éthique médicale
Medical physics	Physique médicale
Meiosis	Méiose
Meiospore	Méiospore
Melanin	Mélanine
Melatonin	Mélatonine
Menstrual cycle	Cycle menstruel
Mesomerism	Mésomérie
Mesophilic	Mésophile
Mesophyll	Mésophylle
Metabolic acidosis	Acidose métabolique
Metabolomics	Métabolomique
Metabonomics	Métabonomique
Methanotrophic	Méthanotrophe
Method	Méthode
Methyl blue	Bleu de méthyl
Methylene blue	Bleu de méthylène
Methylotrophic	Méthylotrophe
Microbicidal (germ-killing)	Microbicide
Microbistatic	Microbiostatique
Microphotography	Microphotographie
Middle lamella	Lamelle moyenne
Migration	Migration
Mineral matter	Matière minérale
Mineralization	Minéralisation
Miscibility	Miscibilité
Missense mutation	Mutation faux-sens
Mitosis	Mitose
Mixture (blend)	Mélange

Mobility	Mobilité
Moder	Moder
Molality	Molalité
Molar mass	Masse molaire
Molarity	Molarité
Molecular formula	Formule moléculaire
Molecular mass	Masse moléculaire
Molecular weight	Poids moléculaire
Mor (raw humus)	Mor
Morbidity	Morbidité
Mortality	Mortalité
Motility	Motilité
Motor plate	Plaque motrice
Motor unit	Unité motrice
Mucilage	Mucilage
Mucronate(d)	Mucroné
Multiple fruit	Fruit multiple
Multipotent cell	Cellule multipotente
Mutagen	Mutagène
Mutant allele	Allèle mutant
Mutation	Mutation
Mutualism	Mutualisme
Mycology	Mycologie
Myology	Myologie
N	
Nasty	Nastie
National park	Parc national
Natural	Naturel
Natural gas	Gaz naturel
Nature reserve	Réserve naturelle
Nematode (pl. Nematoda) (eelworm)	Nématode
Nephrostome	Néphrostome
Nephrotome	Néphrotome
Nesting >> Nidification	
Neurotrophic	Neurotrophique
Neurotropic	Neurotropique
Neutral mutation	Mutation neutre
Nidation	Nidation
Nidification (nesting)	Nidification
Niosome	Niosome
Nitratation	Nitration
Nitrification	Nitrification

Nitrosylation	Nitrosylation
Nitrozation (nitrosation)	Nitrosation
Node (knob, knot)	Nœud
Nodosity, nodule	Nodosité, nodule
Nomadism	Nomadisme
Nomenclature	Nomenclature
Non sense mutation	Mutation non-sens
Non-flammable	Ininflammable
Normality	Normalité
Notched	Échancré
Nucleus	Noyau
Nut	Noix
Nutation	Nutation
Nutraceuticals	Nutraceutiques
Nutrient	Nutriment
Nutrigenetics	Nutrigénomique
Nutrigenomics	Nutrigénétique
Nutrition	Nutrition
Nutritional hygiene	Hygiène nutritionnelle
Nutritionist	Nutritionniste
O	
Odor (smell)	Odeur
Oleaceous	Oléacé
Oleaginous (oily)	Oléagineux
Ombrophilous	Ombrophile
Oncogenic, oncogenous	Oncogénique
Oncotic pressure	Pression oncotique
Oosphere (egg)	Oosphère
Optical antipode >> Enantiomer	
Optical spectroscopy	Spectroscopie optique
Oral	Oral
Organic	Organique
Organism cloning	Clonage d'organismes
Organite, organelle	Organite
Osmolality	Osmolalité
Osmolarity	Osmolarité
Osmosis	Osmose
Osmotic potential	Potentiel osmotique
Osmotic pressure	Pression osmotique
Osteoblast	Ostéoblaste
Osteoclast	Ostéoclaste
Osteocyte	Ostéocyte

Overgrazing	Surpâturage
Overlap hybridization >> Chromosome walking	
Overstocking	Surcharge pastorale
Overwintering	Hivernage
Oviparous	Ovipare
Ovoviviparous	Ovovivipare
Ovule, ovum	Ovule
Ovum (animal's ovule)	Ovule des animaux
Oxidant (oxidizer, oxidizing agent)	Oxydant
Oxidase	Oxydase
Oxidation	Oxydation
Oxidation number	Nombre d'oxydation
Oxidative rancidity	Rancissement oxydatif
Oxidizer, oxidizing agent	Comburant
Oxygenase	Oxygénase
Oxygenation	Oxygénation
P	
Palatability	Palatabilité
Palm kernel oil	Huile de palmiste
Palm oil	Huile de palme
Panicle	Panicule
Paraphrase, paraphrasing	Paraphrase
Paraplasm	Paraplasme
Parasite	Parasite
Parthenogenesis	Parthénogenèse
Pasteurization	Pasteurisation
Pathogen(ic)	Pathogène
Pathogeneticity	Pathogénicité
Peat	Tourbe
Pedicel	Pédicelle
Peduncle	Pédoncule
Peptidoglycan	Peptidoglycane
Percentage of water	Pourcentage d'eau
Perennial, perennate	Pérenne, vivace
Pericarp	Péricarpe
Periderm	Périderme
Perisperm	Périsperme
Permeability	Perméabilité
Permeation	Perméation
Peroxide	Peroxyde
Peroxisome	Peroxysome
Persistance	Persistance

Perspiration	Perspiration
Petal	Pétale
Petiole (leafstalk)	Pétiole
Petrification	Pétrification
Pharmaceutical chemistry	Chimie pharmaceutique
Pharmaceuticals	Pharmaceutiques
Pharmacodynamics, pharmacodynamy	Pharmacodynamie
Pharmacogenetics	Pharmacogénétique
Pharmacogenomics	Pharmacogénomique
Pharmacokinetics	Pharmacocinétique
Pharmacoresistance	Pharmacorésistance
Pharmacotolerance	Pharmacotolérance
Phasmid	Phagemide
Phenogram	Phénogramme
Phosphatase	Phosphatase
Phosphorescence	Phosphorescence
Phosphorylase	Phosphorylase
Photomicrography	Photomicrographie
Photoperiodism	Photopériodisme
Phototropin	Phototropine
Phototropism	Phototropisme
Phragmoplast	Phragmoplaste
Phragmosome	Phragmosome
Phylloclade >> Cladode	
Phyllode, phyllodium >> Cladophyll	
Phylogenetic tree	Arbre phylogénétique
Phylum	Phylum
Physical map (restriction map)	Carte physique
Physiological drought	Sécheresse physiologique
Phytomedicine, phytotherapy (herbal medicine)	Phytothérapie
Phytotropin	Phytotropine
Pigment	Pigment
Pip	Pépin
Pit	Ponctuation
Plant association	Association végétale
Plant drug	Drogue
Plant oil	Huile végétale
Plasma	Plasma
Plasma membrane, plasmalemma	Membrane cellulaire
Plasma volume	Volume plasmatique
Plasmid	Plasmide
Plasmodesma (pl. Plasmodesmata)	Plasmodesme

Plasmodium	Plasmode
Plasmodium	*Plasmodium*
Plasmolysis	Plasmolyse
Plug (of cell wall material) >> Callus	
Pluripotent cell	Cellule pluripotente
Pluviosity	Pluviosité
Pod >> Legume	
Poison	Poison
Poisonous	Vénéneux
Pollen	Pollen
Pollination, pollinization	Pollinisation
Pond	Mare
Pond, pool	Étang
Population	Population
Porin	Porine
Prebiotics	Prébiotique
Precipitation	Précipitations
Precision	Précision
Precursor cell	Cellule précurseur
Prevalence	Prévalence
Prickle >> Sting	
Probe	Sonde
Probiotics	Probiotique
Problematics	Problématique
Procedure, process	Procédé
Processing aid	Auxiliaire technologique
Production	Production
Productivity	Productivité
Progenitor cell	Cellule progénitrice
Proportion	Proportion
Protected area	Aire protégée
Protein	Protéine
Proteoglycan	Protéoglycane
Protid	Protide
Protoplasm	Protoplasme
Protoplast	Protoplaste
Pumpkin (large gourd, winter squash)	Potiron
Pure compound	Corps pur
Putrefaction	Putréfaction
Pyrolysis	Pyrolyse
Q	
Quality assurance (QA)	Assurance de la qualité

Quality control (QC)	Contrôle de la qualité
Quantification limit	Limite de quantification
Quarantine	Quarantaine
Quiescence, quiescency	Quiescence
Quotation >> Citation	
R	
Raceme >> Bunch	
Radiation	Radiation
Radicel (rootlet)	Radicelle
Radicidation	Radicidation
Radicle	Radicule
Radurization	Radurisation
Rate	Taux
Ratio	Rapport
Reactant	Réactif
Receptacle (torus)	Réceptacle
Recurvate, recurved	Récurvé
Redifferentiation	Redifférenciation
Reducer, reducing agent, reductant	Réducteur
Reference check >> Control	
Reflectance	Réflectance
Reflection	Réflexion
Reforestation	Reboisement
Refractile	Réfractile
Refraction	Réfraction
Refractory	Réfractaire
Regulation	Régulation
Relative isotope abundance	Abondance isotopique relative
Relic	Relique
Relict	Relicte
Remanence	Rémanence
Remontant (double-cropping, double-fruiting)	Remontant
Renin	Rénine
Rennin	Rennine
Repand, repandate >> Undulate	
Repeatability	Répétabilité
Reproductibility	Reproductibilité
Resequencing	Reséquençage
Resin	Résine
Resistance	Résistance
Resolving power	Résolution
Respiration (gaseous exchange, breathing)	Respiration, échanges gazeux

Respiratory acidosis	Acidose respiratoire
Restriction map >> Physical map	
Retrogradation	Rétrogradation
Retuse	Rétus
Reviviscence	Reviviscence
Rhizoid	Rhizoide
Rhizome, rootstock	Rhizome
Ribosome	Ribosome
Ribozyme	Ribozyme
Riparial, riparian	Ripicole
Risk	Risque
Root	Racine
Root hairs	Poils absorbants
Rootlet >> Radicel	
Rotation, crop rotation	Rotation
Rubber	Caoutchouc
Rupestral, rupicolous	Rupestre, rupicole
S	
Sagittate	Sagitté
Salinity	Salinité
Saprophyte	Saprophyte
Sarcolemma	Sarcolemme
Sarcomere	Sarcomère
Savor	Saveur
Scattering	Dispersion
Scission	Scission
Scrub >> Maquis	
Sebaceous gland	Glande sébacée
Secretion	Sécrétion
Seed	1. Graine, 2. Semence
Seed case >> Capsule	
Selectivity	Sélectivité
Senescence	Sénescence
Sense	Sens
Sensitivity	Sensibilité
Sequence	Séquence d'une protéine
Sequencing	Séquençage
Serum	Sérum
Setting	Réglage (d'un instrument de mesure)
Sex-linked genes	Gènes liés au sexe
Shrub (frutex)	Arbrisseau

Side effect	Effet secondaire
Silent mutation	Mutation silencieuse
Siliqua, silique	Silique
Silviculture	Sylviculture
Simple compound	Corps simple
Simple leaf	Feuille simple
Sinuate	Sinué, sinueux
Skimming >> Creaming	
Slit ou slot width	Largeur de fente
Small shrub, small tree	Arbuste
Smell >> Odor	
Sodicity	Sodicité
Sodium–potassium ATPase, Na^+-K^+–ATPase	ATPase sodium-potassium
Soil degradation	Dégradation du sol
Soil improvement (enriching agent, manuring agent)	Amendement
Soil structure	Structure du sol
Soil texture	Texture du sol
Soilless gardening or cultivation >> Aquiculture, hydroponics	
Sole cropping (cropping pattern, croping plan, succession planting)	Assolement
Solubility	Solubilité
Solubilization	Solubilisation
Solvation	Solvatation
Solvent	Solvant
Species	Espèce
Species diversity (specific diversity)	Diversité spécifique
Species richness	Richesse spécifique
Specific diversity >> Species diversity	
Specific heat	Chaleur spécifique
Specific heat capacity	Capacité thermique spécifique
Specificity	Spécificité
Spectrophotometer	Spectrophotomètre
Speed (velocity)	Vitesse
Speed of centrifugation	Vitesse de centrifugation
Spermatogenesis	Spermatogenèse
Spermiogenesis	Spermiogenèse
Spice	Épice
Spike, ear	Épi
Spine	Épine
Sporangium (pl. ~gia)	Sporange
Sporophyte	Sporophyte

Standard deviation (SD)	Erreur standard
Standard error	Déviation standard
Standardization >> Calibration	
Statistics	Statistiques
Stem (stalk, caulis)	Tige
Stem cell	Cellule souche
Sterilization	Stérilisation
Stimulant	Stimulant
Sting (prickle, thorn)	Aiguillon
Stipe	Stipe
Stipule	Stipule
Stolon, runner	Stolon
Stoma, stomate (pl. Stomata)	Stomate
Strate (layer)	Strate
Stratification	Stratification
Strobilus (pl. Strobili)	Strobile
Structural formula	Formule structurale
Sublimation	Sublimation
Substrate	Substrat
Succession planting >> Sole cropping	
Succulent plant (fleshy plants)	Plantes grasses ou Succulentes
Sucker >> Tiller	
Superoxide	Superoxyde
Supplementation	Supplémentation
Surfactant	Tensioactif
Suspension	Suspension
Swamp	Marécage
Sweat gland	Glande sudoripare
Sweating, sudation	Sudation
Symbiosis	Symbiose
Symbol	Symbole
Symporter	Symport
Symptom	Symptôme
Synanthereous (syngenesious)	Synanthéré
Syndrome	Syndrome
Synergy, synergism	Synergie
Synthase	Synthase
Synthetase	Synthétase
Systematic	Systématique
T	
Tactism	Tactisme
Taking (of) cuttings, (propagation by cuttings,	Bouturage

cutting)	
Taste	Goût
Taxon	Taxon
Taxonomy	Taxonomie
Technique	Technique
Template strand	Brin matrice
Testa	Testa
Tetanus	Tétanos
Tetanus (tetany, tetanic contraction)	Tétanos
Thallus	Thalle
Theory	Théorie
Therapeutic chemistry	Chimie thérapeutique
Thermal inhibition (thermo-inhibition)	Inhibition thermique
Thermodormancy	Thermodormance
Thermo-inhibition >> Thermal inhibition	
Thermophile, thermophilic, thermophilous	Thermophile
Thermoresistant (heat resistant)	Thermorésistant
Thigmomorphogenesis	Thigmomorphogenèse
Thigmonasty	Thigmonastie
Thigmotaxis	Thigmotactisme
Thigmotropism	Thigmotropisme
Thorn >> Sting	
Thyrse, thyrsus	Thyrse
Tiller >> Sucker	Talle
Tolerance	Tolérance
Tonic	Tonique
Torus >> Receptacle	
Totipotent cell	Cellule totipotente
Toxaemia, toxemia (blood poisoning)	Toxémie
Toxicity	Toxicité
Toxicokinetics	Toxicocinétique
Toxin	Toxine
Trait >> Character	
Transgenic	Transgénique
Transhumance	Transhumance
Transmission	Transmission
Transmitance	Transmission
Transpiration	Transpiration
Transpiration	Transpiration
Trematode (pl. Trematoda) (fluke)	Trématode
Trichome	Trichome
Triploidy	Triploïdie

Trisomia	Trisomie
Trophic web (food web)	Réseau trophique
Tropism	Tropisme
Trunc, trunk, bole	Tronc
Tuber, tubercle	Tubercule
U	
Ubiquist	Ubiquiste
Uncertainty	Incertitude
Undernourishment, under-feeding, undernutrition	Sous-alimentation
Undulate, (corrugated, repand, repandate, wavy)	Ondulé
Unity	Unité
Uraemia, uremia	Urémie
V	
Vaporization	Vaporisation
Variation	Variation
Variety	Variété
Vector	Vecteur
Vegan	Végétalien
Vegetal formation	Formation végétale
Vegetal's ovule	Ovule des végétaux
Vegetarian	Végétarien
Vegetation	Végétation
Vegetative multiplication	Multiplication végétative
Vegetative rest	Repos végétatif
Vein	Veine
Velocity >> Speed	
Venomous	Vénimeux
Vesicle	Vésicule
Vibrio	Vibrion
Virion	Virion
Viroid	Viroïde
Virulence	Virulence
Visible spectroscopy	Spectroscopie visible
Volumic mass	Masse volumique
W	
Waiting period (withdrawal period)	Délai d'attente
Water activity	Activité de l'eau
Water constraint	Contrainte hydrique
Water deficit	Déficit hydrique
Water holding capacity	Capacité de rétention (en eau)

Water stress	Stress hydrique
Wavelength	Longueur d'onde
Wavy >> Undulate	
Weeding	Sarclage
Weight	Poids
Wild-type allele	Allèle sauvage
Wilt(ing)	Flétrissement
Wind	Vent
Winter squash >> Pumpkin	
Withdrawal period >> Waiting period	
Withering	Fanaison
X-Z	
Xerophile	Xérophile
Xerophyte	Xérophyte
Zero	Zéro

Bibliographie

Alberts B., 2019. *Essential cell biology*, Fifth edition. W.W. Norton & Company, New York.

Bettelheim F. A., Brown W. H., Campbell M. K., Farrell S. O., Torres O. J., Madsen S. K., 2020. *Introduction to General, Organic, and Biochemistry*, Twelfth Edition. Cengage Learning, Inc., Boston, MA 02210.

Campbell N. A., Urry L. A., Cain M. L., Wasserman S. A., Minorsky P. V., Orr R. B., 2021. *Biology: A global approach*, 12th Global Edition. Pearson Education, United Kingdom.

Fehér A., 2019. "Callus, Dedifferentiation, Totipotency, Somatic Embryogenesis: What These Terms Mean in the Era of Molecular Plant Biology?", [doi: 10.3389/fpls.2019.00536] *Front Plant Sci.* **10**: 536, 1-11.

Freeman S., Quillin K., Allison L., Black M., Podgorski G., Taylor E., Carmichael J., 2020. *Biological science*, Seventh edition. Pearson, New York.

Hine R. (Ed), 2019. *A Dictionary of Biology*, Oxford University Press.

Jamart B., Bodiguel J., Bosse N., 2015. *Les cours de Paul Arnaud, Chimie organique*, 19e édition. Dunod, Paris.

Khan F. A., 2020. *Biotechnology fundamentals*, Third edition. CRC Press, Boca Raton.

Klug W. S., Cummings M. R., Spencer C. A., Palladino M. A., Killian D. J., 2018. *Concepts of genetics*, Twelfth edition. Pearson Education, Inc., Hoboken, New Jersey.

Marouf A., Reynaud J., 2007. La botanique de A à Z. Dunod, Paris.

Marouf A., Tremblin G., 2013. *Mémento technique à l'usage des biologistes et des biochimistes.* EDP Sciences, Les Ulis.

Marouf A., Tremblin G., 2015. *Abrégé de biochimie appliquée,* nouvelle édition. EDP Sciences, Les Ulis.

Nahler G., 2017. *Dictionary of Pharmaceutical Medicine.* Springer International Publishing AG.

Ramade F., 2008. *Dictionnaire encyclopédique des sciences de la nature et de la biodiversité.* Dunod, Paris.

Raven P. H., Losos J. B., Mason K. A., Johnson G. B., Duncan T., 2023. *Biologie,* 6e édition. De Boeck Superieur, Bruxelles.

Rengel Z., Cakmak I., White P. J. (Eds.), 2023. *Marschner's Mineral Nutrition of Plants,* fourth edition. Elsevier Ltd.

Sizer F. S., Whitney E., 2020. *Nutrition: Concepts & Controversies,* 15e. Cengage Learning, Inc., Boston.

Tremblin G., Marouf A., 2021. *Abrégé de biologie végétale appliquée.* EDP Sciences, Les Ulis.

sepec numérique

Impression & brochage - France

Numéro d'impression : N04545231101 - Achevé d'imprimer : décembre 2023

Dépôt légal : décembre 2023

IMPRIM'VERT®

PEFC 10-31-3532